高等职业教育校企合作"互联网+"创新型教材

光纤通信技术与设备

第2版

主　编　李　雄　张　强　段智文
副主编　宋燕辉　张树凯　韦献雅　施　婷
参　编　许万里　文杰斌　彭冷媚　李卓群

机械工业出版社

本书是在《光纤通信技术与设备》第1版基础上进行修订的，既保持了教材原有的特色，同时根据光纤通信技术的发展，增加或调整了部分内容，使再版教材更具先进性和适应性。

修订教材系统介绍了光纤通信的基础知识，详细阐述了光纤通信系统的组成，光纤和光缆，通信光器件，光端机，光传输网的现有技术（SDH、MSTP、DWDM、ASON），光传送网（OTN），光传输网管及光纤通信的主要实训。

本书理论紧密结合实际，通俗易懂。教材编写以"会用、管用"为目标，理论以"必需、够用"为原则，在此基础上对传统教材的内容进行精选、整合、优化，突出创新性，力争紧跟科学发展前沿，同时设置了较多实训内容，能够更好地适应高等职业教育的需要。

本书是以通信专业的需要为基础编写的，内容全面，能为教师和学生提供较大的信息量，选择性强，各院校可根据具体情况灵活安排教学内容。

本书充分体现了高等职业教育教材的特色，具有较强的针对性、实用性，既可作为高等职业院校通信类、电子信息类相关专业的教材，也可作为光纤通信技术的培训用书，还可供光纤通信行业的工程人员参考。

为方便教学，本书配有电子课件、思考题解答等教学资源，凡选用本书作为授课教材的老师，均可通过电话（010-88379564）或 QQ（2314073523）咨询。

图书在版编目（CIP）数据

光纤通信技术与设备／李雄，张强，段智文主编.
2版. -- 北京：机械工业出版社，2024.12. --（高等职业教育校企合作"互联网＋"创新型教材）. -- ISBN 978-7-111-77201-9

Ⅰ. TN929.11

中国国家版本馆 CIP 数据核字第 2025BK5078 号

机械工业出版社（北京市百万庄大街22号　邮政编码100037）
策划编辑：曲世海　　　　　责任编辑：曲世海　王宗锋
责任校对：李　杉　陈　越　封面设计：马若濛
责任印制：张　博
北京建宏印刷有限公司印刷
2025年8月第2版第1次印刷
184mm×260mm · 16印张 · 417千字
标准书号：ISBN 978-7-111-77201-9
定价：49.80元

前　　言

现代社会已进入信息时代，信息技术正在改变着人们的生活。通信是人类传递信息、交流思想、传播知识的重要手段。光纤通信、卫星通信和无线电通信是现代通信网的三大支柱，其中光纤通信是主体。

高等职业教育教学改革的要求：注重素质教育，注重应用型人才能力的培养，把立足点放在工程技术应用上，课程内容应删繁就简，突出主线，突出重点。本书的编者既有从事高职教育的教师，又有一线企业人员，在结构、内容安排等方面，总结了编者多年来在教研改革、教材建设等方面取得的经验，力求全面体现高等职业教育的特点，满足当前教学的需要。

本书具有以下特点：

1）比较系统地介绍了光纤通信的基础知识，有利于学生全面掌握光纤通信这门学科。

2）体现了实用性，教材编写以"会用、管用"为目标，理论以"必需、够用"为原则，在此基础上对教材内容进行精选。

3）体现了高等职业教育特点，重视技能培训，教材中设置了较多的实训内容，着力于培养学生的实践能力，同时培养学生的全局观和团结协作意识。

4）对第1版教材的内容进行了调整和取舍，增加了光纤通信的最新技术，保证了教材的先进性，培养学生与时俱进的意识。

本书由李雄、张强、段智文担任主编，宋燕辉、张树凯、韦献雅、施婷担任副主编，许万里、文杰斌、彭冷媚、李卓群参与了本书的编写工作。中国联合网络通信有限公司衡阳市分公司工程师李卓群对教材大纲的制定、内容的取舍等提出了许多宝贵意见，在此表示感谢。

由于编者水平有限，书中难免有缺点、疏漏及其他不足之处，恳请使用本书的教师、读者批评指正。

编　者

目　　录

第 1 章 概 论

目标：通过本章的学习，应掌握和了解以下内容：

- 了解光纤通信发展史。
- 掌握光纤通信系统的组成。
- 掌握现代光纤通信的主要特点。
- 了解现代光纤通信的发展趋势。

1.1 光纤通信技术简介

光通信，顾名思义就是利用光进行信息传输的一种通信方式。光通信技术是当代通信技术发展的最新成就，已经成为现代通信的基石。目前广泛使用的光通信方式是利用光导纤维传输光波信号，这种通信方式称为光纤通信。光纤通信、卫星通信和无线电通信是现代通信网的三大支柱，而其中光纤通信是主体，这是因为光纤通信本身具有许多突出的发展优势。

1.1.1 光纤通信发展史与现代光纤通信的应用

1. 光纤通信发展史

利用光进行通信并不是一个全新的概念，我国古代使用烽火台报警就是目视光通信的最好例子，欧洲人用旗语传递信息等，都可以看作是原始形式的光通信。

现代光通信的雏形可追溯到 1880 年贝尔（Bell）发明的光电话，他用太阳光作为光源，通过透镜把光束聚焦在送话器前的振动镜片上，使光强度随话音的变化而变化，实现话音对光强度的调制。在接收端，抛物面反射镜把大气传来的光束反射到电池上，硒晶体作为光接收检测器件，使光信号变换为电流，这样就通过大气空间成功地传送了语音信号。由于当时没有理想的光源和传输介质，这种光电话的传输距离很短，并没有实际应用价值，因而发展很慢。然而，光电话仍是一项伟大的发明，它证明了用光波作为载波传送信息的可行性。因此，可以说贝尔光电话是现代光通信的雏形。

灯的发明使人们可以构造简单的光通信系统，并以此作为光源，如船只与船只之间及船只与陆地之间的通信、汽车转向信号、交通指示信号灯等。事实上，任何类型的指示灯都是一个基本的光通信系统。在许多情况下，使用宽谱的荧光发光二极管是可以作为光源的。1960 年，美国人梅曼（Maiman）发明了第一台红宝石激光器，在某种意义上解决了光源的问题，给光通信带来新的希望。与普通光相比，激光具有波谱宽度窄、方向性极好、亮度极高，以及频率和相位较一致的良好特性。激光是一种高度相干光，它的特性和无线电波相似，是一种理想的光载波。继红宝石激光器之后，氦-氖（He-Ne）激光器、二氧化碳（CO_2）激光器先后出现，并投入实际应用。激光器的发明和应用，使沉睡了 80 年的光通信进入一个崭新的阶段。

固体激光器的发明大大提高了发射光功率，延长了传输距离，使大气激光通信可以在江河两岸、海岛之间和某些特定场合使用。但是大气激光通信的稳定性和可靠性仍然没有解决。用承载信息的光波，通过大气的传播，实现点对点的通信是可行的，但是通信能力和质量受气候影响十分严重。由于雨、雾、雪和大气灰尘的吸收和散射，光波能量衰减很大；另外，大气的密度和温度不均匀，会造成折射率的变化，使光束位置发生偏移。因此，大气激光通信的距离和稳定性都受到极大的限制，不能实现"全天候"通信。

1966年，英籍华裔学者高锟（C. K. Kao）和霍克哈姆（C. A. Hockham）发表了关于传输介质新概念的论文，指出了利用光纤（Optical Fiber）进行信息传输的可能性和技术途径，奠定了现代光通信——光纤通信的基础。当时石英纤维的损耗高达1000dB/km以上，高锟等人指出：这样大的损耗不是石英纤维本身固有的特性，而是由于材料中的杂质，因此有可能通过原材料的提纯制造出适合于长距离通信使用的低损耗光纤。在光纤通信的历史上，高锟博士被誉为"光纤通信之父"。

1970年是光纤通信史上闪光的一年。美国康宁（Corning）公司成功研制出损耗为20dB/km的石英光纤，使光纤通信可以和同轴电缆通信竞争，从而展现了光纤通信美好的前景，促进了世界各国相继投入大量人力物力，把光纤通信的研究开发推向一个新阶段。1972年，康宁公司研制出高纯石英多模光纤，使损耗降低到4dB/km。1973年，美国贝尔（Bell）实验室取得了更大成绩，使光纤损耗降低到2.5dB/km，1974年进一步降低到1.1dB/km。1976年，日本电报电话（NTT）等公司将光纤损耗降低到0.47dB/km（波长为1.2μm）。

1970年，光纤通信用的光源也取得了实质性的进展。当年，美国贝尔实验室、日本电气公司（NEC）和前苏联先后突破了半导体激光器在低温（-200℃）或脉冲激励条件下工作的限制，研制成功了可在室温下连续振荡的镓铝砷（GaAlAs）双异质结半导体激光器（短波），这为半导体激光器的发展奠定了基础。1973年，半导体激光器寿命达到7×10^3h。1977年，贝尔实验室研制的半导体激光器寿命达到10万h（约11.4年），外推寿命达到100万h，能完全满足实用化的要求。1976年日本电报电话公司研制成功发射波长为1.3μm的铟镓砷磷（InGaAsP）激光器，1979年美国电报电话（AT&T）公司和日本电报电话公司研制成功发射波长为1.55μm的连续振荡半导体激光器。

1976年，美国在亚特兰大（Atlanta）进行了世界上第一个实用光纤通信系统的现场试验，系统采用GaAlAs激光器作光源，多模光纤作传输介质，速率为44.7Mbit/s，传输距离约10km。1980年，美国标准化FT-3光纤通信系统投入商业应用，系统采用渐变型多模光纤，速率为44.7Mbit/s。随后美国很快敷设了东西干线和南北干线，穿越22个州，光缆总长达5×10^4km。1976年和1978年，日本先后进行了速率为34Mbit/s、传输距离为64km的突变型多模光纤通信系统，以及速率为100Mbit/s的渐变型多模光纤通信系统的试验，并于1983年敷设了纵贯日本南北的光缆长途干线，全长3400km，初期传输速率为400Mbit/s，后来扩容到1.6Gbit/s。随后，由美、日、英、法发起的第一条横跨大西洋的TAT-8海底光缆通信系统于1988年建成，全长6.4×10^3km；第一条横跨太平洋的TPC-3/HAW-4海底光缆通信系统于1989年建成，全长1.32×10^5km。从此，海底光缆通信系统的建设得到了全面展开，促进了全球通信网的发展。

自从1966年高锟提出光纤作为传输介质的概念以来，光纤通信从研究到应用，发展非常迅速，技术上不断更新换代，通信能力（传输速率和中继距离）不断提高，应用范围不断扩大。光纤通信的发展可以粗略地分为以下五个阶段：

第一阶段是从基础研究到商业应用的开发时期。从1976年开始，紧随研究与发展的步伐，经过许多现场试验后，1978年，工作于0.8μm波长的第一代光波系统正式投入商业应用，实现了短波长（0.85μm）、低速率（45Mbit/s或34Mbit/s）多模光纤通信系统，损耗为2dB/km的光纤问世，无中继传输距离约10km，最大通信容量约为500Mbit/(s·km)。与同轴电缆系统相比，光纤通信的中继距离延长，投资和维护费用降低，符合工程和商业运营的追求目标，光纤通信变为现实。

第二阶段是以提高传输速率和增加传输距离为研究目标和大力推广应用的实用化时期。在这个时期，光纤从多模发展到单模，工作波长从短波长（0.85μm）发展到长波长（1.31μm和1.55μm），实现了工作波长为1.31μm、传输速率为140~565Mbit/s的单模光纤通信，光纤损耗进一步降至0.5dB/km（1.31μm）和0.2dB/km（1.55μm）的水平，无中继传输距离为50~100km。

第三阶段是以超大容量、超长距离为目标，全面深入开展新技术研究的时期。在这个时期，实现了1.55μm色散位移单模光纤通信。这种光纤通信系统采用外调制技术，传输速率可达2.5~10Gbit/s，无中继传输距离可达100~150km。实验室可以达到更高水平。

第四阶段的光纤通信系统是以采用光放大器增加中继距离，并采用波分复用技术来增加比特率和中继距离为特征，由于这种系统有时采用零差或外差方案，故又称为相干光波通信系统。这一阶段的光纤通信系统中，光纤损耗用光纤放大器（EDFA）补偿，补偿后可传输数千千米。在一次试验中利用星形耦合器实现100路622Gbit/s数据复用，传输距离为50km，其信道间串音可以忽略；在另一试验中，单信道速率为2.5Gbit/s，不用再生器，光纤损耗用EDFA补偿，放大器间距为80km，传输距离达2223km。光波系统采用相干检测技术并不是使用EDFA的先决条件。有的实验室曾使用循环回路实现了2.4Gbit/s、2.1×10^4km和5Gbit/s、1.4×10^4km数据传输。光纤放大器的问世，引起了光纤通信领域的重大变革。

第五阶段，光纤通信系统基于非线性压缩抵消光纤色散展宽，实现光脉冲信号的保形传输，即所谓的光孤子通信。这一阶段经历了20多年，已取得了突破性进展。虽然这种基本思想1973年就已经提出，但直到1988年才由贝尔实验室采用受激拉曼散射损耗补偿光纤损耗，将数据传输了4×10^3km，次年又将传输距离延长到6×10^3km。EDFA用于光孤子放大始于1989年，它在工程实际中有更大的优点，自此，国际上一些著名实验室纷纷开始验证光孤子通信作为高速长距离通信的巨大潜力。1990—1992年，美国与英国的实验室采用循环回路曾将2.5Gbit/s与5Gbit/s的数据传输了1×10^4km以上；日本的实验室将10Gbit/s的数据传输了1×10^6km。1995年，法国的实验室则将20Gbit/s的数据传输了1×10^6km，中继距离达到140km。1995年英国的实验室则将20Gbit/s的数据传输了8100km，40Gbit/s的数据传输了5000km。线性光孤子系统的现场试验也在日本东京周围的城域网中进行，分别将10Gbit/s与20Gbit/s的数据传输了2.5×10^3km与1×10^3km。1994年和1995年将80Gbit/s和160Gbit/s的高速数据也分别传输了500km和200km。

2. 现代光纤通信的应用

光纤可以传输数字信号，也可以传输模拟信号。现在世界通信业务的90%需要经光纤传输。随着光纤通信技术的发展，世界上许多国家都将光纤通信系统引入了公用电信网、中继网和接入网中。

光纤宽带干线传送网和接入网发展迅速，是当前研究开发应用的主要目标。光纤通信的各种应用可概括如下：

（1）通信网 光纤通信在通信网中应用广泛，已成为现代通信中的主流方式。

1）全球通信网。由于光纤通信系统的中继距离可以很长，所以能够设计跨越海洋的水下光纤线路，如横跨大西洋和太平洋的海底光缆、跨越欧亚大陆的洲际光缆干线。第一个横跨大西洋的光纤通信系统（TAT-8）于 1988 年底开通运行，这是在第一个同轴铜线电缆电话系统（TAT-1）开通 32 年以后实现的。TAT-8 光纤通信系统跨越了美国东海岸和欧洲之间约 $6 \times 10^3 km$ 的距离，可以提供的总体容量接近 40000 个话音信道，显现出光纤通信在容量上的优越性。与同轴线相比，光缆的重量轻得多，便于运输和敷设。而且，如果采用更低损耗的光纤和光放大器可以减少或消除对中继器的需求。目前，所有的大洋和世界上绝大部分的海洋中都有光缆，形成了高速的通信桥梁。

2）各国的公共电信网。光缆具有尺寸小和信息容量大的优点，因此成为现阶段传统铜绞线电缆的最佳替代品。我国的国家一级干线、各省二级干线和县以下的支线都基本光纤化。

3）各种专用通信网。电力、铁道、国防等部门用于通信、指挥、调度、监控的光纤系统主要是应用光纤抗电磁干扰，实时传输和接收视频信号。

4）特殊通信。光纤具有极强的抗腐蚀能力，在石油、化工、煤矿等部门的易燃易爆环境下使用光缆，具有更高的安全性。

5）飞机、军舰、潜艇、导弹和宇宙飞船内部使用光纤通信系统，是利用了光纤重量轻、体积小、抗电磁干扰和无信号辐射的特性。

（2）构成因特网的计算机局域网和广域网 光纤通信系统特别适合于传输数字形态的数据，中央处理器（CPU）和外围设备之间、CPU 与存储器之间及多个 CPU 之间的互联都可以用光纤实现。局域网和广域网光纤的传输速率已经增加到了 100Mbit/s 和 1Gbit/s，并且可以提供局域网之间的高速连接。对于各种不同网络拓扑的局域网和广域网都可以使用光纤传输。

（3）有线电视网的干线和分配网、工业电视系统 卫星地球站、微波线路、天线接收的电视广播和自制电视节目等这些信号都可以通过光纤与分配中心相连，光纤可以直接接到用户末端线路的视频分配网络中。可以用光缆中互相隔离的多根光纤实现或者通过频分复用方式在一根光纤中实现多个电视频道同时传送。光纤通信网络还可以应用到工厂、银行、商场、交通和公安部门的监控、自动控制系统的数据传输中。

（4）综合业务光纤接入网 光纤接入网分为有源接入网和无源接入网，可实现电话、数据、视频（会议电视、可视电话等）及多媒体业务综合接入核心网，提供各种各样的社区服务。

（5）光纤传感器 严格地讲，光纤传感器不属于通信范畴。但是，光纤传感器是光纤光学一个极为重要的应用领域。光纤传感器已经成功地应用于温度测量、压力测量、旋转及平动位置测量，以及液体深度测量等领域。对于一些传感器，光纤具有双重功能：一是传感器本身取决于光纤的一些敏感特性；二是收集信息并通过光纤传送到信息输出端。

光纤这种奇特媒质的真正应用还仅仅是在现有电信网络内用光纤代替铜线，使通信网的性能得到了某种改善，减低了成本，而网络的拓扑基本上还是光纤通信出现之前的模式，光纤通信的潜能尚未完全发挥，在目前的通信网中光纤通信技术应用尚属于一种经典应用。在全世界范围内掀起全光通信网的潮流下，光纤系统不仅仅用于传输信号，交换、复用、控制与路由选择等也全部在光域完成，由此构建真正的光纤通信网。

1.1.2 光纤通信系统的基本构成与分类

1. 光纤通信系统的基本构成

光纤通信系统的基本组成如图 1-1 所示，主要包括发射、接收和作为广义信道的基本光纤传输系统三大部分。

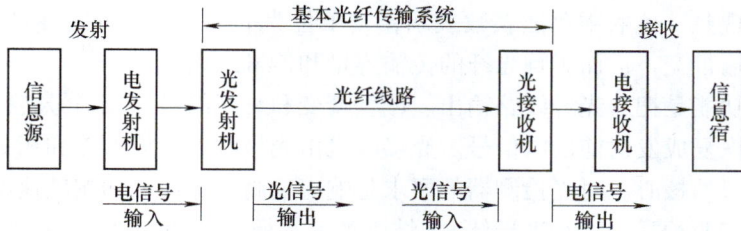

图 1-1　光纤通信系统的基本组成

（1）发射部分　此部分中，信息源把用户信息转换为原始电信号，这种信号称为基带信号。电发射机把基带信号转换为适合信道传输的信号，这个转换如果需要调制，则其输出信号称为已调信号。为提高传输质量，通常把这种模拟基带信号转换为频率调制（FM）、脉冲频率调制（PFM）或脉冲宽度调制（PWM）信号，最后把这种已调信号输入光发射机。

不管是数字系统还是模拟系统，输入到光发射机带有信息的电信号，都通过调制转换为光信号。

（2）接收部分　光载波经过光纤线路传输到接收端，再由光接收机把光信号转换为电信号。电接收机的功能和电发射机的功能相反，它把接收的电信号转换为基带信号，最后由信息宿恢复用户信息。

在整个通信系统中，在光发射机之前和光接收机之后的电信号段，光纤通信所用的技术和设备与电缆通信相同，不同的只是由光发射机、光纤线路和光接收机所组成的基本光纤传输系统代替了电缆传输。

（3）基本光纤传输系统　基本光纤传输系统根据图 1-1 可以细分为 3 个部分，即光发射机部分、光纤线路部分和光接收机部分。

光发射机的功能是把发射部分输入的电信号转换为光信号，并用耦合技术把光信号最大限度地注入光纤线路。光发射机的核心设备是光源，还有驱动器和调制器。光发射机的性能基本上取决于光源的特性，对光源的要求是输出光功率足够大、调制频率足够高、谱线宽度和光束发散角尽可能小、输出功率和波长稳定、器件寿命长。目前广泛使用的光源有半导体发光二极管（LED）和半导体激光二极管（或称激光器，LD），以及谱线宽度很小的动态单纵模分布反馈（DFB）激光器，有些场合也使用固体激光器。

光纤线路的功能是把来自光发射机的光信号，以尽可能小的畸变（失真）和衰减传输到光接收机。光纤线路由光纤、光纤接头和光纤连接器组成。光纤是光纤线路的主体，接头和连接器是不可缺少的器件。实际工程中使用的是容纳许多根光纤的光缆。

光纤通信系统波长为近红外波长，光纤通信的传输媒质材料是石英，它属于介质波导，是一个圆柱体，由纤芯和包层组成。纤芯折射率为 n_1，包层的折射率为 n_2，且 $n_1 > n_2$。当满足全反射条件时，就可将光限制在纤芯中传播。光纤的主要特性是损耗和色散。损耗用衰减系数表示，其单位为 dB/km。光纤有三个低损耗窗口，波长为

$\lambda_0 = 0.85\mu m$（短波波段）

$\lambda_0 = 1.31\mu m$（长波波段）

$\lambda_0 = 1.55\mu m$（长波波段）

光纤的色散是指由于在光纤中不同频率成分和不同模式成分的光信号的传输速率不同而使光脉冲展宽的现象。色散用色散系数表示，其单位为 ps/（km·nm）。信号的散开，即色散的存在影响传输带宽，进而影响光纤的传输容量和传输距离。

光接收机的功能是把从光纤线路输出、产生畸变和衰减的微弱光信号转换为电信号，并经放大和处理后恢复成发射前的电信号。光接收机由光检测器、放大器和相关电路组成，光检测器是光接收机的核心。对光检测器的要求是响应度高、噪声低和响应速度快。目前广泛使用的光检测器有两种类型：在半导体 PN 结中加入本征层的 PIN 光电二极管（PIN-PD）和雪崩光电二极管（APD）。

光接收机最重要的特性参数是灵敏度。灵敏度是衡量光接收机质量的综合指标，它反映接收机调整到最佳状态时，接收微弱光信号的能力。灵敏度主要取决于组成光接收机的光电二极管和放大器的噪声，并受传输速率、光发射机的参数和光纤线路的色散的影响，还与系统要求的误码率或信噪比有密切关系，所以灵敏度也是反映光纤通信系统质量的重要指标。

2. 光纤通信系统的分类

光纤通信系统的分类有多种，一般情况下常按照以下几种方式进行分类：

（1）按照所传输信号的类型划分 可以分为光纤模拟通信系统和光纤数字通信系统。

光纤数字通信系统比光纤模拟通信系统具有更多的优点，也更能适应社会对通信能力和通信质量越来越高的要求。光纤数字通信系统的优点如下：

1）抗干扰能力强，传输质量好。在模拟通信系统中，噪声叠加在信号上，两者很难分开，放大时噪声和信号一起放大，不能改善因传输而劣化的信噪比。光纤数字通信系统采用二进制信号，信息不包含在脉冲波形中，而由脉冲的"有"和"无"表示。因此，一般噪声不影响传输质量，只有在抽样和判决过程中，当噪声超过一定阈值时，才会产生误码。

2）可以用再生中继，传输距离长。光纤数字通信系统可以用不同方式再生传输信号，消除传输过程中的噪声积累，恢复原信号，延长传输距离。

3）适用各种业务的传输，灵活性大。光纤数字通信系统中，话音、图像等各种信息都变换为二进制数字信号，可以把传输技术和交换技术结合起来，有利于实现综合业务。

4）容易实现高强度的保密通信。只需要将明文与密钥序列逐位模 2 相加，就可以实现保密通信。只要精心设计加密方案和密钥序列并经常更换密钥，便可达到很高的保密度。

5）光纤数字通信系统大量采用数字电路，易于集成，从而容易实现小型化、微型化，增强设备可靠性，有利于降低成本。

光纤数字通信系统的缺点是占用频带较宽，系统的频带利用率不高，设备复杂，成本相对较高。

光纤模拟通信系统除占用带宽较窄外，还有电路简单，无需 A/D、D/A 转换，价格便宜等优点。光纤模拟通信系统主要应用于短距离通信，光纤数字通信系统主要应用于长距离通信。

（2）按照光波长和光纤类型划分　可以分为短波长多模光纤通信系统和长波长光纤通信系统。

短波长多模光纤通信系统的工作波长一般在 0.85μm 左右，通信速率为 34Mbit/s 以下，中继距离为 10km 以内。

长波长光纤通信系统又可以细分为以下三种类型：

1）1.31μm 多模光纤通信系统：工作波长在 1.31μm 左右，通信速率为 34Mbit/s 及 140Mbit/s，中继距离为 20km 左右。

2）1.31μm 单模光纤通信系统：工作波长在 1.31μm 左右，通信速率为 140Mbit/s 及 565Mbit/s，中继距离为 30 ~ 50km（140Mbit/s）。

3）1.55μm 单模光纤通信系统：工作波长在 1.55μm 左右，通信速率为 565Mbit/s 以上，中继距离为 70km 左右。

（3）按照数字复用方式划分　可以分为准同步数字序列（PDH）系统和同步数字序列（SDH）系统。

光纤大容量数字传输目前都采用同步时分复用（TDM）技术，复用又分为若干等级，因而先后有两种传输体制：准同步数字序列（PDH）系统和同步数字序列（SDH）系统。

PDH 系统各次群比特率相对于其标准值有一个规定的容差，而且是异源的，通常采用正码速调整方法实现准同步复用。传输速率一般在 565Mbit/s 以下。

SDH 系统不仅适合于点对点传输，而且适合于多点之间的网络传输。目前实用的 SDH 系列系统其单波长通信速率可达 2.5Gbit/s 和 10Gbit/s。

（4）按照传输速率划分　可以分为以下三种：

1）低速光纤通信系统：该类型的光纤通信系统的传输速率为 2Mbit/s、8Mbit/s。

2）中速光纤通信系统：该类型的光纤通信系统的传输速率为 34Mbit/s、140Mbit/s。

3）高速光纤通信系统：该类型的光纤通信系统的传输速率高于 565Mbit/s。

（5）按照调制方式划分　可分为以下两种：

1）直接强度调制光纤通信系统：将待传输的数字电信号直接在光源的发光过程中进行调制，又称为内调制光纤通信系统。这种系统的设备较简单、价格较低、调制效率较高。但会使光谱有所增宽，影响速率的提高。

2）间接调制光纤通信系统：在光源发出光之后，在光的输出通路上加调制器进行调制，又称为外调制光纤通信系统。这种系统对光源谱线影响小，适合高速率的通信。

1.2　现代光纤通信的主要特点与发展趋势

1.2.1　现代光纤通信的主要特点

在光纤通信系统中，作为载波的光波频率比电波频率高得多，而作为传输介质的光纤又比同轴电缆或波导管的损耗低得多，因此相对于电缆通信或微波通信，光纤通信具有许多特点：

1）容许频带很宽、传输容量很大。目前使用的光波频率比微波高 10^3 ~ 10^4 倍，通信容量可增加 10^3 ~ 10^4 倍。理论上，两根光纤可传送上百万个电话和上百套电视节目。

2）损耗很小、中继距离很长且误码率很小。石英光纤在 1.31μm 和 1.55μm 波长的传输损耗分别为 0.50dB/km 和 0.20dB/km，甚至更低。因此，光纤比同轴电缆或波导管的中继距离长得多。波长为 1.55μm 的色散位移单模光纤通信系统，若其传输速率为 2.5Gbit/s，则中继距离可达 150km；若其传输速率为 10Gbit/s，则中继距离可达 100km。采用光纤放大器、色散补偿光纤，中继距离还可增加，传输的误码率极低（10^{-9}，甚至更小）。传输容量大、传输误码率低、中继距离长的优点，使光纤通信系统不仅适合于长途干线网而且适合于接入网的使用，这也是光纤通信系统每公里话路的系统造价较低的主要原因。

3）重量轻、体积小。光纤重量很轻、直径很小，即使做成光缆，在芯数相同的条件下，其重量还是比电缆轻得多，体积也小得多。

4）抗电磁干扰性能好，无"串话"。光纤是非金属的光导纤维，即使工作在强电磁场附近或处于核爆炸后强大的电磁干扰的环境中，光纤也不会产生感应电压、电流，有利于传递动态图像（如可视电话和电视节目）；靠近高压输电线和与电气化铁道并行铺设，通信也不受干扰，适于工厂内部的自动控制和监视系统应用，也有利于在多雷地区、飞机上以及保密性要求高的军政单位使用。由于光纤通信限制在光纤内传输，不会溢出光纤，所以光缆的光纤之间不会"串话"，即没有纤间串扰，不易被窃听。

5）资源丰富、节约有色金属和资源、经济效益好。光纤的纤芯和包层的主要原料是二氧化硅，在自然界中资源丰富且价格便宜，取之不尽。而电缆所需的铜、铝矿产资源则是有限的，采用光纤后可节省大量的铜材。制造 1×10^4km 单管同轴铜线约消耗能源 2.64×10^{11}J，折合标准煤为 9×10^5kg。由于光纤通信的容量大、中继距离长、节省有色金属和铺设方便等优点，因此其经济效益十分显著。

6）抗腐蚀、不怕潮湿。即使光纤的外保护层有小孔、裂缝而进水或受潮，也不会影响光的传递，但进水和受潮对金属导线意味着接地和短路。光纤通信系统也不存在产生火花的危险，安全性好。

1.2.2　现代光纤通信的发展趋势

近年来，光纤通信技术发展迅速，已经成为通信领域一个耀眼的亮点。光纤通信以频带宽、容量大、不受电磁干扰、成本低等独特的优点迅速成为各种通信网络的主要传输方式。光纤通信未来的发展仍具有巨大的潜能。

1. 网络化、大容量与高速化

我国光纤通信主要干线已经建成，光纤通信容量达到 Tbit/(s·km) 的水平，几乎用不完。在 20 世纪 80 年代中期，数字光纤通信的速率已达到 144Mbit/s，可传送 1980 路电话，超过同轴电缆载波。于是，光纤通信作为主流被大量采用，在传输干线上全面取代电缆。随着波分复用技术的发展，目前的实用水平已达 40×10Gbit/s。实验室水平远远超出这一水平，已经完成 80×40Gbit/s 的传输实验。WDM（波分复用）技术的发展方兴未艾，据估计 160×40Gbit/s 的商用技术在不久的将来也将成为现实。

2. 长波化

石英光纤的最低损耗值已经接近理论值，要实现长距离通信，就需要寻求新的光纤材料。通常，把 2μm 以上具有极低损耗的光纤称为超长波长光纤（或红外光纤），这种光纤构成的系统称为超长波长光纤通信系统。

3. 传递业务的 IP 化

近年来，随着因特网的迅猛发展，IP 业务呈现爆炸式增长。有预测表明，IP 将承载包括语音、图像、数据等在内的多种业务，构成未来信息网络的基础。同时以 WDM 为核心、以智能化光网络（ION）为目标的光传送网进一步将控制信令引入光层，满足了未来网络对多粒度信息交换的需求，提高了资源利用率和组网应用的灵活性，因此如何构建能够有效支持 IP 业务的下一代光网络已成为人们广泛关注的热点之一。

与传统的业务相比，IP 业务具有显著的自相似性、收发数据不对称性和服务器拥塞等特点，因此对承载的光网络而言，下一步面临的主要问题不仅仅是要求超大容量和宽带接入等明显需求，还需要光层能够提供更高的智能性和在光节点上实现光交换，其目的是通过光层和 IP 层的适配与融合，建立一个经济高效、灵活扩展和支持业务 QoS 等的光网络，满足 IP 业务对信息传输与交换系统的要求。

智能化光网络吸取了 IP 网络的智能化特点，在现有的光传送网上增加了一层控制平面，这层控制平面不仅能用来为用户建立连接、提供服务和对底层网络进行控制，而且具有高可靠性、可扩展性和高有效性等突出特点，并支持不同的技术方案和不同的业务需求，代表了下一代光网络建设的发展方向。

因此，在 IP 业务高速增长产生的带宽需求和 WDM 传输技术提供超大容量带宽资源的双重刺激下，传统光网络朝着适合于传输 IP 业务的新一代光网络演进已势在必行。不仅如此，由于在全球范围内通信产业及其相关领域都正面临着全方位的残酷竞争，各大电信巨头和通信设备厂商无不把面向互联网业务的更灵活、更可靠和成本更低的下一代光网络的研究和创新提升到战略发展的高度，国内外著名大学和科研机构对光通信的研究也集中在下一代光网络及其关键支撑技术的研究上，传统光通信网络向下一代光网络演进的步伐正在加速，期望能为 IP 互联网提供更加高速、宽带、灵活、高效和智能的新一代光网络。

4. 全光化

传统的光网络实现了节点间的全光化，但在网络节点处仍用电子元器件，限制了目前通信网干线总容量的提高，因此真正的全光网络成为非常重要的课题。全光网络以光节点代替电节点，节点之间也是全光化，信息始终以光的形式进行传输与交换，交换机对用户信息的处理不再按比特进行，而是根据其波长来决定路由。全光网络具有良好的透明性、开放性、兼容性、可靠性、可扩展性，并能提供巨大的带宽、超大容量、极高的处理速度、较低的误码率，网络结构简单，组网非常灵活，可以随时增加新节点而不必安装信号的交换和处理设备。当然，全光网络的发展并不可能独立于众多通信技术，它必须要与因特网、ATM 网络、移动通信网等相融合。目前全光网络的发展仍处于初期阶段，但已显示出良好的发展前景。从发展趋势上看，形成一个真正的、以 WDM 技术与光交换技术为主的光网络层，建立纯粹的全光网络，消除电光瓶颈已成未来光通信发展的必然趋势，更是未来信息网络的核心，也是通信技术发展的最高级别，更是理想级别。

5. 器件集成化

光电子器件和集成光电子器件需要大力发展，因为光纤通信技术的发展，依赖光电子器件的进步。

由于网络的速率不断提高，目前单波长电子速率为 40Gbit/s 的光通信系统已经商用，速率为 160Gbit/s 的电子系统在实验室开发。因此，光电子器件要与之相适应，包括高速调制激光器等都需要开发。实现 ROADM（可重构型光分插复用设备）需要发展波长可调的光滤波器、波长可调的激光器和光开关等，其中有许多可创新的空间。

　　把许多分立的光电子器件集成在一起就成为集成光电子器件，其优点是功能丰富、体积小、速度高、可靠性高。目前已经有小规模的集成光电子器件，需要开发更大规模的集成光电子器件。集成光电子器件的工艺有单片集成和混合集成两种。混合集成可降低难度，提高成品率。混合集成的关键技术是平面光波导电路（Planar Lightwave Circuit，PLC），它是一块具有光波导的印制电路板，可把分立的光电子器件安装在上面。目前商用的集成光电子器件有8波长激光器模块、100波长以上的AWG光滤波器、AWG+光衰减器和32×32光开关等。目前集成光电子器件的发展处于初级阶段，我国应加强这一个领域的探索和研究。

<h2 style="text-align:center">小　结</h2>

　　1）本章回顾了光纤通信发展的历史，并介绍了光纤通信的6大特点及主要应用的领域。光纤通信正向着网络化、大容量与高速化、长波化、传递业务的IP化、全光化、器件集成化方向发展。

　　2）光纤通信系统主要由发射、接收和基本光纤传输系统三大部分组成，其中最主要的设备是光源、光检测器。光源是光发射机的核心，它将电信号转化为光信号；光检测器是光接收机的主要设备，它将光信号转化为电信号，完成与光源相反的功能。光纤线路是光信号进行传输的通道。

　　3）根据光纤通信系统的特点，可以将光纤通信系统按照传输信号类型、光波长和光纤类型、数字复用方式、传输速率和调制方式进行分类。

<h2 style="text-align:center">思　考　题</h2>

　　1）光纤通信发展的过程中，有哪些起到重要作用的人物和产生深远影响的技术理论？
　　2）光纤通信系统由哪些部分组成？
　　3）光纤通信的特点有哪些？

第2章　光纤与光缆

目标：通过本章的学习，应掌握和了解以下内容：

- 了解光纤的结构与分类。
- 掌握光纤的导光原理。
- 掌握光纤的标准与应用。
- 掌握光纤的损耗特性、色散特性。
- 掌握光缆的结构与种类。
- 掌握光缆的型号、色谱与端别。

2.1　光纤

在光通信中，长距离传输光信号所需要的光波导是一种称为光导纤维（简称光纤）的圆柱体介质波导。光纤是工作在光频下的一种介质波导，它引导光能沿着轴线平行方向传输。

2.1.1　光纤的结构与分类

1. 光纤的结构

光纤（Optical Fiber，OF）就是用来导光的透明介质纤维，一根实用化的光纤是由多层透明介质构成的，一般光纤的结构如图2-1所示，可以分为三层：折射率较大的为纤芯，折射率较低的为包层和外涂覆层。纤芯和包层的结构满足导光要求，控制光波沿纤芯传播；涂覆层主要起保护作用（因不用于导光，故可染成各种颜色）。

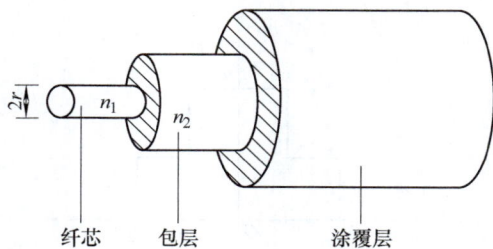

图2-1　一般光纤的结构

（1）纤芯　纤芯位于光纤的中心部位（直径为 $5\sim80\mu m$），其成分是高纯度的二氧化硅，此外还掺有极少量的掺杂剂，如二氧化锗、五氧化二磷等，掺有少量掺杂剂的目的是适当提高纤芯的光折射率（n_1）。通信用的光纤，其纤芯的直径为 $5\sim10\mu m$（单模光纤）或 $50\sim80\mu m$（多模光纤）。

（2）包层　包层位于纤芯的周围（其直径约为 $125\mu m$），其成分也是含有极少量掺杂剂的高纯度二氧化硅。而掺杂剂（如三氧化二硼）的作用则是适当降低包层的光折射率（n_2），使之略低于纤芯的折射率。为满足不同导光的要求，包层可做成单层，也可做成多层。

（3）涂覆层　光纤的最外层是由丙烯酸酯、硅橡胶和尼龙组成的涂覆层，其作用是增加光纤的机械强度与可弯曲性。涂覆层一般分为一次涂覆层和二次涂覆层。二次涂覆层是在一次涂覆层的外面再涂上一层热塑材料，故又称为套塑。一般涂覆后的光纤外径约 $1.5mm$。

纤芯的粗细、纤芯材料的折射率分布和包层材料的折射率对光纤传输特性起着决定性的作用。包层材料通常为均匀材料，其折射率为常数。如为多层包层，则各包层的折射率不同。纤芯的折射率可以是均匀的，也可以是沿纤芯半径 r 而变化的，为此常用折射率沿半径

的分布函数 $n_1(r)$ 来表征纤芯折射率的变化。

2. 光纤的分类

目前光纤的种类繁多，但就其分类方法而言大致有 4 种，即按光纤剖面折射率分布分类、按传播模式的数量分类、按工作波长分类和按套塑类型分类等。此外，若按光纤的组成成分分类，除目前最常应用的石英光纤之外，还有含氟光纤与塑料光纤等。

（1）按光纤剖面折射率分布分类 可分为阶跃型光纤（Step Index Fiber，SIF）和渐变型光纤（Graded Index Fiber，GIF）。

1）阶跃型光纤：是指在纤芯与包层区域内，其折射率分布是各自均匀的，其值分别为 n_1 与 n_2，但在纤芯与包层的分界处，其折射率的变化是阶跃的。阶跃型光纤的折射率分布如图 2-2 所示。

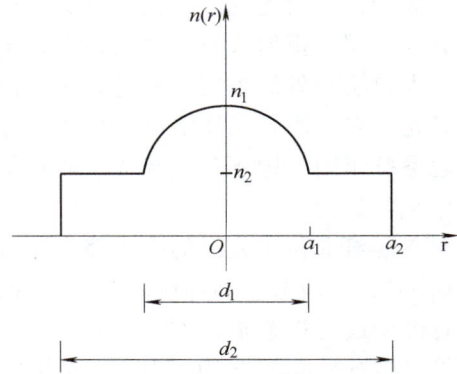

其折射率分布的表达式为

$$n(r) = \begin{cases} n_1 & (r \leq a_1) \\ n_2 & (a_1 < r \leq a_2) \end{cases}$$

阶跃型光纤是早期光纤的结构形式，后来在多模光纤中逐渐被渐变型光纤所取代（因渐变型光纤能大大降低多模光纤所特有的模式色散），但用它来解释光波在光纤中的传播还是比较形象的。而现在当单模光纤逐渐取代多模光纤成为当前光纤的主流产品时，阶跃型光纤结构又作为单模光纤的结构形式之一重新被重视起来。

2）渐变型光纤：是指光纤轴心处的折射率（n_1）最大，而沿剖面径向的增加而逐渐变小，其变化规律一般符合抛物线规律，到了纤芯与包层的分界处，正好降到与包层区域的折射率（n_2）相等的数值；在包层区域中其折射率的分布是均匀的，即为 n_2。渐变型光纤的折射率分布如图 2-3 所示。

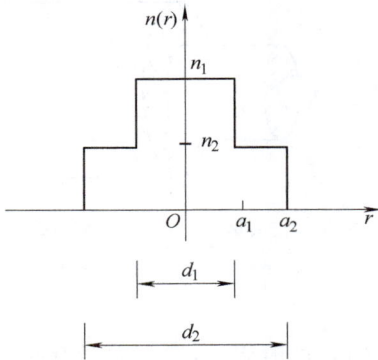

图 2-2 阶跃型光纤的折射率分布　　图 2-3 渐变型光纤的折射率分布

其折射率分布的表达式为

$$n(r) = \begin{cases} n_1 \left[1 - 2\Delta \left(\frac{r}{a_1} \right)^g \right]^{\frac{1}{2}} & (r \leq a_1) \\ n_2 & (a_1 < r \leq a_2) \end{cases}$$

式中，g 为折射率分布指数，它取不同的值则折射率分布不同；n_1 为光纤轴心处的折射率；n_2 为包层区域折射率；a_1 为纤芯半径；Δ 为相对折射率差，$\Delta = \frac{n_1^2 - n_2^2}{2n_1^2} \approx \frac{n_1 - n_2}{n_1}$。

渐变型光纤的剖面折射率如此分布的主要原因是为了降低多模光纤的模式色散，增加光纤的传输容量。

（2）按传播模式的数量分类　可分为多模光纤（Multi-Mode Fiber，MMF）和单模光纤（Single Mode Fiber，SMF）。众所周知，光是一种频率极高的电磁波，当它在波导——光纤中传播时，根据波动光学理论和电磁场理论，需要用麦克斯韦方程组来解决其传播方面的问题。而通过繁琐地求解麦克斯韦方程组之后就会发现，当光纤纤芯的几何尺寸远大于光波波长时，光在光纤中会以几十种乃至几百种传播模式进行传播。

在工作波长一定的情况下，光纤中存在多个传输模式，这种光纤就称为多模光纤。多模光纤的横截面折射率分布有均匀的和非均匀两种，前者称为阶跃型多模光纤，后者称为渐变型多模光纤。多模光纤的传输特性较差、带宽较窄、传输容量较小。

在工作波长一定的情况下，光纤中只有一种传输模式的光纤，称为单模光纤。单模光纤只能传输基模（最低阶模），不存在模间的传输时延差，具有比多模光纤大得多的带宽，这对于高速传输是非常重要的。

（3）按工作波长分类　可分为短波长光纤与长波长光纤。

1）短波长光纤：在光纤通信发展的初期，人们使用的光波的波长在 $0.6 \sim 0.9 \mu m$ 范围内（典型值为 $0.85 \mu m$），习惯上把在此波长范围内呈现低衰耗的光纤称短波长光纤。短波长光纤属早期产品，目前很少采用。

2）长波长光纤：随着研究工作的不断深入，人们发现在波长 $1.31 \mu m$ 和 $1.55 \mu m$ 附近，石英光纤的衰耗急剧下降。不仅如此，在此波长范围内石英光纤的材料色散也大大减小。因此，人们的研究工作又迅速转移，并研制出在此波长范围内衰耗更低，带宽更宽的光纤，习惯上把工作在 $1.0 \sim 2.0 \mu m$ 波长范围内的光纤称为长波长光纤。

长波长光纤因具有衰耗低、带宽宽等优点，特别适用于长距离、大容量的光纤通信。

（4）按套塑类型分类　可分为紧套光纤与松套光纤。

1）紧套光纤：是指二次、三次涂覆层与预涂覆层及光纤的纤芯、包层等紧密地结合在一起的光纤。目前此类光纤居多。

未经套塑的光纤，其衰耗—温度特性是十分优良的，但经过套塑之后其温度特性下降。这是因为套塑材料的膨胀系数比石英高得多，在低温时收缩较厉害，压迫光纤发生微弯曲，增加了光纤的衰耗。

2）松套光纤：是指经过预涂覆后的光纤松散地放置在一塑料管之内，不再进行二次、三次涂覆。

松套光纤的制造工艺简单，其衰耗—温度特性与机械性能也比紧套光纤好，因此越来越受到人们的重视。

2.1.2　光纤的导光原理

光是一种频率极高的电磁波，而光纤本身是一种介质波导，因此光在光纤中的传输理论是十分复杂的。要想全面地了解它，需要应用电磁场理论、波动光学理论，甚至量子场论方面的知识。

为了便于理解，本书从几何光学的角度来讨论光纤的导光原理，这样会更加直观、形象、易懂。更何况对于多模光纤而言，由于其几何尺寸远远大于光波波长，所以可把光波看作一条光线来处理，这正是几何光学处理问题的基本出发点。

1. 全反射原理

当光线在均匀介质中传播时是以直线方向进行的，但在到达两种不同介质的分界面时，会发生反射与折射现象。光的反射与折射如图2-4所示。

根据光的反射定律，反射角等于入射角；根据光的折射定律，$n_1\sin\theta_1 = n_2\sin\theta_2$。其中，$n_1$ 为纤芯的折射率；n_2 为包层的折射率。

显然，若 $n_1 > n_2$，则会有 $\theta_2 > \theta_1$。如果 n_1 与 n_2 的比值增大到一定程度，就会使折射角 $\theta_2 \geq 90°$，此时的折射光线不再进入包层，而会在纤芯与包层的分界面上掠过（$\theta_2 = 90°$时），或者重返回到纤芯中进行传播（$\theta_2 > 90°$时）。这种现象称为光的全反射现象，如图2-5所示。

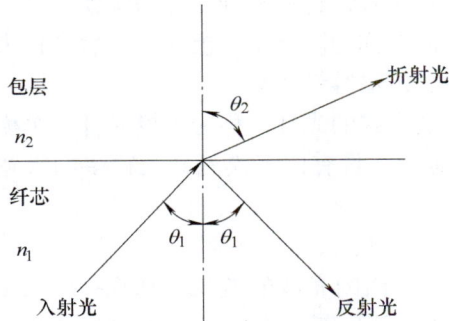

图2-4　光的反射与折射　　　　　图2-5　光的全反射现象

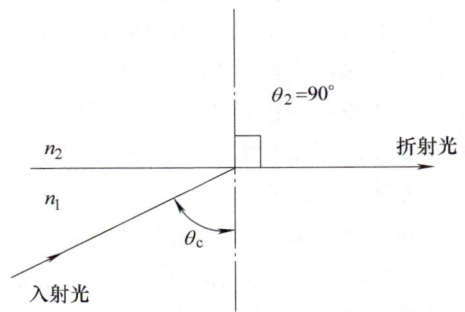

人们把对应于折射角 $\theta_2 = 90°$的入射角称为临界角（θ_c），可以很容易得到临界角。

不难理解，当光在光纤中发生全反射现象时，由于光线基本上全部在纤芯中进行传播，没有光跑到包层中去，所以可以大大降低光纤的衰耗。早期的阶跃型光纤就是按这种思路进行设计的。

2. 光在阶跃型光纤中的传播

（1）光纤中光射线的传播　为了便于理解，先用射线法理论对光纤中光波的传播进行简单的描述。当一束光线从光纤端面耦合进光纤时，光纤中可能有不同形式的光射线：子午线和斜射线。图2-6a画出的是光线始终在一个包含光纤中心轴线 OO' 的平面内传播，并且一个传播周期与中心轴相交两次，这种光线称为子午线，含光纤中心轴线的平面就称为子午面。图2-6a中画出了一个子午面 MN。另一种是光线在传播过程中的轨迹不在同一个平面内，并不与光纤中心轴相交，这种光线就称为斜射线，如图2-6b所示。对于斜射线的分析即使采用射线法理论也相当麻烦。这是因为斜射线的

图2-6　光纤中的射线

传播不像子午线那样在一个平面内传播，而是在一个三维的立体空间中以螺旋式方式前进的，如图2-6b所示。要分析它必须利用三维坐标，比较抽象，但其基本导光原理同子午线方式相同，故不做详细分析。

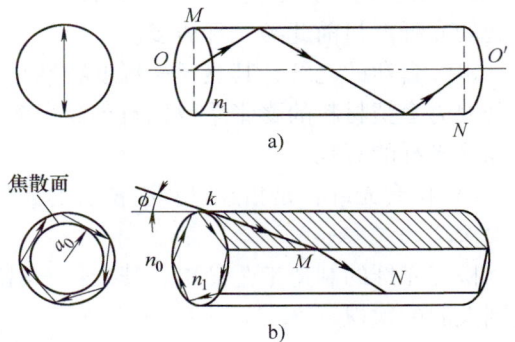

（2）子午线在阶跃型光纤中的传播　阶跃型光纤中的子午线传播如图2-7所示。阶跃型光纤由折射率为 n_1 的纤芯和折射率为 n_2 的包层组成，n_1 与 n_2 均为常数，并且有 $n_1 > n_2$。

当光线①以 ϕ_i 角从空气（$n_0 = 1$）入射到光纤端面时，将有一部分光线进入光纤，此时由折射定律 $n_0\sin\phi_i = n_1\sin\theta_z$，由于纤芯折射率 $n_1 > n_0$（空气折射率），有折射角 $\theta_z < \phi_i$，光线继续传播，以 $\theta_i = 90° - \theta_z$ 角入射到纤芯和包层的界面处。如果 θ_i 小于纤芯和包层界面的

临界角 $\theta_c = \arcsin n_2/n_1$，则一部分光线折射进包层而损耗掉，另一部分反射进纤芯。如此这样，这条光线经几次反射、折射后，很快就被损耗掉了。如果 ϕ_i 减小到 ϕ_0（如光线②），则 θ_z 也减小，而 $\theta_i = 90° - \theta_z$ 就增大。如果 θ_i 增大到略大于临界角 θ_c 时，则此光线将会在纤芯和包层界面发生全反射，能量全部反射回纤芯。当它继续传播再次遇到纤芯与包层的界面时，再次发生全反射。如此反复，光线就能从一端沿着折线传输到另一端。

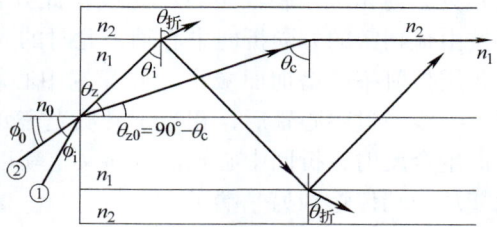

图 2-7　阶跃型光纤中的子午线传播

　　下面分析一下 ϕ_i 要小到多少才能将光线由光纤的一端传到另一端。

　　假设 $\phi_i = \phi_0$ 时，$\theta_z = \theta_{z0}$，$\theta_i = \theta_c$，$n_0 = 1$，则有

$$n_0 \sin\phi_0 = \sin\phi_0 = n_1 \sin\theta_{z0} = n_1 \sin(90° - \theta_c) = n_1 \cos\theta_c$$

从而有 $\sin\phi_0 = n_1 \cos\theta_c = n_1 \sqrt{1 - \sin^2\theta_c} = n_1 \sqrt{1 - \left(\dfrac{n_2}{n_1}\right)^2} = n_1\sqrt{2\Delta} = \sqrt{n_1^2 - n_2^2}$

式中，Δ 为光纤的相对折射率差，$\Delta = \dfrac{n_1^2 - n_2^2}{2n_1^2} \approx \dfrac{n_1 - n_2}{n_1}$。

　　由此可见，只要光纤端面的入射角 $\phi_i \leqslant \phi_0$，光线就能在纤芯中全反射传输，称 ϕ_0 为光纤端面的最大入射角，则 $2\phi_0$ 为光纤对光线的最大可接收角。

　　（3）数值孔径　由于 n_1 与 n_2 差别较小，光纤产生全反射时光纤端面最大入射角的正弦值 $\sin\phi_0 \approx \phi_0$，称为光纤的数值孔径，一般用 NA（Numerical Aperture）表示，即

$$NA = \sin\phi_0 = n_1\sqrt{2\Delta} = \sqrt{n_1^2 - n_2^2}$$

　　此式表示了光纤收集光的能力。凡是入射光线的入射角小于 ϕ_0 的光线都可以满足全反射条件，将被束缚在纤芯中沿轴向传播。可见，光纤的数值孔径与相对折射率差的二次方根成正比，也就是说光纤纤芯与包层的折射率相差越大，则光纤的数值孔径越大，其集光能力越强。

3. 光在渐变型光纤中的传播

　　渐变型光纤纤芯的折射率不是常数，它随光纤半径的增加而逐渐减小到等于包层的折射率，如图 2-8 所示。要分析渐变型光纤中光线的传播，可以采用与数学中"积分定义"相同的办法。先将光纤纤芯分成无数多个同心的薄圆柱层，每一层的厚度很薄，折射率在每一层中近似地看为常数，邻层的折射率有一阶跃差，但相差很小。

　　渐变型光纤的子午面及分层如图 2-8 所示。各层之间的折射率满足以下关系：$n(r_0) > n(r_1) > n(r_2) > n(r_4) > \cdots > n(r)$，当有一光线以 ϕ 角从光纤端面入射时，光线在多层折射率分布光纤中的传播如图 2-8 所示，以入射角 θ_1 射到 1、2 层的分界面时，由于光线是从光密介质射向光疏介质，其折射角 θ_1' 将比 θ_1 大。由图可知，此光线又以 $\theta_2 = \theta_1'$ 为新的入射角在 2、3 层界面发生折射，依次类推。由于光都是由光密介质向光疏介质传播，其入射角将会逐渐增大，即有 $\theta_1 < \theta_2 < \theta_3 < \theta_4 < \theta_5 \cdots$，直到某一界面（图中 u 界

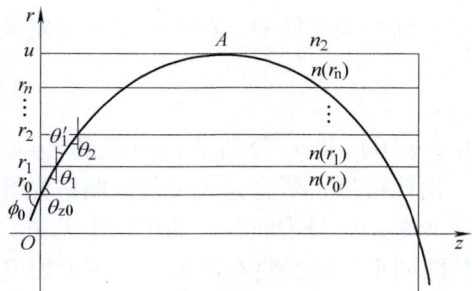

图 2-8　渐变型光纤的子午面及分层

面）处入射角大于临界角时，光线在此处发生全反射。此后光线以完全对称的轨迹，一层层按由疏到密的方向折向中心轴，此时的入射角随光线向中心传播，在相应各层的入射角会因各层折射率的增加而减小，并穿越中心轴。由于中心轴下方的折射率分布和上方完全一样，光线经过中心轴后，相当于又从光密介质向光疏介质传播，其入射角又逐渐增大，随后又产生全反射，折回中心轴。继而又重新以 θ_1 角入射到 1、2 层界面，周而复始，这样光线就能从一端传输到另一端了。

下面再分析一下被分成 N 层的渐变型光纤的导光条件。也就是说，要使光线限制在光纤中传播，而不被泄漏（辐射）到光纤外，光纤端面的入射角 ϕ 必须满足什么样的条件？显然，要使光线限制在纤芯内，光线必须在 N 层前的界面上发生全反射，或最迟也必须在第 N 层与包层界面上发生全反射。因此，若入射光线是以临界状态在端面以 ϕ_0 角入射，那么此光线从第 1 层到第 N 层都会受到折射，致使入射角逐渐增大，并一定能使第 N 层与包层界面上的入射角 $\theta_N \geq \theta_c$。

根据光线的折射和全反射定律，有

$$n(r_0)\sin\theta_1 = n(r_1)\sin\theta_2 = n(r_2)\sin\theta_3 = \cdots = n(r)\sin\theta$$

同理可得

$$n(r_0)\sin(90°-\theta_{z0}) = n(r_1)\sin(90°-\theta_{z1}) = \cdots = n(r)\sin(90°-\theta_z)$$

由上式可得

$$n(r_0)\cos\theta_{z0} = n(r_1)\cos\theta_{z1} = \cdots = n(r)\cos\theta_z$$

射线上任一点符合下列关系：

$$n(r_0)\cos\theta_{z0} = n(r)\cos\theta_z$$

在转折点 A 处，射线与光纤轴平行，则

$$\cos\theta_z = 1 \qquad n(r) = n_2$$

式中，n_2 为包层的折射率。从而有

$$n(r_0)\cos\theta_{z0} = n_2 \qquad \cos\theta_{z0} = \frac{n_2}{n(r_0)}$$

设 θ_{z0} 所对应 ϕ_0 为最大入射角，又由于

$$\sin\phi_0 = n(r_0)\sin\theta_{z0} = n(r_0)\sqrt{1-\cos^2\theta_{z0}} = n(r_0)\sqrt{1-\frac{n_2^2}{n^2(r_0)}}$$

从而可求出光纤的本地数值孔径：

$$NA(r_0) = \sin\phi_0 = n(r_0)\sqrt{1-\frac{n_2^2}{n^2(r_0)}} = \sqrt{n^2(r_0)-n_2^2}$$

在渐变型光纤中，相对折射率差定义为

$$\Delta = \frac{n^2(0)-n_2^2}{2n^2(0)}$$

式中，$n(0)$ 及 n_2 分别是 $r=0$ 处和 $r=u$ 处的折射率。

由此可见，要将光线全部限制在光纤纤芯中，ϕ 角的大小只与入射点的折射率和包层折射率有关，而与中间各层的折射率无关。光纤的轴线上，折射率最大，数值孔径最大。随着 ϕ 角的减小，光线将在离第 1 层更近处发生全反射。

如果 N 趋于无穷大，每层的厚度趋于零，则相邻层之间的折射率趋于连续变化，即 N 趋于无穷大就是渐变型光纤。

综上所述，光纤之所以能够传输光信号，就是利用纤芯折射率略高于包层折射率的特

点，使落于数值孔径角（ϕ_0）内的光线都能收集到光纤中，并都能在光纤包层界面以内形成全反射，从而将光限制在纤芯中传播，这就是光纤的导光原理。

由光纤的数值孔径还可以导出光纤中的光功率沿纤芯半径 r 的分布情况。设光源对光纤均匀激发，即按不同角度辐射的射线包含的功率相同，或者说，功率均匀地分布在各模式中。在这种情况下，光纤端面所能收集到的光功率将依赖本地数值孔径。设纤芯处和离轴线为 r 处的功率密度各为 $P(0)$、$P(r)$，则有

$$\frac{P(r)}{P(0)} = \frac{NA^2(r)}{NA^2(0)} = \frac{n^2(r) - n_2^2}{n^2(0) - n_2^2}$$

某点数值孔径越大，收集到的光功率越多。

要构成性能优良的光纤，除了必须具备纤芯折射率略高于包层折射率外，还要求纤芯和靠近纤芯包层界面处的包层部分应有极小的光损耗，这就要求它们必须由纯度极高的材料构成。此外，还要求光纤各部分都具有严格的几何尺寸和折射率分布，以满足不同传输参数的要求。

2.2　光纤的特性

光信号经过一定距离的光纤传输后要产生衰减和畸变，使输入的光信号脉冲和输出的光信号脉冲不同，其表现为光脉冲的幅度衰减和波形展宽。产生该现象的原因是光纤中存在损耗和色散。损耗和色散是描述光纤传输特性的最主要参数，它们限制了系统的传输距离和传输容量。本节主要讨论光纤损耗和色散的机理和特性。

2.2.1　光纤的损耗特性

光纤的损耗将导致传输信号的衰减，所以光纤的损耗又称衰减。光信号在光纤中传输，随着距离延长光的强度随之减弱，其规律为

$$P(z) = P(0) 10^{-\alpha(\lambda)\frac{L}{10}}$$

式中，$P(z)$ 为传输距离 z 处的光功率；$P(0)$ 为输入光纤的光功率，即 $z = 0$ 处注入的光功率；$\alpha(\lambda)$ 为波长 λ 处的光纤衰减系数，单位为 dB/km；L 为传输距离。

当 $z = L$ 时，光纤衰减系数定义为

$$\alpha(\lambda) = \frac{10}{L}\left[\lg\left(\frac{P(0)}{P(L)}\right)\right]$$

当工作波长为 λ 时，在光纤上距离 L 的总衰减 $A(\lambda)$（单位为 dB）用下式表示：

$$A(\lambda) = L\alpha(\lambda)$$

光纤通信可以说是伴随着光纤制造水平的不断提高，即光纤损耗的不断降低而发展起来的。光纤损耗是决定光纤通信系统中继距离的主要因素之一。造成光纤损耗的原因很多，主要是吸收损耗、散射损耗和附加损耗，损耗产生机理也非常复杂。以下以石英光纤为例分别讨论各种原因所引起的损耗。

1. 吸收损耗

吸收损耗主要包括本征吸收、杂质吸收（OH 基）和结构缺陷吸收。本征吸收有红外和紫外吸收。

红外吸收是光通过由 SiO_2 构成的石英玻璃时因分子共振引起的光能吸收现象。例如，Si—O 的吸收峰分别为 9.1μm、12.5μm、21.3μm，在 9.1μm 时光纤的吸收损耗高达 10^{10} dB/km。紫外吸收是通过光波照射激励电子跃迁至高能级时吸收的能量。这种吸收发生

在紫外波区，故通常称为紫外吸收。玻璃材料中含有铁、铜等过渡金属离子和 OH⁻ 离子，杂质吸收是在光波激励下由离子振动产生的电子阶跃吸收光能而产生的损耗。例如，在 $1.39\mu m$ 处，OH⁻ 离子浓度含量为 1×10^{-6} 时产生的衰减为 60dB/km。

2. 散射损耗

散射损耗是以散射的形式将光能辐射出光纤外的损耗。其原因是由于光纤内部的密度不均匀引起的。光纤中产生的散射损耗主要有瑞利散射、米氏散射、受激布里渊散射、受激拉曼散射、附加结构缺陷和弯曲散射、泄漏散射。

光纤制造时，熔融态玻璃分子的热运动引起其结构内部的密度和折射率起伏，就会引起对光的散射。比光波长小得多的粒子引起的散射称为瑞利散射；与光波长同样大小的粒子引起的散射称为米氏散射。

引起光纤损耗的散射主要是瑞利散射，瑞利散射具有与短波长的 $1/\lambda^4$ 成正比的性质，即 $a_R = K/\lambda^4$。其中，比例系数 K 与玻璃结构、玻璃组成有关。一般情况下，玻璃的转变温度越高、组成越复杂，瑞利散射的损耗就越大。

瑞利散射受到照射光强作用。受激布里渊散射和受激拉曼散射，则存在于光能密度超过某一高值时，是光与媒介相互作用产生的。

3. 附加损耗

附加损耗（或称应用损耗）属于来自外部的损耗，如在施工安装和使用运行中使光纤扭曲、侧压等造成光纤宏弯和微弯所形成的损耗等。

光纤损耗原因归纳如图 2-9 所示。

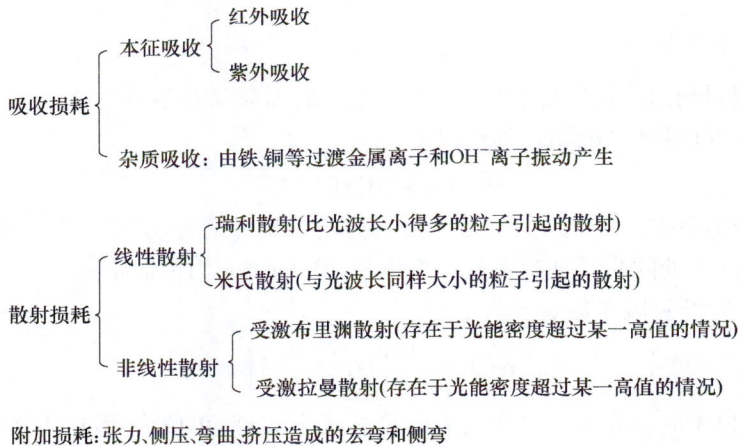

图 2-9　光纤损耗原因归纳

2.2.2　光纤的色散特性

在物理学中，色散是指不同颜色的光经过透明介质后被分散开的现象。一束白光经三棱镜后被分为七色光带。这是因为玻璃对不同颜色（不同频率或不同波长）的光具有不同的折射率，波长越长（或频率越低）玻璃呈现的折射率越小，波长越短（或频率越高）玻璃呈现的折射率越大。换句话说，玻璃的折射率是光波频率（或波长）的函数。当由不同颜色组合而成的白光以相同的入射角 θ_1 入射时，根据折射定律（$n_1\sin\theta_1 = n_2\sin\theta_2$），不同颜色的光因 n_2 不同会有不同的折射角，这样不同颜色的光就会被分开，出现色散。由于 $v = c/n$（c 为光速，$c = 3 \times 10^8 \text{m/s}$），显然不同颜色的光在玻璃中传播的速度也不相同。

在光纤传播理论中，拓宽了色散这个名词的含义，在光纤中，信号是由很多不同模式或频率的光波携带传输的，当信号达到终端时，不同模式或不同频率的光波出现了传输时延差，从而引起信号畸变，这种现象就统称为色散。对于数字信号，经光纤传播一段距离后，色散会引起光脉冲展宽，严重时，前后脉冲将互相重叠，形成码间干扰。因此，色散决定了光纤的传输带宽，限制了系统的传输速率和中继距离。色散和带宽是从不同的领域来描述光纤的同一特性的。

根据色散产生的原因，光纤的色散主要分为模式色散、材料色散、波导色散和偏振模色散，下面分别给予介绍。

1. 模式色散

模式色散一般存在于多模光纤中。因为，在多模光纤中同时存在多个模式，不同模式沿光纤轴向的群传播速度是不同的，它们到达终端时，必定会有先有后，出现时延差，形成模间色散，从而引起脉冲宽度展宽。模式色散的脉冲展宽如图 2-10 所示。对于理想单模光纤，由于只传输一种模式（基模—LP_{01} 或 HE_{11} 模），因而不存在模式色散，但存在偏振模色散。

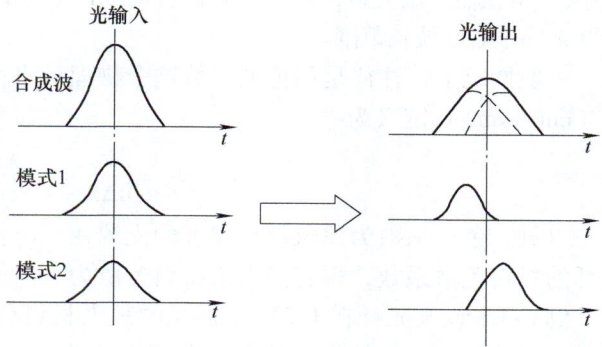

图 2-10　模式色散的脉冲展宽

现对阶跃型多模光纤的最大模式色散进行估算。阶跃型多模光纤的模式色散如图 2-11 所示。在阶跃型多模光纤中，传输最快和最慢的两条光线分别是沿轴心传播的光线①和以临界角 θ_c 入射的光线②。因此，在阶跃型多模光纤中的最大模式色散是光线②（所用时间 τ_{max}）和光线①（所用时间 τ_{min}）到达终端的时间差 $\Delta\tau_{max}$：$\Delta\tau_{max} = \tau_{max} - \tau_{min}$。

根据几何光学，设在长为 L 的光纤中，光线①和②沿轴方向传播的速度分别为 c/n_1 和 $\sin\theta_c c/n_1$，因此光纤的模式色散为

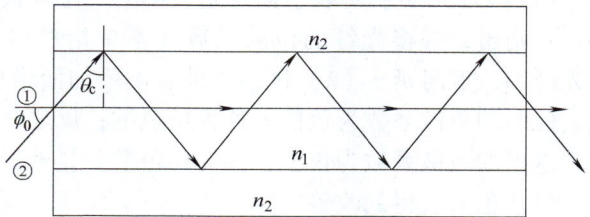

图 2-11　阶跃型多模光纤的模式色散

$$\Delta\tau_M = \Delta\tau_{max} = \frac{L}{\frac{c}{n_1}\sin\theta_c} - \frac{L}{\frac{c}{n_1}} = \frac{Ln_1}{c}\left(\frac{n_1}{n_2} - 1\right) \approx \frac{Ln_1}{c}\Delta$$

式中，Δ 为光纤的相对折射率差。

在弱导光纤（n_1 和 n_2 相差很小的光纤）中，$\Delta \approx (n_1 - n_2)/n_1$。如果 $\Delta = 1\%$，石英光纤的 $n_1 = 1.5$，光纤长 1km，则可求得该光纤的最大模式（模间）色散 $\Delta\tau_{max} = 50ns$。由此可见，当光纤的长度越长，模式色散就越严重；当相对折射率差 Δ 越大，模式色散也越严重。

2. 材料色散

由于光纤材料的折射率随光波长的变化而变化，使得光信号各频率的群速度不同，引起传输时延差的现象，就称为材料色散。这种色散取决于光纤材料折射率的波长特性和光源的线谱宽度。

在数字光纤通信系统中，实际使用的光源的输出光并不是单一波长，而是具有一定的谱

线宽度。由于光纤材料的折射率是波长的函数，光在其中的传播速度 $v(\lambda) = c/n(\lambda)$ 也随光波长而变。当具有一定谱线宽度的光源所发出的光脉冲入射到单模光纤内传输时，不同波长的光脉冲将有不同的传播速度，在到达输出端时将产生时延差，从而使脉冲展宽，这就是材料色散的产生机理。

若已知群速度为 $v_g = \mathrm{d}\omega/\mathrm{d}\beta$，那么单位长度的群时延为 $\tau_0 = 1/v_g = n_1/c$，则长度为 L 的光纤的材料色散为

$$\Delta\tau_m = -\frac{L}{c}\lambda\frac{\mathrm{d}^2 n_1}{\mathrm{d}\lambda^2}\Delta\lambda$$

式中，c 为真空中的光速；n_1 为纤芯折射率；λ 为光波长；$\Delta\lambda$ 为光源谱线宽度，且 $\Delta\lambda = \lambda_2 - \lambda_1$ 是以 λ 为中心的波长范围。

一般情况下，往往是用色散系数这个物理量来衡量色散的大小。色散系数 D_m［单位为 $\mathrm{ps/(nm \cdot km)}$］定义为

$$D_m = \frac{\Delta\tau_m}{L\Delta\lambda} = -\frac{\lambda}{c}\frac{\mathrm{d}^2 n_1}{\mathrm{d}\lambda^2}$$

可见，色散系数为单位谱线宽度的光源在单位长度光纤中传播所造成的色散。如果已知光纤的材料色散系数，很容易求出材料色散为 $\Delta\tau_m = D_m\Delta\lambda L$。

例 2-1　设某光纤在 $1.31\mu\mathrm{m}$ 波长的最大材料色散系数 $D_m = 3.5\mathrm{ps/(nm \cdot km)}$，如用一中心波长为 $1.31\mu\mathrm{m}$ 的半导体激光器产生传输光，其谱线宽度为 $\Delta\lambda = 4\mathrm{nm}$，试求出该光在 1km 长度光纤中传输造成的材料色散。

解：容易求出光纤的材料色散为

$$\Delta\tau_m = D_m L\Delta\lambda = 3.5\mathrm{ps/(nm \cdot km)} \times 1\mathrm{km} \times 4\mathrm{nm} = 0.014\mathrm{ns} = 14\mathrm{ps}$$

由例 2-1 可见，材料色散还是较小的，比阶跃型多模光纤的模式色散小得就更多了。另外还需指出，一根光纤的色散系数（不单指材料色散系数）可能是正数，也可能是负数。在光纤中，群时延 $\tau(\lambda)$ 随载波波长的增加而增加，或者说波长越短的光波其传播速度越快，此时的色散系数为负值，称为负色散；反之，波长较长的光波比波长较短的光波传播更慢，这里的色散系数为正值，称为正色散。显然，若将两根色散系数符号相反的光纤熔接起来，材料色散会得到改善。

3. 波导色散

波导色散 $\Delta\tau_w$ 是针对光纤中某个导模而言的，不同波长的相位常数 β 不同，从而使群速度不同，就会引起色散。波导色散还与光纤的结构参数、纤芯与包层的相对折射率差等多方面的原因有关，故也称为结构色散。波导色散 $\Delta\tau_w$ 很小，波导色散系数用 D_w［单位为 $\mathrm{ps/(nm \cdot km)}$］表示：

$$D_w = -\frac{n_1\Delta}{c\lambda}V\frac{\mathrm{d}^2(Vb)}{\mathrm{d}V^2}$$

式中，Δ 为相对折射率差；n_1 为纤芯折射率；V 为归一化频率；b 为归一化相位常数，$b = W^2/V^2$；W 为归一化衰减常数。

同理可得，光纤的波导色散可用下式计算：$\Delta\tau_w = D_w L\Delta\lambda$。

4. 偏振模色散

偏振模色散是单模光纤特有的一种色散。由于单模光纤中实际上传输的是两个相互正交的偏振模，它们的电场各沿 x、y 方向偏振，分别记作 LP_{01}^x 和 LP_{01}^y，其相位常数 β_x、β_y 不同，相应的群速度不同，从而引起偏振模色散 $\Delta\tau_0$：

$$\Delta \tau_0 = \frac{\mathrm{d}\beta_x}{\mathrm{d}\omega} - \frac{\mathrm{d}\beta_y}{\mathrm{d}\omega} = \frac{\mathrm{d}\Delta\beta}{\mathrm{d}\omega} \approx \frac{\Delta\beta}{\omega}$$

式中，$\Delta\beta = \beta_x - \beta_y$；$\omega$ 为光的角频率。

综上所述，在多模光纤中存在着模式色散、材料色散和波导色散 3 种色散，而且在这 3 种色散之中，模式色散 >> 材料色散 > 波导色散。在单模光纤中，模式色散为零，其色散主要是材料色散、波导色散和偏振模色散，而且材料色散占主导，波导色散较小，偏振模色散一般可以忽略。因此光纤色散可表示为

多模光纤色散：$\Delta\tau = (\Delta\tau_M^2 + \Delta\tau_m^2 + \Delta\tau_w^2)^{1/2}$

单模光纤色散：$\Delta\tau = (\Delta\tau_m^2 + \Delta\tau_w^2 + \Delta\tau_0^2)^{1/2}$

不过单模光纤一般只给出色散系数 D，其中包含了材料色散和波导色散的共同影响。

5. 光纤的带宽

光纤的色散和带宽描述的是光纤的同一特性。事实上，色散描述的是光脉冲经过传输后在时间坐标轴上展宽的程度，是光纤特性在时域的描述。而带宽是这一特性在频域中的描述。在频域中对于调制信号而言，光纤可以被看作是一个低通滤波器。当调制信号的高频分量通过它时，就会受到严重衰减，就是说输入信号（调制信号）幅度保持不变，只改变频率时，经光纤传输后输出信号的幅度将会随调制信号（输入信号）的频率而发生变化。ITU-T 建议规定光纤的带宽是每千米带宽，即

$$B_0 = \frac{\varepsilon \times 10^6}{D\Delta\lambda}$$

$$\Delta\tau = D\Delta\lambda$$

L（单位为 km）长的光纤带宽：$B_L \approx \dfrac{B_0}{L} = \dfrac{\varepsilon \times 10^6}{DL\Delta\lambda}$

式中，D 是光纤色散系数 [ps/(nm·km)]；$\Delta\lambda$ 是光源谱宽（nm）；B_0 是光纤的带宽（MHz）；常数 $\varepsilon = 0.115$（多纵模激光器）或 0.306（单纵模激光器）。

2.2.3　光纤的几何特性和光学特性

1. 几何特性

光纤的几何特性与施工有紧密的联系，与光纤的低损耗连接很有关。几何特性有芯直径、外径、光纤同心度和不圆度等。

（1）芯直径　芯直径主要是对多模光纤的要求。ITU-T 规定多模光纤的芯直径为（50 ± 3）μm。

（2）外径　光纤的外径是指裸纤的直径。无论多模光纤、单模光纤，ITU-T 规定通信用光纤的外径均为（125 ± 3）μm。

（3）光纤同心度和不圆度　同心度是指纤芯中心与包层中心之间的距离与纤芯直径的比值。不圆度包括纤芯的不圆度和包层的不圆度，可用下式表示：

$$NC = \frac{(D_{max} - D_{min})}{D_{co}}$$

式中，D_{max} 和 D_{min} 是芯（包层）的最大和最小直径；D_{co} 是芯（包层）的标准直径。

ITU-T 规定：多模光纤同心度误差小于 6%；纤芯不圆度小于 6%（包括单模）；包层不圆度小于 2%；单模光纤同心度误差为 1μm。

2. 光学特性

光纤的光学特性是决定光纤传输性能的一个重要因素。

（1）折射率分布　多模光纤的折射率分布，决定光纤带宽和连接损耗；单模光纤的折射率分布，决定工作波长的选择。光纤折射率的通式为

$$n(r) = n(0)\left[1 - 2\Delta\left(\frac{r}{a}\right)^g\right]^{\frac{1}{2}}$$

式中，r 为离开光纤轴心的距离；$n(0)$ 是 $r = 0$ 时纤芯中心折射率；g 是折射率分布指数，它取不同的值则折射率分布不同；a 为纤芯半径（μm）；Δ 为相对折射率差。

纤芯折射率：当 $r < a$ 时，$n(r) = n(0)[1 - 2\Delta(r/a)^g]^{1/2}$

包层折射率：当 $r \geq a$ 时，$n_2 = n(r) = n(0)[1 - 2\Delta]^{1/2}$

（2）最大理论数值孔径　光纤的数值孔径（NA）与光源耦合效率、光纤损耗时微弯的敏感性和带宽有着密切的关系。数值孔径大，则容易耦合，微弯敏感小，带宽较窄。最大理论数值孔径的定义为

$$NA_{max} = \sqrt{n_1^2 - n_2^2}$$

式中，n_1 为阶跃型光纤均匀纤芯的折射率［渐变型光纤为纤芯中心的折射率 $n(r)$］；n_2 为均匀包层的折射率。

渐变型光纤的局部数值孔径定义为 $NA = \sqrt{n^2(r) - n_2^2}$。

（3）模场直径　模场直径的定义，可以用基模场 E_{01} 传输函数来表示，即在基模场 $E_{01}(r)$ 传输函数与横轴径向 r 的关系曲线上两个 $1/e$ 点之间的宽度就是模场直径。

模场直径估算：$2S_0 = 2\lambda/(\pi n_1 \sqrt{\Delta})$。

单模光纤中由模场直径代替纤芯直径。其理由是，在不同折射率分布情况下纤芯直径相同的光纤其模场分布是不相同的，光纤的传输性能取决于模场分布。

对施工来说，光纤连接中若模场直径失配，偏差大时则会增大连接损耗。ITU-T 规定模场直径为 $[(9 \sim 10) \pm 1]$ μm。

（4）截止波长（单模传输条件）　截止波长是单模光纤保证单模传输的条件，大于此波长时二阶 LP_{11} 模不再传播。截止波长同其他参数的不同点在于它不是恒定的，而是随着长度不同而改变，这就要求单模光纤的截止波长一定要小于光通信系统的工作波长。目前单模光纤的截止波长为 $1.10 \sim 1.28$ μm，由相对折射率差 Δ 及剖面形状决定。

2.2.4　光纤的非线性效应

当今在带有掺铒光纤放大器的密集波分复用大容量、高速度的光纤通信系统中，光纤中传输的工作波长多、功率大，大的光功率可能引起信号与光纤的相互作用而产生各种非线性效应，如果不予以适当抑制，这些非线性效应会严重影响系统的性能和限制再生中继距离。

线性或非线性指的是光在传输媒质中的性质，而非光本身的性质。但光场的存在使得媒质的性质特性发生了变化。当媒质受强光场的作用时，组成媒质的原子或分子内的电子发生位移或振动，使媒质产生极化，极化后的媒质内出现偶极子，这些偶极子辐射出相同频率的电磁波叠加到原入射场上，成为媒质内的总光场。这说明媒质特性变化又反过来影响光场。

光纤的非线性效应可分为两类：受激散射和折射率扰动。

（1）受激散射　受激散射发生在光信号与光纤中的声波或系统振动相互作用的调制系统中，即光场把部分能量转移给非线性媒质。受激拉曼散射和受激布里渊散射就属于此类。

1）受激拉曼散射（Stimulated Raman Scattering，SRS）是由于媒质中的分子振动对入射光（称为泵浦光）的调制（相互作用），对入射光产生散射。设入射光频率为 ω_p，媒质分

子振动频率为 ω_v，则散射光频率为 $\omega_s = \omega_p - \omega_v$ 和 $\omega_{as} = \omega_p + \omega_v$，这种现象叫受激拉曼散射。频率为 ω_s 散射光叫斯托克斯波；频率为 ω_{as} 散射光叫反斯托克斯波。

一个入射光子消失，产生了一个频率下移光子、一个有能量和动量的光子，前者即斯托克斯波。尽管受激拉曼散射光是以前、后两个方向传播的，但是可采用光隔离器来消除后向传输的光功率。

受激拉曼散射的阈值与光纤传输的信道数、信道间隔、每个信道的平均光功率和系统的中继距离有关。对单信道系统而言，受激拉曼散射的阈值功率泵浦约为 1W，远远大于 SBS 的阈值。

2）受激布里渊散射（Stimulated Brillouin Scattering，SBS）是一种由光纤中的光信号和声波（机械振动技术上称为声波）之间的相互作用所引起的非线性现象。

入射的泵浦光（光频为 ω_p）将部分能量转移给斯托克斯波（频率为 ω_s），并发出频率为 Ω 的声波：

$$\Omega = \omega_p - \omega_s$$

受激布里渊散射与受激拉曼散射在物理上类似，只是受激布里渊散射的频移量在声频范围，ω_s 波和 ω_p 波传输方向相反；受激拉曼散射的频移量在光频范围，ω_s 波和 ω_p 波传输方向一致。在所有的光纤非线性效应中受激布里渊散射的阈值最小，其精确值的大小取决于光源的谱线宽和光纤的特性。典型的受激布里渊散射值只有几毫瓦，且与信道数无关。

（2）折射率扰动　在较低的光功率作用下，石英玻璃光纤的折射率是保持恒定的，但是用掺铒光纤放大器获得高的光功率，通过改变所传输信号的光强能够引起光纤的折射率发生变化。折射率扰动引起的 3 种非线性效应为自相位调制、交叉相位调制和四波混频。

1）自相位调制（Self Phase Modulation，SPM）是指传输过程中光脉冲自身相位变化，导致脉冲频谱展宽的现象。自相位调制与"自聚焦"有密切联系，如果十分严重，那么在密集波分复用系统中，光谱展宽会重叠进入邻近的信道。

在某些条件下，SPM 是有利的。可利用 SPM 与激光器的啁啾和正的波长色散的相互作用来暂时压缩传输的脉冲。正是这种相互作用允许色散限制值比完全无啁啾的线性系统高出 50%。

2）交叉相位调制（Cross Phase Modulation，CPM）是一个脉冲对其他信道脉冲相位的作用，即两个或多个不同波长的光波在光纤中的非线性相互作用。其产生方式与 SPM 相同。不同的是 SPM 发生在单信道和多信道系统中，而 CPM 则仅出现在多信道系统中。

除了一些特殊的情况之外，不同波长的脉冲之间互相作用，会造成光谱的展宽。在脉冲之间相互作用所产生的传输性能下降中，波长色散起着双重作用。一方面色散可以降低以不同群速度传输的脉冲之间的相互作用；另一方面，波长色散会暂时扩宽频谱功率。因此，CPM 的作用是复杂的，但可用非零色散位移光纤有效地限制。

3）四波混频（Four Wave Mixing，FWM）是指由两个或三个波长的光波混合后产生的新光波，其产生原理如图 2-12 所示。在光纤通信系统中，某一波长的入射光会改变光纤的折射率，从而在不同频率处发生相位调制，产生新的波长。新波长数量与原始波长数量是呈几何递增的关系，即 $N = N_0^2(N_0 - 1)/2$（N_0 为原始波长数）。而且 FWM 与信道间隔关系密切，信道间隔越小，FWM 越严重。

FWM 对波分复用系统的影响为：

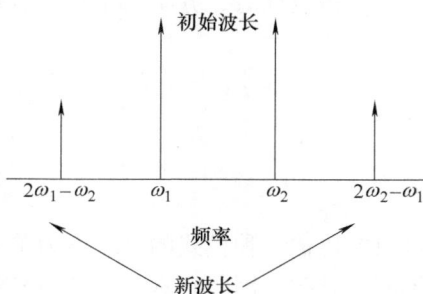

图 2-12　FWM 产生原理

① 将波长的部分能量转换为无用的新生波长，从而损耗光信号的功率。

② 新生波长可能与某信号波长相同或重叠，造成干扰。这种非线性效应会严重地损坏眼图图形和产生系统的误码。

2.2.5 光纤的机械特性与温度特性

1. 光纤的机械特性

光纤的机械特性是非常重要的。通信用的石英光纤是外径为 $125\mu m$ 左右的细玻璃丝，玻璃是一种硬度很高、无延展性的易碎材料，其强度极限由材料结构内的 Si—O 键的键合力所决定，从理论上估算折断 Si—O 原子键所需应力为 $19600 \sim 24500N/mm^2$，因此外径为 $125\mu m$ 的光纤所能承受的抗张力将达 294N。然而，实际的光纤表面或内部总是不可避免地存在裂纹，在光纤受到外力作用时，一个非常小的微裂会扩大、传播，引起崩溃性的断裂，这使得光纤的断裂强度大为降低（约为理论值的 1/4）。因此，从光纤开发到大量应用，人们花费了大量精力、物力、财力进行攻关。目前，光纤的研究、制造以及成缆、施工等部门，都在进一步研究如何提高光纤的抗张强度和使用寿命。

实用化光纤的抗张强度，要求不小于 2.35N 拉力。目前商品化光纤的抗张强度已达到 0.5% 应变即 4.23N 拉力，国内用于工程的光纤，其抗张强度一般都大于 3.92N 拉力。国外较好的光纤在 6.86N 拉力以上，用于海底光缆的光纤强度还要高一些。这些对光纤抗张强度的要求，是在光纤生产过程中用筛选方法达到的。

光纤的寿命，习惯称使用寿命。从机械性能讲，寿命指断裂寿命。光纤、光缆制造以及工程建设中，一般是按 20 年的使用寿命设计的，但光纤寿命因受使用环境（如温度、潮气以及静态、动态疲劳）的影响，并不完全一致。据目前人们推测，20 年设计寿命的光纤，实际可能使用 30 ~ 40 年。

2. 光纤的温度特性

光纤的温度特性是指高、低温条件对光纤损耗的影响，一般是损耗增大。在高、低温条件下光纤损耗都增大，这是由于光纤涂覆层、套塑层所用的材料为有机树脂和塑料，比石英的收缩和膨胀系数大得多，因而在低温时光纤受到轴向压缩力而产生微弯，在高温时光纤又受到轴向伸长力而产生应力导致损耗增大。光纤的温度特性：随着温度的不断降低，光纤损耗也不断增大，当降至 $-55℃$ 左右时，损耗急剧增加，显然这样的系统是无法正常运行的。目前光纤的低温特性已达到较好水平，一般在 $-20℃$ 时，损耗增加在 0.1dB/km 以下，优质光纤在 0.05dB/km 以下。

光纤的低温性能十分重要，对于架空光缆及北方地区线路，如果低温特性不良，将会严重影响通信质量。因此，光纤制造过程中，必须选择好光纤的涂覆、套塑的材料及改进工艺。在工程设计时，务必选用具有良好特性的光纤。

2.3 单模光纤与多模光纤

2.3.1 单模光纤

只能传输一种模式的光纤称为单模光纤。单模光纤只能传输基模（最低阶模），它不存在模间时延差，因此它具有比多模光纤大得多的带宽，这对于高码速传输是非常重要的。单模光纤的带宽一般都在几十吉赫兹·千米以上。

阶跃型单模光纤的结构如图 2-13 所示。单模光纤具有较小的芯径，以确保其传输单模，但是其包层直径要比芯径大十多倍，以避免光损耗。单模光纤各部分结构的作用与多模光纤类似，与多模光纤所不同的是用与波长有关的模场直径 w 来表示芯直径。当今光纤通信工程中广泛使用的 B1.1 和 B4 两类单模光纤的尺寸参数见表 2-1 和表 2-2。

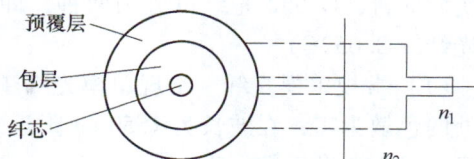

图 2-13　阶跃型单模光纤的结构

表 2-1　B1.1 类单模光纤的尺寸参数

名　　称	参　　数
1310nm 模场直径	$[(8.6\sim9.5)\pm0.7]\mu m$
包层直径	$(125\pm1)\mu m$
1310nm 光纤同心度误差	≤0.8μm
包层不圆度	≤2%
涂覆层直径（未着色）	$(245\pm10)\mu m$
涂覆层直径（着色）	$(250\pm15)\mu m$
包层/涂覆层同心度误差	≤12.5μm

表 2-2　B4 类单模光纤的尺寸参数

名　　称	参　　数
1550nm 模场直径	$[(8.0\sim11.0)\pm0.7]\mu m$
包层直径	$(125\pm1)\mu m$
1550nm 光纤同心度误差	≤0.8μm
包层不圆度	≤2%
涂覆层直径（未着色）	$(245\pm10)\mu m$
涂覆层直径（着色）	$(250\pm15)\mu m$
包层/涂覆层同心度误差	≤12.5μm

2.3.2　单模光纤的标准与应用

单模光纤以其衰减小、频带宽、容量大、成本低和易于扩容等优点，作为一种理想的光通信传输媒介，在全世界得到了极为广泛的应用。目前，随着信息社会的发展，人们研究出了光纤放大器、时分复用技术、波分复用技术和频分复用技术，从而使单模光纤的传输距离、通信容量和传输速率得到进一步提高。

值得指出的是，光纤放大器延伸了传输距离，复用技术在带来高速率、大容量信号传输的同时，使色散、非线性效应对系统的传输质量的影响增大。因此，人们专门研究开发了几种光纤：色散位移光纤、非零色散位移光纤、色散平坦光纤和色散补偿光纤等，它们在解决色散和非线性效应问题上各有独到之处。

按照零色散波长和截止波长位移与否可将单模光纤分为 5 种，国际电信联盟电信标准化部门（ITU-T）在 2000 年 10 月对其中 4 种单模光纤已给出建议，即 G.652、G.653、G.654 和 G.655 光纤。关于单模光纤的分类、名称，IEC（国际电工委员会）和 ITU-T 命名对应关系如图 2-14 所示。

名称	ITU-T	IEC
非色散位移单模光纤	G.652 A/B/C	B1.1和B1.3
色散位移单模光纤	G.653	B2
截止波长位移单模光纤	G.654	B1.2
非零色散位移单模光纤	G.655 A/B	B4
色散补偿单模光纤		
色散平坦单模光纤		

单模光纤 ——

图 2-14　IEC 和 ITU-T 命名的各单模光纤的对应关系

1. G.652——非色散位移单模光纤

2000 年 10 月国际电信联盟第 15 专家组会议通过了非色散位移单模光纤（ITU-T G.652）标准文本，即按 G.652 光纤的衰减、色散、偏振模色散、工作波长范围及其在不同传输速率下的 SDH 系统的应用情况，将 G.652 光纤进一步细分为 G.652A、G.652B 和 G.652C。究其实质而言，G.652光纤可分为两种，即常规单模光纤（G.652A和G.652B）和低水峰单模光纤（G.652C）。

（1）常规单模光纤 常规单模光纤于1983年开始商用，其性能特点是：在1310nm波长处的色散为零；在波长为1550nm附近衰减系数最小，约为0.22dB/km，但在1550nm附近具有最大色散系数，为17ps/(nm·km)；这种光纤工作波长既可选在1310nm波长区域，又可选在1550nm波长区域，它的最佳工作波长在1310nm区域。这种光纤常称为"常规"或"标准"单模光纤，它是当前使用最为广泛的光纤。迄今为止，其在全世界各地累计铺设数量已高达 7×10^7 km。

今天，绝大多数光通信传输系统都选用常规单模光纤。这些系统包括在1310nm和1550nm工作窗口的高速数字和CATV（Cable Television）模拟系统。但是，在1550nm波长处的大色散成为高速系统中延长这种光纤中继距离的瓶颈。

利用常规单模光纤进行速率大于2.5Gbit/s的长途信号传输时，必须采取措施进行色散补偿，并需引入更多的掺铒光纤放大器来补偿由引入色散补偿产生的损耗。常规单模光纤的色散如图2-15所示。常规单模光纤的传输性能及其应用场所见表2-3。

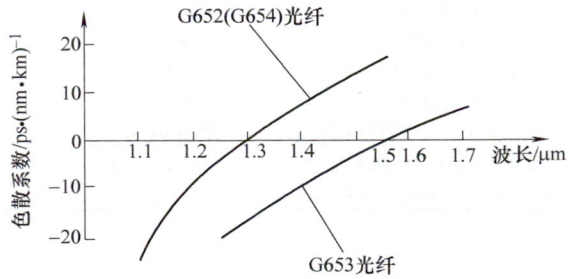

图2-15 常规单模光纤的色散

表2-3 常规单模光纤的传输性能及其应用场所

性能	1310nm 模场直径/μm	截止波长(λ_{cc}) /μm	零色散波长 /nm	工作波长/nm	最大衰减系数 /dB·km^{-1}	最大色散系数 /ps·(nm·km)$^{-1}$
要求值	(8.6~9.5) ±0.7	≤1270	1310	1310或1550	<0.40(1310nm) <0.25(1550nm)	0(1310nm) 17(1550nm)
应用场合	广泛用于数据通信和模拟图像传输媒介，其缺点是工作波长为1550nm时色散系数高达17ps/(nm·km)，阻碍了高速率、远距离通信的发展					

（2）低水峰单模光纤 为解决城域网发展面临的业务环境复杂多变、直接支持用户多、传输短（通常仅为50~80km）等问题，人们采取的解决方案是选用数十至上百个复用波长的高密集波分复用技术，即将不同速率和性质的业务分配到不同的波长，在光路上进行业务量的选路和分插。为此，需要研发出具有更宽的工作波长区的低水峰单模光纤（ITU-T G.652C）来满足高密集波分城域网发展的需要。

常规单模光纤（G.652）工作波长区窄的原因是1385nm附近的高水吸收峰。在1385nm附近，常规单模光纤中只要含有 10^{-9} 量级个数的 OH$^-$ 离子就会产生几个分贝的衰减，使其在1350~1450nm的频谱区因衰减太高而无法使用。为此，国外著名光纤公司都纷纷致力于研究消除这一高水峰的新工艺技术，终于研发出了工作波长区大大拓宽的低水峰单模光纤。

现以美国朗讯科技公司1998年研究出的低水峰单模光纤——全波单模光纤为例，说明该光纤的性能特点。全波单模光纤与常规单模光纤（G.652）的折射率剖面一样。所不同的是全波单模光纤在生产中采用了一种新的工艺，几乎完全去掉了石英玻璃中的 OH$^-$ 离子，从而消除了由 OH$^-$ 离子引起的附加水峰衰减。这样，光纤即使暴露在氢气环境下也不会形成水峰衰减，具有长期的衰减稳定性。

由于低水峰，全波单模光纤的工作窗口开放出第 5 个低损耗传输窗口，进而带来了诸多的优越性：

1）波段宽。由于降低了水峰，光纤可在 1280～1625nm 全波段进行传输，即全部可用波段比常规单模光纤（G.652）增加约一半，同时可复用波长数也大大增多，故 IEC 又将低水峰单模光纤命名为 B1.3 光纤，即波长段扩展的非色散位移单模光纤。

2）色散小。在 1280～1625nm 全波长区，光纤的色散仅为 1550nm 波长区的一半，这样就易实现高速率、远距离传输。例如，在 140nm 波长附近，10Gbit/s 速率的信号可以传输 200km，而无需色散补偿。

3）改进网络管理。可以分配不同的业务给最适合这种业务的波长传输，改进网络管理。例如，在 1310nm 波长区传输模拟图像业务，在 1350～1450nm 波长区传输高速数据（10Gbit/s）业务，在 1450nm 以上波长区传输其他业务。

4）系统成本低。光纤的可用波长区被拓宽后，允许使用波长间隔宽、波长精度和稳定度要求低的光源、合（分）波器和其他元件，网络中使用有源、无源器件成本降低，进而降低了系统的成本。全波单模光纤的性能及应用场合见表 2-4。

表 2-4　全波单模光纤的性能及应用场合

性能	模场直径/μm	截止波长(λ_{cc})/nm	零色散波长(λ_0)/nm	工作波长/nm	最大衰减系数/dB·km^{-1}
要求值	9.3±0.5(1310nm) 10.5±1.0(1550nm)	≤1270	1300～1322	1280～1625	0.35(1310nm) 0.31(1385nm) 0.21～0.25(1550nm)
应用场合	这种光纤的优点是工作波长范围宽，为 1280～1625nm，故其主要用于密集波分复用的城域网的传输系统，它可提供 120 个或更多的可用信道				

2. G.653——色散位移单模光纤

色散位移单模光纤（ITU-T G.653）于 1985 年商用。色散位移单模光纤是通过改变光纤的结构参数、折射率分布形状，力求加大波导色散，从而将最小零色散点从 1310nm 位移到 1550nm，实现 1550nm 处最低衰减和零色散波长一致，并且在掺铒光纤放大器 1530～1565nm 工作波长区域内。这种光纤非常适合于远距离单信道高速光放大系统，如可在这种光纤上直接开通 20Gbit/s 系统，不需要采取任何色散补偿措施。

色散位移单模光纤最富有生命力的应用场所为进行远距离单信道信号传输的海底光纤通信系统。另外，陆地长途干线通信网也已敷设一定数量的色散位移单模光纤。

色散位移单模光纤在进行波分复用信号传输时，存在的严重问题是在 1550nm 波长区的零色散产生了四波混频非线性效应。但据最新研究，只要将色散位移单模光纤的工作波长选在大于 1550nm 或小于 1550nm 的非零色散区，仍可用作波分复用系统的光传输介质。

色散位移单模光纤的性能及应用场合见表 2-5。

表 2-5　色散位移单模光纤的性能及应用场合

性能	1310nm模场直径/μm	截止波长(λ_{cc})/nm	零色散波长/nm	工作波长/nm	最大衰减系数/dB·km^{-1}	最大色散系数/ps·(nm·km)$^{-1}$
要求值	8.3	≤1270	1550	1550	≤0.25(1550nm)	3.5(1525～1575nm)
应用场合	这种光纤的优点是对于 1550nm 工作波长的衰减系数和色散系数均很小。它最适用于单信道几千千米海底系统和长距离陆地通信干线					

3. G. 654——截止波长位移单模光纤

1550nm 截止波长位移单模光纤（ITU-T G. 654）是非色散位移光纤，其零色散波长在 1310nm 附近，截止波长移到了较长波长区，在 1550nm 波长区域衰减极小，最佳工作波长范围为 1500 ~ 1600nm。

获得低衰减光纤的方法是：使用纯石英玻璃制作的纤芯和掺氟的凹陷包层；以长截止波长来减小光纤对弯曲附加损耗的敏感度。

因为这种光纤制造特别困难，造价十分昂贵，因此很少使用。它们主要应用在传输距离很长，且不能插入有源器件的无中继海底光纤通信系统。1550nm 截止波长位移单模光纤的性能及应用场合见表 2-6。

表 2-6　1550nm 截止波长位移单模光纤的性能及应用场合

性能	1550nm 模场直径/μm	截止波长(λ_{cc})/nm	零色散波长/nm	工作波长/nm	最大衰减系数/dB·km^{-1}	最大色散系数/ps·(nm·km)$^{-1}$
要求值	10. 5	≤1530	1310	1550	≤0. 20(1550nm)	20(1550nm)
应用场合	这种光纤的优点是在 1550nm 工作波长衰减系数极小，抗弯曲性能好。它主要用于远距离不能插入有源器件的无中继海底光纤通信系统，其缺点是制造困难、价格昂贵					

4. G. 655——非零色散位移单模光纤

非零色散位移单模光纤（ITU-T G. 655）是 1994 年美国朗讯公司和康宁公司专门为新一代带有光纤放大器的波分复用传输系统设计和制造的新型光纤。这种光纤是在色散位移单模光纤的基础上通过改变折射剖面结构的方法来使得光纤在 1550nm 波长处的色散不为零，故被称为非零色散位移单模光纤。

2000 年 10 月，ITU-T 第 15 研究组（SG15）通过了 G. 655 光纤的最新标准，标准中将 G. 655 光纤分为两种类型：G. 655A 和 G. 655B。G. 655A 光纤主要适用于带光放大器的单信道 SDH 传输系统；G. 655B 光纤主要适用于密集波分复用传输系统。

非零色散位移单模光纤的基本设计思想是在 1550nm 波长区域内具有合理的低色散，足以支持 10Gbit/s 的长距离传输而无需色散补偿；同时，其色散值又必须保持非零特性来抑制四波混频和交叉相位调制等非线性效应的影响，以求同时满足开通时分复用和密集波分复用系统的需要。为此，人们在研发出了第一代非零色散位移单模光纤的基础上，又陆续开发出第二代产品，如低色散斜率非零色散位移单模光纤、大有效面积非零色散位移单模光纤和色散平坦型非零色散位移单模光纤。三种 G. 655 光纤色散斜率的比较如图 2-16 所示。

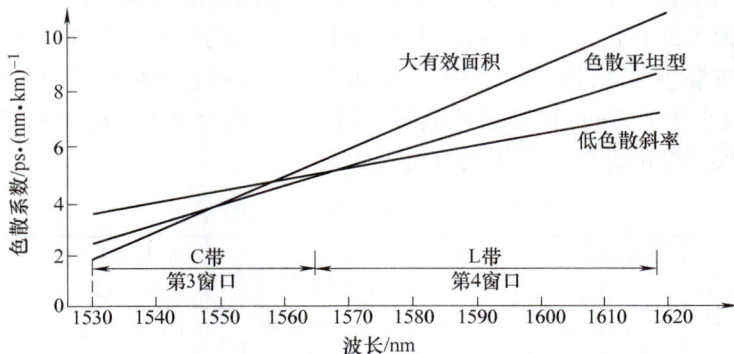

图 2-16　三种 G. 655 光纤色散斜率的比较

为使非零色散位移单模光纤在 1550nm 附近工作波长区呈现出非零色散特性，通过改变光纤折射率剖面形状，即通过改变其波导色散的方式来使得零色散点移向短波长侧或长波长侧，进而制造出正色散非零色散位移单模光纤和负色散非零色散位移单模光纤。

在两种不同零色散点偏移方向的 G. 655 光纤中，具有正色散的 G. 655 光纤的主要优点是可以利用色散补偿其一阶和二阶色散。另外，在 1550nm 波长附近色散为正，有可能与产生负啁啾的 MZ 外调制器结合，利用自相位调制技术来扩大色散受限传输距离乃至实现光孤子传输。它的主要缺点是可能产生所谓的调制不稳定性。

具有负色散的 G. 655 光纤的主要优点是不存在调制不稳定性问题，对交叉相位调制的影响不敏感，由此产生的性能劣化较小；缺点是不能利用自相位调制来扩大色散受限传输距离，也不支持光孤子通信。另外，在光纤制造工艺相同和折射率剖面形状类似的条件下，零色散波长较长的光纤要求有较大的波导色散，因而纤芯—包层折射率差较大，从而往往使损耗较大而有效面积较小。利用 G. 652 光纤来补偿这类光纤时虽然仅能补偿其一阶色散，但具有成本较低的特点。具有负色散的 G. 655 光纤中不同厂家的具体设计和参数也不尽相同。原则上，色散系数绝对值小些有利于 10Gbit/s 信号传得更远，但四波混频影响大，复用的通路数少于色散系数绝对值较大的光纤，因而不利于密集波分复用系统应用。另外，随着系统应用波长范围向 L 波段的扩展，由于这类光纤的零色散波长恰好处于 1570nm 附近，会发生四波混频，因而不利于开拓 L 波段应用。总之，随着复用通路数越来越多以及系统应用波长范围向 L 波段的扩展，这类光纤的弱点越来越显著。

（1）低色散斜率非零色散位移单模光纤　所谓色散斜率指光纤的色散随波长变化而变化的速率，又称高阶色散。在远距离 WDM 传输系统中，由于色散的积累，各通路的色散都随传输距离的延长而增大。然而，由于色散斜率的作用，各通路的色散积累量是不同的，位于两侧的边缘通路间的色散积累量差别最大。当传输距离超过一定值后，会使具有较大色散积累量的通路的色散值超标，从而限制了整个 WDM 系统的传输距离。为此，1998 年美国朗讯公司研发出一种低色散斜率 G. 655 光纤（真波 RS 光纤）。光纤色散斜率已从 $0.07\mathrm{ps}/(\mathrm{nm}^2 \cdot \mathrm{km})$ 降至 $0.05\mathrm{ps}/(\mathrm{nm}^2 \cdot \mathrm{km})$ 以下。

低色散斜率非零色散位移单模光纤（即低色散斜率 G. 655 光纤）的色散一致性在整个第三和第四波段应用窗口上提供了数值有限的色散，消除了四波混频的非线性效应。这个色散阻止了各信号波长间的相位匹配，因此消除了波长混合干扰，极低的色散值使得传输速率高达 10Gbit/s 的信号在无需色散补偿的情况下，可在多波长的每一个波长上进行长距离传输。

非色散位移单模光纤（G. 652 光纤）是专门为 1310nm 系统而设计的，可降低损耗，获得最大带宽。当光纤用于高容量放大系统中时，光纤在 1550nm 波长处的高色散（色散系数约为 $17\mathrm{ps}/(\mathrm{nm} \cdot \mathrm{km})$）可能会需要增加色散补偿或传输设备的成本。

与 G. 652 光纤和其他 G. 655 光纤相比，低色散斜率 G. 655 光纤的色散补偿成本最低。例如，大有效面积 G. 655 光纤的色散随波长的变化比较大，对于长距离的密集波分复用系统来说，这一较大的色散变化率使得复杂的色散补偿方案的使用势在必行，一个波段需划分为若干个子波段，每个子波段用不同的色散补偿量分别进行补偿，而低色散斜率 G. 655 光纤省去了这一复杂的过程，节约了成本。

低色散斜率 G. 655 光纤的纤芯呈特殊的折射率分布，纤芯周围由几层折射率不同的合成石英包层包围，从而在第三和第四应用波段中获得低衰减和非零色散性能。这大大降低了色散补偿的成本，甚至可能无需再进行色散补偿。

（2）大有效面积非零色散位移单模光纤　超高速系统的主要性能限制是线性色散和非线性效应。通常，线性色散可以用色散补偿的方法来消除，而非线性效应的影响却不能用简单的线形补偿的方法来消除。光纤的有效面积是决定光纤非线性效应的主要因素，尽管降低输入功率或减少系统传输距离和光区段长度也可以减轻光纤非线性效应的影响，但同时也降低了系统的要求和性能价格比。可见光纤的有效面积是长距离密集波分复用系统性能的最终限制。1996 年，为了适应超大容量长距离密集波分复用系统的应用，大有效面积非零色散位移单模光纤（即大有效面积 G.655 光纤）已经问世。以美国康宁公司的 Leaf 光纤为例，该光纤的截面积采用了分段式的纤芯结构，典型有效面积在 $72\mu m^2$ 以上，零色散点处于 1510nm 左右，其弯曲性能、模色散和衰减性能均可达到常规 G.655 光纤的水平。

美国康宁公司的 Leaf 光纤的优点是低色散、大有效面积、优异的弯曲性能，而且降低了非线性效应。

大有效面积 G.655 光纤提供更大光功率承受能力，改善了光信噪比，延长了光放大器距离，增加了密集波分复用信道数等。非线性效应是当今 DWDM（密集波分复用）系统最大的性能约束条件，大有效面积 G.655 光纤的关键性能优点就是降低了各种非线性效应（见图 2-17）。

大有效面积 G.655 光纤除了在常规工作带（C 带：1530 ~ 1565nm）具有小有效面积 G.655 光纤的工作性能外，这种光纤更适合于用来构筑下一代电信网，即工作波长向长带（L 带：1565 ~ 1625nm）迁移。康宁公司通过试验证明，大有效面积 G.655 光纤比小有效面积 G.655 光纤具有更好的传输性和更低的系统成本。在 C 带

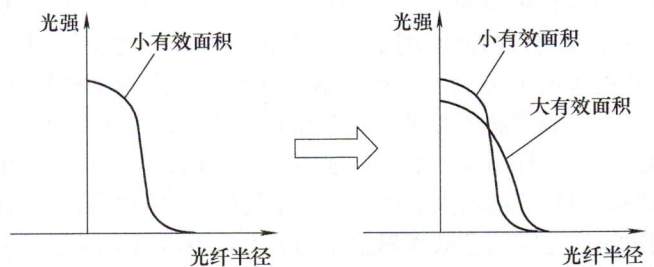

图 2-17　大有效面积 G.655 光纤增大了纤芯的导光面积

和 L 带，大有效面积 G.655 光纤通过采用增大光传输有效面积的方法来降低 DWDM 传输中的非线性效应（如四波混频、自相位调制和交叉相位调制），使其更适合于 DWDM 系统的传输。

正是由于大有效面积 G.655 光纤增大了光传输距离，所以这种光纤系统中只需很少的光放大器和中继器，从而直接降低了网络建设和维护成本。大有效面积常规单模光纤也应与已敷设的光纤和光电子器件相适应。事实上，特别是当大有效面积 G.655 光纤与常规单模光纤和其他光纤连接时，前者较大的模场直径改善了其接续性能。因此，选用大有效面积 G.655 光纤是提高网络传输信息量最容易和最经济的方法。大有效面积 G.655 光纤的性能及应用场合见表 2-7。

表 2-7　大有效面积 G.655 光纤的性能及应用场合

性能	1550nm 模场直径/μm	截止波长 (λ_{cc})/nm	非零色散区/nm	工作波长/nm	衰减系数 /dB·km^{-1}	非零色散区色散系数 /ps·(nm·km)$^{-1}$
要求值	$(8 \sim 11) \pm 0.7$	$\leqslant 1480$	$1530 \sim 1565$	$1530 \sim 1565$	0.25(1550nm) 0.30(1625nm)	$0.1 \leqslant \mid D \mid \leqslant 10$
应用场合	这种光纤的优点是在 1550nm 处色散较低，保证抑制 FWM 等非线性效应，使得其能用在 EDFA 和波分复用结合的传输速率在 10Gbit/s 以上的 WDM 和 DWDM 高速传输系统中					

5. 色散平坦单模光纤

1988 年，色散平坦单模光纤商用化。这种光纤在 1310 ~ 1550nm 波段范围内都是低色散，且具有两个零色散波长，即 1310nm 和 1550nm。这种光纤可用中心波长更宽的激光器和工作波长在 1310nm 和 1550nm 的标准激光器与 LED 进行高速传输。但是，色散平坦单模光纤折射率剖面结构复杂，制造难度大，尤其是该光纤的衰减大，离实用距离很远。色散平坦单模光纤的性能和应用场合见表 2-8。

表 2-8　色散平坦单模光纤的性能和应用场合

性能	模场直径/μm	截止波长/nm	零色散波长/nm	工作波长/nm	最大衰减系数 /dB·km^{-1}	最大色散系数 /ps·$(nm·km)^{-1}$
要求值	8(1310nm) 11(1550nm)	≤1270	1310 和 1550	1310 ~ 1550	≤0.25(1310nm) ≤0.30(1550nm)	0(1310nm) 0(1550nm)
应用场合	这种光纤的优点是在 1310 ~ 1550nm 工作波长范围内低色散					

6. 色散补偿单模光纤

随着光纤放大器的应用，衰减对光纤通信系统距离的限制已不成问题，而色散却严重阻碍了常规单模光纤工作波长由 1310nm 向 1550nm 的升级扩容。为解决这一实际问题，人们研制出了色散补偿单模光纤。

色散补偿单模光纤是一种在 1550nm 波长处有很大的负色散的单模光纤，当前实验中色散补偿单模光纤的色散系数为 – 548 ~ 50ps/(nm·km)，衰减一般为 0.5 ~ 1.0dB/km。

当常规单模光纤系统工作波长由 1310nm 升级扩容至 1550nm 波长工作区时，其总色散呈正值，通过在该系统中加入一段负色散光纤，即可抵消几十千米常规单模光纤在 1550nm 处的正色散，从而可将已安装使用的常规单模光纤工作波长由 1310nm 升级扩容至 1550nm，进而实现高速率、远距离、大容量的传输。色散补偿单模光纤加入给系统带来的衰减完全可由光纤放大器予以补偿。

色散补偿单模光纤的性能及应用场合见表 2-9。

表 2-9　色散补偿单模光纤的性能及应用场合

性能	1550nm 模场直径/μm	截止波长/nm	零色散波长/nm	工作波长/nm	衰减系数 /dB·km^{-1}	色散系数 /ps·$(nm·km)^{-1}$
要求值	6	≤1260	>1550	1550	≤1.00(1550nm)	– 150 ~ – 80(1550nm)
应用场合	这种光纤的优点是在 1550nm 工作波长范围内有很大的负色散，主要对 G.652 光纤的工作波长由 1310nm 扩容升级至 1550nm 时进行色散补偿					

2.3.3　多模光纤

顾名思义，多模光纤就是允许多个模式在其中传输的光纤，或者说在多模光纤中允许存在多个分离的传导模式。

2.3.4　多模光纤的标准与应用

1. 渐变型多模光纤

G.651 光纤是一种折射率渐变型多模光纤，主要应用于 850nm 和 1310nm 两个波长区域的模拟或数字信号传输。其纤芯直径为 50μm，包层直径为 125μm。在 850nm 波长区衰减系数低于4dB/km，色散系数低于120ps/（nm·km）；在1310nm波长区衰减系数低于2dB/km，色散系数低于6ps/（nm·km）。

2. 梯度型多模光纤

梯度型多模光纤的结构如图2-18所示，该类光纤包括A1a、A1b、A1c和A1d类型。它们可用多组分玻璃或掺杂石英玻璃制得。为降低光纤衰减，制备梯度型多模光纤选用的材料纯度比大多数阶跃型多模光纤材料纯度高得多。正是由于折射率呈梯度分布和更低的衰减，所以梯度型多模光纤的性能比阶跃型多模光纤性能要好得多。一般在直径（包括缓冲护套）相同的情况

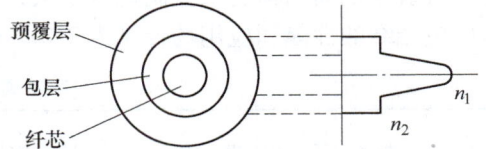

图2-18 梯度型多模光纤的结构

下，梯度型多模光纤的芯径远远小于阶跃型多模光纤，这就赋予梯度型多模光纤更好的抗弯曲性能。梯度型多模光纤的结构尺寸参数见表2-10，4种梯度型多模光纤的传输性能及应用场合见表2-11。

表2-10 梯度型多模光纤的结构尺寸参数

光纤结构参数名称	A1a	A1b	A1c	A1d
纤芯直径/μm	50±3	62.5±3	85±3	100±5
包层直径/μm	125±2	125±3	125±3	140±4
纤芯—包层同心度/μm	≤3	≤3	≤6	≤6
纤芯不圆度（%）	≤6	≤6	≤6	≤6
包层不圆度（%）	≤2	≤2	≤2	≤4
包层直径（未着色）/μm	245±10	245±10	245±10	250±25
包层直径（着色）/μm	250±15	250±15	250±15	—

表2-11 4种梯度型多模光纤的传输性能及应用场合

光纤类型	纤芯—包层直径/μm	工作波长/μm	带宽/MHz	数值孔径	衰减系数/dB·km⁻¹	应用场合
A1a	50/125	0.85，1.30	200~1500	0.20~0.24	0.8~1.5	数据链路、局域网
A1b	62.5/125	0.85，1.30	300~1000	0.26~0.29	0.8~2.0	数据链路、局域网
A1c	85/125	0.85，1.30	100~1000	0.26~0.30	2.0	局域网、传感等
A1d	100/125	0.85，1.30	100~500	0.26~0.29	3.0~4.0	局域网、传感等

3. 阶跃型多模光纤

阶跃型多模光纤的结构如图2-19所示，这种光纤共分A2、A3和A4 3类9个品种。可选用多组分玻璃、掺杂玻璃或塑料来制造纤芯、包层。由于这些多模光纤具有大的纤芯和大的数值孔径，所以它们可更为有效地与非相干光源，如发光二极管（LED）耦合。链路接续可通过价格低廉的注塑型连接器，从而降低整个网络建设费用。因此，阶跃型多模光纤，特别是A4类塑料

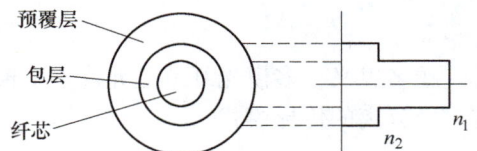

图2-19 阶跃型多模光纤的结构

光纤在短距离通信中扮演着重要的角色。A2、A3和A4 3类阶跃型多模光纤的传输性能和应用场合见表2-12。

表 2-12　3 类阶跃型多模光纤的传输性能及应用场合

光纤参数名称	A2a　A2b　A2c	A3a　A3b　A3c	A4a　A4b　A4c
芯/包直径/μm	100/140	200/300	980/1000
工作波长/μm	200/240	200/380	730/750
带宽/MHz	200/280	200/230	480/500
数值孔径	0.85	0.85	0.65
衰减系数/dB·km^{-1}	≥10(A2a)	≥5(A3a)	≥10(A4a)
	0.23~0.26(A2b)	0.40(A3b)	0.50(A4b)
	≤10(A2c)	≤10(A3c)	≤400(A4c)
典型选用长度/m	2000	1000	100
应用场所	短距离信息传输、楼内局部布线、传感器等		

2.4　光缆

2.4.1　光缆的结构与种类

通信光缆的结构是依据其传输用途、运行环境、敷设方式等诸多因素决定的。从大的方面讲，常用通信光缆分为室内光缆和室外光缆两大类，这里主要介绍室外光缆。

室外光缆的基本结构有层绞式、中心管式、骨架式。每种基本结构中既可放置分离光纤，也可放置带状光纤。其特点分述如下：

1. 层绞式光缆

层绞式光缆的端面和实物如图 2-20 和图 2-21 所示。层绞式光缆的结构是：多根二次被覆光纤松套管（或部分填充绳）绕中心金属加强件绞合成圆形的缆芯，缆芯外先纵包复合铝带并加上聚乙烯内护套，再纵包阻水带和双面覆膜皱纹钢（铝）带，最后加上一层聚乙烯外护层。

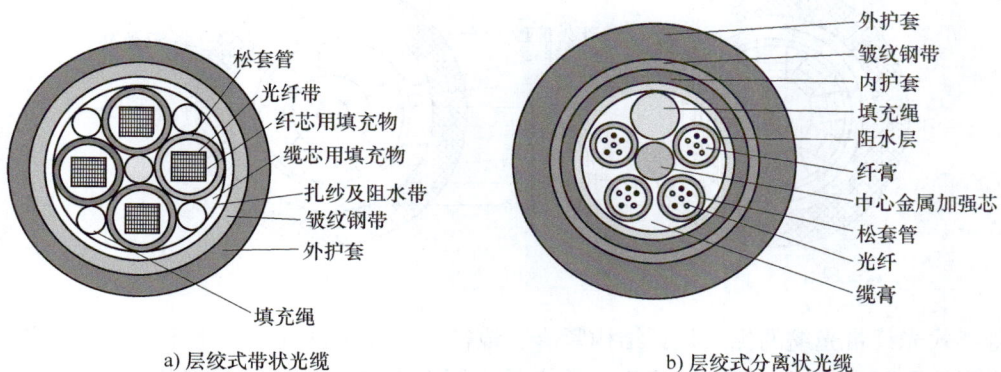

a) 层绞式带状光缆　　　　　　　　b) 层绞式分离状光缆

图 2-20　层绞式光缆的端面

层绞式光缆的结构特点是：光缆中容纳的光纤数量多，光纤余长易控制，光缆的机械、环境性能好，适宜于直埋、管道敷设，也可用于架空敷设。

2. 中心管式光缆

中心管式光缆如图 2-22 和图 2-23 所示，其结构是：一根二次光纤松套管或螺旋形光纤松套管，无绞合直接放在缆的中心位置，纵包阻水带和双面涂塑钢（铝）带，两根平行加强圆磷化碳钢丝或玻璃钢圆棒位于聚乙烯护层中。按松套管中放入的是分离光纤、光纤束还是光纤带，中心管式光缆分为分离光纤的中心管式光缆或光纤带中心管式光缆等。

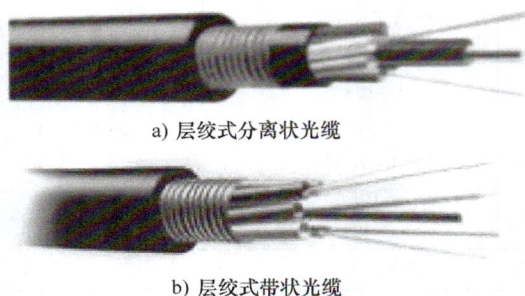

a) 层绞式分离状光缆

b) 层绞式带状光缆

图 2-21　层绞式光缆的实物

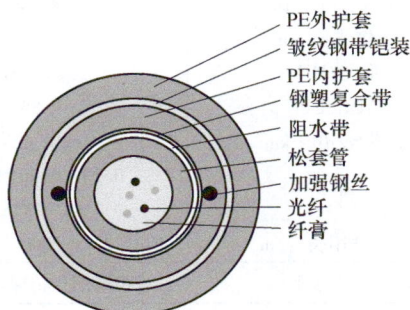

图 2-22　中心管式光缆端面结构（GYXTW53）

中心管式光缆的优点是结构简单、制造工艺简捷、截面小、重量轻，很适宜架空敷设，也可用于管道或直埋敷设。中心管式光缆的缺点是缆中光纤芯数不宜过多（如分离光纤为 12 芯，光纤束为 36 芯，光纤带为 216 芯），松套管挤塑工艺中松套管冷却不够，成品光缆中松套管会出现后缩，光缆中光纤余长不易控制等。

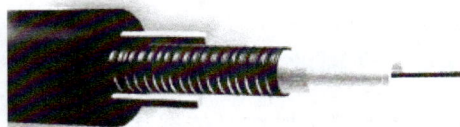

图 2-23　中心管式光缆实物

3. 骨架式光缆

目前，骨架式光缆在国内仅限于干式光纤带光缆，即将光纤带以矩阵形式置于 U 形螺旋骨架槽或 SZ 螺旋骨架槽中，阻水带以绕包方式缠绕在骨架上，使骨架与阻水带形成一个封闭的腔体（见图 2-24 和图 2-25）。当阻水带遇水后，吸水膨胀产生一种阻水凝胶屏障。阻水带外再纵包双面覆塑钢带，钢带外加上聚乙烯外护层。

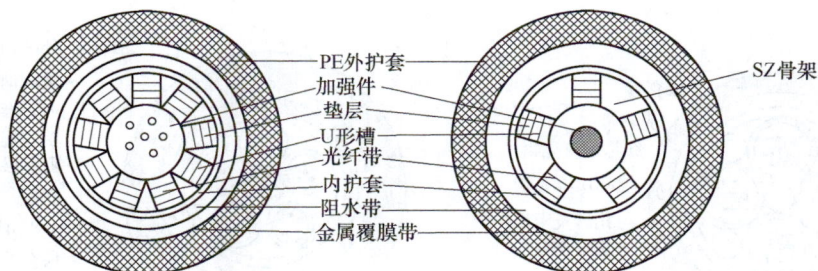

图 2-24　骨架式光缆端面结构

骨架式光纤带光缆的优点是：结构紧凑、缆径小、纤芯密度大（上千芯至数千芯），接续时无需清除阻水油膏、接续效率高。缺点是：制造设备复杂（需要专用的骨架生产线）、工艺环节多，生产技术难度大等。

2.4.2　光缆的型号、色谱与端别

1. 光缆型号和应用

（1）型号的组成

1）型号组成的内容：型号由型式和规格两大部分组成。

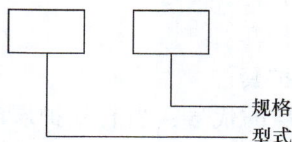

2）型号组成的格式：光缆型号组成的格式如图 2-26 所示。

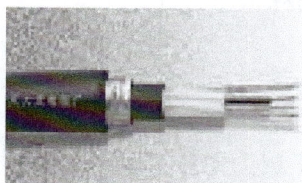

图 2-25　骨架式光缆（GYDGTS）实物　　图 2-26　光缆型号组成的格式

（2）型式的组成内容、代号及意义　型式由 5 个部分构成，各部分均用代号表示，如图 2-27 所示。其中结构特征指缆芯结构和光缆派生结构。

1）分类的代号：

GY——通信用室（野）外光缆

GM——通信用移动式光缆

GJ——通信用室（局）内光缆

GS——通信用设备内光缆

GH——通信用海底光缆

GT——通信用特殊光缆

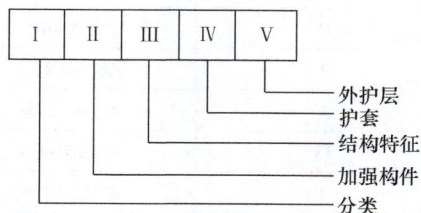

图 2-27　光缆型式的构成

2）加强构件的代号：加强构件指护套以内或嵌入护套中用于增强光缆抗拉力的构件。

（无符号）——金属加强构件

F——非金属加强构件

3）结构特征的代号：光缆结构特征应表示出缆芯的主要类型和光缆的派生结构。当光缆型式有几个结构特征需要注明时，可用组合代号表示，其组合代号按下列相应的各代号自上而下的顺序排列。

D——光纤带结构

（无符号）——光纤松套被覆结构

J——光纤紧套被覆结构

（无符号）——层绞结构

G——骨架槽结构

X——缆中心管（被覆）结构

T——油膏填充式结构

（无符号）——干式阻水结构

R——充气式结构

C——自承式结构

B——扁平形状

E——椭圆形状

Z——阻燃

4）护套的代号：

Y——聚乙烯护套

V——聚氯乙烯护套

U——聚氨酯护套

A——铝—聚乙烯粘结护套（简称 A 护套）

S——钢—聚乙烯粘结护套（简称 S 护套）

W——夹带平行钢丝的钢—聚乙烯粘结护套（简称 W 护套）

L——铝护套

G——钢护套

Q——铅护套

5）外护层的代号：当有外护层时，它可包括垫层、铠装层和外被层的某些部分或全部，其代号用两组数字表示（垫层不需表示），第一组表示铠装层，它可以是一位或两位数字（见表 2-13）；第二组表示外被层或外套，它是一位数字（见表 2-14）。

<table>
<tr><td colspan="2" align="center">表 2-13　铠装层</td></tr>
<tr><td align="center">代　号</td><td align="center">名　称</td></tr>
<tr><td align="center">0</td><td align="center">无铠装层</td></tr>
<tr><td align="center">2</td><td align="center">绕包双钢带</td></tr>
<tr><td align="center">3</td><td align="center">单细圆钢丝</td></tr>
<tr><td align="center">33</td><td align="center">双细圆钢丝</td></tr>
<tr><td align="center">4</td><td align="center">单粗圆钢丝</td></tr>
<tr><td align="center">44</td><td align="center">双粗圆钢丝</td></tr>
<tr><td align="center">5</td><td align="center">皱纹钢带</td></tr>
</table>

<table>
<tr><td colspan="2" align="center">表 2-14　外被层或外套</td></tr>
<tr><td align="center">代　号</td><td align="center">名　称</td></tr>
<tr><td align="center">1</td><td align="center">纤维外被</td></tr>
<tr><td align="center">2</td><td align="center">聚氯乙烯套</td></tr>
<tr><td align="center">3</td><td align="center">聚乙烯套</td></tr>
<tr><td align="center">4</td><td align="center">聚乙烯套加覆尼龙套</td></tr>
<tr><td align="center">5</td><td align="center">聚乙烯保护管</td></tr>
</table>

（3）规格　光缆的规格由光纤和导电芯线的有关规格组成。

1）光缆规格的构成格式如图 2-28 所示。光纤的规格与导电芯线的规格之间用"＋"号隔开。

2）光纤的规格：光纤的规格由光纤数和光纤类别组成。如果同一根光缆中含有两种或两种以上规格（光纤数和类别）的光纤时，中间应用"＋"号连接。

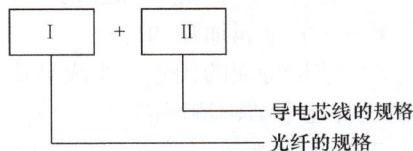

图 2-28　光缆规格的构成格式

① 光纤数的代号用光缆中同类别光纤的实际有效数目的数字表示。

② 光纤类别的代号应采用光纤产品的分类代号表示，按 IEC 60793—2（1998）《光纤第 2 部分：产品规范》等标准规定，用大写 A 表示多模光纤，大写 B 表示单模光纤，再以数字和小写字母表示不同类型光纤。多模光纤的分类代号见表 2-15，单模光纤的分类代号见表 2-16。

表 2-15　多模光纤的分类代号

分类代号	特　性	纤芯直径/μm	包层直径/μm	材　料
A1a	渐变折射率	50	125	二氧化硅
A1b	渐变折射率	62.5	125	二氧化硅
A1c	渐变折射率	85	125	二氧化硅
A1d	渐变折射率	100	140	二氧化硅
A2a	突变折射率	100	140	二氧化硅

表 2-16　单模光纤的分类代号

分类代号	名　称	材　料	分类代号	名　称	材　料
B1.1	非色散位移型	二氧化硅	B2	色散位移型	二氧化硅
B1.2	截止波长位移型		B4	非零色散位移型	

注："B1.1"可简化为"B1"。

　　3）导电芯线的规格：导电芯线规格的构成应符合有关通信行业标准中铜芯线规格构成的规定。

　　例如：$2 \times 1 \times 0.9$ 表示 2 根线径为 0.9mm 的铜导线单线；$3 \times 2 \times 0.5$ 表示 3 根线径为 0.5mm 的铜导线线对；$4 \times 2.6/9.5$ 表示 4 根内导体直径为 2.6mm、外导体内径为 9.5mm 的同轴对。

　　（4）实例

　　1）例 1：金属加强构件、松套层绞、填充式、铝—聚乙烯粘结护套、皱纹钢带铠装、聚乙烯护层的通信用室外光缆，包含 12 根 $50\mu M/125\mu m$ 二氧化硅系列渐变型多模光纤和 5 根用于远供电及监测的铜线径为 0.9mm 的 4 线组，光缆的型号应表示为 GYTA53 12Ala $+4 \times 0.9$。

　　2）例 2：金属加强构件、光纤带、松套层绞、填充式、铝-聚乙烯粘护套通信用室外光缆，包含 24 根非零色散位移单模光纤，光缆的型号应表示为 GYDTA24B4。

　　3）例 3：非金属加强构件、光纤带、扁平型、无卤阻燃聚乙烯护套通信用室内光缆，包含 12 根常规或非色散位移单模光纤，光缆的型号应表示为 GJFDBZY12B1。

2. 光缆的端别判断

　　要正确地对光缆工程进行接续、测量和维护工作，必须首先掌握光缆的端别判别和缆内光纤纤序的排列方法，这是提高施工效率、方便日后维护所必需的。

　　光缆中的光纤单元、单元内光纤，均采用全色谱来标识光缆的端别与光纤序号。其色谱排列和所加标志色，各个国家的产品不完全一致，在各国产品标准中都有规定。目前国产光缆已完全能满足工程需要，所以在这里只对目前使用最多的全色谱光缆进行介绍。

　　光缆的端别判断和电缆有些类似。

　　1）对于新光缆：红点端为 A 端，绿点端为 B 端；光缆外护套上的长度数字小的一端为 A 端，另外一端即为 B 端。

　　2）对于旧光缆：因为是旧光缆，此时红绿点及长度数字均有可能看不到了（施工过程中被磨掉了），其判断方法是：面对光缆端面，若同一层中的松套管颜色按蓝、橙、绿、棕、灰、白顺时针排列，则为光缆的 A 端，反之则为 B 端。

3. 通信光缆中的纤序排定

　　光缆中的单元松套管光纤色谱分为两种：一种是 6 芯的，一种是 12 芯的。前者的色谱排列顺序为蓝、橙、绿、棕、灰、白，后者的色谱排列顺序为蓝、橙、绿、棕、灰、白、红、黑、黄、紫、粉红、天蓝。

　　若为 6 芯单元松套管，则蓝色松套管中的蓝、橙、绿、棕、灰、白 6 根光纤对应 1 ~ 6 号光纤；紧扣蓝色松套管的橙色松套管中的蓝、橙、绿、棕、灰、白 6 根光纤对应 7 ~ 12 号光纤，……，依此类推，直至排完所有松套管中的光纤为止。

　　若为 12 芯单元松套管，则蓝色松套管中的蓝、橙、绿、棕、灰、白、红、黑、黄、紫、粉红、天蓝 12 根光纤对应 1 ~ 12 号光纤；紧扣蓝色松套管的橙色松套管中的蓝、橙、绿、棕、灰、白、红、黑、黄、紫、粉红、天蓝 12 根光纤对应 12 ~ 24 号光纤，……，依此类推，直至排完所有松套管中的光纤为止。

　　从这个过程中可以看到，光缆、电缆的色谱走向统一，均采用构成全色谱全塑电缆芯线绝缘层色谱的 10 种颜色：白、红、黑、黄、紫、蓝、橙、绿、棕、灰，但有一点不同，那就是在全色谱全塑电缆中，颜色的最小循环周期是 5 种（组），如白/蓝、白/橙、白/绿、白/棕、白/灰，而在光缆里面是 6 种——蓝、橙、绿、棕、灰、白，它的每根松套管里的光纤数量也是 6 根，而不是 5 根，这一点是要特别注意的。

4. 端别判断和纤序排定举例

例2-2　图2-29为某光缆端面，请解答下列问题：

（1）判断光缆的端别；（2）排定纤序并说明填充绳的主要作用。

解：（1）端别判别：因为蓝、橙松套管是顺时针排列的，所以这是光缆的A端。

（2）排定纤序：因为它是以6芯为基本单元的，所以，蓝色松套管中的蓝、橙、绿、棕、灰、白分别为1~6号光纤，橙色松套管中的蓝、橙、绿、棕、灰、白分别为7~12号光纤，所以这是一条12芯的松套层绞式光缆，其中填充绳的主要作用是稳固缆芯结构，提高光缆的抗侧压能力。

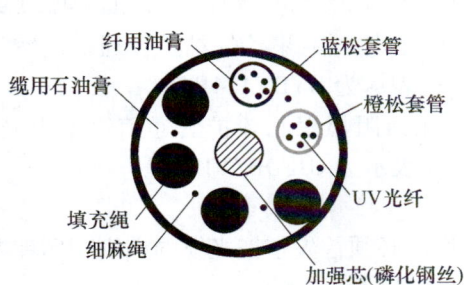

图2-29　端别判别与纤序排定举例1　　　　图2-30　端别判别与纤序排定举例2

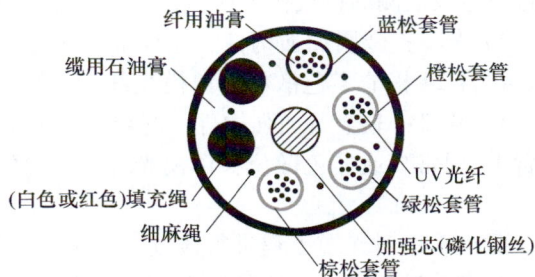

例2-3　图2-30为某光缆端面，请解答下列问题：

（1）判断光缆的端别；（2）排定纤序并说明加强芯的主要作用。

解：（1）端别判别：因松套管颜色在统一层中按照蓝、橙、绿、棕顺时针方向排列，故为光缆的A端。

（2）排定纤序：这是一条以12芯为基本单元的层绞式光缆，所以其基本色谱为蓝、橙、绿、棕、灰、白、红、黑、黄、紫、粉红、天蓝，因此，蓝色套管中的蓝、橙、绿、棕、灰、白、红、黑、黄、紫、粉红、天蓝12条光纤对应1~12号光纤；紧扣蓝松套管的橙松套管中的蓝、橙、绿、棕、灰、白、红、黑、黄、紫、粉红、天蓝对应12~24号光纤，……，依此类推，直至棕松套管中的天蓝色光纤为第48号光纤。光缆中的加强芯为避免产生氢损，一般采用磷化钢丝，其主要作用有两个：一是增强光缆的机械强度，二是在施工时承受施工拉力。

小　结

1）长距离传输光信号所需要的光波导叫光纤，光纤可以分为三层：纤芯、包层和涂覆层。按光纤的折射率分布进行分类，光纤可分为阶跃型光纤和渐变型光纤；按传播模式分类，光纤可分为多模光纤与单模光纤；按工作波长分类，可分为短波长光纤与长波长光纤；按套塑类型分类，可分为紧套光纤与松套光纤。

2）采用全反射原理可以分析光纤的导光过程。光纤产生全反射时光纤端面最大入射角的正弦值 $\sin\phi_0$ 称为光纤的数值孔径，光纤的数值孔径越大，其集光能力越强。光纤之所以能够导光，就是利用纤芯折射率略高于包层折射率的特点，使落于数值孔径角（ϕ_0）内的光线都能收集到光纤中，并都能在纤芯包层界面以内形成全反射，从而将光限制在光纤中传播，这就是光纤的导光原理。

3）光纤的损耗将导致传输信号的衰减，所以光纤的损耗又称衰减。光纤的损耗分为吸收损耗、散射损耗、附加损耗。吸收损耗主要包括本征吸收、杂质吸收（OH 基）和结构缺陷吸收。本征吸收有红外和紫外吸收。散射损耗是以散射的形式将光能辐射出光纤外的损耗，光纤中产生的散射损耗主要有瑞利散射、米氏散射、受激布里渊散射、受激拉曼散射、附加结构缺陷和弯曲散射、泄漏。附加损耗属于来自外部的损耗（或称应用损耗），如在施工安装和使用运行中使光纤扭曲、侧压等造成光纤宏弯和微弯所形成的损耗等。

4）色散是指不同颜色的光经过透明介质后被分散开的现象。根据色散产生的原因，光纤的色散主要分为模式色散、材料色散、波导色散和偏振模色散。

5）光纤的几何特性有纤芯直径、包层的尺寸和光纤同心度、不圆度等。光纤的光学特性是决定光纤传输性能的一个重要因素。光纤的非线性效应可分为两类：受激散射和折射率扰动。光纤的温度特性是指高、低温条件对光纤损耗的影响，一般是损耗增大。

6）只能传输一种模式的光纤称为单模光纤，4 种单模光纤为 G.652（非色散位移单模光纤）、G.653（色散位移单模光纤）、G.654（截止波长位移单模光纤）和 G.655 光纤（非零色散位移单模光纤）。

7）多模光纤就是允许多个模式在其中传输的光纤，G.651 光纤是一种折射率渐变型多模光纤，主要应用于 850nm 和 1310nm 两个波长区域的模拟或数字信号传输。其纤芯直径为 50μm，包层直径为 125μm。梯度型多模光纤包括 A1a、A1b、A1c 和 A1d 类型。阶跃型多模光纤分为 A2、A3 和 A4 3 类 9 个品种。

8）室外光缆的基本结构有如下几种：层绞式、中心管式、骨架式。每种基本结构中既可放置分离光纤，也可放置带状光纤。光缆中的光纤单元、单元内光纤，均采用全色谱来标识光缆的端别与光纤序号。

9）光缆中的单元松套管光纤色谱分为两种：一种是 6 芯的，一种是 12 芯的。前者的色谱排列顺序为蓝、橙、绿、棕、灰、白，后者的色谱排列顺序为蓝、橙、绿、棕、灰、白、红、黑、黄、紫、粉红、天蓝。

思 考 题

1）简述光纤的定义及结构组成。
2）简述光纤的 4 种分类方式，并分析各自的特点。
3）什么是光纤的导光原理？
4）什么是单模光纤？简述 4 种单模光纤的特点及应用场合。
5）什么是多模光纤？简述多模光纤的类型。
6）光纤的吸收损耗具体包括哪几个方面？
7）光纤的色散主要分为哪些类型？
8）光纤的非线性特性具体有哪些？
9）室外光缆的基本结构有哪几种？
10）如何判断光缆的端别？并说明加强芯的主要作用。

实训 1　光时域反射仪的使用与测试

一、实训目的

通过实验了解光时域反射仪的工作原理，掌握光时域反射仪的使用方法，为光缆工程测试做好准备。

二、实训仪器

光时域反射仪。

三、实训内容

1. 光时域反射仪（OTDR）的测试原理

OTDR 由激光源发射一束光脉冲到被测光纤，通常由用户选择脉冲的宽度。因被测光纤链路特性及光纤本身特性而产生的反射光和菲涅尔反射的信号返回到 OTDR 入射端，信号通过一耦合器送到接收机，在那里，光信号被转换成电信号，将分析背向散射曲线显示在屏幕上。光时域反射仪的测试原理如图 2-31 所示。

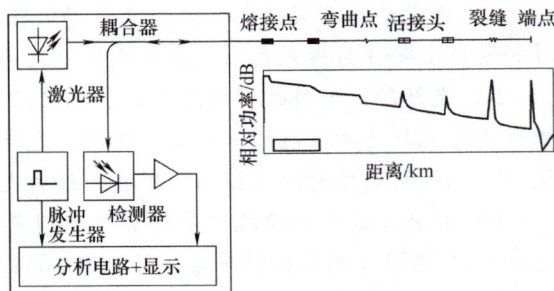

图 2-31　光时域反射仪的测试原理

2. 光时域反射仪（OTDR）的工作原理

用脉冲发生器调制一个光源，使光源产生窄脉冲光波，经光学系统（透镜）耦合入光纤，光波在光纤中传输时出现散射，散射光沿光纤返回，途中经一耦合装置，经光学系统（透镜）输入到光电检测器，变成电信号，再经放大及信号处理，送入示波器显示。光时域反射仪的工作原理框图如图 2-32 所示。

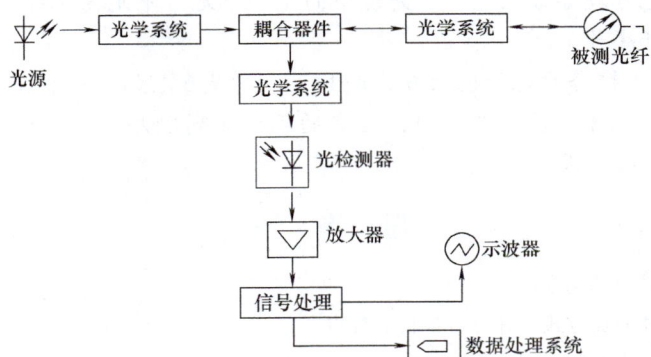

图 2-32　光时域反射仪的工作原理框图

3. 光时域反射仪的测试连接

光时域反射仪的测试连接如图 2-33 所示。

图 2-33　光时域反射仪的测试连接

4. OTDR 链路上可能出现的各类事件

1）非反射事件：光纤的熔接点与弯曲点会引起损耗，但通常不会引起明显反射。非反射事件如图 2-34 所示。

2）反射事件：光纤的活接头、机械接头和断裂点等会引起损耗与反射。反射事件如

图 2-35 所示。

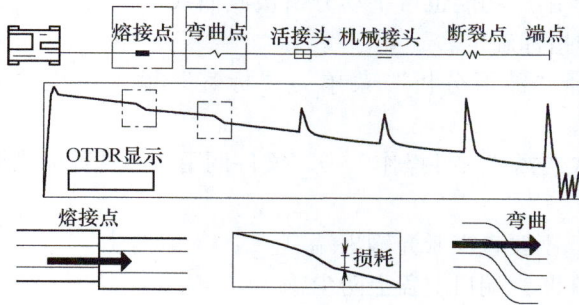

图 2-34　非反射事件

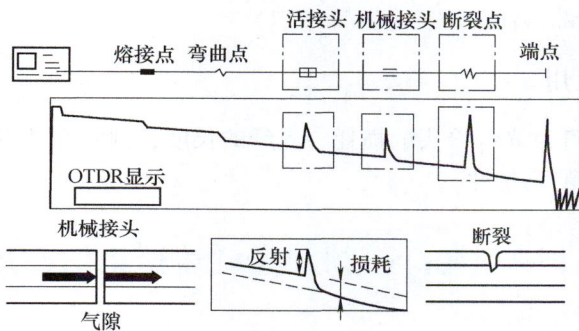

图 2-35　反射事件

3）终端反射事件：光纤的端点会引起明显反射，通常称为菲涅尔反射峰。终端反射事件如图 2-36 所示。

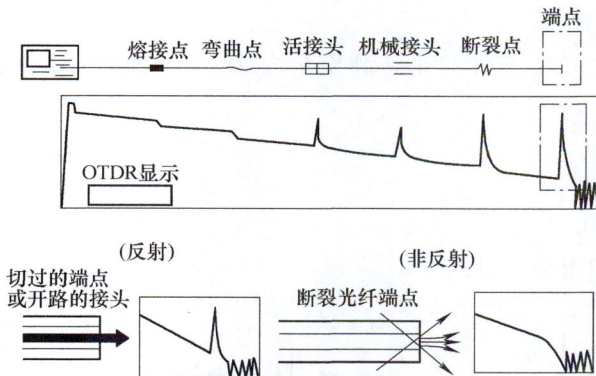

图 2-36　终端反射事件

5. OTDR 测试方法

1）自动测试步骤：按"MODE"键→选择"波形分析"主菜单→进入"测试条件"→按"F1"选择"自动设置/手动设置"→通过旋钮改变成"全部自动"模式，按"ENTER"确定→按光源"START"进行测试。等扫描完成后仪表自动显示光纤所有的事件位置及参数。

2）手动测试步骤：选择"波形分析"主菜单→进入"测试条件"→选择"手动设置"→修改子菜单参数（"距离范围""脉冲宽度""平均化处理""光纤折射率""波长"等）→按光源"START"进行测试→完成测试后进入"波形分析"主菜单下的"自

动分析"（F5），显示光纤所有的事件位置及参数。

3）通过光标移动及缩放功能也可手动分析被测曲线，进行光纤长度、光纤衰减、光纤接头衰减（四点法）的指标确定。

4）曲线存储：选择"波形分析"菜单→"标签"输入→设置"注释"→最后选择"SAVE"进行保存。

5）曲线调用：依次选择"文件操作"→"文件调用"→选择曲线编号显示→"执行"。

6. 注意事项

1）使用 OTDR 时，不要直视激光输出端口。

2）未使用时，要在激光端口上盖上防尘盖。

3）直视被测光纤的自由端，如有可能，自由端应指向一个非反射面。

4）光纤没有同激光输出端口连接时，不要输入激光（按"START/STOP"键），否则会严重损坏 OTDR 的内部器件。

四、OTDR 的应用

OTDR 用于测试光纤及光纤接头的损耗、光纤的长度，判断断裂点的位置和故障点位置及类型，以及光纤损耗的均匀性。

实训 2　光纤接续和光纤熔接机的使用

一、实训目的

通过实验掌握光纤熔接技术和光纤接头损耗测试的方法，给光缆工程接续打下基础。

二、实训仪器

稳定化光源一台、光功率计一个、酒精泵一个、光纤切割刀一把、腾仓光纤熔接机一台。

三、实训原理

1. 光纤熔接机结构

光纤熔接机结构如图 2-37 所示。

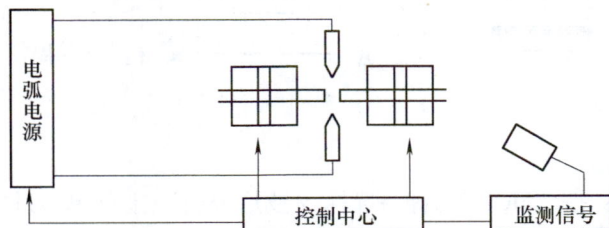

图 2-37　光纤熔接机结构

2. 光纤熔接的工艺流程

光纤熔接的工艺流程如图 2-38 所示。

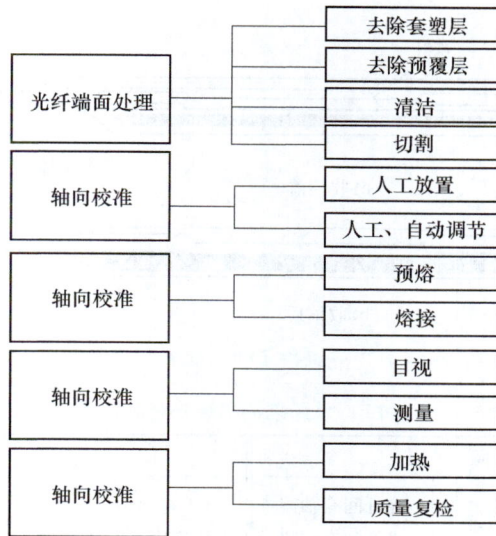

图 2-38 光纤熔接的工艺流程

3. 光纤接续技术

熔接的方法及基本原理：利用高压尖端放电产生的高温（约达 2000℃）将被接的光纤熔化，同时把它们烤在一起，便形成"熔为一体"的接续点，显然这种接续的稳定性最好。

光纤熔接过程如图 2-39 所示：①先把光纤端面处理好，最好光纤端面与轴心垂直，或与垂直线相差小于 1°。②对正：光纤与光纤对正。③保护接点：熔接点附近的光纤历经高温时处于"真裸"状态，因此十分脆弱。即使熔接得很好的接点，承受弯曲的能力也比较差，因此有必要立即施加保护。热缩套管剖面示意图和光纤接头热可缩补强保护法分别如图 2-40 和图 2-41 所示。

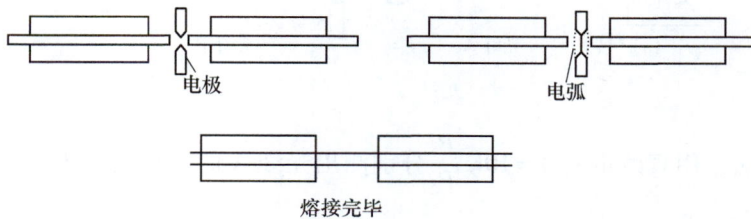

图 2-39 光纤熔接过程

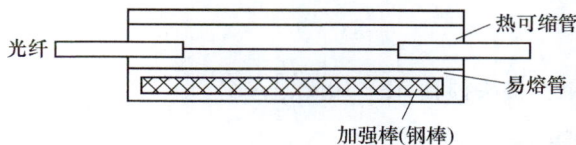

图 2-40 热缩套管剖面示意图

4. 光纤接头损耗测试方法一

光纤连接后，光传输经过接续部位会产生一定的损耗，称为接头损耗。不论是单模光纤还是多模光纤，接头处都会因被连接的两根光纤本身的几何、光学参数不完全相同和连接时轴心错位、端面倾斜、端面间隔大、端面不清洁等因素产生接头损耗。光纤接头损耗产生的原因见表 2-17。

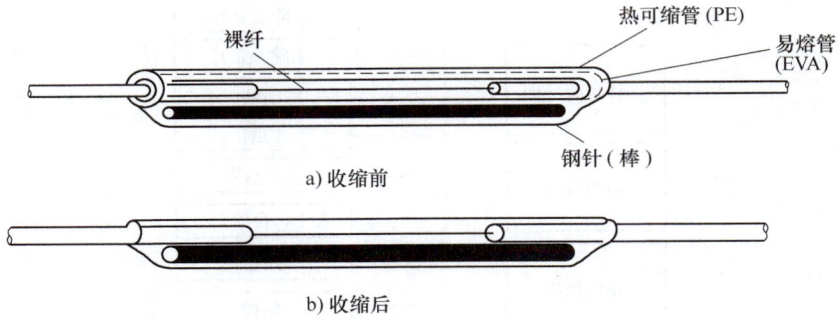

图 2-41 光纤接头热可缩补强保护法

表 2-17 光纤接头损耗产生的原因

原 因			原 因
操作不当	待连接光纤位置放得不好	光纤间有轴偏 光纤间有空隙 光纤轴有倾斜	光纤参数不一致	芯径不同 相对折射率不同 不圆度
	光纤端面处理不好	端面倾斜 端面不平整 端面粗糙	菲涅尔反射	

影响接头损耗的有本征因素和外界因素，单模光纤本征因素对连接损耗影响最大的是模场直径，外界因素中轴心错位、轴向倾斜、纤芯变形对连接损耗影响最大。

1）光纤接头损耗测试的连接如图 2-42 所示。

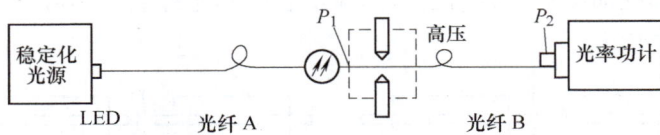

图 2-42 光纤接头损耗测试的连接

2）测试方法：用衰减定义 $A = 10\lg\dfrac{P_1}{P_2}$ 分别测出光纤 A 的输出功率 P_1，接续后 A、B 两根光纤的光功率 P_2。设接头损耗为 A'_S，光纤 B 的传输损耗为 A'_B。则 $10\lg\dfrac{P_1}{P_2} = A'_S + A'_B$，即 $A'_S = 10\lg\dfrac{P_1}{P_2} - A'_B$。

3）实验内容及结果：接头损耗 $A'_S = 10\lg\dfrac{P_1}{P_2} - A'_B$。

将测试数据填入下表：

接 头 编 号	P_1	P_2	A'_B	A'_S
1#				
2#				

5. 光纤接头损耗测试方法二——OTDR 法

1）用 OTDR 法测光纤接头损耗的连接及结果如图 2-43 所示。

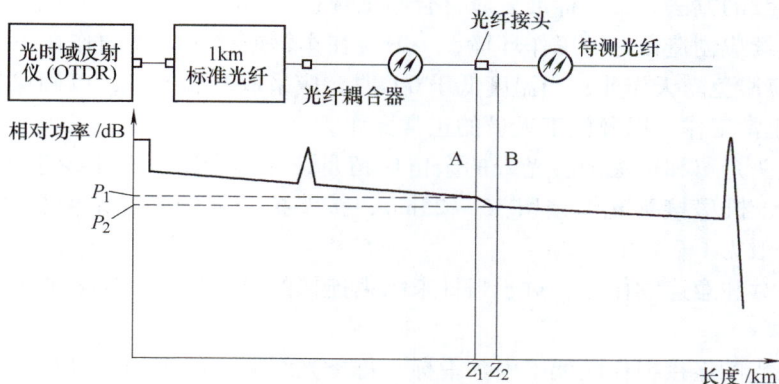

图 2-43　用 OTDR 法测光纤接头损耗的连接及结果

　　用 OTDR 测光纤的接头损耗是非常方便的，由于光纤微观的不均匀性，导致光在光纤中传输时各点要产生散射，检测沿光纤长度各点返回的背向散射光，就可知道光在光纤中传输时的损耗特性，因而可以得出光纤的衰减特点。

　　2）测试步骤：按图 2-43 连接，该方法的原理与方法一完全相同，所得的光纤损耗波谱图也相同，只不过用 OTDR 法测试光纤的接头损耗在显示屏上更直观，可从 OTDR 的显示屏上直接读出所需数据。

　　3）测试结果：OTDR 可以直接打印出测试数据，如图 2-43 所示。由图可分析出光纤的接头损耗。按公式计算为 $a_S = |P_1 - P_2|$，若出现负值，则取其绝对值。

实训 3　光缆接续与光缆接头盒的制作

一、实训目的

掌握光缆中间接头的封合操作方法和技术要求。
掌握光缆的开剥及在接头盒中盘纤的方法。
熟悉光缆接头中金属护套和加强芯的处理方法。

二、实训器材

经检验的光缆两盘（层绞式）。
光缆接头盒一个（以架空帽式接头盒和埋式接头盒为例分别说明）。
光缆开剥工具和其他辅助工具、材料若干。

三、操作内容、方法和技术要求

1. 光缆接续的注意事项

　　1）光缆接续前，应核对光缆的型号、端别无误，且光缆应保持良好的状态。保证光缆的传输特性优良，检查护层对地绝缘电阻合格，以防止光缆错接或将不合格的光缆接续后返工。

　　2）接头开剥后，光纤及铜导线应按管序号或纤序号做永久标记，如两个方向的光缆从接头盒同一侧进入时，应对光缆端做出统一永久标记。

3）光缆接续的方法和工艺标准，应符合施工规程和不同接续护套的工艺要求。

4）光缆接续应创造良好的工作环境，一般应在车辆或接头帐篷内作业，以防止灰尘影响，在雨雪天应避免露天作业；当温度低于0℃时，应采取升温措施，以确保光纤的柔软性和熔接设备的正常工作，以及施工人员的正常操作。

5）光缆接头余留和接头护层光纤的余留应留足，光缆余留一般不少于4m（接头处光缆余留8～10m，机房接头光缆余留15～25m），接头护套内的光缆余留长度不少于60cm（按设计要求一般为1.2～2m）。

6）光缆接续注意连续作业，对于当日未结束连接的光缆接头，应采取措施，防止受潮和确保安全。

7）光纤接头的连接损耗应低于内控指标，每条光纤通道的平均连接损耗，应达到设计文件的规定值。

2. 光缆接续的流程

光缆接续的流程如图2-44所示。

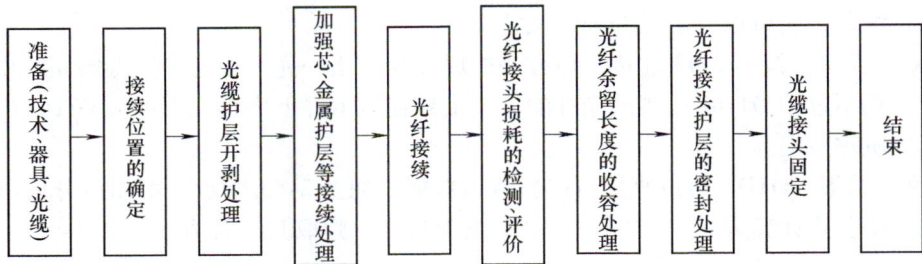

图 2-44　光缆接续的流程

（1）准备

1）技术准备：在光缆接续前，必须熟悉工程中所用的光缆护套的性能、操作方法和质量要点。对于第一次采用的护套，应编写出操作规程。

2）器具准备：接续所需的配件应现场配套，并备有少量备件。接续所需的器具包括光纤熔接机，剥离钳、切割器、帐篷和车辆等。

3）光缆准备：指敷设的光缆应完成光纤传输特性测试、铜导线等的电气特性测试及光缆金属护层的绝缘电阻测试准备，并确保合格。

（2）接续位置的确定　架空光缆的接头应落在杆旁2m以内；埋式光缆的接头应避开水源、障碍物及坚硬地段；管道光缆接头应落在孔内，但应避开交通要道，尤其是交通繁忙的丁字路口、十字路口。

（3）光缆护层开剥处理

1）开剥长度的确定：根据实际光缆留长及不同结构的光缆接头护层所需的长度，确定护层的开剥长度，并用PVC胶带做出标记。一般光缆的开剥长度为1.2～1.5m，设计有特殊要求的应做相应处理。光缆开剥前应先检查光缆端头有无明显受伤、进水、受潮，有则应事先去除。

2）开剥外护层及铠装钢带：使用棉纱擦净护层表面，使用专用工具先切剥掉胶带标记至光缆端头间的光缆外护层。开剥太长时，可以视情况分两次分段开剥。

3）内护层的开剥：使用专用工具剥出内护层，开剥时应特别注意防止伤及铜线和光纤。发现有损伤时要及时去除重新开剥。

4）开剥后的整理：开剥后，应使用专用清洁剂将缆内的油膏擦拭干净。光纤的套管、涂层暂不处理，有铜导线的暂留长 40cm。加强芯只留长 15cm，多余部分及其他填充线都剪去，但千万不得剪光纤。

将光纤、铜线按顺序进行临时编扎，护层需要做连接引线时，应在护层上沿光缆轴向切开一道 2.5cm 的切口，再拐弯开一个 1cm 的切口，呈 "L" 形。"L" 形切口是为装过桥线或测试引线做准备。

（4）加强芯、金属护层等接续处理

1）加强芯的接续：首先在接头盒金属板条上固定好金属支撑架，再将金属加强芯的 25mm 塑料护层插入加强芯固定卡，紧固螺钉即可将加强芯牢牢固定。如果两端光缆的加强芯不做电气联通，则要把两个金属支撑架分别固定在相应的金属连接板条上；如果两端光缆的加强芯需做电气联通，则要把两个金属支撑架固定在同一块金属连接板条上。

2）光缆钢带铠装层的接续：接续时，用剥刀在开剥点上部将光缆外护层及钢带纵向剖开 40~50mm，然后嵌入接线卡子夹紧钢带和外护层，拧紧螺钉，使接续卡子上的尖牙紧紧咬住外护层和钢带，形成一个牢固的接线柱，并在接线卡上接出引线，最后将接线卡子和纵剖部位用聚乙烯胶带紧缠数圈。

3）钢丝铠装连接：过桥引线一般采取焊接方式。

4）LAP 层连接："L" 形切口使用带齿连接片的过桥线方法，同钢带铠装的连接。

5）铜线连接：一般使用锡焊方式，或者用螺钉做机械连接。

（5）光纤接续　采用光纤熔接机进行光纤接续。

（6）光纤接头损耗的检测、评价　光纤接头损耗的现场检测评价包括两个方面，即光纤熔接机检测和 OTDR 监测，一般不采用光源和光功率计测量。

1）光纤熔接机检测。光纤熔接机显示的值是一个估计值，它是根据光纤自动对准过程中获得的两光纤的轴偏离、端面偏离及纤芯尺寸的匹配程度等图像信息推算出来的。

2）OTDR 监测。该方法是目前工程中普遍采用的方法，它有两个优点：一是除了接头损耗的测量值外，OTDR 还能显示端点到接头的光缆长度，继而推算出接头至端点的实际距离，又能观测被测光纤是否在光缆敷设中出现损伤或断纤；二是可以观测连接过程。

（7）光纤余留长度的收容处理　其收容方式取决于所用光缆接续护层的结构。架空帽式接头和埋式接头的处理方法完全不同。光纤收容盘绕时应注意曲率半径和叠放整齐。将余留长度盘好后，特别注意还应使用 OTDR 复测连接损耗，方可做护层密封。

（8）光缆接头护层的密封处理　不同结构的连接护层的密封方式也完全不同。密封前，应对光缆密封部位做清洁和打磨，注意磨砂纸的打磨方向应是横向旋转，不得沿轴向来回打磨，护层密封完成后，再做气闭检查和光缆光电特性复测，确认光缆接续良好，接续工艺便告完成。

（9）光缆接头固定　一般安装方式已由工程设计明确，施工中应注意按设计的安装图样执行，使接头做到规范化，整齐美观。

注意：

1）光缆开剥的长度要适当、方法要正确。开剥时注意不得损伤内护层和光纤，开剥内护层要注意对光纤的保护。

2）余留盘绕应整齐，不小于允许弯曲半径。

3）金属护套加强芯一般不用于电气连接。

4）光缆接头要注意密封防潮，严防浸水。

实训4　光缆管道敷设

一、实训目的

通过实验，掌握光缆线路施工中的管道敷设技术，学会使用相应的设备，为以后的光缆接续和维护做准备。

二、实训仪器

玻璃钢穿孔器、牵引头、转弯导轮、高低差导轮。

三、实训步骤

光缆管道敷设是将光缆置于管内的敷设方法，适用于长途、市话、农话通信光缆线路。长途通信工程中几乎每个工程都有一定比例的管道光缆。因此，管道光缆敷设技术是十分重要的。管道通常为水泥管道或塑料管道。

1. 敷设准备

1）核实管孔资料，检查路由条件。

2）清洗水泥管孔：准备玻璃钢穿孔器，制作管孔清洗工具。管孔清洗工具示意图如图2-45所示。

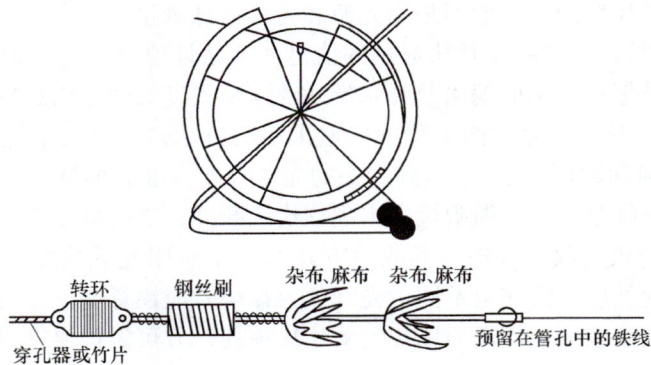

图2-45　管孔清洗工具示意图

3）预放塑料子管：为充分利用管孔资源和保护光缆，光缆布放前应先在管孔内布放塑料子管。根据设计，首先对预放塑料子管的规格、数量、质量进行备料及质检。我国目前普遍采取的是在一个管孔中预放3根塑料子管的分隔方法。一般塑料子管穿放长度为一个人孔段。当人孔段距离较短时，可以连续布放（当塑料子管内穿放光缆时，最好保持在人孔内子管不连续，以便能看见哪个塑料子管内有光缆，在日后井内作业时不致误伤光缆）。敷设塑料子管时应避免扭曲，其方法是：在塑料子管前边加上转环，最好在人孔内塑料子管进入管孔处用塑料三孔支架将3根塑料子管隔开。

4）光缆牵引端头的制作方法：在牵引过程中，要求光缆中光纤芯线不应受力，其张力的75%一般由中心加强件（芯）承担，外护层受力不足25%（钢丝铠装光缆除外）。牵引端头一般具有防水性能，避免光缆端头浸水，可以是一次性的，在现场制作，体积（特别是直径）要小。光缆牵引端头种类较多，有简易式牵引端头、夹具式牵引端头、预制型牵引端头和网套式牵引端头。

2. 敷设方法

（1）光缆管道敷设主要机具　光缆管道敷设常采用机械牵引。机械牵引需要有性能较好的终端牵引机、中间辅助牵引机以及转弯、高低差导轮等主要机具。终端牵引机安装在允许牵引长度的路由终点，通过牵引钢丝绳把终端的光缆按规定速度牵引至预定位置；辅助牵引机一般置于中间部位，起辅助牵引作用；光缆导引装置主要用在拐弯、曲线以及管道人孔的高差等情况。

（2）光缆管道敷设方法　光缆的管道敷设方法主要有机械牵引法、人工牵引法，以及机械与人工相结合的敷设方法。

1）机械牵引法。光缆敷设的机械牵引方法示意图如图 2-46 所示。

集中牵引法：在敷设时，牵引钢丝通过牵引端头与光缆端头连好，用终端牵引机按设计张力将整条光缆牵引至预定敷设地点，如图 2-46a 所示。

分散牵引法：不用终端牵引机，而是用 2~3 部辅助牵引机完成光缆敷设，如图 2-46b 所示。

中间辅助牵引法：既采用终端牵引机又使用辅助牵引机，如图 2-46c 所示。

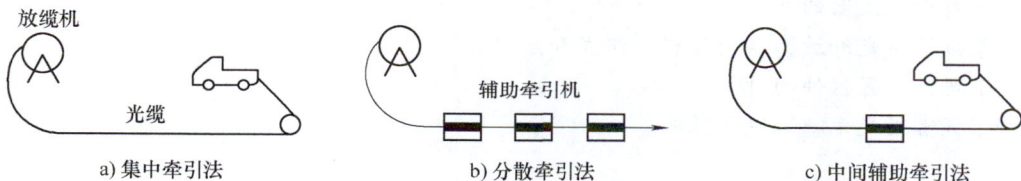

图 2-46　光缆敷设的机械牵引方法示意图

2）人工牵引法，国内施工中较为普遍使用人工牵引方法来完成光缆的敷设。人工牵引法是由若干人集中牵引光缆端头，中间人孔牵引长度由人工帮助牵引光缆的敷设方法。这种牵引方法的要点是在良好的统一指挥下尽量同步牵引，以防止用力不均或过大对光缆造成变形，牵引时一般为集中牵引和分散牵引相结合。人工牵引布放长度不宜过长，常用的办法是采用倒"∞"法，即牵引出几个人孔段后，将光缆引出盘，然后再向前敷设。

3）机械与人工相结合的敷设方法：分为中间人工辅助牵引方式和终端人工辅助牵引方式，如图 2-47 所示。

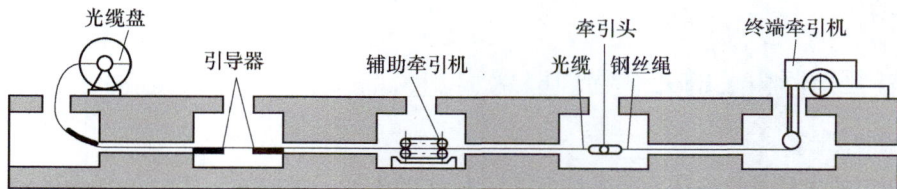

图 2-47　机械与人工相结合的敷设方法

第 3 章　通信光器件

目标：通过本章的学习，应掌握和了解以下内容：

- 掌握光与物质的 3 种作用方式。
- 了解激光器的结构。
- 掌握激光器的原理。
- 了解激光器的性能。
- 了解发光二极管的原理、结构和性能。
- 掌握激光器与发光二极管性能上的异同。
- 了解光电检测器的结构。
- 掌握光电检测器的原理和应用。
- 了解光放大器的知识。
- 掌握掺铒光纤放大器的原理、组成和应用。
- 了解光无源器件的种类。
- 掌握常用光无源器件的性能。

光纤通信系统中所用的器件可以分成有源器件和无源器件两大类。有源器件的内部存在着光电能量转换的过程，如光源、光电检测器等；而没有光电能量转换过程的器件则称为无源器件，如光开关、光耦合器等。本章主要介绍常用通信光器件的原理、结构以及应用等。

3.1　光源

光源可实现从电信号到光信号的转换，是光发射机及光纤通信系统的核心器件，它的性能直接关系到光纤通信系统的性能和质量指标。本节主要对激光二极管（LD，又称激光器）和发光二极管（LED）这两种光源的结构、工作原理以及相关的特性进行介绍，并给出了它们的技术指标。

3.1.1　与激光器相关的几个物理概念

1. 光子的概念

爱因斯坦的光量子学说认为，光是由能量为 hf 的光量子组成的，其中 $h = 6.628 \times 10^{-34} \text{J} \cdot \text{s}$，称为普朗克常数，$f$ 是光波频率，人们将这些光量子称为光子。

当光与物质相互作用时，光子的能量作为一个整体被吸收或发射，确立了光的波粒二相性学说。

2. 原子能级

对于半导体晶体，其原子核外的电子运动轨道因相邻原子的共有化运动要发生不同程度的重叠，晶体中的能级如图 3-1 所示，电子已经不属于某个原子所有，它可以在更大范围内甚至在整个晶体中运动，也就是说，原来的能级已经转变成能带。最外层能级所组成的能带称为导带，内层的能带称为价带，它们之间的间隔内没有电子存在，这个区间称为禁带。

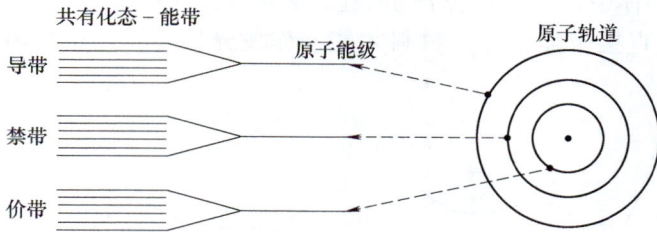

图 3-1　晶体中的能级

3. 光与物质的三种作用形式

光与物质的相互作用，可以归结为光与原子的相互作用，包括受激吸收、自发辐射和受激辐射三种物理过程。这三种作用形式的能级和电子跃迁如图 3-2 所示。

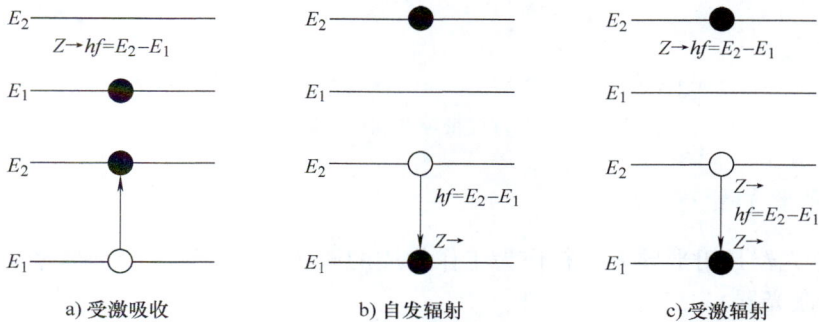

a) 受激吸收　　　　　b) 自发辐射　　　　　c) 受激辐射

图 3-2　光与物质的三种作用形式的能级和电子跃迁

1）在正常状态下，电子通常处于低能级 E_1，在入射光的作用下，电子吸收光子的能量后跃迁到高能级 E_2，产生光电流，这种跃迁称为受激吸收，这就是光电检测器的工作原理。

2）处于高能级 E_2 上的电子是不稳定的，即使没有外力的作用，也会自发地跃迁到低能级 E_1 上与空穴复合，释放的能量转换为光子辐射出去，这种跃迁称为自发辐射，这就是发光二极管的工作原理。自发辐射光是非相干光。

3）在高能级 E_2 上的电子，受到能量为 hf 的外来光子激发时，被迫跃迁到低能级 E_1 上与空穴复合，同时释放出一个与激发光同频率、同相位、同方向的光子（称为全同光子）。由于这个过程是在外来光子的激发下产生的，所以这种跃迁称为受激辐射，这就是激光器的工作原理。受激辐射光为相干光。

4. 粒子数反转分布与光的放大

受激辐射是产生激光的关键。如设低能级上的粒子密度为 N_1，高能级上的粒子密度为 N_2。在正常状态下，$N_1 > N_2$，总是受激吸收大于受激辐射，即在热平衡条件下，物质不可能有光的放大作用。

要想物质产生光的放大，就必须使受激辐射大于受激吸收，即使 $N_2 > N_1$（高能级上的电子数多于低能级上的电子数），这种粒子数的反常态分布称为粒子（电子）数反转分布。

粒子数反转分布状态是使物质产生光放大而发光的首要条件。

5. 直接带隙和间接带隙半导体

在光的受激辐射过程中必须保持能量和动量的守恒。禁带形状是与动量有关的，依照禁带的形状，可将半导体分成直接带隙和间接带隙两种，如图 3-3 所示。直接带隙半导体中，导带最小能级和价带最大能级有相同的动量，电子是垂直跃迁的，发光效率高，如图 3-3a

所示；间接带隙半导体中，要完成电子的跃迁，必须有其他粒子的参与以保持动量守恒，如图 3-3b 所示。只有直接带隙半导体材料才能制作发光器件，这类材料有 GaAs、AlGaAs、InP 和 InGaAsP 等。

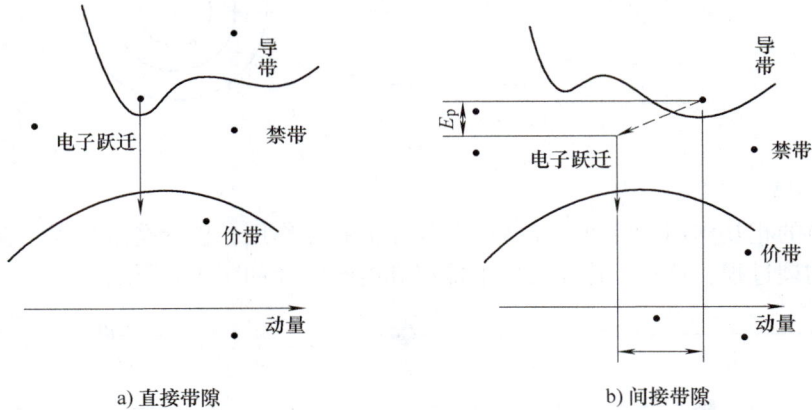

a) 直接带隙　　　　　　　　　　b) 间接带隙

图 3-3　直接带隙和间接带隙半导体

3.1.2　激光器的原理

半导体激光器是用半导体材料作为工作物质的激光器，也称为半导体激光自激振荡器（本书简称为激光器）。

激光器要实现激光发射工作，必需满足以下 3 个条件：必须有能够产生激光的工作物质（也叫激活物质）；必须有能够使工作物质处于粒子数反转分布状态的激励源（也叫泵浦源）；必须有能够完成频率选择及反馈作用的光学谐振腔。

（1）能够产生激光的工作物质　即能够处于粒子数反转分布状态的工作物质，工作物质被激活后称为激活物质或增益物质，它是产生激光的必要条件。

（2）泵浦源　使工作物质产生粒子数反转分布的外界激励源，称为泵浦源。工作物质在泵浦源的作用下，使得 $N_2 > N_1$，从而受激辐射大于受激吸收，有光的放大作用。

（3）光学谐振腔　激活物质只能使光放大，只有把激活物质置于光学谐振腔中，以提供必要的反馈及对光的频率和方向进行选择，才能获得连续的光放大和激光振荡输出。激活物质和光学谐振腔是产生激光振荡的必要条件。

1）光学谐振腔的结构。光学谐振腔的结构如图 3-4 所示。在激活物质两端的适当位置，放置两个反射系数分别为 r_1 和 r_2 的平行反射镜 M_1 和 M_2，就构成了最简单的光学谐振腔，也叫法布里-铂罗腔或 F-P 腔。

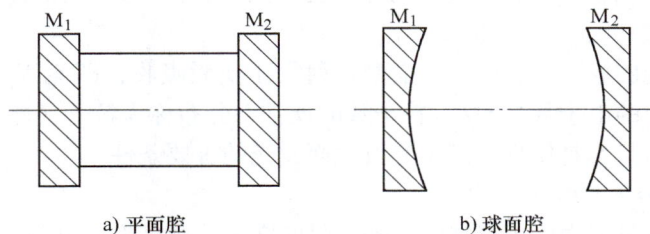

a) 平面腔　　　　　　　　　　b) 球面腔

图 3-4　光学谐振腔的结构

如果反射镜是平面镜，称为平面腔；如果反射镜是球面镜，则称为球面腔。两个反射镜，要求其中一个能全反射，另一个为部分反射。

2）谐振腔产生激光的振荡过程。激光器示意图如图 3-5 所示，当工作物质在泵浦源的作用下实现粒子数反转分布，即可产生自发辐射。如果自发辐射的方向不与光学谐振腔轴线平行，就被反射出谐振腔。只有与谐振腔轴线平行的自发辐射才能存在，继续前进。当它遇到一个高能级上的粒子时，将使之感应产生受激跃迁，在从高能级跃迁到低能级中放出一个全同光子，为受激辐射。当受激辐射光在谐振腔内来回反射一次，相位的改变量正好是 2π 的整数倍时，则向同一方向传播的若干受激辐射光相互加强，产生谐振。达到一定强度后，就从部分反射镜 M_2 透射出来，形成一束笔直的激光。当达到平衡时，受激辐射光在谐振腔中每往返一次，放大所得的能量恰好抵消所消耗的能量，这时激光器即保持稳定的输出。

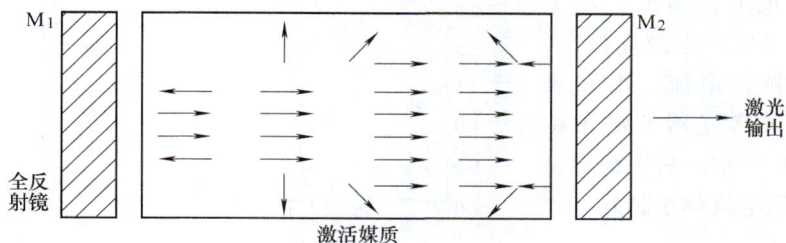

图 3-5　激光器示意图

3）光学谐振腔的谐振条件与谐振频率。设谐振腔的长度为 L，则谐振腔的谐振条件为

$$\lambda = \frac{2nL}{q} \tag{3-1}$$

或

$$f = \frac{c}{\lambda} = \frac{cq}{2nL} \tag{3-2}$$

式中，c 为光在真空中的速度；λ 为激光波长；n 为激活物质的折射率；L 为光学谐振腔的腔长；q 为纵模模数，$q = 1, 2, 3, \cdots$

谐振腔只对满足式（3-1）的光波波长或式（3-2）的光波频率提供正反馈，使之在腔中互相加强产生谐振形成激光。

由于受激辐射光只在沿腔轴方向（纵向）形成驻波，因此称为纵模（不同模式对应不同的场分布）。

4）起振的阈值条件。激光器能产生激光振荡的最低增益限度称为激光器的阈值条件（F-P 腔存在损耗，且反射镜的光反射、折射也会使光子不断消耗）。如以 G_{th} 表示阈值增益系数，则起振的阈值条件是

$$G_{th} \geq \alpha + \frac{1}{2L} \ln \frac{1}{r_1 r_2} \tag{3-3}$$

式中，α 为光学谐振腔内激活物质的损耗系数；L 为光学谐振腔的腔长；r_1、r_2 为光学谐振腔两个反射镜的反射系数。

3.1.3　激光器的特性

1. 发射波长

激光器的发射波长取决于导带的电子跃迁到价带时所释放出的能量，这个能量近似等于

禁带宽度 $E_g(eV)$，即

$$hf = E_g \qquad (3\text{-}4)$$

因 $c = f\lambda$，f 和 λ 分别为发射光的频率和波长，$c = 3 \times 10^8 \mathrm{m/s}$，$h = 6.628 \times 10^{-34} \mathrm{J \cdot s}$，$1\mathrm{eV} = 1.60 \times 10^{-19} \mathrm{J}$，代入式（3-4）得

$$\lambda = \frac{1.24}{E_g} \qquad (3\text{-}5)$$

由于能隙与半导体材料的成分及其含量有关，因此根据这个原理可以制成不同发射波长的激光器。

2. 阈值特性（*P-I* 特性）

对于激光器，当外加正向电流达到某一数值时，输出光功率急剧增加，这时将产生激光振荡，这个电流称为阈值电流，用 I_{th} 表示。典型半导体激光器的输出特性曲线如图3-6所示。为了稳定可靠地工作，阈值电流越小越好。

3. 光谱特性

激光器的光谱特性主要由其纵模决定。多纵模、单纵模激光

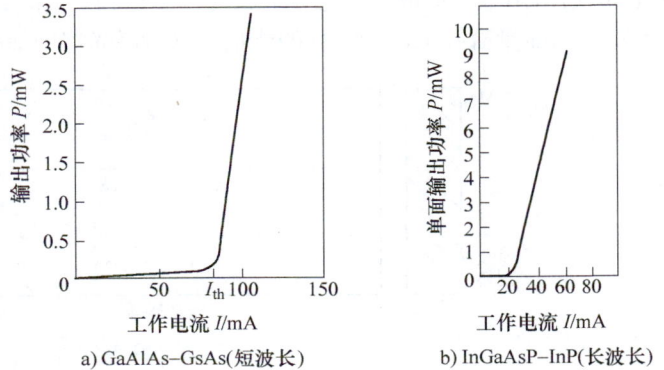

a) GaAlAs–GsAs(短波长)　　　b) InGaAsP–InP(长波长)

图3-6　典型半导体激光器的输出特性曲线

器的典型光谱曲线如图3-7a和图3-7b所示。其中，λ_p 为具有最大辐射功率的纵模峰值所对应的波长，称为峰值波长，典型值是850nm、1310nm和1550nm；$\Delta\lambda$ 为激光器的谱宽，其定义为纵模包络下降到最大值一半时对应的波长宽度，也称半高全宽光谱宽度。单纵模激光器的谱宽又称为线宽。多纵模激光器光谱特性包络内一般含有 3~5 个纵模，$\Delta\lambda$ 值为 3~5nm；较好的单纵模激光器的 $\Delta\lambda$ 值约为 0.1nm，甚至更小。$\Delta\lambda$ 是一个纵模中光谱辐射功率为其最大值一半时的谱线两点间的波长间隔。

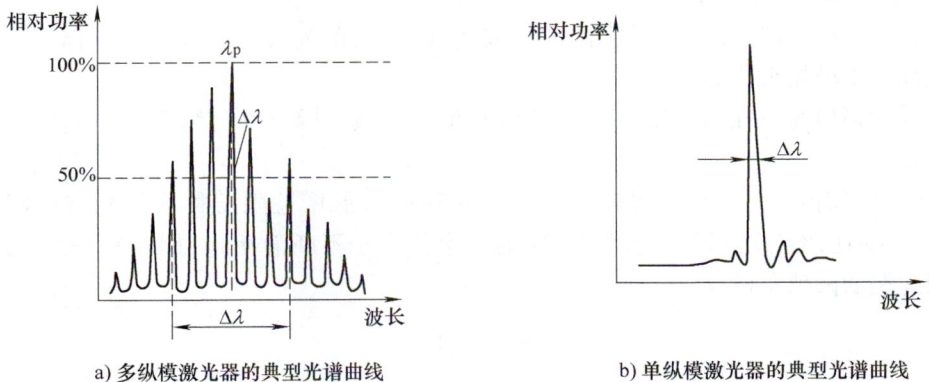

a) 多纵模激光器的典型光谱曲线　　　b) 单纵模激光器的典型光谱曲线

图3-7　激光器的光谱特性

对于单纵模激光器，定义边模抑制比 *MSR* 为主模功率 $P_主$ 与次边模功率 $P_边$ 之比，它是激光器频谱纯度的一种度量。

$$MSR = 10\lg\frac{P_主}{P_边} \qquad (3\text{-}6)$$

激光器的发光谱线会随着工作条件的变化
而发生变化，当注入电流低于阈值电流时，激
光器发出的是荧光，光谱较宽；当电流增大到
阈值电流时，光谱突然变窄，强度增强，出现
激光；当注入电流进一步增大，主模的增益增
加，而边模的增益减小、振荡模式减少，最后
会出现单纵模。激光器输出谱线与注入电流的
关系如图 3-8 所示。

谱宽也可以用频率来表示，根据频率与波
长的关系，可以得到

$$|\Delta f| = \frac{c}{\lambda^2}|\Delta\lambda| \qquad (3\text{-}7)$$

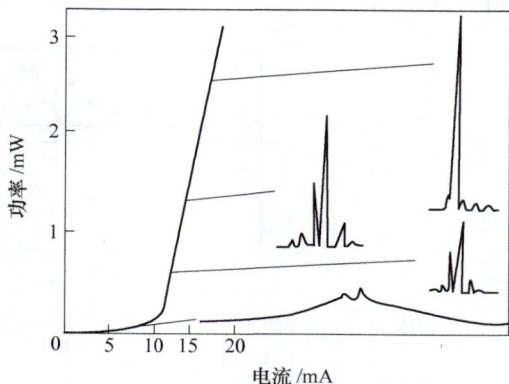

图 3-8　激光器输出谱线与注入电流的关系

4. 光电效率

光电效率是电功率转换为光功率的比率。有以下几种表示方法：

（1）内量子效率　激光器是靠注入有源层的电子与空穴的复合辐射发光的，但是并非
所有的注入电子与空穴都能够产生辐射复合。内量子效率代表有源层内产生光子数与注入的
电子-空穴对数之比，即

$$\eta_I = \frac{\text{单位时间内产生的光子数}}{\text{单位时间内注入的电子-空穴对数}} \qquad (3\text{-}8)$$

（2）外量子效率　激光器的内量子效率可以做得很高，有的甚至可以接近 100%，但实
际的激光器发射输出的光子数远低于有源层中产生的光子数，这一方面是由于发光区产生的
光子被其他部分材料吸收，另一方面由于 PN 结的波导效应，光子能逸出界面的数目大大减
少。所以定义外量子效率即总效率为

$$\eta_T = \frac{\text{发射的光子数}}{\text{单位时间内注入的电子-空穴对数}} \qquad (3\text{-}9)$$

5. 温度特性

激光器的阈值电流和输出光功率随温度变化的特性为温度特性。激光器阈值电流随温度
变化的曲线如图 3-9 所示。由图可知，阈值电流随温度的升高而加大。

为解决激光器温度敏感的问题，可以在驱动电路中进行温度补偿，或是采用制冷器来保
持器件的温度稳定。通常将激光器与热敏电阻
器、半导体制冷器等封装在一起，构成组件。
热敏电阻器用来检测器件温度，控制制冷器，
实现闭环负反馈自动恒温。

3.1.4　分布反馈激光器

分布反馈激光器（DFB-LD）是一种可以
产生动态控制的单纵模激光器，又称为动态单
纵模激光器，即在高速调制下仍然能单纵模工
作的半导体激光器。它是在异质结激光器中具
有光放大作用的有源层附近，刻上波纹状的周
期光栅而构成的。分布反馈激光器结构示意图

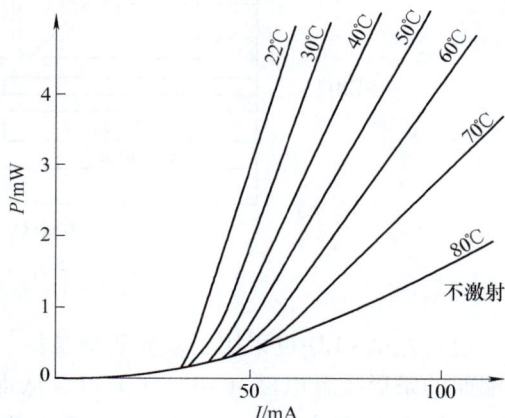

图 3-9　激光器阈值电流随温度变化的曲线

如图 3-10 所示。

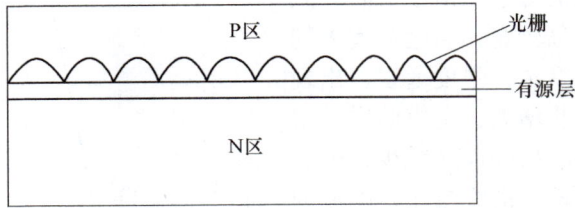

图 3-10　分布反馈激光器结构示意图

3.1.5　发光二极管

1. 发光二极管的工作原理

光纤通信用的发光二极管（LED）发出的是不可见的红外光，而显示所用 LED 发出的是可见光，如红光、绿光等，但是它们的发光机理基本相同。LED 的发射过程主要对应光的自发辐射过程，当注入正向电流时，注入的非平衡载流子在扩散过程中复合发光，所以 LED 是非相干光源，并且不是阈值器件，它的输出功率基本上与注入电流成正比。

LED 的谱宽较宽（30 ~ 60nm），辐射角也较大。在低速率的数字通信和较窄带宽的模拟通信系统中，LED 是可以选用的最佳光源，与激光器相比，LED 的驱动电路较为简单，并且产量高、成本低。

LED 与激光器的差别是：LED 没有光学谐振腔，不能形成激光。仅限于自发辐射，所发出的是非相干光。激光器是受激辐射，发出的是相干光。

2. LED 的结构

LED 也多采用双异质结芯片，不同的是 LED 没有解理面，即没有光学谐振腔，且由于不是激光振荡，所以没有阈值。LED 分为两大类：一类是面发光型 LED；另一类是边发光型 LED。面发光型 LED 的结构如图 3-11 所示，边发光型 LED 的结构如图 3-12 所示。

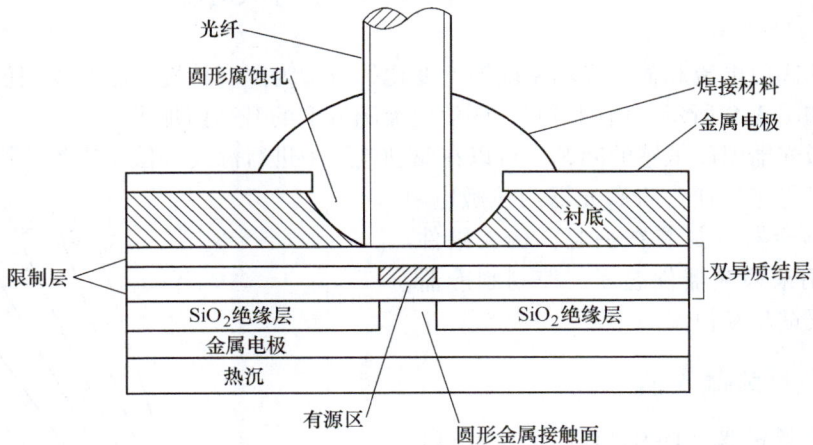

图 3-11　面发光型 LED 的结构

边发光型 LED 也采用了双异质结结构。它利用 SiO_2 掩模技术，在条形接触面形成垂直于端面的条形接触电极（40 ~ 50μm），从而限定了有源层的宽度；同时，增加光波导层，进一步提高光的限定能力，把有源区产生的光辐射导向发光面，以提高与光纤的耦合效率。其有源层一端镀高反射膜，另一端镀增透膜，以实现单向出光。在垂直于结平面方向，发散

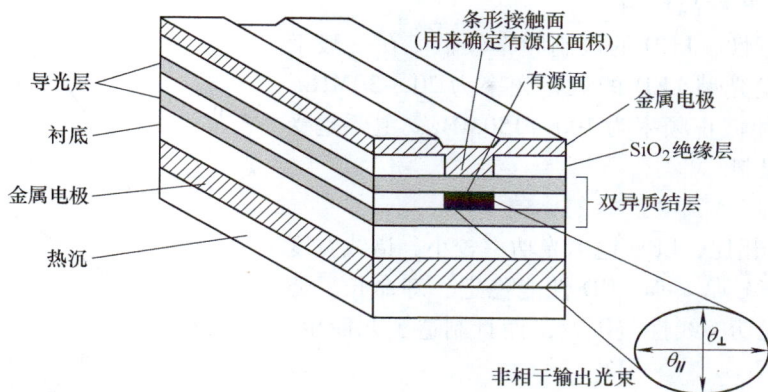

图 3-12　边发光型 LED 的结构

角约为 30°，具有比面发光型 LED 高的输出耦合效率。

3. LED 的工作特性

（1）光谱特性　LED 的谱线宽度 $\Delta\lambda$ 比激光器宽得多。InGaAsP LED 的发光光谱如图 3-13 所示。

由于 LED 没有光学谐振腔以选择波长，所以它的光谱是以自发发射为主，发光谱线较宽。光谱曲线上发光强度最大时所对应的波长称为发光峰值波长 λ_p，光谱曲线上两个半光强点对应的波长差 $\Delta\lambda$ 称之为 LED 谱线宽度（简称谱宽），它是一个与温度 T 和波长 λ 有关的量。

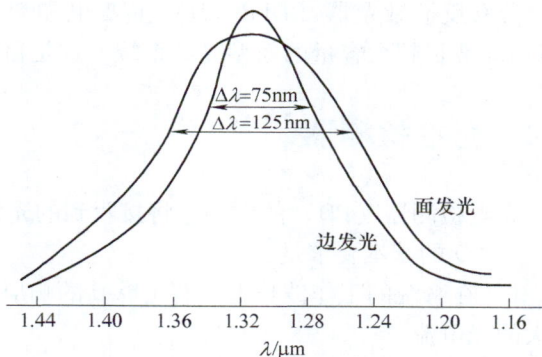

图 3-13　InGaAsP LED 的发光光谱

$$\Delta\lambda = 1.8kT\frac{\lambda^2}{hc} \tag{3-10}$$

式中，c 为光在真空中的速度；h 为普朗克常数，$h = 6.625 \times 10^{-34} \mathrm{J \cdot s}$；$k$ 为玻尔兹曼常数，$k = 1.38 \times 10^{-23} \mathrm{J/K}$。

由式（3-10）可见，谱宽随辐射波长 λ 的增加按 λ^2 增加。一般短波长（GaAIAs-GaAs）LED 的谱宽为 10～50nm，长波长（InGaAsP-InP）LED 的谱宽为 50～120nm。

谱宽随有源层掺杂浓度的增加而增加。面发光型 LED 一般是重掺杂，而边发光型 LED 为轻掺杂，因此面发光型 LED 的谱宽就较宽。而且，重掺杂时，发射波长还向长波长方向移动。另外，温度的变化会使谱宽加宽，载流子的能量分布变化也会引起谱宽的变化。

（2）输出光功率特性　LED 的 P-I 特性是指输出的光功率随注入电流的变化关系，如图 3-14 所示。由图 3-14 可见，面发光器件的功率较大，但在高注入电流时易出现饱和；而边发光器件的功率相对较低。一般而言，在同样的注入电流下，面发光型 LED 的输出光功率要比边发光型 LED 大 2.5～3 倍，这是由于边发光型 LED 受到更多的吸收和界面复合的影响。

（3）温度特性　由于 LED 是无阈值器件，因此温度特性较好，可以不加温度控制电路。

（4）耦合效率　在通常应用条件下，LED 的工作电流为 50～150mA，输出功率为几毫瓦。由于 LED 发射出的光束的发散角较大，因此与光纤的耦合效率较低，入纤功率要小得多，一般只适于短距离传输。

（5）调制特性　LED 的调制频率较低。在一般工作条件下，面发光型 LED 的截止频率为 20～30MHz，边发光型 LED 的截止频率为 100～150MHz，主要是受载流子寿命的限制。

4. 激光器（LD）和 LED 的比较

LED 与 LD 相比，LED 输出光功率较小、谱线宽度较宽、调制频率较低。但 LED 性能稳定、寿命长、使用简单、输出光功率线性范围宽，而且制造工艺简单、价格低廉。

LED 通常和多模光纤耦合，用于 1.31μm 或 0.85μm 波长的小容量、短距离的光通信系统。

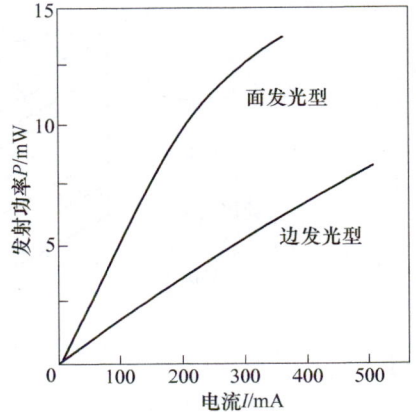

图 3-14　LED 的 *P-I* 特性

LD 通常和单模光纤耦合，用于 1.31μm 或 1.55μm 波长的大容量、长距离光通信系统。

分布反馈激光器（DFB-LD）主要也和单模光纤或特殊设计的单模光纤耦合，用于 1.55μm 波长超大容量的新型光纤系统，这是目前光纤通信发展的主要趋势。

3.2　光电检测器

光电检测器（PD）的作用是将接收到的光信号转换成电流信号，即完成光/电信号的转换。对 PD 的基本要求是：

1）在系统的工作波长上具有足够高的响应度，即对一定的入射光功率，能够输出尽可能大的光电流。

2）具有足够快的响应速度，能够适用于高速或宽带系统。

3）具有尽可能低的噪声，以降低器件本身对信号的影响。

4）具有较小的体积、较长的工作寿命等。

目前常用的半导体光电检测器有两种：PIN 光电二极管（PIN-PD）和雪崩光电二极管（APD）。本节主要介绍光电检测器的原理、性能指标及两种常用类型的光电检测器。

3.2.1　光电检测器的原理

光电检测器是利用半导体材料的光电效应实现光电转换的。半导体材料的光电效应如图 3-15 所示。

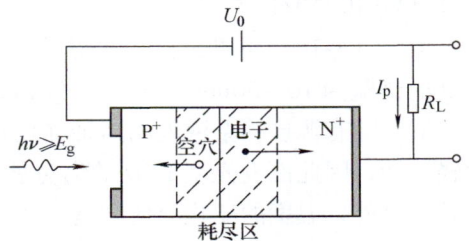

图 3-15　半导体材料的光电效应

当入射光子能量 $h\nu$ 小于禁带宽度 E_g 时，不论入射光有多强，光电效应也不会发生，即产生光电效应必须满足以下条件：

$$h\nu \geq E_g$$

即光频 $\nu < E_g/h$ 的入射光是不能产生光电效应的。将 ν 转换为波长，$\lambda_c = hc/E_g$。即只有波长 $\lambda < \lambda_c$ 的入射光，才能使这种材料产生光生载流子，故 λ_c 为产生光电效应的入射光的最大波长，又称为截止波长，相应的 ν_c 称为截止频率。每一个光子若被半导体材料吸收将会产生一个电子-空穴对，如果此时在半导体材料上加上电场，电子-空穴对就会在半导体材料中渡越，形成光电流。

光电二极管除了有截止波长外，当入射光波长太短时，光变电的转换效率也会降低。在光电二极管中，入射光子被吸收，产生电子-空穴对。当距离 $x = 0$ 时，光功率为 $P(0)$，经过距离 x 后，吸收的光功率为

$$P(x) = P(0)\left[1 - e^{-\alpha(\lambda)x}\right] \tag{3-11}$$

式中，$\alpha(\lambda)$ 是材料的吸收系数，它是波长的函数。

当入射光波长很短时，材料的吸收系数很大，结果使大量的光子在光电二极管的表面被吸收，而在表面存在一个零电场区域，在这里产生的电子-空穴对首先要扩散到耗尽层，然后才能被外电路收集，但在这个区域里，少数载流子的寿命很短，而扩散又很慢，往往在被收集以前就被复合掉，从而使光电检测器的效率降低，因此，某种材料制作的光电二极管对波长的响应有一定的范围。如 Si 光电二极管的波长响应范围为 $0.5 \sim 10\mu m$，InGaAs 光电二极管的波长响应范围为 $1.1 \sim 1.6\mu m$。

3.2.2　光电检测器的特性

1. 量子效率

入射光（功率为 P_{in}）中含有大量光子，能转换为光电流的光子数和入射的总光子数之比称为量子效率，它的计算由下式给出，即

$$\eta = \frac{\dfrac{I_P}{q}}{\dfrac{P_{in}}{h\nu}} \tag{3-12}$$

式中，q 为电子电荷，$q = 1.6 \times 10^{-19}$C；I_P 为产生的光电流；h 为普朗克常数；ν 为光子的频率。量子效率的范围在 $50\% \sim 90\%$ 之间。

若设入射表面的反射率为 r，同时，零电场的表面层里产生的电子-空穴对不能有效地转换成光电流，入射光功率为 $P(0)$，则光电流为

$$I_p = \frac{q}{h\nu}(1 - r)p(0)\exp(-\alpha\omega_1)\left[1 - \exp(-\alpha\omega)\right] \tag{3-13}$$

式中，α 为零电场区和耗尽层的吸收系数；ω_1 为零电场区的厚度；ω 为耗尽层的宽度。

则效率为

$$\eta = (1 - r)\exp(-\alpha\omega_1)\left[1 - \exp(-\alpha\omega)\right] \tag{3-14}$$

例 3-1　一个 PIN 光电二极管，它的 P 区接触层为 $1\mu m$ 厚。假设仅仅在耗尽区（I 区）里吸收的光子才能有效地转换成光电流。当波长为 $0.9\mu m$ 时，忽略反射损耗，求：

（1）此光电二极管可以得到的最大量子效率。

（2）为使量子效率达到 80%，耗尽区厚度最少应为多少？

解：（1）在忽略反射损耗、耗尽区又足够厚的情况下，此光电二极管达到最大的量子效率。若耗尽区不够厚，量子效率会下降，所以

$$\eta_{max} = \exp(-\alpha\omega_1) = \exp(-5 \times 10^4 \times 10^{-6}) = 95\%$$

（2）欲使效率达到 80%，则有

$$\exp(-\alpha\omega_1)\left[1 - \exp(-\alpha\omega)\right] = 0.8$$

解得　　$\omega = 37\mu m$

2. 响应度

光电检测器的光电流与入射光功率之比称为响应度（单位为 A/W），有

$$R = \frac{I_p}{P_m} \tag{3-15}$$

该特性表明光电检测器将光信号转换为电信号的效率。R 的典型值范围是 $0.5 \sim 1.0A/W$。例如，Si 光电检测器在波长为 900nm 时，R 值为 0.65 A/W；Ge 光电检测器的 R 值为 0.45A/W（1300nm 时）；InGaAs 在波长为 1300nm 和 1550nm 时，响应度分别为 0.9A/W 和 1.0A/W。

对于给定的波长，响应度是一个常数，但是当考虑的波长范围较大时，它就不是常数了。随着入射光波长的增加，入射光子的能量越来越小，当小于禁带宽度时，响应度会在截止波长处迅速下降。

响应度与量子效率的关系为

$$R = \frac{\eta q}{h\nu} \tag{3-16}$$

考虑到 APD 的雪崩效应，它的响应度可表示为

$$R_{APD} = \frac{\eta M q}{h\nu} = M R_{PIN} \tag{3-17}$$

式中，M 为 APD 的倍增因子。

APD 的响应度在 $0.75 \sim 130A/W$ 之间。

3. 响应光谱

为了产生光生载流子，入射光子的能量必须大于光电检测器材料的禁带宽度，满足的条件可以表示成

$$\lambda < \frac{hc}{E_g} = \lambda_c \tag{3-18}$$

式中，λ_c 为截止波长。

也就是说，对确定的半导体检测材料，只有波长小于截止波长的光才能被检测到，并且检测器的量子效率随着波长的变化而变化，这种特性被称为响应光谱。所以光电检测器不具有通用性，各种材料的响应光谱不同。常用的光电半导体材料有 Si、Ge、InGaAs、In-GaAsP、GaAsP 等，半导体材料的响应光谱如图 3-16 所示。

4. 响应时间

光电二极管产生的光电流跟随入射光信号变化快慢的状态，一般用响应时间来表示，即响应时间是用来反映光电检测器对瞬变或高速调制光信号响应能力的参数。它主要受以下 3 个因素的影响：

1）耗尽区的光载流子的渡越时间。

2）耗尽区外产生的光载流子的扩散时间。

3）光电二极管及与其相关的电路的 RC 时间常数。

响应时间可以用光电检测器输出脉冲的上升时间和下降时间来表示。当光电二极管的结电容比较小时，上升时间和下降时间较短且比较一致；当光电二极管的结电容比

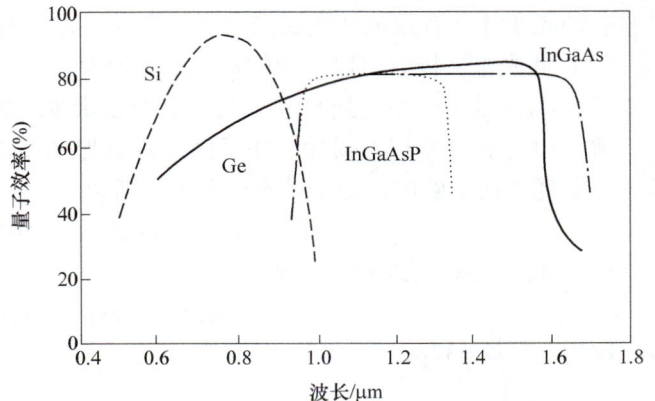

图 3-16 半导体材料的响应光谱

较大时，响应时间会受到负载电阻与结电容所构成的 RC 时间常数的限制，上升时间和下降时间都较长。

一般光电检测器的产品技术指标中给出的是上升时间，对于 PIN 光电二极管而言，通常上升时间 $t_r < 1\text{ns}$；对于 APD 而言，该值小于 0.5ns。

光电检测器的带宽与上升时间成反比，它们的关系可表示为

$$B = \frac{0.35}{t_r} \tag{3-19}$$

5. 暗电流

暗电流是指光电检测器上无光入射时的电流。虽然没有入射光，但是在一定温度下，外部的热能可以在耗尽区内产生一些自由电荷，这些电荷在反向偏置电压的作用下流动，形成了暗电流。显然，温度越高，受温度激发的电子数量越多，暗电流越大。对于 PIN 光电二极管，设温度为 T_1 时的暗电流为 $I_d(T_1)$，当温度上升到 T_2 时则有

$$I_d(T_2) = I_d(T_1) 2^{\frac{T_2 - T_1}{C}} \tag{3-20}$$

式中，C 是经验常数；Si 光电二极管的 $C = 8$。

暗电流最终决定了能被检测到的最小光功率，也就是光电二极管的灵敏度。

根据所选用半导体材料的不同，暗电流的变化范围在 $0.1 \sim 500\text{nA}$ 之间。

3.2.3 PIN 光电二极管

PIN（Postive-Intrinsic-Negative）的意义是 P 型和 N 型半导体材料之间插入了一层掺杂浓度很低的半导体材料（如 Si），记为 I（Intrinsic），称为本征区，PIN 光电二极管（PIN-PD）的结构如图 3-17 所示。在图 3-17 中，入射光从 P$^+$ 区进入后，不仅在耗尽区被吸收，在耗尽区外也被吸收，它们形成了光电流中的扩散分量，如 P$^+$ 区的电子先扩散到耗尽区的左边界，然后通过耗尽区才能到达 N$^+$ 区，同样，N$^+$ 区的空穴也是要扩散到耗尽区的右边界后才能通过耗尽区到达 P$^+$ 区。耗尽区中的光电流称为漂移分量，它的传送时间主

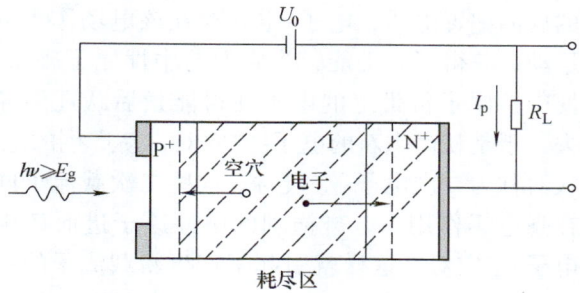

图 3-17 PIN 光电二极管

要取决于耗尽区宽度。显然，扩散电流分量的传送要比漂移电流分量所需时间长，结果使光电检测器输出电流脉冲后沿的拖尾加长，由此产生的时延将影响光电检测器的响应速度。设耗尽区宽度为 w，载流子在耗尽区的漂移时间可由下式计算，即

$$t_{tr} = \frac{w}{v_d} \tag{3-21}$$

式中，v_d 是载流子的漂移速度；t_{tr} 的典型值为 100ps。

如果耗尽区的宽度较窄，大多数光子尚未被耗尽区吸收，便已经到达了 N$^+$ 区，而在这部分区域，电场很弱，无法将电子和空穴分开，所以导致了量子效率比较低。

实际上，PN 结耗尽区可等效成电容，它的大小与耗尽区宽度的关系如下：

$$C_d = \frac{\varepsilon A}{w} \tag{3-22}$$

式中，ε 是半导体的介电常数；A 是耗尽区的截面积；C_d 的典型值为 $1 \sim 2\text{pF}$。

可见，耗尽区宽度 w 越窄，结电容越大，电路的 RC 时间常数也越大，不利于高速数据传输。

考虑到漂移时间和结电容效应，光电二极管的带宽可以表示为

$$B_{PD} = \frac{1}{2\pi\left(\dfrac{w}{\nu_d} + R_L\dfrac{\varepsilon A}{w}\right)} \tag{3-23}$$

式中，R_L 是负载电阻。

由上述分析可知，增加耗尽区宽度是非常有必要的。

由图 3-17 可见，I 区的宽度远大于 P$^+$ 区和 N$^+$ 区宽度，所以在 I 区有更多的光子被吸收，从而增加了量子效率，同时，扩散电流却很小。PIN 光电二极管反向偏压可以取较小的值，因为其耗尽区厚度基本上是由 I 区的宽度决定的。

当然，I 区的宽度也不是越宽越好，由式（3-21）和式（3-23）可知，宽度 w 越大，载流子在耗尽区的漂移时间就越长，对带宽的限制也就越大，故需综合考虑。由于不同半导体材料对不同波长的光吸收系数不同，所以本征区（I 区）的宽度选取也各不相同。例如，Si PIN 光电二极管的 I 区宽度大约是 40mm，而 InGaAs PIN 光电二极管的 I 区宽度大约是 4mm。这也决定了两种不同材料制成的光电检测器的带宽和使用的光波段范围不同，Si PIN 光电二极管用于 850nm 波段，InGaAs PIN 光电二极管则用于 1310nm 和 1550nm 波段。

3.2.4 APD（雪崩光电二极管）

APD（雪崩光电二极管）是利用雪崩效应使光电流得到倍增的高灵敏度的光电检测器。雪崩效应程的原理是：入射信号光在 APD 中产生最初的电子-空穴对，由于 APD 上加了较高的反向偏置电压，电子-空穴对在该电场作用下加速运动，获得很大动能，当它们与中性原子碰撞时，会使中性原子价带上的电子获得能量后跃迁到导带上去，于是就产生新的电子-空穴对，新产生的电子-空穴对称为二次电子-空穴对。这些二次载流子同样能在强电场作用下，碰撞别的中性原子进而产生新的电子-空穴对，这样就引起了产生新载流子的雪崩过程。也就是说，一个光子最终产生了许多的载流子，使得光信号在 APD 内部就获得了放大。

从结构来看，APD 与 PIN 光电二极管的不同在于增加了一个附加层 P，APD 的结构如图 3-18 所示。在反向偏置时，夹在 I 层与 N$^+$ 层间的 PN 结中存在着强电场，一旦入射信号光从左侧 P$^+$ 区进入 I 区后，在 I 区被吸收产生电子-空穴对，其中的电子迅速漂移到 PN 结区，PN 结中的强电场便使得电子产生雪崩效应。

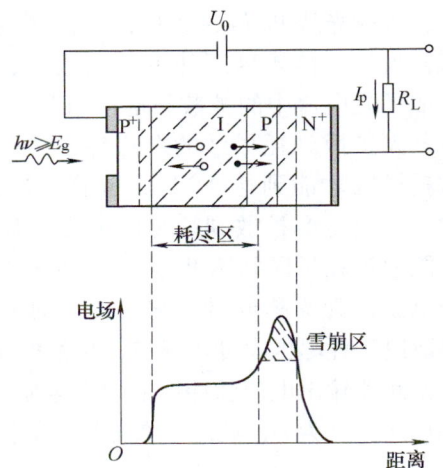

图 3-18 APD 的结构

与 PIN 光电二极管比较起来，光电流在 APD 内部就得到了放大，从而避免了由外部电路放大光电流所带来的噪声。从统计平均的角度设一个光子产生 M 个载流子，它等于 APD 雪崩后输出的光电流 I_M 与未倍增时的初始光电流 I_P 的比值：

$$M = \frac{I_M}{I_P} \tag{3-24}$$

式中，M 称为倍增因子。

倍增因子与载流子的电离率有关，电离率是指载流子在漂移的单位距离内平均产生的电子-空穴对数。电子电离率与空穴电离率是不相同的，分别用 α_e 和 α_h 表示，它们与反向偏置电压、耗尽区宽度、掺杂浓度等因素有关，记为

$$k_A = \frac{\alpha_h}{\alpha_e} \tag{3-25}$$

式中，k_A 为电离系数，它是光电检测器性能的一种度量。

电离率对 M 的影响可由下式给出，即

$$M = \frac{1 - k_A}{e^{-(1-k_A)\alpha_e w} - k_A} \tag{3-26}$$

当 $\alpha_h = 0$ 时，仅有电子参与雪崩过程，$M = e^{\alpha_e w}$，增益随 w 指数增长；当 $\alpha_e w = 1$ 且 $k_A \to 1$ 时，由式（3-26）可得 $M \to \infty$，出现雪崩击穿。通常，M 值的范围在 $10 \sim 500$ 之间。

APD 出现雪崩击穿是因为所加的反向偏置电压过大，考虑到 M 与反向偏置电压之间的密切关系，常用经验公式描述它们的关系，即

$$M = \frac{1}{1 - \left(\dfrac{U}{U_{BR}}\right)^n} \tag{3-27}$$

式中，n 是与温度有关的特性指数，$n = 2.5 \sim 7$；U_{BR} 是雪崩击穿电压，对于不同的半导体材料，该值为 $70 \sim 200\text{V}$；U 为反向偏置电压，一般取其为 U_{BR} 的 $80\% \sim 90\%$。

APD 使用时必须注意保持工作电压低于雪崩击穿电压，以免损坏器件。

3.3 光放大器

光放大器是可将微弱光信号直接进行光放大的器件。光放大器是基于受激辐射或受激散射的原理来实现对微弱入射光进行放大的，其机制与激光器完全相同。实际上，光放大器在结构上是一个没有反馈或反馈较小的激光器。当光介质在泵浦电流或泵浦光作用下产生粒子数反转时就获得了光增益，即可实现光放大。本节介绍常用光放大器的类型，并重点阐述掺铒光纤放大器的原理和应用。

3.3.1 光放大器的分类

光放大器按原理不同大体上有 3 种类型：

1）掺杂光纤放大器，就是利用稀土金属离子作为激光工作物质的一种放大器。

2）传输光纤放大器，其中有受激拉曼散射（Stimulated Raman Scattering，SRS）光纤放大器、受激布里渊散射（Stimulated Brilliouin Scattering，SBS）光纤放大器和利用四波混频效应（FWM）的光放大器等。

3）半导体激光放大器，其结构大体上与激光二极管（Laser Diode，LD）相同。

这几种类型的光放大器的工作原理和激励方式各不相同。

3.3.2 掺铒光纤放大器的工作原理

1. EDFA 的结构

掺铒光纤放大器（Erbium Doped Fiber Amplifier，EDFA）是利用掺铒光纤作为增益介

质，使用激光二极管发出的泵浦光对信号光进行放大的器件。掺铒光纤放大器的结构如图 3-19 所示。

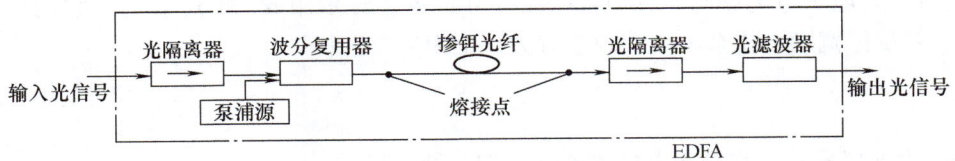

图 3-19　掺铒光纤放大器的结构

波分复用器也称为合波器，它的功能是将 980/1550nm 或 1480/1550nm 波长的泵浦光和信号光合路后送入掺铒光纤，对它的要求是插入损耗小，而且对光的偏振不敏感。

光隔离器的作用是使光的传输具有单向性，防止光反射回原器件，因为这种反射会增加放大器的噪声并降低放大效率。

光滤波器的作用是滤掉光放大器中工作带宽之外的噪声，以提高系统的信噪比。

掺铒光纤是 EDFA 的核心部件。它以石英光纤作为基质，在纤芯中掺入固体激光工作物质——铒离子。在几米至几十米的掺铒光纤内，光与物质相互作用而被放大、增强。

掺铒光纤的模场直径（MFD）为 $3 \sim 6 \mu m$，比常规光纤的直径（$9 \sim 16 \mu m$）要小得多。这是为了提高信号光和泵浦光的能量密度，从而提高其相互作用的效率。但掺铒光纤芯径的减小也使得它与常规光纤的模场不匹配，从而产生较大的反射和连接损耗，解决的方法是在光纤中掺入少许氟元素，使折射率降低，从而增大模场直径，达到与常规光纤可匹配的程度。另外，在熔接时，还可通过使用过渡光纤、拉长常规光纤接头长度以减小芯径等方法减小模场直径的不匹配。

为了实现更有效地放大，在制作掺铒光纤时，大多数铒离子都集中在纤芯的中心区域。因为在光纤中，可认为信号光与泵浦光的光场近似为高斯分布，在纤芯轴线上光强最强，铒离子在近轴区域，将使光与物质充分作用，从而提高能量转换效率。根据掺铒光纤放大器的使用场合，有多种型号的掺铒光纤供设计 EDFA 时采用，如 EDF-PAX-01 型用于设计在线放大器和前置放大器，其增益带宽具有平坦和宽的特性；EDF-LAX-01 型可用于在线放大器，它的功率转换效率高且噪声系数低；EDF-BAX-01 型能提供高的输出功率等。掺铒光纤的基本参数见表 3-1。

表 3-1　掺铒光纤的基本参数

型　号	EDF-PAX-01	EDF-LAX-01	EDF-BAX-01	EDF-HCX-01
数值孔径	0.24 ± 0.02	0.24 ± 0.02	0.22 ± 0.02	0.24 ± 0.02
截止波长/nm	953 ± 35	953 ± 35	920 ± 40	920 ± 40
峰值吸收波长/nm	$\leqslant 1529.5$	1530.5 ± 0.5	1531 ± 0.5	1530 ± 1
峰值衰减/dB·m^{-1}	7 ± 2	7 ± 2	5 ± 2	8.5 ± 2
衰减(980nm)/dB·m^{-1}	5 ± 1.5	5 ± 1.5	3.55 ± 1.5	8.5 ± 2
背景衰减（1200nm）/dB·m^{-1}	< 35	< 15	< 15	< 15
饱和功率(1530nm)/mW	0.17	0.15	0.18	0.20
模场直径/μm	$4.8 \sim 5.9$	$4.8 \sim 5.9$	$5.2 \sim 6.6$	$4.8 \sim 6$

泵浦源是 EDFA 的另一核心部件，它为光信号放大提供足够的能量，是实现激活物质粒子数反转的必要条件，由于泵浦源直接决定着 EDFA 的性能，所以要求其输出功率高、稳定

性好、寿命长。实用的 EDFA 泵浦源都是激光二极管，其泵浦波长有 980nm 和 1480nm 两种，应用较多的是 980nm 泵浦源，其优点是噪声低、泵浦效率高，功率可高达数百毫瓦。

泵浦光与信号同时进入光纤，在掺铒光纤入口处泵浦光最强，当它沿光纤传输时，将能量逐渐转移给信号光，使得信号强度越来越大，自己的强度逐渐变小。

除了激光二极管外，泵浦模块还包括监视激光二极管性能的光电二极管和控制并稳定激光二极管温度的热电冷却器。

根据泵浦源所在的位置可以分为 3 种泵浦方式：第一种如图 3-19 所示，称为同向泵浦，这种方式下，信号光与泵浦光以同一方向进入掺铒光纤，这种方式具有较好的噪声性能；第二种方式为反向泵浦，信号光与泵浦光从两个不同的方向进入掺铒光纤，如图 3-20a 所示，这种泵浦方式具有输出信号功率高的特点；第三种方式为双向泵浦源，用两个泵浦源从掺铒光纤两端进入光纤，如图 3-20b 所示，由于使用双泵浦源，输出光信号功率比单泵浦源要高，且放大特性与信号传输方向无关。

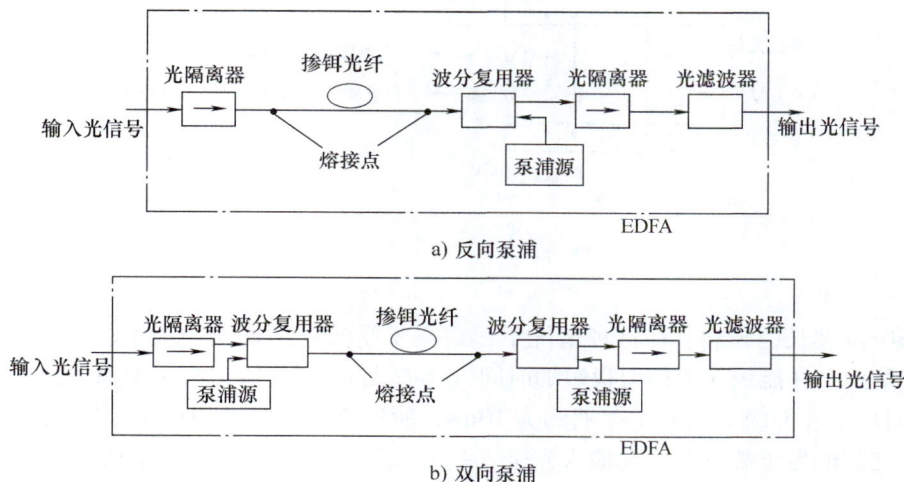

a) 反向泵浦

b) 双向泵浦

图 3-20　EDFA 的泵浦方式

不同泵浦方式下输出功率及噪声特性比较如图 3-21 所示。其中，图 3-21a 为输出光信号功率与泵浦光功率之间的关系，3 种泵浦方式的微分转换效率分别为 61%、76% 和 77%；图 3-21b 为噪声系数与放大器输出光功率的关系，随着输出光功率的增加，粒子反转数将下

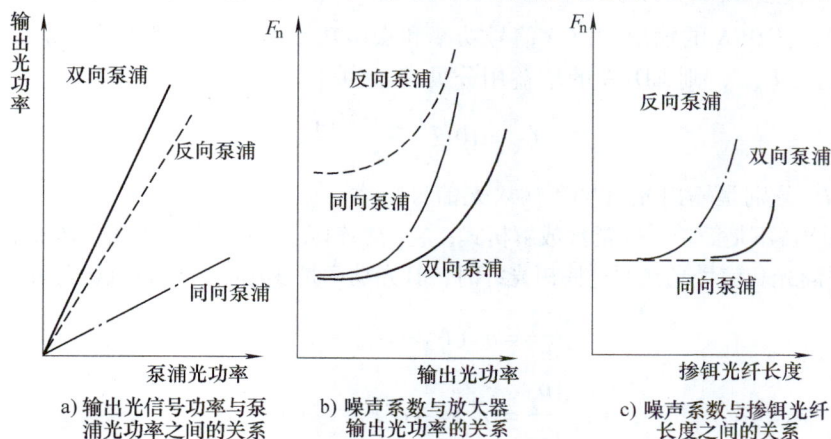

a) 输出光信号功率与泵
浦光功率之间的关系

b) 噪声系数与放大器
输出光功率的关系

c) 噪声系数与掺铒光纤
长度之间的关系

图 3-21　不同泵浦方式下输出功率及噪声特性比较

降，结果是使噪声指数增大；图 3-21c 为噪声系数与掺铒光纤长度之间的关系，由图可见，不管掺铒光纤的长度如何，同向泵浦方式的 EDFA 噪声最小。

2. EDFA 的工作原理

（1）能级与泵浦　EDFA 的工作机理基于受激辐射。首先讨论激活物质掺铒石英的能级，石英光纤中铒离子的能级如图 3-22 所示。这里用 3 能级表示。铒离子从能级 2 到能级 1 的跃迁产生的受激辐射光，其波长范围为 1500～1600nm，这是 EDFA 得到广泛应用的原因。为了实现受激辐射，需要产生能级 2 与能级 1 之间的粒子数反转，即需要泵浦源将铒离子从能级 1 激发到能级 2。有两种波长的泵浦源可以满足要求：

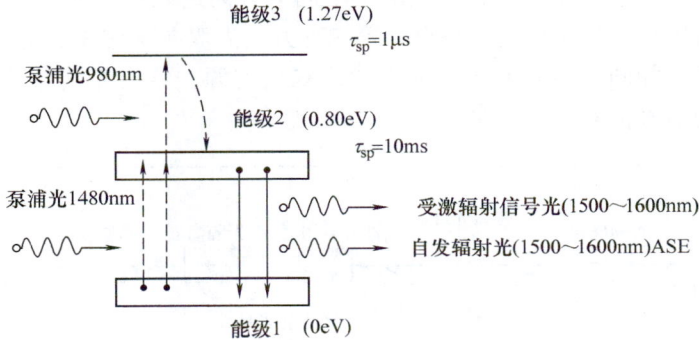

能级3　(1.27eV)
$\tau_{sp}=1\mu s$

泵浦光980nm

能级2　(0.80eV)
$\tau_{sp}=10ms$

泵浦光1480nm

受激辐射信号光(1500～1600nm)

自发辐射光(1500～1600nm)ASE

能级1　(0eV)

图 3-22　石英光纤中铒离子的能级

注：ASE 为自发辐射噪声

1）980nm 波长的泵浦。在这种情况下，铒离子受激不断地从能级 1 转移到能级 3 上，如图 3-22 所示，在能级 3 上停留很短的时间（生存期），约 $1\mu s$，然后无辐射地落到能级 2 上。由于铒离子在能级 2 上的生存期约为 10ms，所以能级 2 上的铒离子不断积累，形成了能级 1、2 之间的粒子数反转。在输入光子（信号光）的激励下，铒离子从能级 2 跃迁到能级 1 上，这种受激跃迁将伴随着与输入光子具有相同波长、方向和相位的受激辐射，使得信号光得到了有效的放大；另一方面，也有少数粒子以自发辐射方式从能级 2 跃迁到能级 1，产生自发辐射噪声，并且在传输的过程中不断得到放大，成为放大的自发辐射。

2）1480nm 波长的泵浦。它可以直接将铒离子从能级 1 激发到能级 2 上去，实现粒子数反转。

（2）增益　EDFA 的输出功率含信号功率和噪声功率两部分，噪声功率是放大的自发辐射产生的，记为 P_{ASE}，则 EDFA 的增益用分贝表示为

$$G_E = 10\lg \frac{P_{out} - P_{ASE}}{P_{in}} \tag{3-28}$$

式中，P_{out}、P_{in} 分别是输出光信号和输入光信号功率。

EDFA 的增益不是简单一个常数或解析式，它与掺铒光纤的长度、铒离子浓度、泵浦功率等因素有关。泵浦光和信号光在通过掺铒光纤时，其光功率是变化的，它们相互之间满足下式：

$$\frac{dP_S}{dz} = \sigma_S(N_2 - N_1) - \alpha P_S$$
$$\frac{dP_P}{dz} = \sigma_P N_1 - \alpha' P_P \tag{3-29}$$

式中，P_S、P_P 分别表示信号光功率和泵浦光功率；σ_P、σ_S 分别是泵浦频率 ω_P、信号频率 ω_S

处的受激吸收和受激发射截面积；α、α' 分别是掺铒光纤对信号光和泵浦光的损耗；N_2、N_1 分别是能级 2 和能级 1 的粒子数。由于式（3-29）是一个超越方程，所以经常用数值解或图形来反映增益与泵浦功率或掺铒光纤长度的关系。增益与掺铒光纤长度的关系如图 3-23 所示。

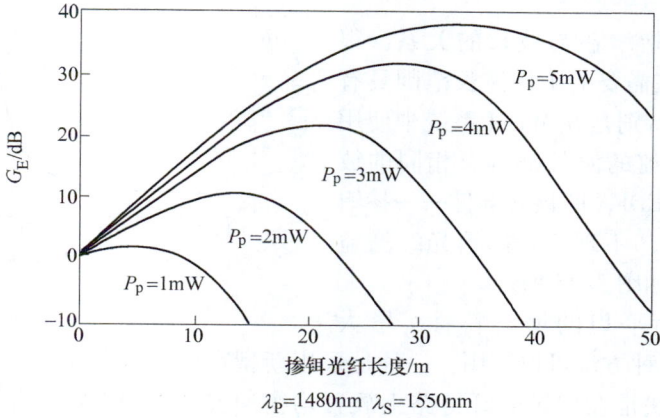

$\lambda_P = 1480\text{nm}$　$\lambda_S = 1550\text{nm}$

图 3-23　增益与掺铒光纤长度的关系

由图 3-23 可以看出，随着掺铒光纤长度的增加，增益经历了从增加到减小的过程，这是因为随着光纤长度的增加，光纤中的泵浦功率将下降，使得粒子反转数降低，最终在低能级上的铒离子数多于高能级上的铒离子数，粒子数恢复到正常的数值。由于掺铒光纤本身的损耗，造成信号光中被吸收掉的光子多于受激辐射产生的光子，引起增益下降。由上面的讨论可知，对于某个确定的入射泵浦功率，存在着一个掺铒光纤的最佳长度，使得增益 G_E 最大。图 3-23 也显示了不同泵浦功率下增益与掺铒光纤长度的关系，如当泵浦功率为 5mW 时，掺铒光纤长为 30m 的放大器可以产生 35dB 的增益。

常用的估算增益的关系式为

$$G_E = \frac{P_{S,out}}{P_{S,in}} \leqslant 1 + \frac{\lambda_P P_{P,in}}{\lambda_S P_{S,in}} \tag{3-30}$$

式中，λ_P 和 λ_S 分别表示泵浦波长和信号波长；$P_{P,in}$ 和 $P_{S,in}$ 为泵浦光和信号光的入射功率，单位为 mW。

EDFA 增益和噪声与输入光信号功率的关系如图 3-24 所示。当输入光功率增大到一定值后，增益开始下降，出现了增益饱和现象，与此同时，噪声增加。

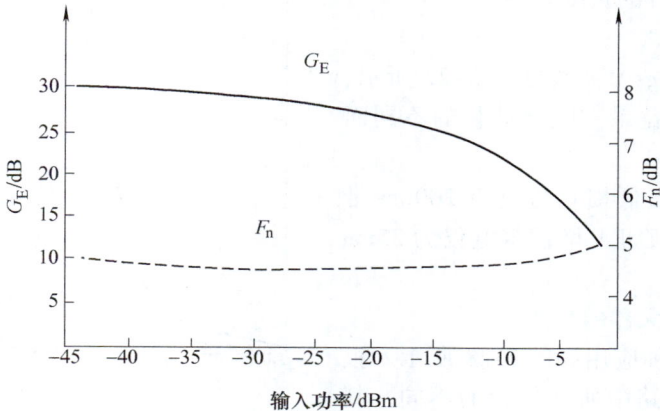

输入功率/dBm

图 3-24　EDFA 增益和噪声与输入光信号功率的关系

（3）噪声系数 EDFA 的噪声系数实际上与掺铒光纤长度和泵浦功率有关。理论分析还表明，噪声系数与泵浦源波长有关，使用 980nm 泵浦源的噪声特性优于 1480nm 泵浦源。EDFA 噪声系数的变化范围为 3.5 ~ 9dB。

3. EDFA 的增益平坦性

增益平坦性是指增益与波长的关系，很显然，EDFA 应该在需要的工作波长范围具有较为平坦的增益，特别是在 WDM 系统中使用时，要求对所有信道的波长都具有相同的放大倍数。但是作为 EDFA 的核心部件——掺铒光纤的增益平坦性却不理想。掺铒光纤增益系数与波长的关系如图 3-25 所示。

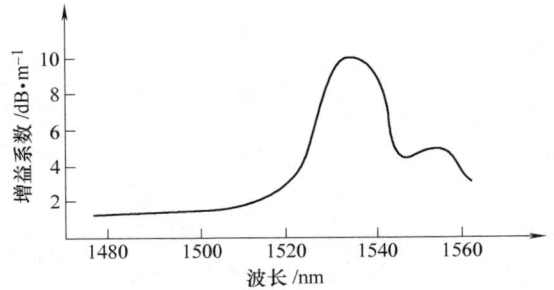

图 3-25 掺铒光纤增益系数与波长的关系

为了获得较为平坦的增益特性，增大 EDFA 的带宽，有两种方法可以采用：一种是采用新型宽谱带掺杂光纤，如在纤芯中再掺入铝离子；另一种方法是在掺铒光纤链路上放置均衡滤波器。EDFA 中均衡滤波器的作用如图 3-26 所示，该均衡滤波器的传输特性恰好补偿掺铒光纤增益的不均匀。

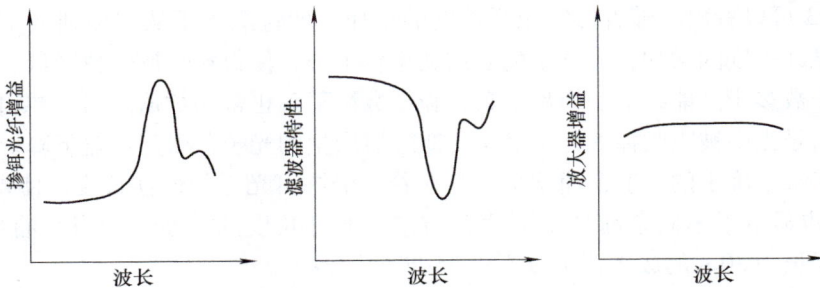

图 3-26 EDFA 中均衡滤波器的作用

3.3.3 掺铒光纤放大器的特性与应用

1. EDFA 的增益特性

增益系数 $g(z)$ 与高能级和低能级的粒子数目差及泵浦功率有关，对增益系数 $g(z)$ 在整个掺铒光纤长度上进行积分，就可求出掺铒光纤放大器的增益 G_E，所以，放大器的增益应与泵浦强度及光纤的长度有关。

2. EDFA 的带宽

掺铒硅光纤的 g-λ 曲线如图 3-27 所示，从图中可以看出增益系数随着波长的不同而不同。

光纤在 1.55μm 低损耗区具有 200nm 带宽，而目前使用的 EDFA 增益带宽仅为 35nm 左右。

3. 掺铒光纤放大器的应用

光放大器的几种应用如图 3-28 所示。根据光放大器在光链路中所处位置的不同，其应用可以分成 3 个类型：

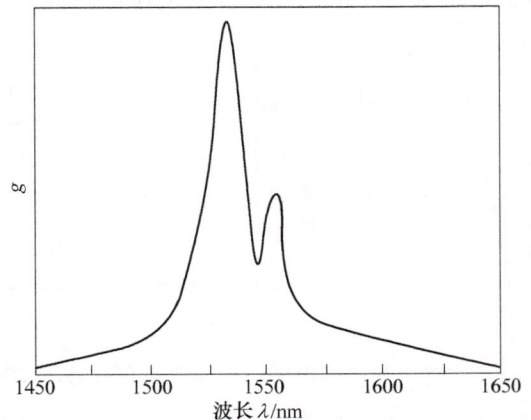

图 3-27 掺铒硅光纤的 g-λ 曲线

（1）EDFA 用作线路放大器　EDFA 用作线路放大器是它在光纤通信系统的一个重要应用。在单模光纤通信系统中，光纤的色散影响较小，限制传输距离的主要因素是光纤的衰减，所以用光放大器可以补偿传输损耗。它适用于超长距离传输的系统，如图 3-28a 所示。

（2）EDFA 用作前置放大器　由于 EDFA 的低噪声特性，使它很适于用作接收机的前置放大器。前置放大是指光放大器的位置在光纤链路末端、接收机之前，如图 3-28b 所示。在光电检测器之前将弱信号放大，可以抑制在接收机中由于热噪声引起的信噪比下降。

（3）EDFA 用作功率放大器　功率放大器是将 EDFA 直接放在光发射机之后用来提升输出功率，如图 3-28c 所示，一般可使传输距离增加 10 ~ 100km。如果同时使用前置放大，即可实现 200 ~ 250km 的无中继海底传输。由于功率放大器直接放置于光发射机后，其输入功率较高，要求的泵浦功率也较大。其输入一般要在 -8dBm 以上，具有的增益必须大于 5dB。

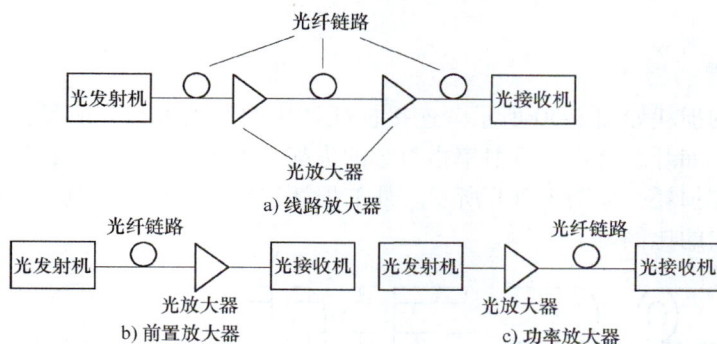

图 3-28　光放大器的几种应用

3.4　无源光器件

光纤通信系统中所用的器件可以分成有源器件和无源器件两大类。有源器件的内部存在着光电能量转换的过程，而没有该功能的则称为无源器件。

无源光器件是能量消耗型光学器件，其种类繁多、功能各异。

无源光器件可分为连接用的部件和功能性部件两大类：连接用的部件有各种光连接器，用于光纤和光纤、部件（设备）和光纤或部件（设备）和部件（设备）的连接；功能性部件有分路器、耦合器、光合波/分波器、光衰减器、光开关和光隔离器等，用于光的分路、耦合、复用、衰减等方面。

光纤通信系统对无源器件的总体要求为规格标准、插入损耗小、可靠性高、重复性好、不易受外界影响等。

3.4.1　光纤连接器

光纤的连接常采用两种办法：一种是要求两根光纤（缆）的连接固定、永久。在光缆施工中，因为一盘光缆的长度一般在 3km 以内，所以两根光缆的接续要采用熔接机将它们熔融相连。另一种是光纤与光发射机（附带尾纤）、光接收机或仪表之间的连接，或者是与另一根光纤暂时性的连接，就要用到光纤连接器。光纤连接器是易出故障的器件，也是用途最广泛的无源器件。

1. 光纤连接器的结构

光纤连接器的结构如图 3-29 所示。

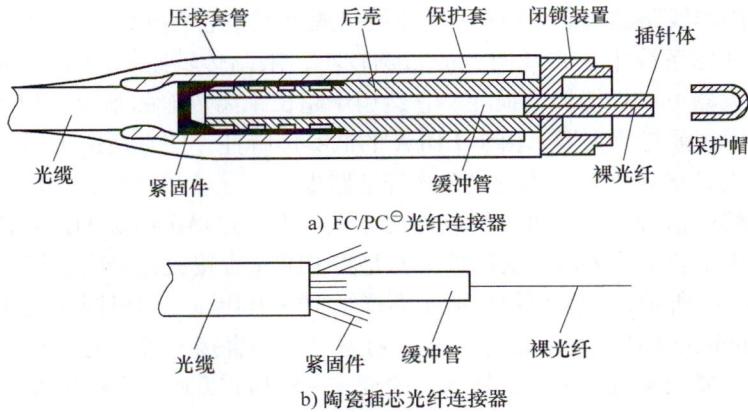

图 3-29 光纤连接器的结构

2. 光纤连接器的损耗

光纤连接器的损耗如图 3-30 所示。连接损耗产生的原因可归为两类：一类是光纤公差引起的固有损耗，如纤芯直径、折射率指数等的失配，如图 3-30a 所示；另一类是连接器加工装配引起的外部损耗，如图 3-30b 所示。外部损耗往往是主要的，其中间隙和横向偏移造成的损耗占有较大的比例。

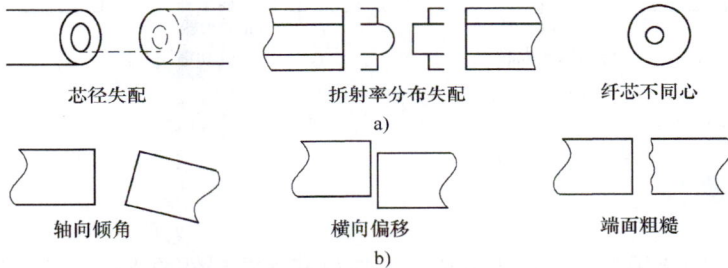

图 3-30 光纤连接器的损耗

3. 光纤连接器的型号和参数

常用的光纤连接器型号有 FC/PC、FC/APC、SC/PC、SC/APC 和 ST/PC 型。

光纤连接器的主要性能指标有：

1）插入损耗：一般在 0.5dB 以下。

2）重复性：即每插拔一次或数次之后，其损耗的变化情况，一般应小于 0.1dB。

3）互换性：是指同一种光纤连接器不同插针替换时损耗的变化量，它应小于 0.1dB。

4）寿命：即在保证光纤连接器具有上述损耗参数范围内插拔次数的多少，一般应在千次以上。

5）温度性能：是指在一定温度范围内连接器损耗的变化量，一般是在 -250～700℃ 范围内，损耗变化应小于或等于 0.2dB。

此外，还有反射损耗（一般应小于 -35dB）、抗拉强度等性能。

3.4.2 光衰减器

光衰减器的功能是对光功率进行预定量的衰减。例如，光接收机对光功率的过载非常敏

⊖ FC 指圆头尾纤连接器，PC 指陶瓷截面为平面。

感，必须将输入功率控制在接收机的动态范围内，防止其饱和；光放大器前的不同信道输入功率应保持平衡，防止某个或某些信道的输入功率过大，引起光放大器增益饱和等。

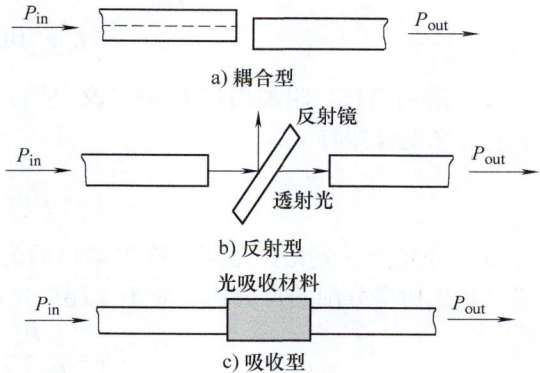

图 3-31　光衰减器的工作原理

光衰减器的工作机理如图 3-31 所示，有以下几种：

（1）耦合型　它是通过输入、输出两根光纤纤芯的偏移来改变光耦合的大小，从而达到改变衰减量的目的，如图 3-31a 所示。

（2）反射型　通过改变反射镜的角度，控制透射光的大小，如图 3-31b 所示。

（3）吸收型　采用光吸收材料制成衰减片，对光进行吸收和透射，如图 3-31c 所示。

光衰减器可分成固定式、步进可变式和连续可变式 3 种类型。

3.4.3　光耦合器

1. 光耦合器的类型

光耦合器是对光信号实现分路、合路和分配的无源器件，是波分复用、光纤局域网、光纤有线电视网以及某些测量仪表中不可缺少的光学器件。几种典型的光纤耦合器结构图如图 3-32 所示。

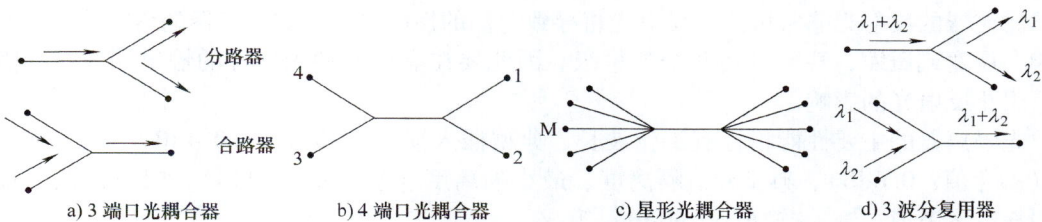

图 3-32　几种典型的光纤耦合器结构图

2. 工作原理

4 端口光耦合器是最简单的器件。4 端口光耦合器的结构和原理如图 3-33 所示。

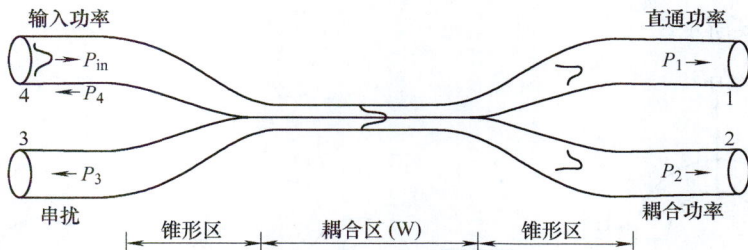

图 3-33　4 端口光耦合器的结构和原理

3. 性能参数

（1）插入损耗　插入损耗是指光功率从特定的端口到另一端口路径的损耗。从输入端口 k 到输出端口 j 的插入损耗可表示为

$$L_i = 10\lg\frac{P_{in,k}}{P_{out,j}} \tag{3-31}$$

（2）附加损耗　附加损耗 L_e 的定义是输入功率与总输出功率的比值。对于图 3-33 所示的 4 端口光耦合器有

$$L_e = 10\lg\frac{P_{in}}{P_1 + P_2} \tag{3-32}$$

（3）分光比　分光比是某一输出端口的光功率与所有输出端口光功率之比。它说明输出端口间光功率分配的百分比。对于 4 端口光耦合器可以表示为

$$S_R = \frac{P_2}{P_1 + P_2} \times 100\% \tag{3-33}$$

（4）隔离度　隔离度也称为方向性或串扰，隔离度高意味着线路之间的串扰小。它表示输入功率出现在不希望的输出端的多少。对于 4 端口光耦合器，其数学形式是

$$L_c = -10\lg\frac{P_3}{P_{in}} \tag{3-34}$$

3 端口光耦合器的实物照片如图 3-34 所示。

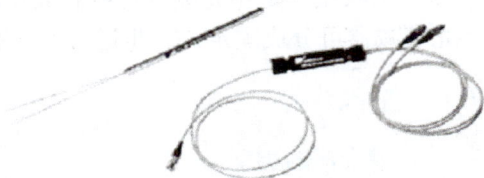

3.4.4 光隔离器与光环行器

1. 光隔离器

光隔离器的作用是保证光波只能正向传输，

图 3-34　3 端口光耦合器实物照片

避免线路中由于各种因素产生的反射光再次进入激光器而影响激光器的工作稳定性。

光隔离器主要用在激光器或光放大器的后面。激光器、光放大器对来自连接器、熔接点、滤波器的反射光非常敏感，反射光将导致它们的性能恶化，如激光器的谱宽受反射光的影响会展宽或压缩，甚至可达几个数量级。因此要在靠近这种光器件的输出端放置光隔离器，阻止反射光的影响。

光隔离器的主要性能指标有工作波长、典型插入损耗（参考值：0.4dB）、最大插入损耗（参考值：0.6dB）、典型峰值隔离度、最小隔离度（参考值：40dB）、回波损耗（即反射损耗，参考值：输入/输出 60/60dB）等。

2. 光环行器

光环行器与光隔离器的工作原理基本相同，只是光隔离器一般为两端口器件，而光环行器则为多端口器件。光环行器为双向通信中的重要器件，它可以完成正/反向传输光的分离任务，用于单纤双向通信。光环行器示意图如图 3-35 所示，光环行器用于单纤双向通信的示意图如图 3-36 所示。

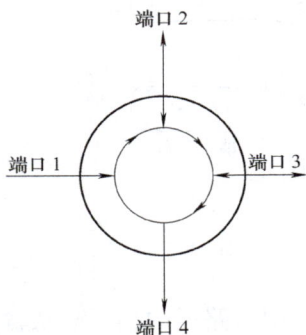

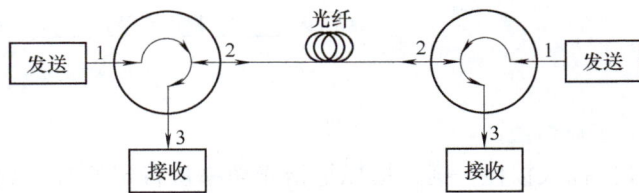

图 3-35　光环行器示意图　　　　图 3-36　光环行器用于单纤双向通信的示意图

3.4.5 波长转换器

波长转换器是使信号从一个波长转换到另一个波长的器件。波长转换器根据波长转换机理可分为光电型波长转换器和全光型波长转换器。

1）光电型波长转换器如图 3-37 所示。由于速度受电子器件限制，它不适应高速大容量光纤通信系统。

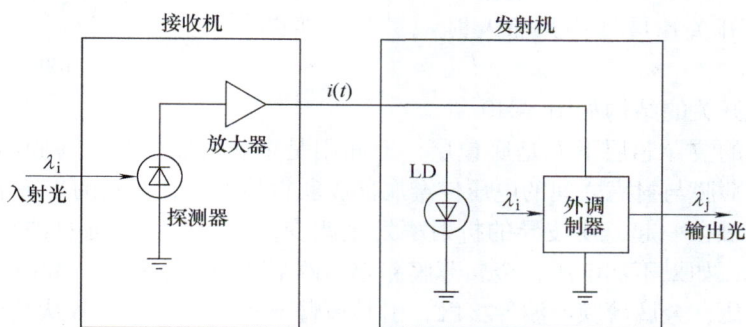

图 3-37　光电型波长转换器

2）全光型波长转换器如图 3-38 所示。其波长转换技术主要由半导体光放大器（SOA）构成。

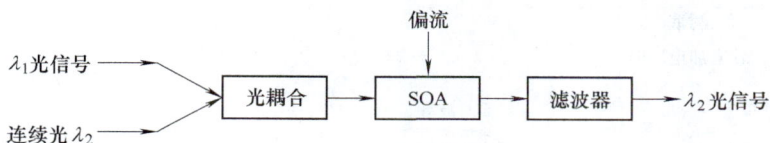

图 3-38　全光型波长转换器

波长为 λ_1 的光信号与需要转换为波长为 λ_2 的连续光信号同时送入 SOA，SOA 对 λ_1 光功率存在增益饱和特性，结果使得输入光信号所携带的信息转换到 λ_2 上，通过滤波器取出 λ_2 光信号，即可实现从 λ_1 到 λ_2 的全光波长转换。

3.4.6 光开关

光开关是光交换的关键器件，它具有一个或多个可选择的传输端口，可对光传输线路中的光信号进行相互转换或实行逻辑运算，在光纤网络系统中有着广泛的应用。

光开关可分成机械式和非机械式两大类。机械式光开关依靠光纤或者光学元件的移动，使光路发生转换；非机械式光开关依靠电光、声光、热光等效应来改变波导的折射率，使光路发生变化。下面对这两类光开关的结构、工作原理做一介绍。

1. 机械式光开关

新型机械式光开关有微型机电系统光开关和金属薄膜光开关两类。

微型机电系统（Microelectromechanical Systems，MEMS）光开关是在半导体衬底材料上制造出可以做微小移动和旋转的微反射镜阵列，微反射镜的尺寸非常小，约 $140\mu m \times 150\mu m$，它在驱动力的作用下，将输入光信号切换到不同的输出光纤中。加在微反射镜上的驱动力是利用热力效应、磁力效应或静电效应产生的。MEMS 光开关的结构如图 3-39 所示。

当微反射镜为取向 1 时，输入光经输出波导 1 输出；当微反射镜为取向 2 时，输入光经输出波导 2 输出。微反射镜的旋转由控制电压（100～200V）完成。这种器件的特点是体积小、消光比（光开关处于通状态时的输出光功率与断状态时的输出光功率之比）大、对偏振不敏感、成本低、开关速度适中，插入损耗小于 1dB。

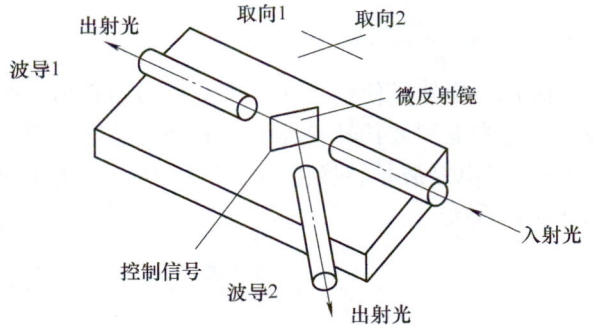

图 3-39　MEMS 光开关的结构

金属薄膜光开关的结构如图 3-40 所示。这种光开关的波导芯层下面是底包层，上面则是金属薄膜，金属薄膜与波导之间为空气。施加在金属薄膜与衬底之间的电压使金属薄膜获得静电力，在它的作用下，金属薄膜向下移动与波导接触在一起，使波导的折射率发生改变，从而改变了通过波导的光信号的相移。图 3-40c 中，如果不加电压，金属薄膜翘起，两个臂的相移相同，此时光信号从端口 2 输出；如果加电压，金属薄膜与波导接触，引起该臂 π 的相移，光信号从端口 1 输出。

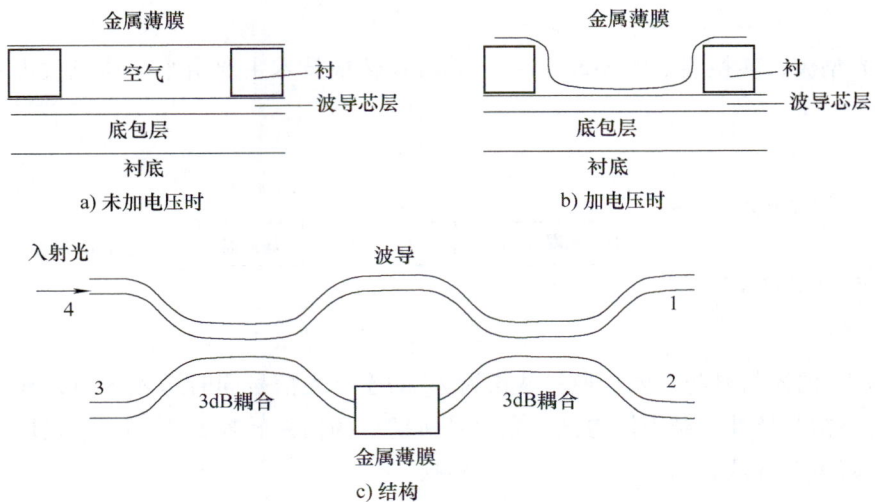

图 3-40　金属薄膜光开关的结构

2. 非机械式光开关

非机械式光开关的类型有液晶光开关、电光效应光开关、热光效应光开关、半导体光放大器光开关等。

液晶光开关是在半导体材料上制作出偏振光束分支波导，在波导交叉点上刻蚀具有一定角度的槽，槽内注入液晶，槽下安置电热器。不对槽加热时，光束直通；加热后，液晶内产生气泡，经它的全反射，光改变方向，输出到要求的波导中。

电光效应、热光效应等是利用某些材料的折射率随电压和温度的变化而改变的现象，从而实现光开、关的器件。

半导体光放大器光开关利用改变半导体光放大器的偏置电压实现开关功能。

光开关的参数主要有波长范围、插入损耗、光路回波损耗、串扰、光路输入功率、偏振相关损耗、重复性、开关速度和寿命等。

3.4.7　光滤波器

光滤波器是一种波长选择器件，在光纤通信系统中有着重要的应用，如上节光放大器中噪声的滤波。特别在 WDM 光纤网络中每个接收机都必须选择所需要的信道，滤波器成为必不可少的部分。滤波器分成固定滤波器和可调谐滤波器两大类。前者是允许一个确定波长的信号光通过，而后者是可以在一定光带宽范围内动态地选择波长。光滤波器的功能和分类如图 3-41 所示。

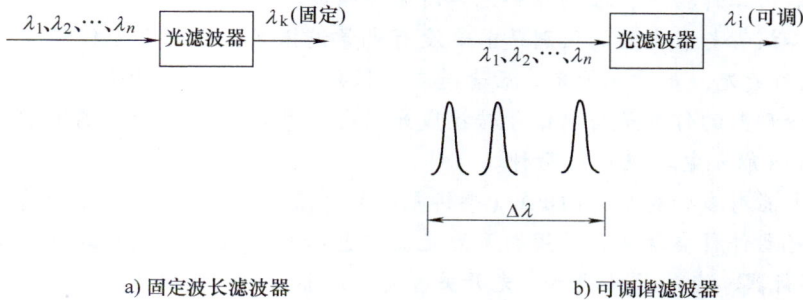

a) 固定波长滤波器　　　　　　　b) 可调谐滤波器

图 3-41　光滤波器功能和分类

实际光滤波器的传输特性如图 3-42 所示。固定波长光滤波器的主要参数是中心波长 λ_0、带宽 $\Delta\lambda$，除它们以外，还有插入损耗和隔离度等。

3.4.8　光纤光栅

光纤光栅是利用光纤制造中的缺陷，用紫外光照射，使得光纤纤芯折射率分布呈周期性变化。光纤光栅的滤波作用如图 3-43 所示，满足布拉格光栅条件的波长全反射，而其余波长通过，是一种全光纤陷波滤波器。

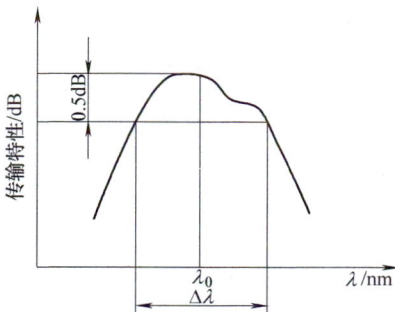

图 3-42　实际光滤波器的传输特性　　　图 3-43　光纤光栅的滤波作用

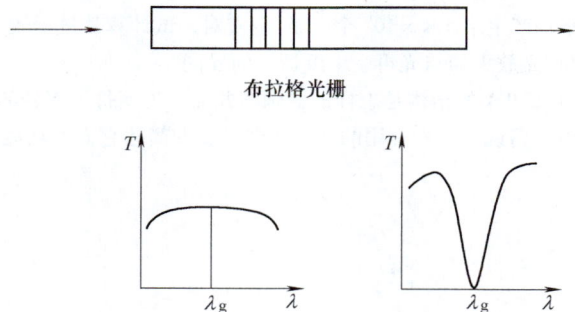

光纤光栅的实现有两种方法：

（1）干涉法　干涉法是利用双光束干涉原理，将一束紫外光分成两束平行光，并在光纤外形成干涉场，调节两干涉臂长，使得形成的干涉条纹周期满足制作光纤光栅的要求。

（2）相位掩膜板法　相位掩膜板法是利用预先制作的膜板，当紫外光通过相位板时产生干涉，从而在光纤圆柱面形成干涉场，将光栅写入光纤。

小　结

1）光纤通信系统中所用的光器件可分为有源器件和无源器件两大类。

2）光与物质的相互作用形式主要包括受激跃迁、自发辐射和受激辐射。

3）光源主要是将电信号转换成光信号送入光纤。常用的光源器件有激光器（LD，激光二极管）和发光二极管（LED）两种。

4）激光器由工作物质、激励源和光学谐振腔组成。

5）发光二极管与激光器的区别是前者没有光学谐振腔，它的发光仅限于自发辐射，从而使所发的光为荧光，是非相干光。后者是受激辐射，发出的是相干光。

6）光电检测器的作用是将电信号转换成光信号。常用的光电检测器有 PIN（光电二极管）和 APD（雪崩光电二极管）两种。

7）光放大器有多种类型，EDFA（掺铒光纤放大器）是光纤通信中应用最广泛的一种。

8）无源光器件种类繁多，常用的无源光器件包括光连接器、光衰减器、光耦合器、光隔离器、光环行器、光波长转换器、光开关、光滤波器和光纤光栅等。

思　考　题

1）光与物质的相互作用形式有几种？请画图说明。

2）组成激光器的三要素是什么？

3）简要说明激光振荡器的原理。

4）激光器发射光子的能量近似等于材料的禁带宽度，已知 GaAs 材料的禁带宽度为 1.43eV，某一 InGaAsP 材料的禁带宽度为 0.96eV，求它们的发射波长分别是多少？

5）LD 和 LED 的特点有何异同？

6）画图说明光电检测器的工作原理。

7）某光电二极管由 InGaAs 材料制作，在 100ns 的脉冲时间内共入射了波长为 1310nm 的光子 6×10^6 个，平均产生了 5.4×10^6 个电子-空穴对，试计算其量子效率和响应度。

8）光放大器与光再生中继器有何异同？

9）EDFA 的结构是怎样的？画图并简要说明每一部分的作用。

10）请说出 3 种常用的光无源器件，并简述它们的功能。

第4章 光 端 机

目标：通过本章的学习，应掌握和了解以下内容：
- 掌握光发送机的基本组成。
- 了解光源强度调制的方法。
- 掌握光发送机的主要指标。
- 掌握光接收机的基本组成。
- 掌握光接收机的特性。
- 掌握线路码型的主要要求。

光端机包括光发送机和光接收机，是光纤通信系统的基本部件。本章主要介绍数字光发送机（以下简称光发送机）和数字光接收机（以下简称光接收机）的基本组成、光发送机的主要指标、光接收机的特性。

4.1 光发送机

光发送机的功能是把电端机输出的数字基带电信号转换为光信号，并用耦合技术有效注入光纤线路，电/光转换是用承载信息的数字电信号对光源进行调制来实现的。调制分为直接调制（内调制）和间接调制（外调制）两种方式。受调制的光源特性参数有功率、幅度、频率和相位。目前技术上成熟并在实际光纤通信系统得到广泛应用的是直接光强（功率）调制。

4.1.1 光发送机的基本组成

光发送机的基本组成如图4-1所示。

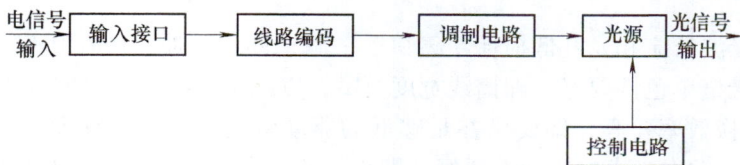

图4-1　光发送机的基本组成

1. 光源

光纤通信传输的是光信号。因此，作为光纤通信系统的发光器件——光源，便成为重要的器件之一。它的作用是把传输的电信号转换为光信号并发射出去。

2. 输入接口及线路编码

输入接口和线路编码电路共同组成输入电路，它的作用是将输入的 PCM（脉冲编码调制）脉冲进行整形，变成 NRZ（不归零）码来调制光源和外调制电路，输入电路的基本组成如图4-2所示。

（1）均衡放大　补偿由电缆传输所产生的衰减和畸变，以便正确译码。

（2）码型变换　将由均衡器输出的 HDB$_3$ 码或 CMI 码变化为 NRZ 码。

（3）复用　用一个大传输信道同时传送多个低速信号的过程。

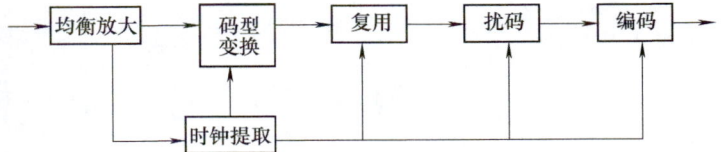

图 4-2　输入电路的基本组成

（4）扰码　若信号码流中出现长连"0"或长连"1"的情况，将会给时钟信号的提取带来困难，为了避免出现这种情况，需要加一扰码电路，使信号达到"0""1"等概率出现，有利于时钟提取。

（5）时钟提取　由于码型变换和扰码过程都需要以时钟信号作为依据，因此，在均衡电路之后提取 PCM 信号中的时钟信号，供给其他电路使用。

（6）编码　如上所述，经过扰码后的码流，应尽量使得"1"和"0"的个数相等，这样便于接收端提取时钟信号。另外，从实用角度来看，为了便于不间断业务的误码监测、区间通信联络、监控及克服直流分量的波动，在实际的光纤通信系统中，都要对经过扰码以后的信号码流进行编码，以满足上述要求。

经过编码以后，则信号已变为适合在光纤线路中传送的线路编码。

3. 调制电路和控制电路

调制电路和控制电路的要求如下：

1）输出光脉冲的通断比（全"1"码平均光功率和全"0"码平均光功率的比值，或消光比的倒数）应大于 10，以保证足够的光接收信噪比。

2）输出光脉冲的宽度应远大于开通延迟（电光延迟）时间，光脉冲的上升时间、下降时间和开通延迟时间应足够短，以便在高速率调制下，输出的光脉冲能准确再现输入电脉冲的波形。

3）对激光器应施加足够的偏置电流，以便抑制在较高速率调制下可能出现的张弛振荡，保证发射机正常工作。

4）应采用自动功率控制（APC）和自动温度控制（ATC），以保证输出光功率有足够的稳定性。

4.1.2　光源的要求

1）发射的光波长应和光纤低损耗"窗口"一致，即中心波长应在 0.85μm、1.31μm 和 1.55μm 附近。光谱单色性要好，即谱线宽度要窄，以减小光纤色散对带宽的限制。

2）电/光转换效率要高，即要求在足够低的驱动电流下，有足够大而稳定的输出光功率，且线性良好。发射光束的方向性要好，即辐射角要小，以利于提高光源与光纤之间的耦合效率。

3）允许的调制速率要高或响应速度要快，以满足系统大容量传输的要求。

4）器件应能在常温下以连续波方式工作，要求温度稳定性好、可靠性高、寿命长。

5）此外，要求器件体积小、重量轻、安装使用方便、价格便宜。

4.1.3　光源的调制

要实现光纤通信，首先要解决的问题是如何将电信号加载到光源的发射光束上，即需要进行光调制。根据调制与光源的关系，光调制可分为直接调制（内调制）和间接调制（外调制）两大类。

1. 光源的直接调制

直接调制就是将电信号直接注入光源，把要传送的信息转变为电源信号注入 LD（激光器）或 LED（发光二极管），获得相应的光信号，使其输出的光载波信号的强度随调制信号的变化而变化，又称为内调制。这种方法实际上调制的是光源的发光强度，所以它是一种光强度调制（IM）。直接光强度数字调制原理如图 4-3 所示。直接调制虽然存在波长（频率）的抖动，但具有简单、损耗小、成本低等优点，是光纤通信系统中广泛采用的调制方式。

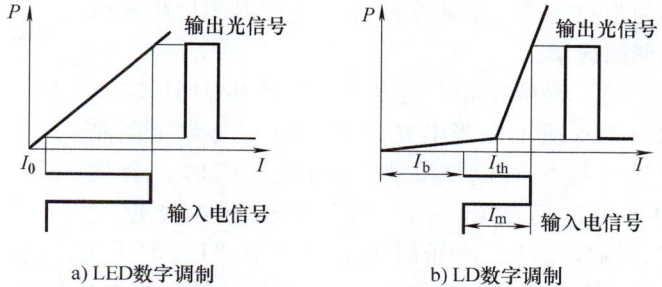

a) LED数字调制　　　　　b) LD数字调制

图 4-3　直接光强度数字调制原理

2. 光源的间接调制

对光源进行内调制的优点是电路简单容易实现。但是，若在高码速下采用这种调制方式，将使光源的性能变坏，如使光源的动态谱线增宽，造成在传输时色散增加，从而使在光纤中所传脉冲波形展宽，结果限制了光纤的传输容量。因此，在高码速强度——直接检波的光纤通信系统或外差光纤通信系统中，可采用对光源的间接调制方式。

间接调制不直接调制光源，而是利用晶体的电光、磁光和声光特性对 LD 所发出的光载波进行调制，即光辐射之后再加载调制电压，使经过调制器的光载波得到调制，这种调制方式又称为外调制。间接调制激光器的结构如图 4-4 所示。

目前可以使用的外调制方式有电光调制、声光调制和磁光调制。

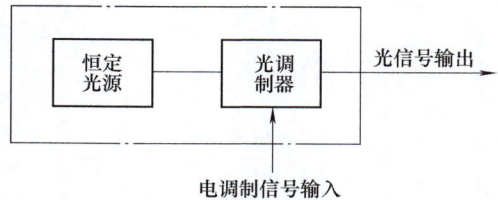

图 4-4　间接调制激光器的结构

（1）电光调制　电光调制的基本工作原理是晶体的线性电光效应。电光效应是指引起晶体折射率变化的现象，能够产生电光效应的晶体称为电光晶体。电光调制器可以是电光强度调制、电光频率调制，也可以是电光相位调制，即电光调相。

（2）声光调制　声光调制器是利用介质的声光效应制成，它的工作原理是：当调制电信号变化时，由于压电效应，使压电晶体产生机械振动形成超声波，这个声波引起声光的密度变化，使介质的折射率跟着变化，从而形成一个变化的光栅，由于光栅的变化，使光强随之变化，结果使光波受到调制。

（3）磁光调制　磁光调制是利用法拉第效应得到的一种光外调制，入射光信号经过起偏器，使入射光变为偏振光，这束偏振光通过 YIG（掺钇铁石榴石）磁棒时，其偏振方向随绕在上面线圈的调制信号而变化。当偏振方向与后面的检偏器相同时，输出光强相当大；当偏振方向与检偏器方向垂直时，输出光强最小，从而使输出光强随调制信号变化，实现了光的外调制。

外调制系统比较复杂、消光比高（大于13）、插损较大（一般为 5～6dB）、驱动电压较高（5V）、难以与光源集成、偏振敏感、损耗大，而且造价也高；但谱线宽度窄，可以应用于大于或等于 2.5Gbit/s 的高速大容量传输系统之中，而且传输距离也超过 300km 以上。

3. 调制特性

（1）电光延迟和张弛振荡现象　激光器在高速脉冲调制下，输出光脉冲的瞬态响应波形如图4-5所示。输出光脉冲和注入电流脉冲之间存在一个初始延迟时间，称为电光延迟时间（t_d），其数量级一般为 ns。当电流脉冲注入激光器后，输出光脉冲会出现幅度逐渐衰减的振荡，称为张弛振荡。张弛振荡和电光延迟的后果是限制调制速率。

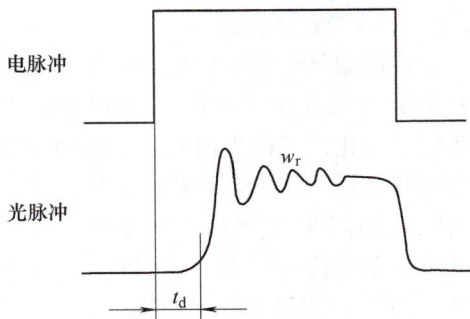

图4-5　输出光脉冲的瞬态响应波形

（2）码型效应　电光延迟要产生码型效应，如图4-6所示。当电光延迟时间 t_d 与数字调制的码元持续时间 $T/2$ 为相同数量级时，会使"0"码过后的第一个"1"码的脉冲宽度变窄、幅度减小，严重时可能使单个"1"码丢失，这种现象称为码型效应，如图4-6a、b所示。在两个接连出现的"1"码中，第一个脉冲到来前，有较长的连"0"码，由于电光延迟时间长和光脉冲上升时间的影响，因此脉冲变小。第二个脉冲到来时，由于第一个脉冲的电子复合尚未完全消失，有源区电子密度较高，因此电光延迟时间短，脉冲较大。用适当的"过调制"补偿方法，可以消除码型效应，如图4-6c所示。

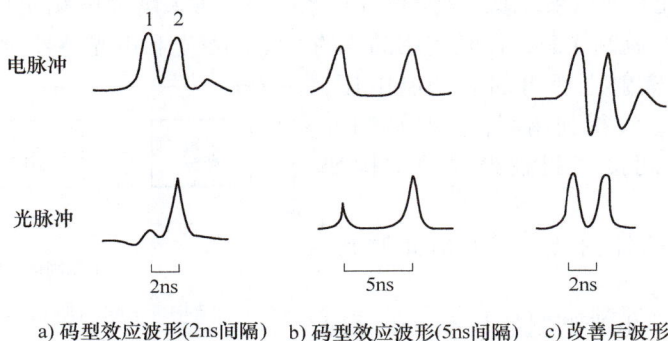

a) 码型效应波形(2ns间隔)　b) 码型效应波形(5ns间隔)　c) 改善后波形

图4-6　码型效应

4. 自脉动现象

某些激光器在脉冲调制甚至直流驱动下，当注入电流达到某个范围时，输出光脉冲出现持续等幅的高频振荡，这种现象称为自脉动现象，如图4-7所示。自脉动频率可达2GHz，严重影响LD的高速调制特性。

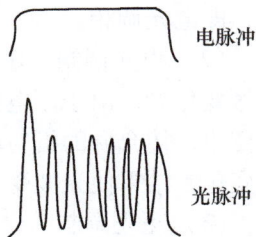

图4-7　自脉动现象

4.1.4　光发送机的主要指标

光发送机的指标很多，本小节仅从应用的角度介绍其主要指标，包括平均发送光功率及其稳定度、光功率发射和耦合效率、消光比等。

1. 平均发送光功率及其稳定度

平均发送光功率又称为平均输出光功率，通常是指光源"尾纤"的平均输出光功率。一般要求入纤光功率为 0.01～10mW，稳定性为5%～10%。

2. 耦合效率

耦合效率用来度量在光源发射的全部光功率中，能耦合进光纤的光功率的比例。耦合效率定义为

$$\eta = \frac{P_F}{P_S} \tag{4-1}$$

式中，P_F 为耦合进光纤的功率；P_S 为光源发射的功率。

耦合效率取决于光源连接的光纤类型和耦合的实现过程。

3. 消光比

消光比定义为最大平均发送光功率与最小平均发送光功率之比，通常用符号 EX 表示：

$$EX = \frac{最大平均发送光功率}{最小平均发送光功率} \tag{4-2}$$

若用相对值表示，则为

$$EX = 10\lg \frac{最大平均发送光功率}{最小平均发送光功率} \tag{4-3}$$

一般要求 $EX \geqslant 10$。

4.1.5　光功率控制和温度控制

光纤数字通信要求激光器输出的光脉冲幅度保持恒定。但是，由于 LD 结的发热会导致阈值电流变化，引起输出特性随结温变化而变化，从而使输出光脉冲幅度也随结温的变化而变化。另外，激光器长期运用以后，也要发生老化。目前，为了克服 LD 的输出光脉冲幅度受温度变化、器件老化等的影响，国内外主要采用的稳定措施有自动功率控制（APC）和温度自动控制（ATC）。

1. 自动功率控制（APC）

APC 通过调制电路来实现，现在数字信号调制电路采用电流开关电路。

由晶体管组成的共发射极驱动电路如图 4-8 所示，这种简单的驱动电路主要用于以 LED（VL）作为光源的光发射机。数字信号 U_{in} 从晶体管 VT 的基极输入，通过集电极的电流驱动 LED。数字信号 "0" 码和 "1" 码对应于 VT 的截止和饱和状态，电流的大小根据对输出光信号幅度的要求确定。这种驱动电路适用于 10Mbit/s 以下的低速率系统，更高速率系统应采用差分电流开关电路。

常用的射极耦合驱动电路如图 4-9 所示，适合于激光器系统使用。该电路的电流源为由 VT_1 和 VT_2 组成的差分开关电路，它提供了恒定的偏置电流。在 VT_2 基极上施加直流参考电压 U_B，VT_2 集电极的电压取决于 LD（VL）的正向电压，数字电信号 U_{in} 从 VT_1 基极输入。当信号为 "0" 码时，VT_1 基极电位比 U_B 高而抢先导通，VT_2 截止，VL 不发光；反之，当信号为 "1" 码时，VT_1 基极电位比 U_B 低，VT_2 抢先导通，驱动 VL 发光。VT_1 和 VT_2 处于轮流截止和非饱和导通状态，有利于提高调制速率。当晶体管截止频率 $f_r \geqslant 4.5\text{GHz}$ 时，这种

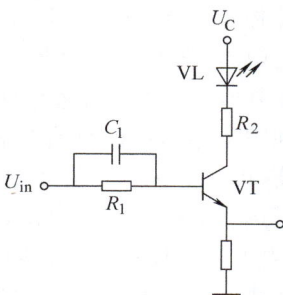

图 4-8　共发射极驱动电路　　　　图 4-9　射极耦合驱动电路

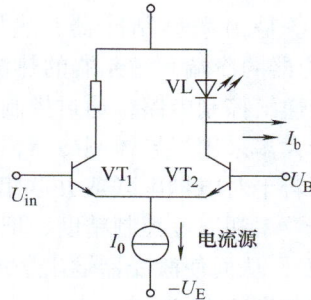

电路的调制速率可达 300Mbit/s。射极
耦合驱动电路为恒流源，电流噪声
小，这种电路的缺点是动态范围小、
功耗较大。

　　由于温度变化和工作时间加长，
VL 的输出光功率会发生变化。为保
证输出光功率的稳定，必须改进电路
设计。反馈稳定 LD 驱动电路如
图 4-10 所示，它是利用反馈电流使输
出光功率稳定的 LD 驱动电路，其主

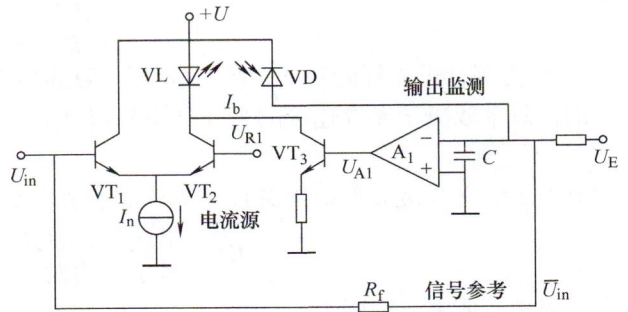

图 4-10　反馈稳定 LD 驱动电路

体和图 4-9 相同，只是由 VT_3 支路为 LD 提供的偏置电流 I_b 受到激光器背向输出光平均功率
和输入数字信号均值 U_{in} 的控制。把 PD（VD）的输出监测电压 U_{VD}、信号参考电压 U_{in} 和直
流参考电压 U_E 施加到运算放大器 A_1 的反相输入端，经放大后，控制 VT_3 基极电压和偏置
电流 I_b，其控制过程如下：

$$P_{LD} \downarrow \rightarrow U_{PD} \downarrow \rightarrow (U_{PD} + U_{in} + U_R) \downarrow \rightarrow U_{A_1} \uparrow \rightarrow I_b \uparrow \rightarrow P_{LD} \uparrow$$

　　在反馈电路中引入信号参考电压的目的，是使 LD 的偏置电流 I_b 不受码流中 "0" 码和
"1" 码比例变化的影响。

　　更加完善的 APC 电路原理如图 4-11 所示。从 LD（VL）背向输出的光功率，经 PD
（VD）检测、运算放大器 A_1 放大后送到比较器 A_3 的反相输入端。同时，输入信号参考电
压和直流参考电压经 A_2 比较放大后，送到 A_3 的同相输入端。A_3 和 VT_3 组成直流恒流源调
节 LD 的偏流，使输出光功率稳定。

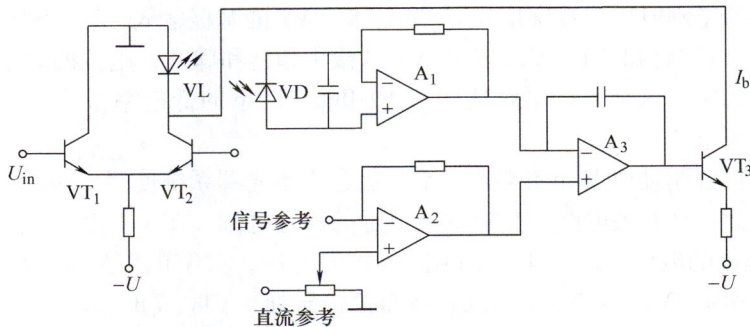

图 4-11　APC 电路原理

2. 温度自动控制（ATC）

　　LD 的 ATC 设备是由微型制冷器、热敏元件及控制电路组成，LD 温度控制框图如
图 4-12 所示。制冷器的冷端和激光器的热沉接触，热敏电阻作为传感器，探测激光器结区
的温度，并把它传递给控制电路，通过控制电路改变制冷量，使激光器输出特性保持恒定。

　　目前，微制冷大多采用半导体制冷器，它是由利用半导体材料的珀尔帖效应制成的电耦
来实现制冷的。用若干对电耦串联或并联组成的温差电功能器件，温度控制范围可达 30 ～
40℃。为提高制冷效率和温度控制精度，把制冷器和热敏电阻封装在激光器管壳内，温度控
制精度可达 ±0.5℃，从而使激光器输出平均功率和发射波长保持恒定，避免调制失真。

　　ATC 电路原理如图 4-13 所示。由 R_1、R_2、R_3 和热敏电阻 RT 组成 "换能" 电桥，通过
电桥把温度的变化转换为电量的变化。运算放大器 A 的差动输入端跨接在电桥的对端，用

以改变晶体管 VT 的基极电流。在设定温度（如 20℃）时，调节 R_3 使电桥平衡，A、B 两点没有电位差，传输到运算放大器 A 的信号为零，流过制冷器 TEC 的电流也为零。当环境温度升高时，VL（LD）的管芯和热沉温度也升高，使具有负温度系数的热敏电阻 RT 的阻值减小，电桥失去平衡。这时 B 点的电位低于 A 点的电位，运算放大器 A 的输出电压升高，VT 的基极电流增大，制冷器 TEC 的电流也增大，制冷端温度降低，VL 的管芯和热沉温度也降低，因而保持温度恒定。这个控制过程可以表示如下：

$$T(环境)\uparrow \rightarrow T(VL_1、热沉)\uparrow \rightarrow RT\downarrow \rightarrow I(制冷器)\uparrow \rightarrow T(VD_1)\downarrow$$

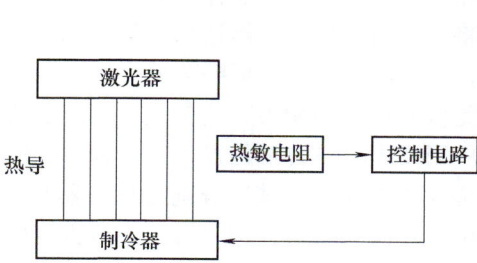

图 4-12 LD 温度控制框图

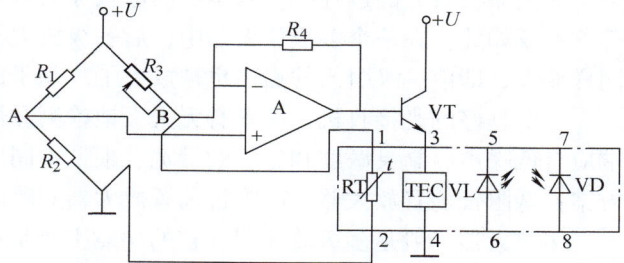

图 4-13 ATC 电路原理

4.2 光接收机

光纤通信系统中光接收机的任务是把经光纤远距离传输后的微弱信号检测出来，并将光信号转换为电信号，然后放大再生成原来的电信号。它的性能优劣直接影响整个光纤通信系统的性能。

4.2.1 光接收机的基本组成

强度调制-直接检波（IM-DD）的光接收机框图如图 4-14 所示，主要包括光电检测器、前置放大器、主放大器、均衡器、时钟恢复电路、取样判决器以及自动增益控制（AGC）电路等。

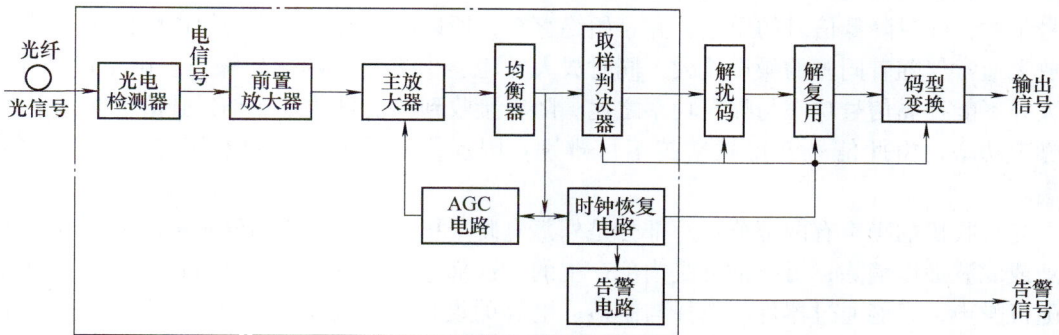

图 4-14 强度调制-直接检波（IM-DD）的光接收机框图

（1）光电检测器 光电检测器是光接收机实现光/电转换的关键器件，其性能特别是响应度和噪声直接影响光接收机的灵敏度。目前采用的光电检测器一般采用 PIN 光电二极管和 APD（雪崩光电二极管）。

对光电检测器的要求如下：

1）波长响应要和光纤低损耗窗口（$0.85\mu m$、$1.31\mu m$ 和 $1.55\mu m$）兼容。

2）响应度要高，在一定的接收光功率下，能产生最大的光电流。

3）噪声要尽可能低，能接收极微弱的光信号。

4）性能稳定、可靠性高、寿命长、功耗和体积小。

（2）放大器　在一般的光纤通信系统中，经光电检测器输出的光电流是十分微弱的。为了保证通信质量，就必须将这种微弱的电信号通过多级放大器（如图 4-14 中的主放大器和前置放大器）进行放大。

放大器在放大的过程中，其本身的电阻会引入热噪声，放大器中的晶体管要引入散弹噪声。不仅如此，在一个多级放大器中，后一级放大器将会把前一级放大器送出的信号和噪声同样放大，即前一级引入的噪声也被放大了。基于此，前置放大器应是低噪声放大器。

性能良好的光接收机，应具有无失真地检测和恢复微弱信号的能力，这首先要求其前置端应有低噪声、高灵敏度和足够的带宽。根据不同的应用要求，前置端的设计有 3 种不同的方案：低阻抗前置放大器、高阻抗前置放大器和跨阻抗前置放大器（或跨导前置放大器）。

主放大器一般是多级放大器，它的功能主要是提供足够高的增益，把来自前置放大器的输出信号放大到判决电路所需的信号电平，并通过它实现 AGC（自动增益控制），以使输入光信号在一定范围内变化时，输出电信号保持恒定输出。主放大器和 AGC 决定着光接收机的动态范围。

（3）均衡器　均衡器的作用是对已畸变（失真）和有码间干扰的电信号进行均衡补偿，减小误码率。

（4）取样判决器和时钟恢复电路　判决器和时钟恢复电路共同组成再生电路，再生电路的任务是把放大器输出的升余弦波形恢复成数字信号，以消除码间干扰，减小误码率。

（5）AGC 电路　AGC 就是用反馈环路来控制主放大器的增益。其作用是增加了光接收机的动态范围，使光接收机的输出保持恒定。

4.2.2　光接收机的特性

1. 噪声特性

多种现象会引起信号通过光纤通信链路时发生畸变，这些现象称为噪声。噪声必然引起信号干扰，同时降低信号的质量，并且始终存在，所以噪声若存在就必须进行修正。对信号的放大通常伴随着同等的噪声放大，同时放大器也会引进自身的额外噪声。由于这个原因，放大并不能提高信号功率与噪声功率之比。随着接收到的信号功率减小，其值可能越来越接近噪声功率，由此信号变得越来越不可辨别。因此，衰减最终会限制了光纤系统的传输距离。

光接收机的噪声有两部分：一部分是外部电磁干扰产生的，这部分噪声的危害可以通过屏蔽或滤波加以消除；另一部分是内部产生的，这部分噪声是在信号检测和放大过程中引入的随机噪声，只能通过器件的选择与制造、电路的设计尽可能减小，一般不可能完全消除。下面要讨论的噪声是指内部产生的随机噪声，在信号接收过程中，引起信号劣化的两个主要的原因是热噪声和散弹噪声。

（1）热噪声　热噪声是在特定温度下由自由电子的随机运动产生的。热噪声是不可避免的，任何电阻的电子都不是静止的，它们由于热能而连续运动，即使在没有外加电压时也是如此。由于电子的热运动是随机的，所以在任意瞬间，电荷的净流动可能朝着某一个电极方向，也可能朝着另一个电极方向运动。虽然电阻中存在随机变化的电流，但热噪声的均值为零。由于负载电流并不保持为固定值，当入射功率很小以致于信号电流和噪声电流在幅度上可比时，信号被淹没。即使是中等大小的光功率，信号电流也可能不够大，无法获得期望的接收清晰度。为了处理所有的期望信息，光接收机的带宽必须至少与信息的带宽相等。但是，为了最大程度地减少噪声，又需要限制接收机的带宽。低噪声接收机的带宽范围通常在稍大于信息带宽到两倍信息带宽之间。在强度调制系统的光接收机中，把光信号变为电信号之后，还要经过一系列电的放大等电路系统。在这些电路中，电阻将引入热噪声，晶体管也将引入噪声，尤其是前置放大器晶体管引入的噪声更为严重。在一个多级放大器中，每一级放大器都可能引入附加的噪声，在每一级放大器里噪声和信号都将同样地被放大。在这种情况下多级放大器的第一级就显得尤为重要。只要第一级放大器的增益足够高，后面各级放大器对噪声的影响就比较小。

（2）散弹噪声　散弹噪声产生的原因是真空电子管和半导体器件中电子发射的不均匀性引起信号电流的波动。散弹噪声的物理性质可以由平行板二极管的热阴极电子发射来说明。在给定的温度下，二极管热阴极每秒发射的电子平均数目是常数，不过电子发射的实际数目随时间是变化的和不能预测的。当电子从阴极逸出时，电流脉冲开始，直到该电子击中到阳极并与空穴复合，脉冲结束。脉冲的持续时间等于电子的渡越时间，尽管所有脉冲都是相同的，但是所产生的时刻是随机的。将这些形状相同但是随机延迟的电流脉冲相加，不可能得到一个恒定的电流，而是会得到一个高低不平的电流。这就是说，如果将时间轴分为许多等间隔的小区间，则每一小区间内电子发射数目不是常量而是随机变量。由于电极之间存在着电场，电子在此电场的作用下加速，引起渡越时间内电流的增加。电子运动得越快，电流越大。因此，发射电子所形成的电流并不是固定不变的，而是在一个平均值上起伏变化。在光电二极管中，散弹噪声来源于自由电子和空穴的随机产生与复合。

利用普通电子学的知识，还可以找到在温度限定下二极管的散弹噪声的功率谱密度。在非常宽的频率范围内（通常认为不超过 100MHz），散弹噪声电流的功率谱密度等于一个恒值。像热噪声一样，散弹噪声电流也取决于系统的带宽，而不是决定于工作频率在频带中的位置。散弹噪声随电流的增加而增加，随入射光功率的增加而增加，散弹噪声在这一点上不同于热噪声，热噪声与光功率的大小无关。

（3）光接收机的噪声　光接收机的噪声主要来自光接收机的内部噪声，包括光电检测器的噪声和光接收机的电路噪声。光电检测器的噪声包括量子噪声、暗电流噪声、漏电流噪声和 APD 的倍增噪声；电路噪声主要是前置放大器的噪声。前置放大器的噪声包括电阻热噪声及晶体管组件内部噪声。这些噪声的分布如图 4-15 所示。

1）量子噪声：当一个光电检测器受到外界光照，其光子激励而产生的光生载流子是随机的，从而导致输出电流的随机起伏，产生量子噪声，这是光电检测器固有的噪声。

2）暗电流噪声：暗电流是指无光照射时光电检测器中产生的电流。由于激励出的暗电流是浮动的，就产生了噪声，称为暗电流噪声。

3）APD 倍增噪声：由于雪崩光电二极管（APD）的雪崩倍增作用是随机的，这种随机性必然要引起 APD 输出信号的浮动，从而引入噪声。

4）光接收机的电路噪声主

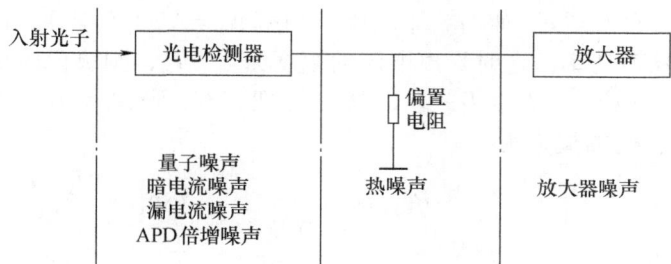

图 4-15　噪声分布

要指前置放大器噪声。在接收机的光电检测器之后，为了将微弱的电流信号进行低噪声放大，通常需要一个前置放大器。前置放大器中采用的元器件同样会产生热噪声。

2. 误码率

由于噪声的存在，放大器输出的是一个随机过程，其取样值是随机变量，因此在判决时可能发生误判，把发射的"0"码误判为"1"码，或把"1"码误判为"0"码。光接收机对码元误判的概率称为误码率（在二元制的情况下，等于误比特率，BER），用较长时间间隔内，在传输的码流中误判的码元数和接收的总码元数的比值来表示。

码元被误判的概率，以噪声电流（压）的概率密度函数来计算。误码率示意图如图 4-16 所示，I_1 是"1"码的电流，I_0 是"0"码的电流。I_m 是"1"码的平均电流，而"0"码的平均电流为 0。D 为判决门限值，一般取 $D = I_m/2$。

"1"码时，如果在取样时刻带有噪声的电流 $I_1 < D$，则可能被误判为"0"码；"0"码时，如果在取样时刻带有噪声的电流 $I_0 > D$，则可能被误判为"1"码。要确定误码率，不仅要知道噪声功率的大小，而且要知道噪声的概率分布。

图 4-16　误码率示意图

光接收机输出噪声的概率分布十分复杂，一般假设噪声电流（或电压）的瞬时值服从高斯分布，其概率密度函数为

$$f(x) = \frac{1}{\sqrt{2\pi}\sigma} \exp\left[-\frac{x^2}{2\sigma^2} \right] \tag{4-4}$$

式中，x 是代表噪声这一高斯随机变量的取值，其均值为零，方差为 σ^2。

在已知光电检测器和前置放大器的噪声功率，并假设了噪声的概率分布后，现在可以分别计算"0"码和"1"码的误码率了。

在发"0"码时，平均噪声功率 $N_0 = N_A$，N_A 为前置放大器的平均噪声功率。这时没有光信号输入，光电检测器的平均噪声功率 $N_D = 0$（略去暗电流）。由式（4-4）得到发"0"码的条件下噪声的概率密度函数为

$$f(I_0) = \frac{1}{\sqrt{2\pi N_0}} \exp\left[-\frac{I_0^2}{2N_0} \right] \tag{4-5}$$

根据误码率的定义，把"0"码误判为"1"码的概率，应等于 I_0 值超过 D 值的概率，即

$$P_{e,01} = \frac{1}{\sqrt{2\pi N_0}} \int_D^\infty \exp\left[-\frac{I_0^2}{2N_0} \right] dI_0 = \frac{1}{\sqrt{2\pi}} \int_{D/\sqrt{N_0}}^\infty \exp\left[-\frac{x^2}{2x} \right] dx \tag{4-6}$$

式中，$x = I_0/\sqrt{N_0}$。

在发"1"码时，平均噪声功率 $N_1 = N_A + N_D$。N_D 是在放大器输出端光电检测器的平均噪声功率。这时噪声电流的幅度为 $I_1 - I_m$，判决门限值仍为 D，则只要取样值 $I_m - I_1 > I_m - D$ 或 $I_1 - I_m < D - I_m$，就可能把"1"码误判为"0"码。所以，把"1"码误判为"0"码的概率为

$$P_{e,01} = \frac{1}{\sqrt{2\pi N_1}} \int_{-\infty}^{D-I_m} \exp\left[-\frac{(I_1 - I_m)^2}{2N_1} \right] d(I_1 - I_m) \tag{4-7}$$

$$P_{e,01} = \frac{1}{\sqrt{2\pi}} \int_{-\infty}^{-(D-I_m)/\sqrt{N_1}} \exp\left[-\frac{y^2}{2} \right] dy I_m - I_1 > I_m - D \tag{4-8}$$

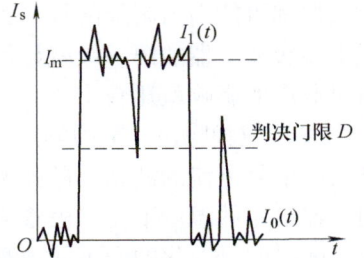

式中，$y = (I_1 - I_m) / \sqrt{N_1}$。

"0" 码和 "1" 码的误码率一般是不相等的，但对于 "0" 码和 "1" 码等概率的码流而言，一般认为 $P_{e,01} = P_{e,10}$ 时，可以使误码率达到最小。因此，总误码率（BER）可以表示为

$$P_e = \frac{1}{\sqrt{2\pi}} \int_Q^\infty \exp\left[-\frac{x^2}{2}\right] dx \qquad (4-9)$$

式中

$$Q = \frac{D}{\sqrt{N_0}} = \frac{I_m - D}{\sqrt{N_1}}$$

$$Q = \frac{I_m}{\sqrt{N_0} + \sqrt{N_1}}$$

Q 称为超扰比，含有信噪比的概念。它还表示在对 "0" 码进行取样判决时，判决门限值 D 超过放大器平均噪声电流 $\sqrt{N_0}$ 的倍数。

由此可见，只要知道 Q 值，就可根据式（4-9）的积分求出误码率，误码率和 Q 的关系如图 4-17 所示。例如：$Q = 6$，$BER \approx 10^{-9}$；$Q \approx 7$，$BER = 10^{-12}$。

3. 光接收机的灵敏度和动态范围

光接收机的灵敏度可以用满足给定的误码率（10^{-9}）指标条件下可靠工作所需要的最小平均光功率 P_{min} 来表示。当入射光功率 P 大于 P_{min} 时，系统的误码率 $BER < 10^{-9}$，能正常地工作；当入射光功率 P 小于 P_{min} 时，误码率较大，不能正常工作。可见某一光接收机能在较低的入射功率下，达到同样的指标，该接收机就比较灵敏。

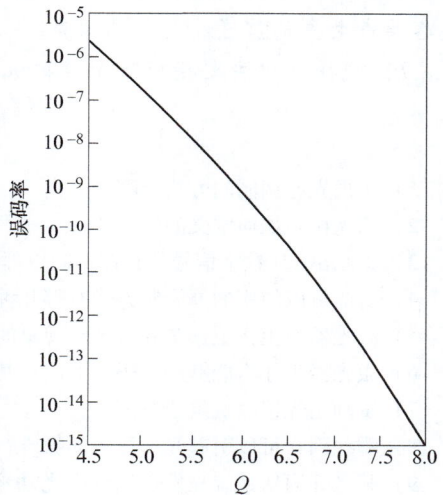

图 4-17　误码率和 Q 的关系

最小平均光功率 P_{min}，在国际单位制中，它的单位是瓦（W）。例如，某种 PIN 光接收机的 $P_{min} = 10^{-7} \text{W} = 0.1 \mu\text{W}$。

工程上，光接收机的灵敏度常用光功率绝对值（S_r）来表示，单位是分贝毫瓦（dBm）。二者的换算关系为 $S_r = 10 \lg \dfrac{P_{min}}{10^{-3}}$。式中，$P_{min}$ 单位为 W；S_r 的单位为 dBm。

光接收机的动态范围是在保证系统的误码率指标要求下，光接收机最低输入光功率 P_{min} 和最大允许光功率 P_{max} 的变化范围。这个范围用 D 表示，一般在工程上用两者（用 dBm 描述）之差来表示。

一台质量好的光接收机应有较宽的动态范围。

4. 抖动

许多因素都可以导致数字光脉冲失真，其中包括噪声引起的失真和脉冲展宽引起的失真。脉冲展宽主要由系统的有限带宽引起，包括发送机、光纤以及接收机。另外，系统还会引进定时误差，这种现象称为抖动。所有这些失真都会导致光接收机正确分辨二进制 "0" 码和 "1" 码的能力下降。

小　　结

1）光发送机与光接收机统称为光端机。光发射机实现电/光转换，光接收机实现光/电

转换。

2）光发送机的基本组成包括均衡放大、码型变换、复用、扰码、时钟提取、光源、光源的调制（驱动）、光源的控制（ATC 和 APC）及光源的监测和保护等电路。

3）对光源进行强度调制的方法分为两类，即直接调制（内调制）和间接调制（外调制）。通常直接调制适用于速率小于 2.5Gbit/s 的系统；间接调制适合于高速大容量的系统。

4）光发送机的主要指标有平均发送光功率及其稳定度、光功率发射和耦合效率、消光比等。

5）光接收机主要包括光电检测器、前置放大器、主放大器、均衡器、时钟提取电路、取样判决器以及 AGC 电路。

6）光接收机的噪声主要来自光接收机内部噪声，包括光电检测器的噪声和光接收机的电路噪声。光电检测器的噪声包括量子噪声、暗电流噪声、漏电流噪声和 APD 倍增噪声；电路噪声主要是前置放大器的噪声。

7）光接收机主要指标有光接收机的灵敏度和动态范围。

思 考 题

1）实现光源调制的方法有哪两大类？

2）消光比是如何定义的？

3）试画出 LD 数字信号的直接调制原理图。

4）目前可以使用的外调制方式有哪几种？分别是什么？为什么采用外调制方式？

5）激光器产生张弛振荡和自脉动现象的机理是什么？它的危害是什么？应如何消除这种现象的产生？

6）激光器为什么能够产生码型效应？其危害及消除办法是什么？

7）试画出光接收机组成框图。

8）哪些因素可以引起光接收机的噪声？

9）某光纤通信系统光发送端输出光功率为 0.5mW，接收机灵敏度为 0.2μW，若用 dBm 表示分别是多少？

10）一数字光纤接收端机，在保证给定误码率指标条件下，最大允许输入光功率为 0.1mW，灵敏度为 0.1μW，求其动态范围。

实训5 光端机指标（收、发）测试

光端机包括光发送机和光接收机两大部分。光发送机的指标主要是平均发送光功率和消光比（*EXT*）；光接收机的主要指标是接收灵敏度和动态范围。本实训主要介绍光端机的平均发送光功率、消光比、接收灵敏度、动态范围的测试。

一、实训目的

1）测试光端机的平均发送光功率。

2）测试光端机的消光比。

3）测试光端机的接收灵敏度。

4）测试光端机的动态范围。

二、实训准备

本次实训需要准备的有被测光纤通信系统、光功率计、光可变衰耗器和数字传输分析仪。

三、具体过程

1. 测量光功率

（1）光功率计的工作原理　测量光功率的方法有热学法和光电法。光通信测量中普遍采用的是光电法制作的光功率计。

光电法就是用光电检测器检测光功率，光功率计原理框图如图 4-18 所示。

被测光源 → 光电检测器 → I/U 转换 → 低通滤波器 → 波长校正电路 → A/D 转换 → 数字显示

图 4-18　光功率计原理框图

（2）光功率计的主要技术指标

1）波长范围：主要由探头的特性所决定，一种探头只能适应某一光波长范围。为了覆盖较大的波长范围，一台主机往往配备几个不同波长范围的探头。

2）光功率测量范围：主要由探头的灵敏度和主机的动态范围所决定。使用不同的探头有不同的光功率测量范围。

（3）光功率计的使用　使用光功率计时，一是要选择与被测光源相匹配的波长范围的探头；其次是端面的处理，以便耦合。

下面以 ML93A 型光功率计为例说明光功率计的使用方法。

ML93A 型光功率计的面板如图 4-19 所示。

① 电源开关：有"AC"和"DC"两种。

② 控制方式指示：当光功率计由外部控制时，"REMOTE"指示灯亮，其他方式时"LO-CAL"指示灯亮。

③ 输入连接器：用来连接光电检测器。

④ 零点调整（粗调）：零点校准的旋钮。

⑤ 自动零点调整（细调）：在完全遮挡了光电检测器受光口的状态下按该键，就可自动进行零点校准。

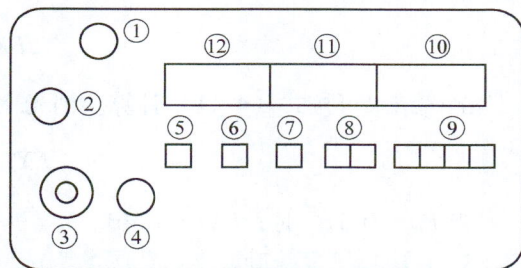

图 4-19　ML93A 型光功率计的面板

⑥ 平均化：按压该键，可对输入信号进行平均化处理。

⑦ 量程/保持：可用自动或手动方式转换量程。

⑧ 模态转换：光功率的单位有"dBm"和"W"两种供选择。

⑨ 标准系数设定：设定光电检测器的灵敏度补偿值。

⑩ 标准系数显示：显示光电检测器的灵敏度补偿值。

⑪ 功率显示：显示功率测量值。

⑫ 电平表：用于输入功率监视。

2. 光端机平均发送光功率和消光比的测试

（1）光端机平均发送光功率和消光比的测试原理　测试原理如图 4-20 所示。

（2）光端机平均发送光功率和消光比测试所需的仪表、工具　所需的仪表、工具有被测光纤通信系统、光功率计。

（3）光端机平均发送光功率的测试方法

1）自光端机 A 点送入 PCM 测试信号。

2）把光纤测试线分别插入发送端连接器与光功率计连接器，此时从光功率计读出的功率（P）就是光端机进入光纤线路的平均发送光功率。

3）有的光功率计可直接读 dBm，若只能读 mW（毫瓦）或 μW（微瓦），则应换算成 dBm，换算公式为

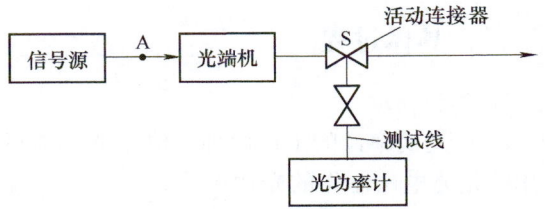

图 4-20　光端机平均发送光功率和消光比的测试原理

$$P = 10\lg\frac{毫瓦值}{1\text{mW}}（单位为 dBm）\tag{4-10}$$

说明：

① 平均光功率与 PCM 信号的码型有关，NRZ 码与占空比为 50% 的 RZ（归零）码相比，其平均光功率要大 3dB。

② 光源的平均输出光功率与注入它的电流大小有关。

（4）光端机消光比测试

1）将光端机的输入信号断掉时，测出的光功率为 P_{00}，即对应的输入数字信号为全"0"时的光功率。

2）测量 P_{11} 时，信号源送入长度为 $2N-1$ 的伪随机码，N 的选择与平均发送光功率测试相同。全"1"码时的光功率应是伪随机码时平均发送光功率 P 的 2 倍，即 $P_{11}=2P$。因此，消光比可表示为

$$EXT = \frac{P_{00}}{2P}\tag{4-11}$$

测试结果可按式（4-11）计算。消光比还可以表示为

$$EXT = 10\lg\frac{P_{11}}{P_{00}}\tag{4-12}$$

当 $P_{00}=0.1P_{11}$ 时，$EXT=10$dB。

3. 光接收机灵敏度和动态范围的测试

（1）光接收机灵敏度和动态范围的测试原理　测试原理如图 4-21 所示。

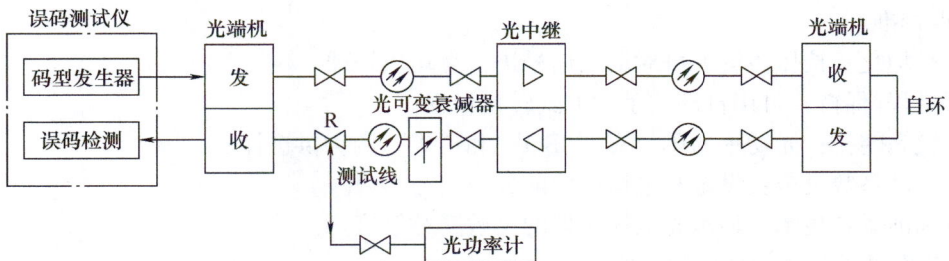

图 4-21　光接收机灵敏度和动态范围的测试原理

（2）光接收机灵敏度测试所需的仪表、工具　所需的仪表、工具有被测光纤通信系统、光可变衰耗器、光功率计和数字传输分析仪。

（3）光接收机灵敏度的测试方法

1）按图 4-21 要求将误码测试仪、光可变衰减器与数字光纤通信系统连接。

2）误码测试仪向光端机送入伪随机码测试信号。

3）调整光可变衰减器，逐步增大光衰减，使输入光接收机的光功率逐步减小，使系统

处于误码状态。然后,逐步减小光可变衰减器的衰减,使误码逐渐减少,当在一定的观察时间内,误码个数少于某一要求,即达到系统所要求的误码率。

4)在稳定工作一段时间后,从 R 点断开光端机的连接器,用光纤测试线连接 R 点与光功率计,测得光功率为 P_{min},即为光接收机的最小可接收光功率。

5)按式 $P_R = 10\lg(P_{min}/1mW)$ 计算用 dBm 表示的灵敏度 P_R。例如,测得 $P_{min} = 9.3nW$,则 $P_R = -50.3dBm$。

6)在灵敏度测试时,一定要注意测试时间的长短。误码率是一个统计平均的参数,它只有当 n 足够大时才比较准确。各类系统误码率不同时,光接收机灵敏度测试的最小时间 t 见表4-1。

表4-1　灵敏度测试的最小时间 t

	速率/(Mbit/s)	2	8	34	140
t/min	误码率≤10^{-9}	8	2	29	—
	误码率≤10^{-10}	—	—	5	1.2
	误码率≤10^{-11}	—	—	50	12

实训6　数字配线架简介

数字配线架(DDF)又称高频配线架,是数字复用设备之间、数字复用设备与程控交换设备或数据业务设备等其他专业设备之间的配线连接设备。它能使数字通信设备的数字码流的连接成为一个整体,速率为 2~155Mbit/s 信号的输入、输出都可接在 DDF 上,这为配线、调线、转接、扩容都带来很大的灵活性和方便性,在数字通信中越来越有优越性。本实训主要对 DDF 进行介绍,使大家对 DDF 有所了解。

一、实训目的

1)熟悉和掌握 DDF。
2)掌握 DDF 的信号流程。

二、实训准备

提供具有 DDF 的实习场所。

三、具体过程

1. DDF 在电信网中的位置

DDF 在电信网中的位置如图4-22所示。

2. DDF 的组成

DDF 一般由机架(柜)、单元体及附件等组成。

(1)机架(柜)

1)按工作面分:双面架,如 MPX107-SMA 系列、MPX107-SMC 系列、MPX107-SM8 系列;单面架,如 MPX107-SMB 系列、MPX107-SMD 系列。

2)按宽度分:宽架式,如 MPX107-SM3 系列(见图4-23a);窄架式,如 MPX107-SM4 系列(见图4-23b)。

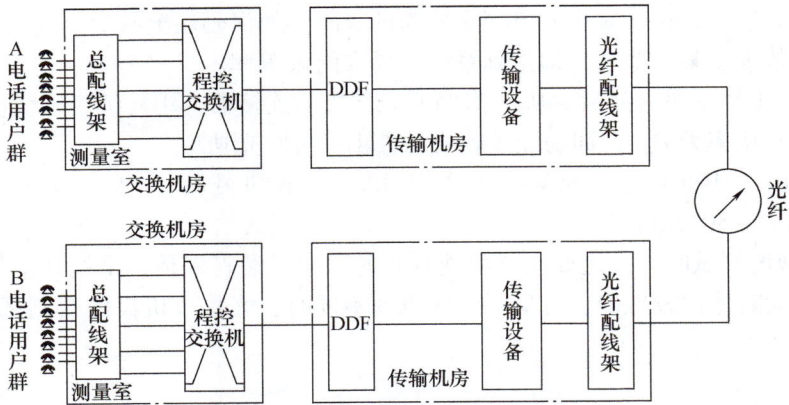

图 4-22 DDF 在电信网中的位置

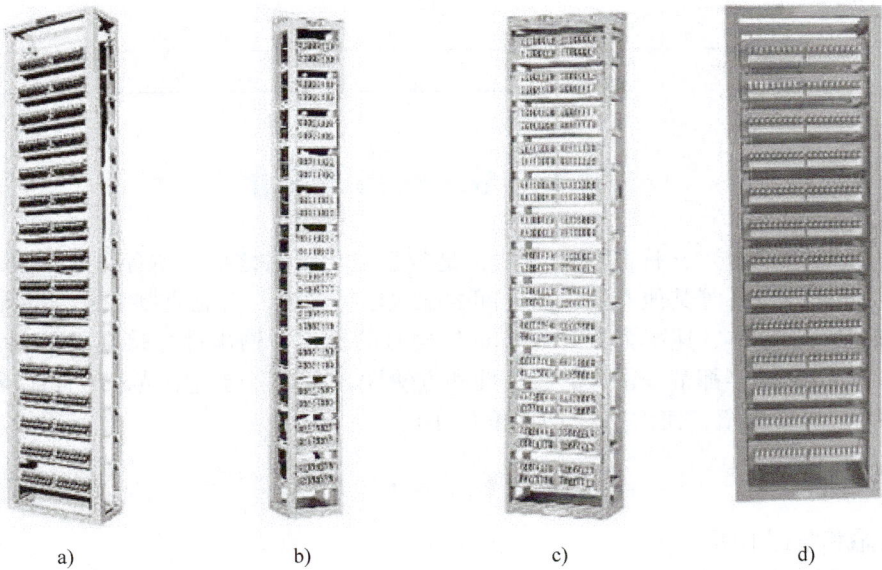

图 4-23 MPX107-SM 系列机架（柜）

3）按封闭程度分：敞开式、半封闭的机架，如 MPX107-SM6 系列（见图 4-23c）、MPX107-SM8 系列（见图 4-23d）；封闭的机柜，如 MPX107-SME 系列、MPX107-SMF 系列。

4）按高度分：有高度为 2600mm、2200mm 和 2000mm。

5）按深度分：有深度为 450mm、300mm、260mm 和 225mm。

（2）单元体（unit） 由若干系统组成的功能组件称为单元体。MA01 单元体如图 4-24 所示，SM19E 单元体如图 4-25 所示。常用连接器单元体包括：

图 4-24 MA01 单元体

图 4-25 SM19E 单元体

1）$75\Omega/75\Omega$ 不平衡式连接器单元体：采用射频同轴电缆，是特性阻抗为 75Ω 的连接器单元体。

2）120Ω/120Ω 平衡式连接器单元体：采用对称电缆，是特性阻抗为 120Ω 的连接器单元体。

3）75Ω/120Ω 阻抗转换连接器单元体：采用射频同轴电缆，特性阻抗为 75Ω，转换为采用对称电缆，特性阻抗为 120Ω。

（3）附件 一般包括膨胀螺栓及螺母、弹簧垫圈、平垫圈、六角头螺栓（含螺母、扎带、热缩套管）等。

3. 工作原理

（1）DDF 的信号传输原理 DDF 的信号传输原理示意图如图 4-26 所示。

图中，R 代表接收信号；S 代表发送信号。线路由 S→R 组成，称为一个回线，线路 S→R，及反向 R→S 形成了两个回线，称一个系统；原则上，一个系统的收发回线应在相邻位置。

（2）DDF 的线路配线原理 DDF 的线路配线原理示意图如图 4-27 所示。

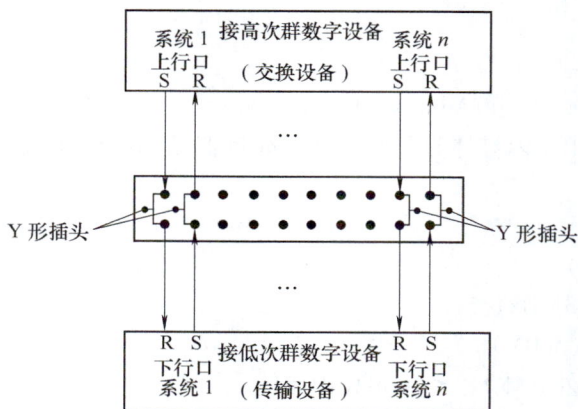

图 4-26 DDF 的信号传输原理示意图

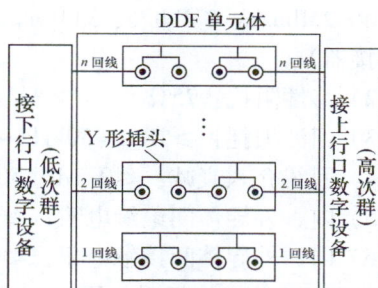

图 4-27 DDF 的线路配线原理示意图

（3）DDF 的固定调线、转接原理 DDF 的固定调线、转接原理示意图如图 4-28 所示。

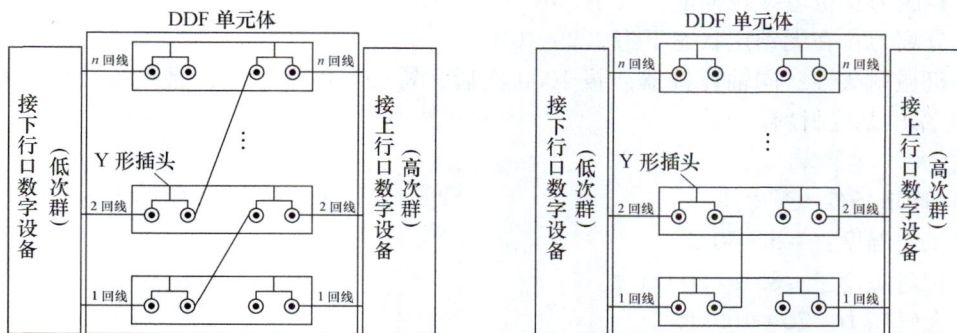

图 4-28 DDF 的固定调线、转接原理示意图

（4）监控测试 测试时应将测试塞绳（选件）插入 Y 形插头上的测试孔。DDF 的线路监控测试原理如图 4-29 所示。

（5）DDF 的自环测试原理 DDF 的自环测试原理示意图如图 4-30 所示。

4. 技术特性

（1）电气性能 以 75Ω/75Ω 不平衡式连接器单元体为例。

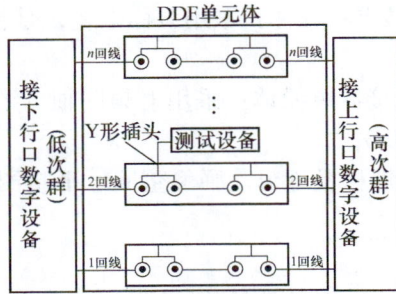

图 4-29　DDF 的线路监控测试原理

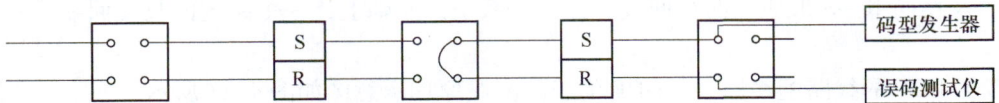

图 4-30　DDF 的自环测试原理示意图

1）用于传输的码率：

① 2Mbit/s、8Mbit/s、34Mbit/s、45Mbit/s、140 Mbit/s、155Mbit/s。

② 2Mbit/s、8Mbit/s、34Mbit/s（仅适用于内导体直径为 1.24mm 近似结构的模块式同轴连接器）。

2）特性阻抗：75Ω。

3）回波损耗：≥18dB(50kHz～233MHz)。

4）回线介入衰减：≤0.3dB(50kHz～233MHz)。

5）内、外导体间绝缘电阻：≥1000MΩ(500V)。

6）内、外导体间接触电阻：≤2.5mΩ(外导体)；≤10mΩ(内导体)。

7）内、外导体间耐电压：≥1000V(AC),1min 不击穿、无飞弧。

8）回线间串音防卫度：≥70dB(50kHz～233MHz)。

（2）主要力学性能

1）拉脱力：抗电缆拉伸能力大于 50N。

2）分离力：在无锁定状态下为 2.2～10N。

3）机械耐久性：同轴连接器插拔 1000 次后，符合其电气性能，且接触面应仍有电镀层，不得露出基底材料。

5. 使用环境要求

（1）环境条件

1）工作温度：-5～40℃。

2）相对湿度：≤85%(30℃)。

3）大气压力：70～106kPa。

4）储存温度：-25～55℃。

（2）实验环境条件　实验在标准条件下进行，即

1）工作温度：15～35℃。

2）相对湿度：≤75%。

3）大气压力：86～106kPa。

6. 故障分析与排除

故障分析与排除见表 4-2。

表 4-2　故障分析与排除

序号	常 见 故 障	原 因 分 析	排除和预防
1	系统传输线路不通或接受误码率过大	短路:主要因电缆头的内、外导体之间的接触造成短路,这是操作人员焊接时操作不当所致,如焊锡过多后的流挂等	1. 利用万用表进行检查,将有短路或开路的电缆头等器件找出,用正确的焊接方法重新焊接,焊接后用万用表检查,确认无误后,进行装配;装配后再用万用表检查,确认无误后再投入使用 2. 对所有的螺纹、插拔式机械连接件的紧固性进行检查,保证它们达到规定的要求
		开路:主要是内导体与同轴电缆芯线之间的不接触造成开路,这也是操作人员焊接时操作不当所致,如焊锡过少、虚焊等	
		接触不良:电缆头与插座之间的螺纹连接或插接处松动等,会造成接触不良,影响传输效果	
2	施工过程中,电缆头出现不能正确压接或压接不紧现象	所安装的电缆头与同轴电缆不匹配,或压接钳与压接套管不匹配	确认所安装的电缆头与同轴电缆相匹配,同时也确认压接钳是否有与压接套管相匹配的孔位
3	调线交错,线路混乱	属于用户规划性不全面、不系统和不规范以及布线不合理的问题	要有长远综合的考虑,每次扩容的布线一定要考虑下一次扩容的布线是否方便,尽量注意到不影响正在运行的线路。根据规划,将相关的回线和系统放在一起并用扎线扣捆好,逐步通过调线,理顺架内电缆,做到清晰、整齐
4	单元体关闭不到位或无法关闭及开启	单元体安装松动,或连接螺钉已坏,或单元体变形	重新紧固螺钉或更换单元体

7. DDF 的要求

1) 设备能满足线路间的不同性质的调线、配线、转接的要求和业务变更的需要,并具备在相应的插座上进行自环测试的功能。

2) 优良的电接触性和互环、互换性,保证设备稳定可靠地运行。

3) 同轴连接器:敞开式设备用双通同轴插座,后端与带螺纹锁定的同轴插头连接;板封闭式设备采用插孔式插座。二者前端都用带测试口的"H"形或"Y"形同轴插头,具有在线监测功能。

4) 机架采用以"口"字形为主体组合的敞开式结构、条形架形式的半封闭式结构或铝型材拼装结构,有良好和宽裕的走线区域。

5) 机架、构件采用环氧静电喷塑,附着力强、防腐蚀性好、外形美观、色泽柔和。

8. DDF 的传输功能

(1) 数字配线电路　固定配线每回线的数字配线电路由接数字设备的上行接口和接数字设备的下行接口构成。在收方向上,来自数字设备的数字信号,经电缆线从上行口后端引入(见图 4-27),经"H"形或"Y"形同轴连接器,由下行口后端经电缆线引入所需数字设备。在发方向上,与上述过程相反。

(2) 调线功能　调线即电路调度,一般指本系统内的配线和调线。

1) 固定调线:一般用于对线路分配方案做长期变更、局内电路扩容或有新的电路安排时使用。例如,1、2 两回线的固定调线(见图 4-28)。

2) 临时调线:一般在处理紧急故障或断线时使用。当回线所接的设备出现故障时,可起动其他备用回线，完成传输任务。此时断开1、2两回线的"H"形或"Y"形同轴连接器，用同轴塞孔与2回线的下塞孔连通。这样，1回线的数字信号可通过同轴塞绳及2回线进入所需的连接设备，经过这样处理后的收发系统，1回线的通信可确保及时畅通，然后可对1回线电路设备进行抢修。

3）连接功能：当连接数字设备的电路要对不同方向收、发信号进行相互连通时，在配线中统称为转接。转接分为固定转接和临时转接。在转接过程中，若要使一个线路畅通，需收、发回线同时进行转接。

① 固定转接：固定转接时，用同轴塞绳从单元体后面跳接到所需的下行接口的插座即可。

② 临时转接：临时转接时，只需断开两个回线的"H"形或"Y"形同轴连接器，用同轴塞绳临时跳接于相应的上行接口即可。

9. 机架的安装

机架架顶有固定孔，可用M8螺栓将机架固定在机房槽道的梁上，机架的地线可与列内机架连接入地。

机架架底有固定孔，可根据实际情况将机架底部固定（如直接用膨胀螺钉固定在地面上）。

10. 布线

将数字设备的电缆从机架两侧引入配线架（收、发各一侧），然后与相应的上行接口同轴连接器相连，同样，相应的下行接口同轴连接器与数字设备电缆相连接，注意应分单元捆绑，由上至下排列整齐、规范。

实训 7　2M 塞绳的制作

2M塞绳是光纤通信系统施工和维护中常用的器件，它的制作也是光纤通信系统维护人员应该掌握的一项基本技能。

一、实训目的

本实训主要介绍光纤通信系统中常用的2M塞绳的制作方法、过程及技术要求。

二、实训准备

实训中需要的工具与器材有同轴线、120Ω/75Ω同轴头、专用压接钳、尖头电烙铁和万用表。

三、具体的制作方法

具体的制作方法如下：

1）选择与同轴头相匹配的同轴线。

2）拧开同轴头配件，将套管套到同轴线上。

3）开剥同轴线。依据同轴头的长度和要求，剥除同轴线的外层，其开剥长度与同轴头的连接长度相一致，同轴线的开剥长度如图4-31所示。注意尽量使屏蔽层保持完好。

4）剥除同轴线内芯的绝缘层，露出内芯，其长度与同轴头的连接长度一致，同轴线绝缘层的开剥长度如图4-32所示。

5）将同轴线的内芯插入同轴头的内芯中，要求插到同轴头内芯的底部。

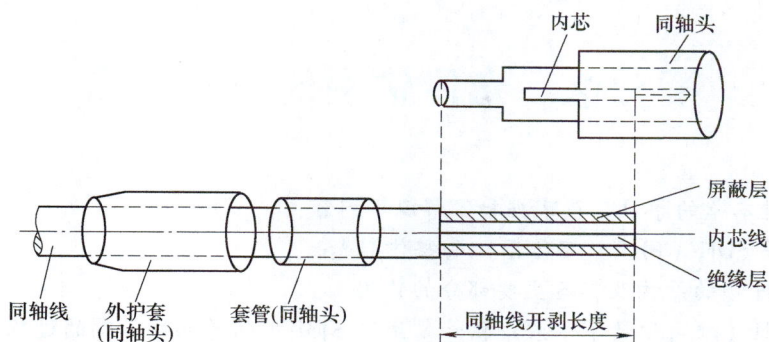

图 4-31　同轴线的开剥长度

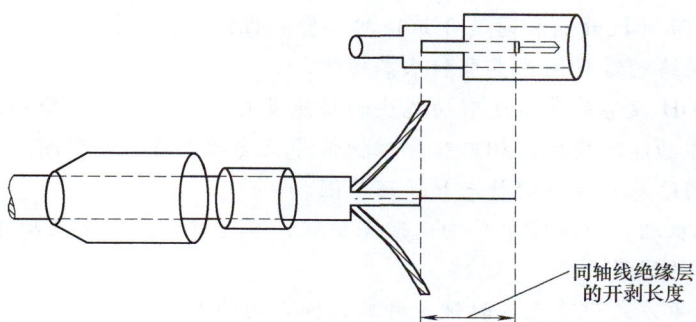

图 4-32　同轴线绝缘层的开剥长度

6）用电烙铁将同轴线的内芯和同轴头内芯的连接处焊牢，要求焊点光滑、有光泽，焊接如图 4-33 所示。

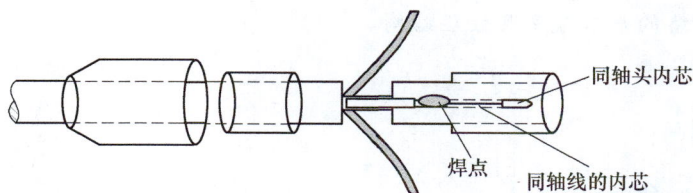

图 4-33　焊接

7）使屏蔽层均匀地分布在同轴头末端的四周，套上套管，用专用压接钳压紧套管，使同轴头的末端与屏蔽层接触牢靠，屏蔽层的安装如图 4-34 所示。

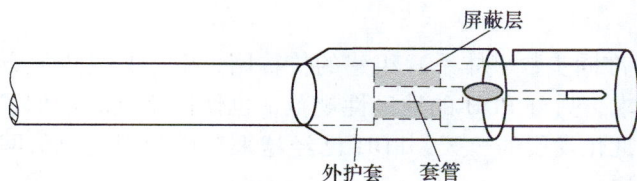

图 4-34　屏蔽层的安装

8）用相同的方法做好同轴线的另一端同轴头。

9）用万用表测量电气是否连通，同时检查屏蔽层和内芯是否出现短路现象。

10）将同轴头剩余的部件装好，2M 塞绳制作完毕。

第5章 光传输网的现有技术

目标：通过本章的学习，应掌握和了解以下内容：

- 建立有关 SDH（同步数字体系）的整体概念。
- 掌握 SDH 帧的结构及其各主要部分的作用。
- 了解 PDH（准同步数字体系）信号复用进 STM-N 信号的帧结构的过程。
- 掌握复用和映射的概念。
- 掌握 SDH 的层层细化监控机制及指针定位机理。
- 掌握开销字节（段开销和通道开销）对告警和性能的检测机理。
- 了解 SDH 网络的常见网元类型和基本功能。
- 掌握组成 SDH 设备的基本逻辑功能块的功能及其监控的相应告警和性能事件。
- 了解 SDH 各功能块提供的相应告警维护信号及其相应告警流程图。
- 了解 SDH 网络基本拓扑的特点和适用范围。
- 掌握自愈环机理，重点掌握单向通道保护环、二纤双向复用段保护环的工作机理。
- 掌握数字网的同步方式。
- 掌握主从同步方式中节点从时钟 3 种工作模式的特点。
- 掌握 S1 字节的作用和 SDH 网络时钟保护倒换原理。
- 掌握 MSTP 技术功能模型与以太网功能。
- 掌握 DWDM 系统结构与组网方式。
- 了解 ASON 网络层面结构与组网方案。
- 了解全光网络的基本概念及分层结构。

5.1 SDH 概述

5.1.1 SDH 产生的技术背景

当今社会是信息社会，高度发达的信息社会要求通信网能提供多种多样的电信业务，通过通信网传输、交换、处理的信息量将不断增大，这要求现代化的通信网向数字化、综合化、智能化和个人方向发展。传输系统是通信网的重要组成部分，传输系统的好坏直接制约着通信网的发展。

传统的由 PDH（准同步数字体系）组建的传输网，由于其复用的方式很明显不能满足信号大容量传输的要求，另外 PDH 的地区性规范，也使网络互联增加了难度，由此看出在通信网向大容量、标准化发展的今天，PDH 已经越来越成为现代通信网的瓶颈，制约了传输网向更高的速率发展。

传统 PDH 的缺陷体现在以下几个方面：

（1）接口方面

1）只有地区性的电接口规范，不存在世界性标准。现有的 PDH 有 3 种信号速率等级：欧洲系列、北美系列和日本系列。各种信号序列的电接口速率等级以及信号的帧结构、复用方式均不相同，这种局面造成了国际互通的困难，不适应当前随时随地便捷通信的发展趋势。

2）没有世界性标准的光接口规范。为了实现设备对光路上的传输性能进行监控，各厂家各自采用各自开发的线路码型。典型的例子是 mBnB 码。其中 mB 为信息码，nB 是冗余码，冗余码的作用是实现设备对传输性能的监控功能。由于冗余码的接入使同一速率等级上光接口的信号速率大于电接口的标准信号速率，不仅增加了发光器的光功率代价，而且由于各厂家在进行线路编码时，为完成不同的线路监控功能，在信息码后加上不同的冗余码，导致不同厂家同一速率等级的光接口码型和速率也不一样，致使不同厂家的设备无法实现横向兼容。这样在同一传输路线两端必须采用同一厂家的设备，给组网、管理及网络互通带来困难。

（2）采用异步复用方式　现在的 PDH 中只有速率为 1.5Mbit/s 和 2Mbit/s 的信号（包括日本系列速率为 6.3Mbit/s 的信号）是同步的，其他速率的信号都是异步的，需要通过码速的调整来匹配和容纳时钟的差异。由于 PDH 采用异步复用方式，那么就导致当低速信号复用到高速信号时，其在高速信号的帧结构的位置没有规律性和固定性。也就是说在高速信号中不能确定低速信号的位置，而这一点正是能否从高速信号中直接分/插出低速信号的关键所在。既然 PDH 采用异步复用方式，那么从 PDH 的高速信号中就不能直接分/插出低速信号，如不能从 140Mbit/s 的信号中直接分插出 2Mbit/s 的信号。这就会引起两个问题：

1）从高速信号中分/插出低速信号要一级一级地进行。例如：从 140Mbit/s 信号中分/插出 2Mbit/s 低速信号要经过图 5-1 所示过程。

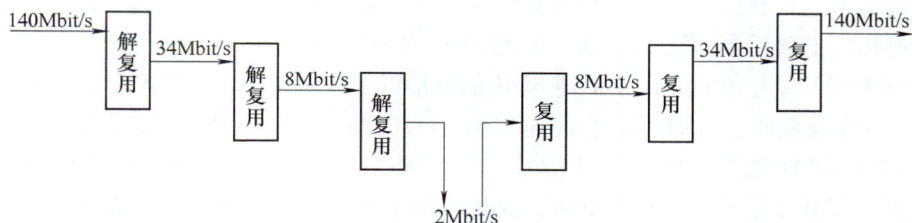

图 5-1　从 140Mbit/s 信号中分/插出 2Mbit/s 低速信号示意图

这个过程使用了大量的"背靠背"设备，增加了设备的体积、成本、功耗，还增加了设备的复杂性，降低了设备的可靠性。

2）由于低速信号分/插到高速信号要通过层层的复用和解复用过程，这样就会使信号在复用/解复用过程中产生的损伤加大，使传输性能劣化，在大容量传输时，这种缺点是不能容忍的，这也就是为什么 PDH 传输信号的速率没有更进一步提高的原因。

（3）采用按位复接　PDH 的复接方式大多采用按位复接，虽然节省了复接所需的缓冲存储器容量，但破坏了一个字节的完整性，不利于以字节（Byte）为单位的现代信息交换。

（4）运行维护方面　PDH 信号的帧结构里用于运行维护工作（OAM）的开销字节不多，所以设备在进行光路上的线路编码时，要通过增加冗余编码来实现线路性能控制功能。由于 PDH 复用信号的帧结构中开销比特少，这对完成传输网的分层管理、性能监控、业务的实时调度、传输带宽的控制、告警的分析定位是很不利的，因此不能满足现代通信网对监控和网管的要求。

（5）没有统一的网管接口　由于 PDH 没有统一的网管接口，这就使用户买一套某厂家的设备，就需买一套该厂家的网管系统，不利于形成统一的电信管理网。

基于以上种种缺陷，PDH 越来越不适应传输网的发展，它已不能适应现代电信网和用户对传输的新要求。于是美国贝尔通信研究所首先提出了用一整套分等级的标准数字化传递结构组成的同步网络（SONET）体制，ITU-T于1988年接受了SONET概念，并重命名为同步数字体系（Synchronous Digital Hierarchy，SDH），使其成为不仅适用于光纤传输，也适用于微波和卫星传输的通信技术体制。

同步数字体系（SDH）所包含的内容非常丰富：它既是一套新的国际标准，又是一个组网原则，也是一种复用方法。最重要的是，它提供了一个在国际上得到支持的框架，从而在此框架的基础上就可建成一种灵活、可靠和能进行遥控管理的世界电信传输网。这种未来的传输网可以非常容易地扩展和适应新的电信业务。此标准使不同厂家生产的设备之间进行互通成为可能，这正是网络建设者长期以来一直期望和追求的。对于用户和电信网的运行者来说，这套SDH标准可以保证未来的信息技术发展将会是有条不紊的，而不必担心不兼容性或网络的过时。具体来说，SDH是一套数字传送结构，供物理传输网络传送经适配的业务信息（净负荷）。它被设计成多用途，以允许传送各种类型的信号，包括G.702规定的PDH信号在内。

SDH有以下几个方面的特点：

（1）接口方面

1）电接口方面。SDH对网络节点接口（NNI）的数字信号速率等级、帧结构、复接方法、线路接口、监控管理等做了统一的规范。这就使SDH设备容易实现多厂家互联，也就是说在同一传输线路上可以安装不同厂家的设备，体现了横向兼容性。

2）光接口方面。线路接口（这里指光接口）采用世界性统一标准规范，SDH信号的线路编码仅对信号进行扰码，不再进行冗余码的插入。扰码的标准是世界统一的，这样对端设备仅需通过标准的解码器就可与不同厂家的SDH设备进行光接口互联。

（2）采用同步复用方式　由于低速SDH信号是以字节间插方式复用进高速SDH信号的帧结构中的，这样就使低速SDH信号在高速SDH信号的帧中的位置是固定并有规律性，也就是说是可预见的。这样就能从高速SDH信号（如STM-16）中直接分/插出低速SDH信号（如STM-1），从而简化了信号的复接和分接，因此SDH特别适合于高速大容量的光纤通信系统。

另外，由于采用了同步复用方式和灵活的映射结构，可将PDH低速支路信号（如2Mbit/s）复用进SDH信号（STM-N）帧中去，这样使低速支路信号在STM-N帧中的位置也是可预见的，于是可以从STM-N信号中直接分/插出低速支路信号。从而节省了大量的复接/分接设备（背靠背设备），减少了信号损伤，增加了可靠性，设备的成本、功耗、复杂性也减少了，上、下业务更加简便。

（3）运行维护方面　SDH信号的帧结构中安排了丰富的开销字节（占用整个帧所有比特的1/20），使网络的运行、管理、维护（OAM）能力大大加强，也就是说维护的自动化程度大大提高，使系统的维护费用大大降低。

（4）兼容性　SDH传输网中用SDH信号的基本传输模块（STM-1）可以容纳PDH的3个数字信号系列和其他各种体制的数字信号系列——ATM、FDDI、DQDB等，从而体现了SDH的前向兼容性和后向兼容性，确保了PDH传输网向SDH传输网和SDH向ATM的顺利过渡。SDH把各种体系的低速信号在网络边界处（如DH/PDH起点）复用进STM-1信号的帧结构中，在网络边界处（终点）再将它们分拆出来即可，这样就可以在SDH传输网上传输各种体制的数字信号。

当然，任何一种技术体制都不可能是十全十美的，SDH也不例外。SDH的缺陷主要是：

（1）频带利用率低　由于在SDH的信号——STM-N帧中加入了大量的用于OAM功能的开销字节，因此系统的可靠性和灵活性大大增强了，但这样必然会使在传输同样多有效信息的情况下，PDH信号所占用的频带（传输速率）要比SDH信号所占用的频带（传输速率）窄，即 PDH 信号所用的速率低。以 2Mbit/s 为例，PDH 的 140Mbit/s（E4 信号）系统可容纳 64 个 2Mbit/s，而 SDH 的 155Mbit/s（STM-1 信号）系统只可容纳 63 个 2Mbit/s。可以说，SDH 的高可靠性和灵活性，是以牺牲频带利用率为代价的。

（2）指针调整机理复杂　SDH 可从高速信号（如 STM-1）中直接分/插出低速信号（如 2Mbit/s），省去了多级复用/解复用过程。而这种功能的实现是通过指针机理完成的，指针的作用就是时刻指示低速信号的位置，保证了 SDH 从高速信号中直接分/插低速信号功能的实现，可以说指针是 SDH 的一大特色。

但是指针功能的实现增加了系统的复杂性。最严重的是会使系统产生 SDH 的一种特有抖动——由指针调整引起的结合抖动。这种抖动多发于网络边界处（SDH/PDH），其频率低、幅度大，会导致低速信号在拆出后性能劣化，这种抖动的滤除会相当困难。

（3）软件的大量使用对系统安全性的影响　SDH 的一大特点是 OAM 的自动化程度高，这也意味着软件在系统中占有相当大的比重，这就使系统很容易受到计算机病毒的侵害。另外，在网络层上人为的错误操作、软件故障等对系统的影响也是致命的。

5.1.2　PDH 与 SDH 的比较

PDH 与 SDH 的比较见表 5-1，从表 5-1 中可清楚地看到它们之间的差异。

表 5-1　PDH 与 SDH 的比较

序号	类　　别	PDH	SDH
1	线路码	CMI、Mbip、mBnB 等	扰码的 NRZ（可省去光传输中的码型变换）
2	对长连"1"码和长连"0"码的处理	HDB3 或 CMI	在帧中已考虑了扰码等措施，输出 NRZ 码已不带长连"1"码和长连"0"码，简化了接口
3	复用	比特间交插，逐级码速调整复用	字节间交插，低阶和高阶信号的复用一次到位
4	不同等级的帧	无关	有固定关系
5	帧周期	不同	各级都为 125μs
6	帧开销	甚少，难以满足今后网络的需要	很多（以字节为单位），可满足当今及今后的网管需要
7	横向兼容性	各厂家的产品互不兼容	各厂家的产品兼容
8	网络调度及自愈能力	较差	强、灵活
9	网管	网关通信通道带宽不足，建立集中式传输网管困难	提供标准化的传输网络维护管理功能
10	标准化	存在地区性的、互为独立的三大数字体系	国际性的同步标准，各国都能接受
11	组网	主要为话音业务设计，缺乏网络拓扑的灵活性，设备本身没有数字交叉能力	组网灵活，充分考虑未来的发展，设备具有数字交叉能力。上下业务十分容易，也使数字交叉连接（DXC）的实现大大简化
12	业务频带利用率	高（140Mbit/s 包含 64 个 2Mbit/s，其利用率为 94%）	低（155bit/s 包含 63 个 2Mbit/s，其利用率为 83%）
13	设备复杂程度	简单	复杂：采用了指针调整机理，增加了设备复杂性
14	控制方式	软件控制较少，电路调度是以 DDF 为主的人工方式	大规模采用软件控制（经由 ADM、DXC 及网管设备）

5.2　SDH 信号的帧结构和复用步骤

5.2.1　SDH 信号的 STM-N 帧结构

要建立一个完整的数字体系，必须确立一个统一的网络节点接口，定义一整套速率和数据传送格式以及相应的复接结构（即帧结构）。

1. 网络节点接口

从原理上讲，传输网络由传输系统设备和完成多种传送功能的网络节点构成，网络节点接口（NNI）是实现 SDH 传输网的关键。从概念上看，NNI 是网络节点之间的接口；从实现上看，它是传输设备与其他网络单元之间的接口。如果能规范一个唯一的标准，使 NNI 不受限于特定的传输媒介，也不局限于特定的网络节点，而能结合所有不同的传输设备和网络节点，构成一个统一的传输、复用、交叉连接和交换接口，则这个 NNI 对于网络的演变和发展就具有很强的适应性，并会最终成为一个电信网的基础设施。SDH NNI 的基本特征是具有国际标准化的接口速率和信号帧结构。NNI 在网络中的位置如图 5-2 所示。

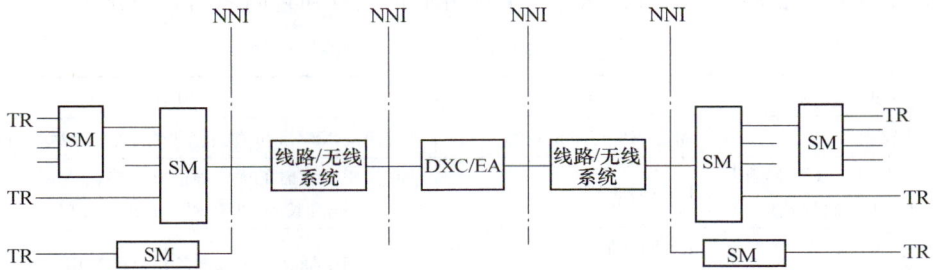

TR:支路信号　　DXC:数字交叉连接设备　　SM:同步复用器　　EA:外部接入设备

图 5-2　NNI 在网络中的位置

2. SDH 的速率

SDH 最基本的模块信号（即同步传输模块）是 STM-1，其速率为 155.520Mbit/s。更高等级的 STM-N 信号是将 N 个 STM-1 以字节间插方式同步复用获得。N 是正整数，目前国际标准化 N 的取值为 $N=1$，4，16，64。相应的光接口线路信号只是将 STM-N 信号经扰码后进行电/光转换，其线路速率不变，这样 SDH 信号在 NNI 处的速率即得以确定。

ITU-T G.707 建议规范的 SDH 标准速率见表 5-2。

表 5-2　ITU-T G.707 建议规范的 SDH 标准速率

等　　级	STM-1	STM-4	STM-16	STM-64
速率/Mbit·s^{-1}	155.520	622.080	2488.320	9953.280

3. SDH 帧结构

为便于实现支路的同步复用、数字交叉连接（DXC）、分/插和交换，说到底就是为了方便地从高速信号中直接上/下低速支路信号，STM-N 信号帧结构的安排应尽可能使支路低速信号在一帧内均匀地、有规律地分布。鉴于此，ITU-T 规定的 STM-N 帧结构如图 5-3 所示，它是以字节（1Byte=8bit）为单位的矩形块状帧结构。

从图 5-3 可以看出，STM-N 的信号是 9 行 ×（270 × N）列的矩形块状帧结构。此处的 N 与 STM-N 的 N 相一致，取值范围为 1，4，16，64，……，表示此信号由 N 个 STM-1 信号通过字节间插复用而成，帧周期为 125μs。当 N 个 STM-1 信号通过字节间插复用成 STM-N 信号时，仅仅是将 STM-1 信号的列按字节间插复用，行数恒定为 9 行。

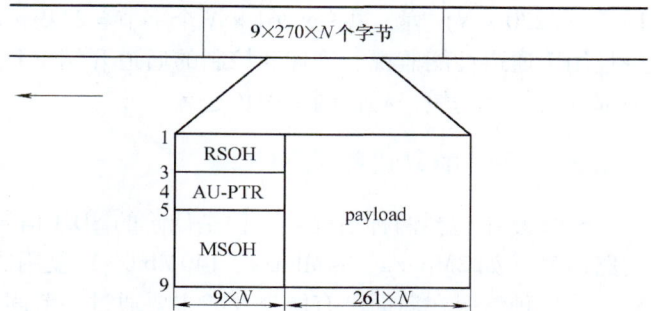

图 5-3　STM-N 帧结构

信号在线路上传输是一个比特一个比特地进行的，同样，STM-N 信号也遵循按比特传输的方式。SDH 信号帧传输的原则是：帧结构中的字节（8bit）从左到右、从上到下按行一个字节一个字节（一个比特一个比特）传输，传完一行再传下一行，传完一帧再传下一帧，如此一帧一帧地传送，每秒共传 8000 帧。

对于 STM-N 信号的帧频（也就是每秒传送的帧数），ITU-T 规定对于任何级别的 STM 等级，帧频都是 8000 帧/s，也就是帧长或帧周期为恒定的 125μs。对于 STM-1 而言，帧长度为 9 × 270 字节 = 2430 字节，相当于 19440bit，帧周期为 125μs，由此可算出其比特速率为 9 × 270 × 8/（125 × 10^{-6}）bit/s = 155.520Mbit/s。

帧周期的恒定是 SDH 信号的又一大特点。由于帧周期的恒定使 STM-N 信号的速率有其规律性。例如，STM-4 传输数速恒定等于 STM-1 信号传输数速的 4 倍；STM-16 恒定等于 STM-4 的 4 倍，等于 STM-1 的 16 倍。而 PDH 中的 E2 信号速率不等于 E1 信号速率的 4 倍。SDH 信号的这种规律性使高速 SDH 信号直接分/插出低速 SDH 信号成为可能，特别适用于大容量的传输情况。

从图 5-3 看出，STM-N 的帧结构由 3 部分组成：段开销（包括再生段开销（RSOH）和复用段开销（MSOH））、管理单元指针（AU-PTR）和信息净负荷（payload）。

1）段开销（SOH）是为了保证信息净负荷正常灵活传送所必须附加的供网络运行、管理和维护（OAM）使用的字节。在图 5-3 所示 STM-N 帧结构中，SOH 位于横向第 1～3 行、纵向第 1～（9 × N）列和横向第 5～9 行、纵向第 1～（9 × N）列，共 8 × 9 × N = 72 × N 个字节。段开销又分为再生段开销（RSOH）和复用段开销（MSOH），分别对相应的段层进行监控。每经过一个再生段更换一次 RSOH，每经过一个复用段更换一次 MSOH。RSOH 和 MSOH 的区别简单地说在于二者的监管范围不同。举个简单的例子，若光纤上传输的是 2.5G 信号，那么，RSOH 监控的是 STM-16 整体的传输性能，而 MSOH 则是监控 STM-16 信号中每一个 STM-1 的性能情况。RSOH 在 STM-N 帧中的位置是第 1～3 行的第 1～（9 × N）列，共（3 × 9 × N）个字节；MSOH 在 STM-N 帧中的位置是第 5～9 行的第 1～（9 × N）列，共（5 × 9 × N）个字节。与 PDH 信号的帧结构相比较，段开销丰富是 SDH 信号帧结构的一个重要特点。

2）管理单元指针（AU-PTR）位于 STM-N 帧中的第 4 行的 9 × N 个字节。AU-PTR 是用来指示信号净负荷的第一个字节在 STM-N 帧内的准确位置的指示符，以便接收端能根据这个位置指示符的值（指针值）正确分离信息净负荷。采用指针方式，可以使 SDH 在准同步环境中完成复用同步和 STM-N 信号的帧定位。

3）信息净负荷（payload）是在 STM-N 帧结构中存放将由 STM-N 传送的各种信息码块的地方。在图 5-3 所示 STM-N 帧结构中，信息净负荷位于横向第 1～9 行、纵向第（9 × N +

1）～（270×N）列，共9×261×N个字节＝2349×N个字节。在信息净负荷中，还存放着少量用于通道性能监视、管理和控制的通道开销（POH）字节，将POH作为信息净负荷的一部分与信息码块一起在网络中传送。

5.2.2　SDH的复用结构和步骤

SDH复用包括两种情况：一种是低阶的SDH信号复用成高阶SDH信号；另一种是低速支路信号（如2Mbit/s、34Mbit/s、140Mbit/s）复用成SDH信号STM-N。

第一种情况在前面已有所提及，主要通过字节间插复用方式来完成，复用的个数是4合1，即4×STM-1→STM-4，4×STM-4→STM-16；第二种情况用得最多的就是将PDH信号复用进STM-N信号中去。

传统的将低速信号复用成高速信号的方法有比特塞入法（又称为码速调整法）、固定位置映射法两种。这两种复用方式都有一些缺陷，比特塞入法不能直接从高速信号中上/下低速支路信号；固定位置映射法引入信号的时延过大。

SDH传输网的兼容性要求SDH的复用方式既能满足异步复用（如将PDH信号复用进STM-N信号），又能满足同步复用（如STM-1→STM-4），而且能方便地由高速STM-N信号分/插出低速信号，同时不能造成较大的时延和滑动损伤，这就要求SDH需采用自己独特的一套复用步骤和复用结构。一方面，SDH的复用方法采用了净负荷指针技术，可以进行频率调整，从而允许低速支路信号的速率有一定的差异，但由于未使用125μs缓存器，所以避免了传统同步方法的弊病——产生信号延时和滑动损伤。另一方面，SDH采用了字节间插复用方法，使被复用的低速支路信号在高速信号中的位置相对固定，而净负荷指针又可以指示净负荷在帧中的位置，所以可从高速信号中直接提取或接入低速支路信号，故避开了传统异步复用的缺点。SDH复用结构中，各种业务信号复用进STM-N帧的过程都要经历映射、定位、复用3个步骤。

ITU-T规定了一套完整的SDH复用映射结构（也就是复用路线），通过这些路线可将PDH的3个系列的数字信号以多种方法复用成STM-N信号。

ITU-T规定的SDH复用映射结构如图5-4所示。

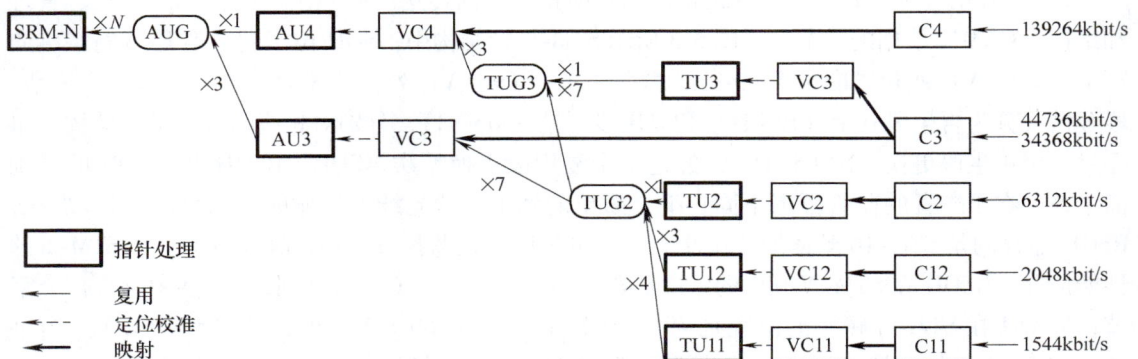

图5-4　SDH复用映射结构

从图5-4中可以看到此复用结构包括了一些基本复用单元：C（容器）、VC（虚容器）、TU（支路单元）、TUG（支路单元组）、AU（管理单元）、AUG（管理单元组），这些复用单元的后缀表示与此复用单元相对应的信号级别。

从图5-4中还可以看出，从一个有效负荷到STM-N信号的复用路线不是唯一的，有多条路线（也就是说有多种复用方法）。例如：2Mbit/s的信号有两条复用路线，也就是说可以用两种方法复用成 STM-N 信号。

　　尽管一种信号复用成 SDH 的 STM-N 信号路线有多种，但是对于一个国家或地区则必须使复用路线唯一化。我国的光同步传输网体制规定了以 2Mbit/s 信号为基础的 PDH 作为 SDH 的有效负荷，并选用 AU-4 的复用路线。我国的 SDH 复用映射结构如图 5-5 所示。

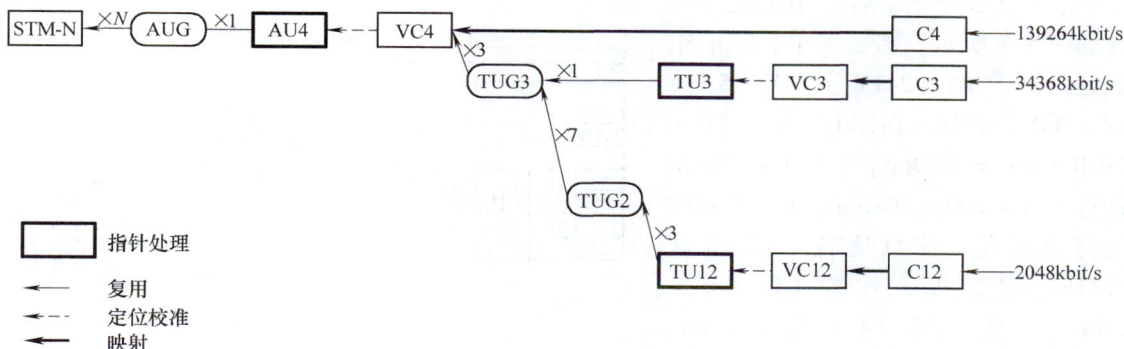

图 5-5　我国的 SDH 复用映射结构

　　下面分别讲述 140Mbit/s、34Mbit/s、2Mbit/s 的 PDH 信号是如何复用进 STM-N 信号中的。

1. 140Mbit/s PDH 信号复用进 STM-N 信号

　　1）首先将 140Mbit/s 的 PDH 信号（E4）经过码速调整（比特塞入法）适配进 C4，C4 是用来装载 140Mbit/s PDH 信号的标准信息结构。参与 SDH 复用的各种速率的业务信息号都应首先通过码速调整适配技术装进一个与信号速率级别相对应的标准容器：2Mbit/s—C12、34Mbit/s—C3、140Mbit/s—C4。容器的主要作用就是进行速率调整。

　　140Mbit/s 的信息装入 C4 也就相当于将其打了个包封，使 140Mbit/s 信号的速率调整为标准的 C4 速率。C4 的帧结构是以字节为单位的块状帧，帧频是 8000 帧/s，也就是说经过速率适配，140Mbit/s 的信号在适配成 C4 信号时已经与 SDH 传输网同步了，这个过程也就相当于 C4 装入异步 140Mbit/s 的信号。C4 的帧结构如图 5-6 所示。

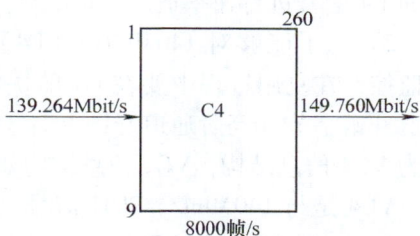

图 5-6　C4 的帧结构

　　C4 信号的帧有 260 列 ×9 行（PDH 信号在复用进 STM-N 信号中时，其块状帧一直保持是 9 行），那么 E4 信号进行速率适配后的信号速率（也就是 C4 信号的速率）为 8000 帧/s ×9 行 ×260 列 ×8bit ＝149.760Mbit/s。所谓对异步信号进行速率适配，其实际含义就是指当异步信号的速率在一定范围内变动时，通过码速调整可将其速率转换为标准速率。在这里，E4 信号的速率范围是 $139.264 \pm 15 \times 10^{-6}$ Mbit/s（G.703 规范标准）＝139.261～139.266Mbit/s，那么通过速率适配可将这个速率范围的 E4 信号，调整成标准的 C4 速率 149.760Mbit/s，也就是说能够装入 C4 容器。

　　怎样进行 E4 信号的速率适配呢？可将 C4 的基帧（9 行 ×260 列）划分为 9 个子帧，每个子帧占一行。每个子帧又以 13 个字节为一个单位，分成 20 个单位（20 个 13 字节块）。每个子帧的 20 个 13 字节块的第一个字节依次为 W、X、Y、Y、Y、X、Y、Y、Y、X、Y、Y、Y、X、Y、Y、Y、X、Y、Z，共 20 个字节，每个 13 字节块的第 2～13 字节放的是 140Mbit/s 的信息比特。C4 的子帧结构如图 5-7 所示。

　　E4 信号的速率适配就是通过 9 个子帧共 180 个 13 字节块的首字节来实现，那么怎么实现呢？一个子帧中，每个 13 字节块的后 12 个字节均为 W 字节，第一个 13 字节的第一个字节也是 W 字节，共 241 个 W 字节、5 个 X 字节、13 个 Y 字节、1 个 Z 字节。各字节的比特内容如图 5-7 所示。那么一个子帧的组成是：C4 子帧 = 241W + 13Y + 5X + 1Z = 260 个字节 = (1934I + S) + 5C + 130R + 10O = 2080bit。一个 C4 子帧总计有 8bit × 260 = 2080bit，C4 子帧的比特分配是：信息比特（I）分配 1934bit；固定塞入比特（R）分配 130bit；开销比特（O）分配 10bit；

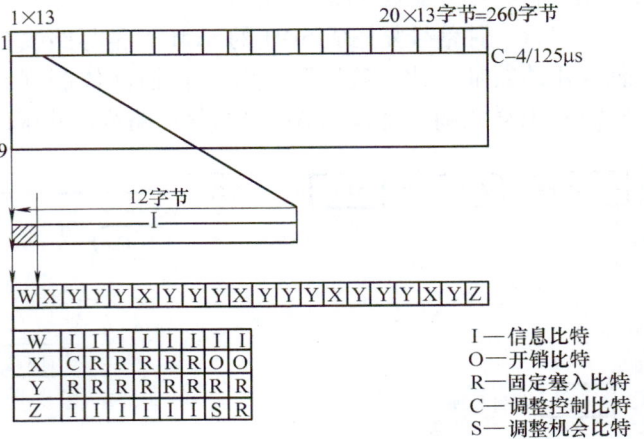

图 5-7　C4 的子帧结构

调整控制比特（C）分配 5bit；调整机会比特（S）分配 1bit。C 主要用来控制相应的调整机会比特（S），当 CCCCC = 00000 时，S = I；当 CCCCC = 11111 时，S = R。分别令 S 为 I 或 S 为 R，可算出 C4 容器容纳的信息速率的上限和下限。当 S = I 时，C4 能容纳的信息速率最大，$C4_{max} = [(1934 + 1) \times 9]$bit/帧 × 8000 帧/s = 139.320Mbit/s；当 S = R 时，C4 能容纳的信息速率最小，$C4_{min} = [(1934 + 0) \times 9]$bit/帧 × 8000 帧/s = 139.248Mbit/s。也就是说 C4 容器能容纳的 E4 信号的速率范围是 139.248 ~ 139.320Mbit/s，而符合 G.703 规范的 E4 信号的速率范围为 139.261 ~ 139.266Mbit/s。

这样，C4 容器就可以装载速率在一定范围内的 E4 信号，也就是可以对符合 G.703 规范的 E4 信号进行速率适配，适配后为标准 C4 的速率为 149.760Mbit/s。

2）为了能够对 140Mbit/s（E4）的通道信号进行监控，在复用过程中要在 C4 的块状帧前加上一列通道开销字节（高阶通道开销 VC4-POH），此时信号成为 VC4 信息结构，VC4 信息结构如图 5-8 所示。

VC4 是与 140Mbit/s PDH 信号（E4 信号）相对应的标准虚容器，此过程相当于对 C4 信号再打一个包封，将对通道进行监控管理的开销（POH）打入包封

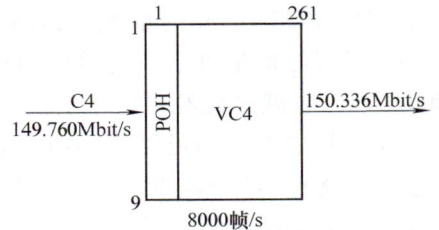

图 5-8　VC4 信息结构

中去，以实现对通道信号的实时监控。虚容器（VC）的包封速率也是与 SDH 网络同步的，不同的 VC（如与 2Mbit/s 相对应的 VC12、与 34Mbit/s 相对应的 VC3）是相互同步的，而虚容器内部却允许装载来自不同容器的异步净负荷。虚容器这种信息结构在 SDH 网络传输中保持其完整性不变，也就是可将其看成独立的单位，可以十分灵活和方便地在通道中任一点插入或取出，进行同步复用和交叉连接处理。其实，从高速信号中直接定位上/下的是相应信号的 VC，然后通过打包/拆包来上/下低速支路信号。在将 C4 打包成 VC4 时，要加入 9 个开销字节，位于 VC4 帧的第一列，这时 VC4 的帧结构，就成了 9 行 × 261 列。前面介绍过，STM-N 信号的帧结构中，信息净负荷为 9 行 ×（261 × N）列，当为 STM-1 时，即为 9 行 ×261 列，因此 VC4 其实就是 STM-1 帧的信息净负荷，将 PDH 信号经打包成 C，再加上相应的通道开销而成 VC 信息结构，这个过程就叫映射。

3）信息都打成了标准的包封，现在就可以将它复用进 STM-N 信号中了，此过程就像往车上装载货物，货物（VC）装载的位置是信息净负荷区。在装载货物（VC）的时候会出现

这样一个问题，当货物装载的速度和货车等待装载的时间（STM-N 的帧周期 125μs）不一致时，就会使货物在车箱内的位置发生"浮动"，那么在接收端怎样才能正确分离货物包呢？SDH 采用在 VC4 前附加一个管理单元指针（AU-PTR）来解决这个问题。此时信号由 VC4 变成了管理单元 AU4 这种信息结构，AU4 的结构如图 5-9 所示。

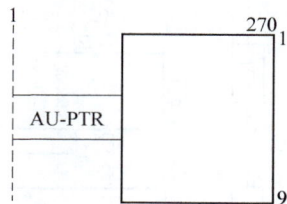

图 5-9　AU4 结构

AU4 这种信息结构已具 STM-1 信号的雏形——9 行×270 列，只不过缺少 SOH 部分而已，这种信息结构其实也算是将 VC4 信息包再加了一个包封，就构成了 AU4。

管理单元为高阶通道层和复用段层提供适配功能，由高阶 VC 和 AU 指针组成。AU 指针的作用是指明高阶 VC 在 STM 帧中的位置，也就是说指明 VC 货物在 STM-N 车箱中的具体位置。通过指针的作用，允许高阶 VC 在 STM 帧内浮动，也就是说允许 VC4 和 AU4 有一定的频偏和相差。换句话说，允许货物的装载速度与车辆的等待时间有一定的时间差异，即允许 VC4 的速率和 AU4 的包封速率（装载速率）有一定的差异。这种差异性不会影响接收端正确地定位、分离 VC4。尽管货物包可能在车箱内（信息净负荷区）"浮动"，但是由于 AU-PTR 不在信息净负荷区，而是和段开销（SOH）在一起，因此 AU-PTR 本身在 STM 帧内的位置是固定的，这就保证了接收端能正确地在相应的位置找到 AU-PTR，进而通过 AU 指针定位 VC4 的位置，从而从 STM-N 信号中分离出 VC4。一个或多个在 STM 帧中占用固定位置的 AU 组成 AUG（管理单元组）。

4）只剩将 AU-4 加上相应的 SOH 合成 STM-1 信号，并将 N 个 STM-1 信号通过字节间插复用成 STM-N 信号。140Mbit/s→STM-N 的复用全过程见我国 SDH 复用结构示意图，如图 5-10 所示。

2. 34Mbit/s PDH 信号复用进 STM-N 信号

1）同样，34Mbit/s 的信号先经过码速调整将其适配到相应的标准容器——C3 中，然后加上相应的通道开销，将 C3 打包成 VC3，此时的帧结构是 9 行×85 列。为了便于接收端定位 VC3，以便能将它从高速信号中直接拆离出来，在 VC3 的帧上加了 3 个字节的指针——TU-PTR（支路单元指针）。此时的信息结构是支路单元 TU3（与 34Mbit/s 的信号相对应的信息结构），支路单元提供低阶通道层（低阶 VC，如 VC3）和高阶通道层之间的桥梁，也就是说是高阶通道（高阶 VC）拆分成低阶通道（低阶 VC），或低阶通道复用成高阶通道的中间过渡信息结构。C3、VC3 的帧结构如图 5-10 所示。

2）支路单元指针（TU-PTR）的作用是指示低阶 VC 的起点在支路单元 TU 中的具体位置。与 AU-PTR 很类似，AU-PTR 是指示 VC4 起点在 STM 帧中的具体位置，实际上二者的工作机理也很类似。可以将 TU 类比成一个小的 AU4，那么在装载低阶 VC 到 TU 中时也就要有一个定位的过程——加入 TU-PTR 的过程。装入 TU-PTR 后的 TU3 结构如图 5-11 所示。

3）TU3 的帧结构有点残缺，先将其缺口部分补上，成为 TUG3 信息结构，TUG3 的帧结构如图 5-12 所示。

图中 R 为塞入的伪随机信息，这时的信息结构为 TUG3（支路单元组）。

4）3 个 TUG3 通过字节间插复用方式，复合成 C4 信号结构。因为 TUG3 是 9 行×86 列的信息结构，所以 3 个 TUG3 通过字节间插复用方式复合的信息结构是 9 行×258 列的块状帧结构，而 C4 是 9 行×260 列的块状帧结构。于是在 3×TUG3 合成结构前面加两列塞入比特，使其成为 C4 的信息结构。C4 的帧结构如图 5-13 所示。

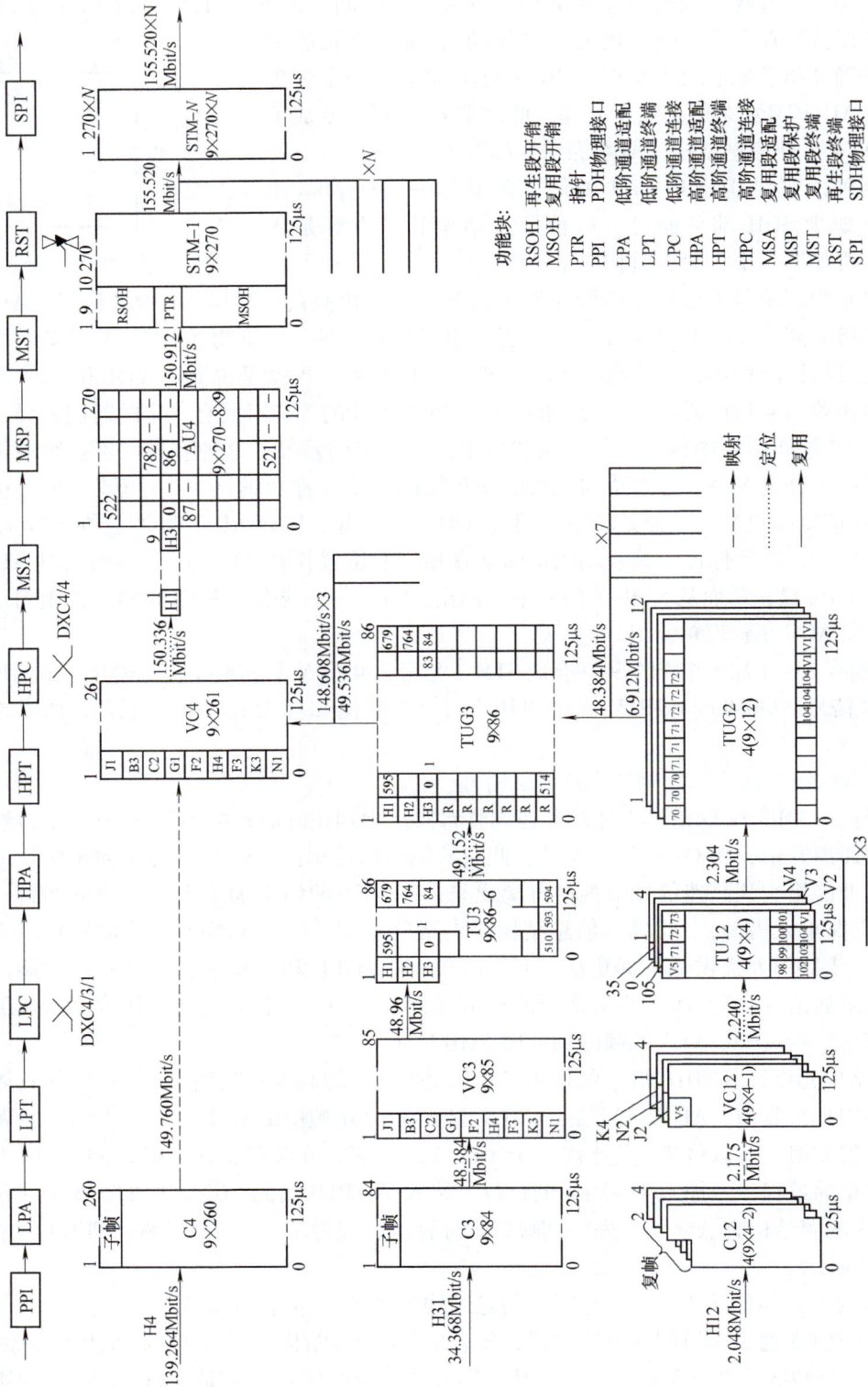

图 5-10　我国 SDH 复用结构示意图

功能块：

RSOH	再生段开销
MSOH	复用段开销
PTR	指针
PPI	PDH物理接口
LPA	低阶通道适配
LPT	低阶通道终端
LPC	低阶通道连接
HPA	高阶通道适配
HPT	高阶通道终端
HPC	高阶通道连接
MSA	复用段适配
MSP	复用段保护
MST	复用段终端
RST	再生段终端
SPI	SDH物理接口

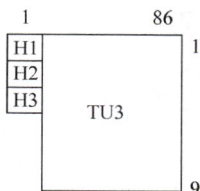

图 5-11　装入 TU-PTR 后的 TU3 结构　　　图 5-12　TUG3 的帧结构

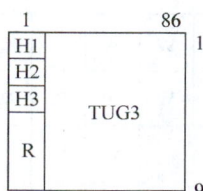

5）这时剩下的工作就是将 C4 复用进 STM-N 信号中去了，过程与前面讲的将 140Mbit/s 信号复用进 STM-N 信号的过程类似：C4→VC4→AU4→AUG→STM-N。

3. 2Mbit/s PDH 信号复用进 STM-N 信号

当前运用最多的复用方式是将 2Mbit/s 信号复用进 STM-N 信号中，它也是 PDH 信号复用进 STM-N 信号最复杂的一种复用方式。

图 5-13　C4 的帧结构

1）首先，将 2Mbit/s 的 PDH 信号经过码速适配装载到对应的标准容器 C12 中，为了便于速率的适配采用了复帧的概念，即将 4 个 C12 基帧组成一个复帧。C12 的基帧帧频也是 8000 帧/s，那么 C12 复帧的帧频就成了 2000 帧/s，如图 5-10 所示。

采用复帧纯粹是为了码速适配的方便。例如：若 E1 信号的速率是标准的 2.048Mbit/s，因为 C12 帧频是 8000 帧/s，PCM30/32［E1］信号也是 8000 帧/s，所以装入 C12 时正好是每个基帧装入 32 个字节（256bit）有效信息。但当 E1 信号的速率不是标准速率 2.048Mbit/s 时，那么装入每个 C12 的平均比特数就不是整数。E1 信号速率是 2.046Mbit/s 时，那么将此信息装入 C12 基帧时平均每帧装入的比特数是 $(2.046 \times 10^6 \text{bit/s})/(8000 \text{ 帧/s}) = 255.75 \text{bit}$ 有效信息，比特数不是整数，因此无法进行装入。若此时取 4 个基帧为一个复帧，那么正好一个复帧装入的比特数为 $(2.046 \times 10^6 \text{bit/s})/(2000 \text{ 帧/s}) = 1023 \text{bit}$，可在前 3 个基帧每帧装入 256bit（32 字节）有效信息，在第 4 帧装入 255bit 的有效信息，这样就可将此速率 E1 信号的信息完整适配进 C12 中去。那么 E1 信号是怎样进行码速适配（也就是怎样将其装入 C12）的呢？C12 基帧结构是 $9 \times 4 - 2$ 字节的带缺口的块状帧，4 个基帧组成一个复帧，C12 的复帧结构和字节安排如图 5-14 所示。

图 5-14 中，每格为一个字节（8bit），各字节的比特类别如下：

W = IIIIIIII　Y = RRRRRRRR　G = C1C2OOOORR　M = C1C2RRRRRS1　N = S2IIIIIII

I 为信息比特；R 为固定塞入比特；O 为开销比特。

C1 为负调整控制比特；S1 为负调整位置比特。C1 = 0，S1 = I；C1 = 1，S1 = R ∗。

C2 为正调整控制比特；S2 为正调整位置比特。C2 = 0，S2 = I；C2 = 1，S2 = R ∗。

R ∗ 表示调整比特，在接收端去调整时，应忽略调整比特的值，复帧周期为 $125\mu s \times 4 = 500\mu s$。

复帧中各字节的内容如图 5-14 所示，一个 C12 复帧共有 $4 \times (9 \times 4 - 2)$ 字节 = 136 字节 = 127W + 5Y + 2G + 1M + 1N = (1023I + S1 + S2) + 3C1 + 49R + 8O = 1088bit，其中负、正调整控制比特（C1、C2）分别控制负、正调整位置比特（S1、S2）。当 C1C1C1 = 000 时，S1 放有效信息比特（I），而 C1C1C1 = 111 时，S1 放固定塞入比特（R），C2 以同样的方式控制 S2。那么复帧可容纳有效信息负荷的运行速率范围是：

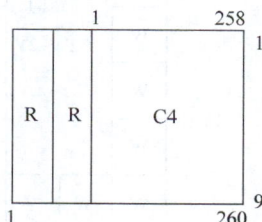

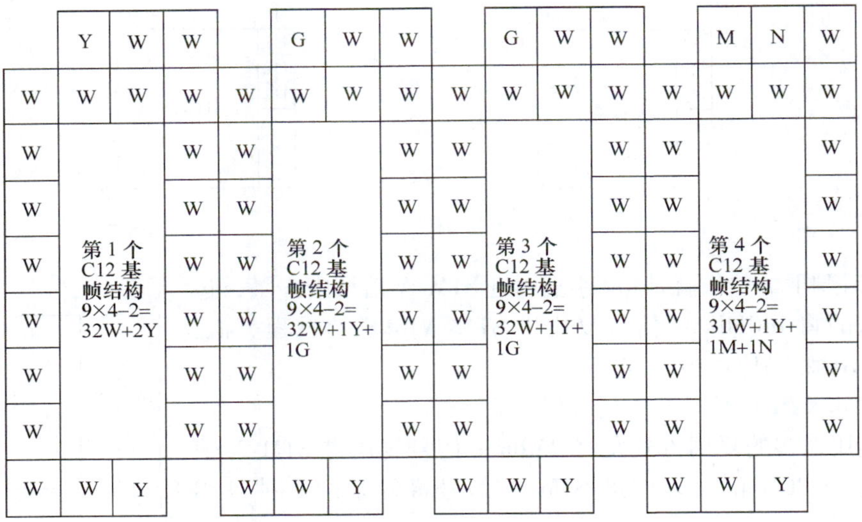

图 5-14　C12 的复帧结构和字节安排

C12 复帧 max = $[(1023 + 1 + 1) \times 2000]$ Mbit/s = 2.050Mbit/s

C12 复帧 min = $[(1023 + 1 + 1) \times 2000]$ Mbit/s = 2.046Mbit/s

也就是说当 E1 信号适配进 C12 时，只要 E1 信号的速率范围在 2.046 ~ 2.050Mbit/s 的范围内，就可以将其装载进标准的 C12 容器中，也就是说可以经过码速适配将其速率调整成标准的 C12 速率（2.176Mbit/s）。

2）为了在 SDH 传输网的传输中能实时监测任一个 2Mbit/s 通道信号的性能，需将 C12 再打包——加入相应的通道开销（低阶通道开销），使其成为 VC12 的信息结构。如图 5-10 所示，此处 LPOH（低阶通道开销）是加在每个基准左上角的缺口上的，一个复帧有一组低阶通道开销，共 4 个字节：V5、J2、N2、K4。因为 VC 可看成一个独立的实体，因此以后对 2Mbit/s 业务的调配是以 VC12 为单位的。

一组通道开销监测的是整个一个复帧在网络上传输的状态，一个 C12 复帧装载的是 4 帧 PCM30/32 的信号，因此，一组 LP-PTR 监控的是 4 帧 PCM30/32 信号的传输状态。

3）为了使接收端能正确定位 VC12 的帧，在 VC12 复帧的 4 个缺口上再加上 4 个字节的 TU-PTR，这时信号的信息结构就变成了 TU12（9 行×4 列）。TU-PTR 的作用是指示复帧中第一个 VC12 的起点在 TU12 复帧中的具体位置。

4）3 个 TU12 经过字节间插复用合成 TUG2，此时的帧结构是 9 行×12 列。

5）7 个 TUG2 经过字节间插复用合成 TUG3 的信息结构。7 个 TUG2 合成的信息结构是 9 行×84 列，为满足 TUG3 的信息结构（9 行×86 列），则需在 7 个 TUG2 合成的信息结构前加入两列固定塞入比特。TUG3 的信息结构如图 5-15 所示。

6）TUG3 信息结构再复用进 STM-N 信号中的步骤则与前面所讲的一样。

从 2Mbit/s 复用进 STM-N 信号的复用步骤可以看出 3 个 TU12 复用成一个 TUG2，7 个 TUG2 复用成一个 TUG3，3 个 TUG3 复用进一个 VC4，一个 VC4 复用进一个 STM-1，也就是说 2Mbit/s 的复用结构是 3-7-3 结构。由于复用的方式是字节间插方式，所以在一个 VC4 中的 63 个 VC12 的排列方式不是

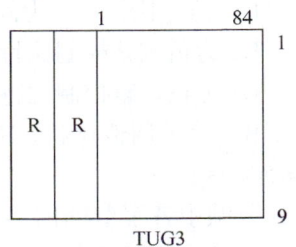

图 5-15　TUG3 的信息结构

顺序排列的。头一个 TU12 的序号和紧跟其后的 TU12 的序号相差 21。

同一个 VC4 中不同位置的 TU12 的序号可由下列公式算出：

TU12 序号 = TUG3 编号 +（TUG2 编号 − 1）× 3 +（TU12 编号 − 1）× 21。此处的编号是指
VC4 帧中的位置编号，TUG3 编号范围为 1 ~ 3，TUG2 编号范围为 1 ~ 7，TU12 编号范围为
1 ~ 3。TU12 序号是指该 TU12 经复用后在 VC4 帧中 63 个 TU12 的第几个 TU12。VC4 中的
TUG3、TUG2、TU12 的排放结构如图 5-16 所示。

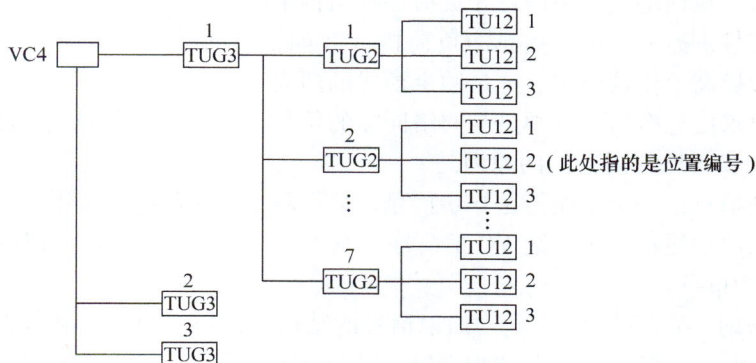

图 5-16　VC4 中 TUG3、TUG2、TU12 的排放结构

以上讲述的是中国所使用的 PDH 复用到 STM-N 帧中的方法和步骤。

5.2.3　映射、定位和复用的概念

在将低速支路信号复用成 STM-N 信号时，要经过 3 个步骤：映射、定位、复用。

1. 映射

映射是一种在 SDH 网络边界处（如 SDH/PDH 边界处）将支路信号适配进虚容器的过
程，如将各种速率（140Mbit/s、34Mbit/s、2Mbit/s）信号先经过码速调制，分别装入各自
相应的标准容器中，再加上相应的低阶或高阶通道开销，形成各自相应的虚容器的过程。映
射的实质是使各种业务信号和相应的虚容器同步。被映射的各种业务信号包括 PDH 中的各
种支路信号如 PDH 一次群 2.048Mbit/s、三次群 34.368Mbit/s、四次群 139.264Mbit/s，还有
ATM 信元、IP 信号等。

为了适应各种不同的网络应用情况，有异步、比特同步、字节同步 3 种映射方法与浮动
VC 和锁定 TU 两种模式。

按信息净负荷在高阶段虚容器中是浮动的还是锁定的，可分为浮动与锁定两大类模式；
按净负荷是否与网络同步，可分为异步映射与同步映射，其中同步映射又可分为比特同步映
射与字节同步映射等。总体来讲，映射共有 3 类 5 种方式，见表 5-3。

表 5-3　映射的种类

	浮 动 模 式	锁 定 模 式		浮 动 模 式	锁 定 模 式
异步方式	异步映射	—	比特同步	浮动的比特同步映射	锁定的比特同步映射
字节同步	浮动的字节同步映射	锁定的字节同步映射			

（1）浮动模式　浮动模式是指信息净负荷在帧内的位置是可以浮动的，其起点位置可
由指针来确定的一种工作方式。

由于采用了指针处理来容纳 VC 信息净负荷与 STM-N 帧的频差与相位差，所以无需使

用滑动缓存器就可以实现同步，且引入的信号延时较小（约 10μs）。

因此，浮动模式对被映射信号的速率没有什么限制，它可以是与网络同步的同步信号，也可以是与网络不同步的异步信号。这就是浮动模式既可以包括异步映射方式又可以包括同步映射方式（字节同步与比特同步）的原因。

（2）锁定模式　锁定模式是指信息净负荷必须与网络同步，且其位置固定，从而不需要指针的一种工作方式。

一方面，由于在锁定模式中信息净负荷在帧结构中的位置固定，所以可以直接从中提取或接入其支路信号；另一方面，信息净负荷指针（如果有的话）已经失去作用，可以用来传输负荷信息，提高了传输速率。这是锁定模式的两大特点。

锁定模式要求信息净负荷必须是与网络同步的信号，这就是锁定模式只能适用于同步映射方式（字节同步与比特同步）的原因。

锁定模式的缺点：一是不能传送异步信号，从而限制了它的应用范围；二是锁定模式需要使用 125μs 的滑动缓存器来容纳 VC 信息净负荷与 STM-N 帧的频差与相位差，引入信号延时较大（约 150μs）。

（3）异步映射　异步映射是一种对映射信号的结构无任何限制（信号有无帧结构均可），也无需与网络同步（如 PDH 信号与 SDH 网不完全同步），利用码速调制将信号适配进 VC 的映射方法。在映射时通过比特塞入将信号打包成与 SDH 网络同步的 VC 信息包；在解映射时去除这些塞入比特，恢复出原信号的速率，也就是恢复出原信号的定时。因此说低速信号在 SDH 网中传输有定时透明性，即在 SDH 边界处收发两端的此信号速率相一致（定时信号相一致）。

此种映射方法可从高速信号（STM-N）中直接分/插出一定速率级别的低速信号（2Mbit/s、34Mbit/s、140Mbit/s）。因为映射的最基本的不可分割单位是这些低速信号，所以分/插出来的低速信号的最低级别也就是相应的这些速率级别的低速信号。

（4）比特同步映射　比特同步映射是对支路信号的结构无任何限制，但要求低速支路信号与网络同步，从而无需通过码速适配即可将低速支路信号打包成相应的 VC 的映射方法。比特同步映射类似于将以比特为单位的低速信号（与网络同步）以比特间插方式复用进 VC 中，在 VC 中每个比特的位置是可预见的。

（5）字节同步映射　字节同步映射是一种要求映射信号具有以字节为单位的块状帧结构，并与网络同步，无需任何速率调整即可将信息字节装入 VC 内规定位置的映射方式。在这种情况下，信号的每一个字节在 VC 中的位置是可预见的（有规律性），也就相当于信号按字节间插方式复用进 VC 中，那么从 STM-N 信号中可直接下 VC。而在 VC 中由于各字节位置的可预见性，于是可直接提取出指定的字节。所以，此种映射方式就可以直接从 STM-N 信号中上/下 64kbit/s 或 64Nkbit/s 的低速支路信号。这是因为 VC 的帧频是 8000 帧/s，而一个字节为 8bit，若从每个 VC 中固定地提取 N 个字节的低速支路信号，那么该信号速率就是 64Nkbit/s。

综上所述，3 种映射方法和两类工作模式共可组合成 5 种映射方式，当前最通用的是异步映射浮动模式。异步映射浮动模式最适用于异步/准同步信号映射，包括将 PDH 通道映射进 SDH 通道的应用，能直接上/下低速 PDH 信号，但是不能直接上/下 PDH 信号中的 64kbit/s 信号。异步映射接口简单，引入映射延时少，可适应各种结构和特性的数字信号，是一种最通用的映射方式，也是 PDH 向 SDH 过渡期内必不可少的一种映射方式。当前各厂家的设备绝大多数采用的是异步映射浮动模式。

2. 定位

定位是指通过指针调整，使指针的值时刻指向低阶 VC 帧的起点在 TU 信息净负荷中或高阶 VC 帧的起点在 AU 信息净负荷中的具体位置，使接收端能据此正确地分离相应的 VC。

3. 复用

复用的概念比较简单，它是一种使多个低阶通道层的信号适配进高阶通道层（如 TU12（×3）→TUG2（×7）→TUG3→VC4）或把多个高阶通道层信号适配进复用层的过程（如 AU4（×1）→AUG2（×N）→STM-N）。复用也就是通过字节交错间插方式把 TU 组织进高阶 VC 或把 AU 组织进 STM-N 的过程。由于经过 TU 和 AU 指针处理后的各 VC 支路信号已相位同步，因此该复用过程是同步复用，复用原理与数据的串并交换相类似。

5.3 开销

开销的功能是实现对 SDH 信号提供层层细化的监控管理功能，开销可分为段开销、通道开销。段开销又分为再生段开销和复用段开销，通道开销分为高阶通道开销和低阶通道开销，由这些开销实现对 STM-N 信号层层细化的监控。例如：对 2.5G 系统的监控，再生段开销对整个 STM-16 信号进行监控，复用段开销则细化到对其中 16 个 STM-1 的任一个进行监控，高阶通道开销再将其细化成对每个 STM-1 中的 VC4 进行监控，低阶通道开销又将对VC4 的监控细化为对其中 63 个 VC12 的任一个 VC12 进行监控，由此实现了从 2.5Gbit/s 级别到2Mbit/s级别的多级监控。

所有这些监控功能都是由不同的开销字节来实现的。

5.3.1 段开销

STM-N 帧的段开销位于帧结构的（1~3）行×（1~9N）列和（5~9）行×（1~9N）列。下面以 STM-1 信号为例来讲述段开销各字节的用途。对于 STM-1 信号，段开销包括位于帧中的（1~3）行×（1~9）列的再生段开销（RSOH）和位于（5~9）行×（1~9）列的复用段开销（MSOH）。STM-N 帧的段开销字节示意图如图 5-17 所示。

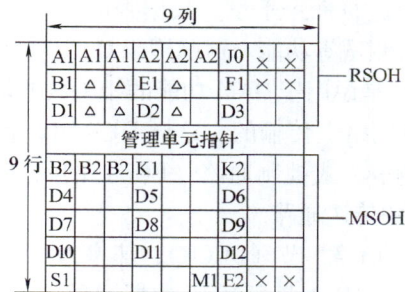

图 5-17 STM-N 帧的段开销字节示意图

注：△为与传输媒质有关的特征字节（暂用）。
　　×为国内使用保留字节。
　　⊠为不扰码字节。
　　所有未标记字节待将来国际标准确定（与媒质有关的应用，附加国内使用和其他用途）。

（1）A1 和 A2：定帧字节　定帧字节的作用有点类似于指针，起定位的作用。SDH 可从高速信号中直接分/插出低速支路信号，原因就是接收端能通过指针——AU-PTR 和 TU-

PTR 在高速信号中定位低速信号的位置。但这个过程的第一步是要定位每个 STM-N 帧的起始位置，然后再在各帧中定位相应的低速信号的位置，A1、A2 字节就是起到定位一个 STM-N 帧的作用，通过它，接收端可从信息流中定位、分离出 STM-N 帧，再通过指针定位到帧中的某一个低速信号。

接收端怎样通过 A1、A2 字节定位呢？A1、A2 有固定的值，也就是有固定的比特图案：A1 为 11110110（f6H），A2 为 00101000（28H）。接收端检测信号流中的各个字节，当发现连续出现 3N 个 f6H，又紧跟着出现 3N 个 28H 时（在 STM-N 帧中 A1 和 A2 字节各有 3 个），就断定现在开始收到一个 STM-N 帧，接收端通过定位每个 STM-N 帧的起点来区分不同的 STM-N 帧，以达到分离不同帧的目的，当 $N = 1$ 时，区分的是 STM-1 帧。

当连续 5 帧以上（625μs）收不到正确的 A1、A2 字节，即连续 5 帧以上无法判别帧头（区分出不同的帧）时，接收端则进入帧失步状态，产生帧失步告警（OOF）。若 OOF 持续了 3ms，则进入帧丢失状态，设备产生帧丢失告警（LOF），下插 AIS 信号，整个业务中断。在 LOF 状态下，若接收端连续 1ms 以上又处于定帧状态，那么设备回到正常状态。

STM-N 信号在线路上传输要经过扰码以便于接收端提取线路定时信号，但为了在接收端能正确定位帧头（A1、A2），又不能将 A1、A2 扰码。于是 STM-N 信号对段开销第一行的所有字节（不仅是 A1、A2 字节）不扰码，而进行透明传输。当收信正常时，再生器直接转发该字节；当收信故障时，再生器重新产生该字节。

（2）J0：再生段踪迹字节　该字节被用来重复地发送"段接入点标识符"，以便让接收端能据此确认与指定的发送端是否处于持续连接状态。在同一个运营商的网络内该字节可为任意字符，而在不同两个运营商的网络边界处要使设备收、发两端的 J0 字节相同（匹配）。通过 J0 字节可使运营商提前发现和解决故障，缩短网络恢复时间。

J0 字节还有一个用法，可将 STM-N 帧中每一个 STM-1 帧的 J0 字节定义为 STM 的标识符 C1，用来指示每个 STM-1 在 STM-N 中的位置，即指示该 STM-1 是 STM-N 中的第几个 STM-1（间插层数）和该 C1 在该 STM-1 帧中的第几列（复列数），可帮助 A1、A2 字节进行帧识别。J0 也不经扰码，进行透明传输。

（3）D1 ~ D12：数据通信通路（DCC）字节　SDH 的一大特点就是 OAM 功能的自动化程度很高，可通过网管终端对网元进行命令下发、数据查询，完成 PDH 所无法完成的业务实时调配、告警故障定位、性能在线测试等功能。这些用于 OAM 功能的数据信息是通过 STM-N 帧中的 D1 ~ D12 字节传送的。也就是说用于 OAM 功能的相关数据是放在 STM-N 帧中的 D1 ~ D12 字节处，由 STM-N 信号在 SDH 网络上传输的。这样 D1 ~ D12 字节提供了所有 SDH 网元都可接入的通用数据通信通路，作为嵌入式控制通路（ECC）的物理层，在网元之间传输 OAM 信息，构成 SDH 管理网（SMN）的传送通路。

其中，D1 ~ D3 为再生段数据通路字节（DCCR），速率为 3 × 64kbit/s = 192kbit/s，用于再生段终端之间传送 OAM 信息；D4 ~ D12 是复用段数据通路字节（DCCM），共 9 × 64kbit/s = 576kbit/s，用于复用段终端间传送 OAM 信息。DCC 通道速率总共 768 kbit/s，它为 SDH 网络管理提供了强大的通信基础。

（4）E1 和 E2：公务联络字节　E1 和 E2 分别提供一个 64kbit/s 公务联络语音通路，语音信息放在这两个字节中传输。E1 属于 RSOH，用于再生段的公务联络；E2 属于 MSOH，用于终端间直达公务联络。

（5）F1：使用者通路字节　该字节提供速率为 64kbit/s 的数据/语音通路，保留给使用者（通常指网络提供者）专用，主要为特定维护目的而提供临时公务联络通路。

（6）B1：比特间插奇偶检验 8 位码（BIP-8）　该字节用于再生段误码监测。为理解监测的机理，首先介绍 BIP-8 奇偶校验，BIP-8 奇偶校验示意图如图 5-18 所示。

若某信号帧由 4 个字节 A1 = 00110011、A2 = 11001100、A3 = 10101010、A4 = 00001111 组成，那么将这个帧进行 BIP-8 奇偶校验的方法是以 8bit（1 个字节）为一个校验单

BIP-8

A1	00110011
A2	11001100
A3	10101010
A4	00001111
B	01011010

图 5-18　BIP-8 奇偶校验示意图

位，将此帧分成 4 块（每一个字节为一块，因 1 个字节为 8bit，正好是一个校验单元），按图 5-18 方式摆放整齐。依次计算每一列中 1 的个数，若为奇数，则得数（B）的相应位填 1，否则填 0。也就是 B 的相应位的值使 A1A2A3A4 摆放的块的相应列的 1 的个数为偶数。这种校验方法就是 BIP-8 奇偶校验，实际上是偶校验，因为保证的是 1 的个数为偶。B 的值就是将 A1A2A3A4 进行 BIP-8 奇偶校验所得的结果。

B1 字节的工作机理是：发送端对本帧（第 N 帧）加扰后所有字节进行 BIP-8 偶校验，将结果放在下一个待扰帧（第 $N + 1$ 帧）中的 B1 字节；接收端将当前待解扰帧（第 N 帧）的所有比特进行 BIP-8 校验，所得的结果与下一帧（第 $N + 1$ 帧）的 B1 字节的值相异或比较，若这两个值不一致则异或后有"1"出现，根据出现多少个"1"，则可监测出第 N 帧在传输中出现了多少个误码块。

（7）B2：比特间插奇偶校验 $N \times 24$ 位码（BIP-$N \times 24$）　B2 字节的工作机理与 B1 字节类似，只不过它检测的是复用段的误码情况。B1 字节是对整个 STM-N 帧信号进行传输误码检测，一个 STM-N 帧中只有一个 B1 字节；而 B2 字节是对 STM-N 帧中的每一个 STM-1 帧的传输误码情况进行监测，STM-N 帧中有 $3N$ 个 B2 字节，每 3 个 B2 字节对应一个 STM-1 帧。

B2 字节的检测机理是：发送端 B2 字节对前一个待扰的 STM-1 帧中除了 RSOH（RSOH 包括在 B1 字节对整个 STM-N 帧的校验中了）的全部比特进行 BIP-24 校验，结果放于本帧待扰 STM-1 帧的 B2 字节位置。接收端对当前解扰后的 STM-1 帧（除 RSOH 外的全部比特）进行 BIP-24 校验，其结果与下一 STM-1 帧解扰后的 B2 字节相异或，根据异或后出现"1"的个数来判断该 STM-1 帧在 STM-N 帧中的传输过程中出现了多少个误码块。可检测出的最大误码块个数是 24 个。在发送端写完 B2 字节后，相应的 N 个 STM-1 帧按字节间插复用成 STM-N 信号后有 $3N$ 个 B2 字节，在接收端先将 STM-N 信号分间插成 $N \times$ STM-1 信号，再校验这 N 组 B2 字节。

（8）K1 和 K2（b1 ~ b5）：自动保护倒换（APS）通路字节　这两个字节用作传送自动保护倒换（APS）信令，用于保证设备能在故障时自动切换，使网络业务恢复（自愈），用于复用段保护倒换自愈情况。其中 K1 作为倒换请求字节，K2（b1 ~ b5）作为证实字节。

（9）K2（b6 ~ b8）：复用段远端错误指示（MS-RDI）字节　这是一个对告信息，由接收端（信宿）回送给发送端（信源），表示接收端检测到上游段故障或收到复用段告警指示信号（MS-AIS）。也就是说当接收端收信劣化时，回送给发送端 MS-RDI 信号，以使发送端知道接收端的状态。若收到解扰后 K2 字节的 b6 ~ b8 为"110"，则此信号为对端对告的 MS-RDI 信号；若收到解扰后 K2 字节的 b6 ~ b8 为"111"，则此信号为本端收到 MS-AIS，此时要向对端发 MS-RDI 信号，即在发往对端的信号帧 STM-N 的 K2（b6 ~ b8）中放入"110"比特图案。

（10）S1（b5 ~ b8）：同步状态字节　该字节表示同步状态信息，不同的比特图案表示 ITU-T 的不同时钟质量级别，设备能据此判定接收的时钟信号的质量，以此决定是否切换时

钟源，即切换到较高质量的时钟源上。S1（b5～b8）的值越小，表示相应的时钟质量级别越高。

（11）M1：复用段远端误块指示（MS-REI）字节　这是个对告信息，由接收端回发给发送端。M1字节用来传送接收端由BIP-$N\times24$（B2）字节所检出的误块数，以便发送端据此了解接收端的收信误码情况。

（12）△：与传输媒质有关的字节　△字节专用于具体传输媒质的特殊功能。例如用单根光纤做双向传输时，可用此字节来实现辨明信号方向的功能。

（13）×：国内保留使用的字节　暂时没有规定。

其他所有未做标记的字节的用途待由将来的国际标准确定。

以上介绍了STM-N帧中的段开销（RSOH、MSOH）的各字节的使用方法，正是通过这些字节，实现了STM-N信号的段层的OAM功能。

下面介绍N个STM-1帧通过字节间插复用成STM-N帧时，段开销的复用情况。

N个STM-1帧通过字节间插复用成STM-N帧时各STM-1帧的管理单元指针（AU-PTR）和信息净负荷（payload）的所有字节原封不动地按字节间插复用方式复用，而段开销的复用方式就有所区别。段开销的复用规则是N个STM-1帧以字节间插复用成STM-N帧时，只有段开销中的A1、A2、B2字节，指针和信息净负荷按字节间插复用成STM-N，各STM-1中的其他开销字节做终结处理，再重新插入STM-N相应的开销字节中。例如，4个STM-1帧复用后形成的STM-4帧的段开销结构如图5-19所示。

图5-19　STM-4帧的段开销结构

注：×为国内使用保留字节。

　　×为不扰码字节。

　　所有未标记字节待将来国际标准确定（与媒质有关的应用，附加国内使用和其他用途）。

　　Z0待将来国际标准确定。

在STM-N中只有一个B1字节，有$3N$个B2字节（因为B2为BIP-24检验的结果，故每个STM-1帧有3个B2字节，即$3\times8\text{bit}=24\text{bit}$）。STM-$N$帧中有D1～D12各一个字节；E1、E2各一个字节；一个M1字节；K1、K2各一个字节。

5.3.2　通道开销

段开销负责段层的OAM功能，而通道开销（POH）负责的是通道层的OAM功能。根据监测通道的"宽窄"，通道开销又分为高阶通道开销（HPOH）和低阶通道开销（LPOH）两种（所谓高阶是指高速的信号，低阶是指低速的信号）。VC3中的POH依34Mbit/s复用路线选取的不同，可划在高阶或低阶通道开销范畴，其字节结构和作用与VC4的通道开销相同，加之其使用较少，在此本书不进行专门讲述。本书中的高阶通道开销是指对 VC4 级别的通道进行监测，可对 140Mbit/s 在 STM-N 帧中的传输情况进行监测；低阶通道开销是完成 VC12 通道级别的 OAM 功能，也就是监测 2Mbit/s 在 STM-N 帧中的传输性能。

1. 高阶通道开销

高阶通道开销（HPOH）的位置在 VC4 帧中的第 1 列，共 9 个字节，依次为 J1、B3、C2、G1、F2、H4、F3、K3、N1。其中，J1、B3、C2、G1 与信息净负荷无关，主要用作端到端的通信；F2、H4、F3 与信息净负荷有关；K3 和 N1 主要用于管理。高阶通道开销的结构如图 5-20 所示。

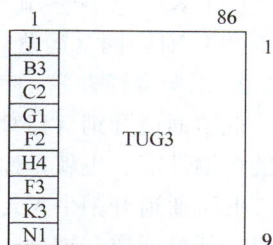

图 5-20　高阶通道开销的结构

下面介绍这些字节的功能。

（1）J1：通道踪迹字节　J1 是 VC4 的第一个字节（即起点），AU-PTR 指针指的是 VC4 的起点在 AU4 中的具体位置，即 VC4 的第一个字节的位置，以使收信端能据此 AU-PTR 的值，正确地在 AU4 中分离出 VC4。AU-PTR 所指向的正是 J1 字节的位置。

该字节的作用与 J0 字节类似，被用来重复发送高阶通道接入识别符，使通道接收端能据此确认与指定的发送端是否处于持续的连续状态。收发两端的 J1 字节应相匹配，否则在接收端设备会出现高阶通道踪迹字节失配（HP-TIM）告警。

（2）B3：通道 BIP-8 码　通道 BIP-8 码（B3 字节）负责监测 VC4 在 STM-N 帧中传输的误码性能，也就是监测 140Mbit/s 的信号在 STM-N 帧中传输的误码性能。监测机理与 B1、B2 字节相类似，只不过 B3 字节是对 VC4 帧进行 BIP-8 校验。

（3）C2：信号标记字节　C2 用来指示 VC 帧的复接结构和信息净负荷的性质，如通道是否已装载、所载业务种类和它们的映射方式。例如 C2 = 00H，表示未装载信号，这时要往这个 VC4 通道的信息净负荷 TUG3 中插全"1"码——TU-AIS，设备出现高阶通道未装载告警（HP-UNEQ）；C2 = 02H，表示 VC4 所装载的信息净负荷是按 TUG 结构的复用路线复用来的；C2 = 15H，表示 VC4 的信息净负荷是 FDDI（光纤分布式数据接口）。C2 字节的设置也要使收发两端相匹配，否则在接收端设备会出现高阶通道信号标记字节失配（HP-SLM）告警。

（4）G1：通道状态字节　G1 字节用来将通道终端状态和性能情况回送给 VC4 通道源设备，从而允许在通道的任一端或通道中任一点对整个双向通道的状态和性能进行监视。G1 字节实际上传送对告信息，即由接收端发往发送端信息，使发送端能据此了解接收端接收相应 VC4 通道信息的情况。

G1 字节中各比特安排如下：

b1～b4 回传给发送端由 B3 字节（BIP-8）检测出的 VC4 通道的误码块数，也就是 HP-REI。当接收端收到 AIS、误码超限、J1、C2 失配时，由 G1 字节的 b5 回送发送端一个 HP-RDI（高阶通道远程劣化指示），使发送端了解接收端接收相应 VC4 的状态，以便及时发现、定位故障。G1 字节的 b6～b8 暂时未使用。

（5）F2、F3：使用者通路字节　这两个字节为使用者提供与信息净负荷有关的通道单元之间的通信。

（6）H4：TU 位置指示字节　H4 字节指示有效负荷的复帧类别和信息净负荷的位置，如作为 TU12 复帧指示字节或 ATM 信息净负荷进入一个 VC4 时的信元边界指示器。

只有当 2Mbit/s PDH 信号复用进 VC4 时，H4 字节才有意义。因为 2Mbit/s 的信号装进 C12 时是以 4 个基帧组成一个复帧的形式装入的，那么在接收端为正确定位分离出 E1 信号就必须知道当前的基帧是复帧中的第几个基帧。H4 字节就是指示当前的 TU12（VC12 或 C12）是当前复帧中的第几个基帧，起着位置指示的作用。H4 字节的范围是 01H～04H，若在接收端收到的 H4 不在此范围内，则接收端会产生一个支路单元复帧丢失（TU-LOM）告警。

（7）K3：空闲字节　留待将来应用，要求接收端忽略该字节的值。

（8）N1：网络运营商字节　用于特定的管理目的。

2. 低阶通道开销

低阶通道开销（LPOH）这里指的 VC12 中的通道开销，当然它监控的是 VC12 通道级别的传输性能，也就是监控 2Mbit/s 的 PDH 信号在 STM-N 帧中传输的情况。

低阶通道开销由 V5、J2、N2 和 K4 字节组成。一个 VC12 的复帧结构由 4 个 VC12 基帧组成，低阶通道开销这 4 个字节就放在每个 VC12 基帧的第一个字节。低阶通道开销的结构如图 5-21 所示。

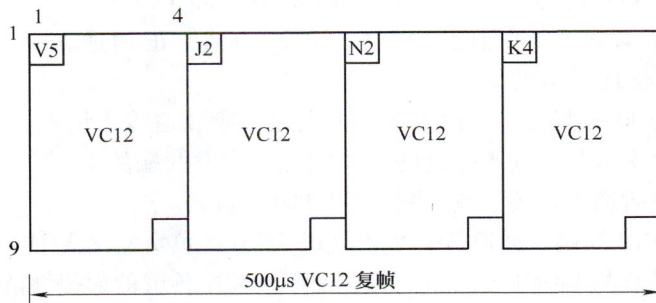

图 5-21　低阶通道开销结构图

这些字节的功能如下：

（1）V5：通道状态和信号标记字节　V5 字节是 VC12 复帧的第一个字节（即起点）。TU-PTR 指示的是 VC12 复帧的起点在 TU12 复帧中的具体位置，也就是 TU-PTR 指示的是 V5 字节在 TU12 复帧中的具体位置。

V5 字节具有误码校测、信号标记和 VC12 通道状态表示等功能，从这可看出 V5 具有高阶通道开销 G1 和 C2 两个字节的功能。V5 字节的结构如图 5-22 所示。

误码监测 （BIP-2）		远端误块指示 （REI）	远端故障指示 （RFI）	信号标记 （Signal Lable）			远端接收失控指标（RDI）
1	2	3	4	5	6	7	8
传送比特间插奇偶校验码 BIP-2：第一个比特的设置应使上一个 VC12 复帧内所有字节的全部比特的奇偶校验为偶数；第二个比特的设置应使全部偶数比特的奇偶校验为偶数		（曾称为 FEBE）BIP-2 检测到误码块就向 VC12 通道源发"1"，无误码则发"0"	有故障发"1"，无故障发"0"	表示信息净负荷装载情况和映射方式。3bit 共 8 个二进制： 000：未装备 VC 通道 001：已装备 VC 通道，但未规定有效负载 010：异步浮动映射 011：比特同步浮动 100：字节同步浮动 101：保留 110：0.181 测试信号 111：VC-AIS			（曾称为 FERF）接收失效则发"1"，成功则发"0"

图 5-22　V5 字节的结构

　　若接收端通过 BIP-2 检测到误码块，在本端由低阶通道背景误码块（LP-BBE）显示由 BIP-2 检测出的误码块数，同时由 V5 字节的 b3 回送给发送端低阶通道远程失效指示（LP-REI），这时可在发送端的性能事件 LP-REI 中显示相应的误码块数。V5 字节的 b8 是 VC12 通道远程失效指示，当接收端收到 TU-12 的 AIS 信号或信号失效条件时，回送给发送端一个低阶通道远程劣化指示（LP-RDI）。当劣化（失效）条件持续期过了传输系统保护机制设定的门限时，劣化转变为故障，这时发送端通过 V5 字节的 b4 回送给发送端低阶通道远端故障指示（LP-RFI），告之发送端此时接收端相应的 VC12 通道出现接收故障。

　　b5 ~ b7 提供信号标记功能，只要收到的值不是 0 就表示 VC12 通道已装载，即 VC12 货包不是空的。若 b5 ~ b7 为 000，表示 VC12 为空包，这时接收端设备出现低阶通道未装载（LP-UNEQ）告警，此时下插全 "0" 码（而不是全 "1" 码——AIS）。若收发两端 V5 字节的 b5 ~ b7 不匹配，则接收端出现低阶通道信息标记失配（LP-SLM）告警。

　　（2）J2：VC12 通道踪迹字节　J2 的作用类似于 J0、J1，它被用来重复发送内容由收发两端商定的低级通道接入识别符，使接收端能据此确认与发送端在此通道上处于持续接续状态。

　　（3）N2：网络运营商字节　用于特定的管理目的。

　　（4）K4：备用字节　留待将来应用。

5.4　指针

　　SDH 指针主要有以下作用：

　　1）当网络处于同步工作状态时，指针用来进行同步信号间的相位校准。

　　2）当网络失去同步时，指针用作频率和相位校准；当网络处于异步工作时，指针用作频率跟踪校准。

　　3）指针还可以用来容纳网络中的频率抖动和漂移。

　　简单地说，指针的作用就是定位，通过定位使接收端能正确地从 STM-N 中拆离出相应的 VC，进而通过拆 VC、C 的包封分离出 PDH 低速信号，也就是说实现从 STM-N 信号中直接下低速支路信号的功能。

　　何为定位？定位是一种将帧偏移信息收进支路单元或管理单元的过程，即通过附加在 VC 上的指针指示，确定低阶 VC 帧的起点在 TU 或 AU 的信息净负荷中的准确位置。在发生相对帧相位偏差使 VC 帧的起点 "浮动" 时，指针值也随之调整，从而始终保证指针值准确指示 VC 帧起点位置。指针有管理单元指针（AU-PTR）和支路单元指针（TU-PTR）两种。对于 VC4，AU-PTR 指的是 J1 字节的位置；对于 VC12，TU-PTR 指的是 V5 字节的位置。

5.4.1　管理单元指针

　　管理单元指针（AU-PTR）的位置在 STM-1 帧的第 4 行 1 ~ 9 列共 9 个字节，用以指示 VC4 的首字节 J1 在 AU4 信息净负荷的具体位置，以便接收端能据此正确分离 VC4，AU4 指针在 STM-N 帧中的位置如图 5-23 所示。

　　从图 5-23 中可看到，AU-PTR 由 H1、Y、Y、H2、F、F、H3、H3、H3 9 个字节组成，Y = 1001SS11，S 比特未规定具体的值，F = 11111111。指针的值放在 H1、H2 两字节中的最后 10 个比特（即 7 ~ 16bit），H3 为负调整位置字节。

　　频率调整是通过调整单位（3 个字节为一个调整单位）进行的，VC4 连续不停地装入信

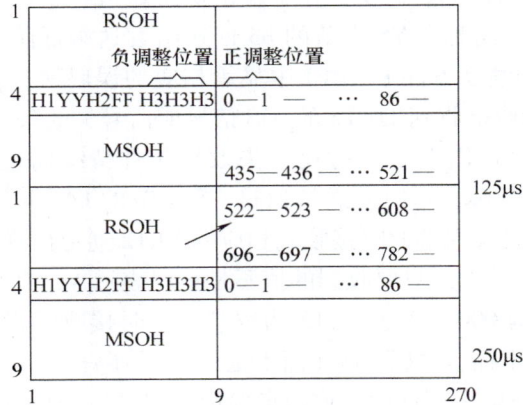

图 5-23　AU4 指针在 STM-N 帧中的位置

息净负荷区（AU4），是以一个字节一个字节来装载的，装载的时间是 125μs。

1）当 VC4 的速率（帧频）高于 AU4 的速率（帧频）时，也就是 AU4 的包封速率低于 VC4 的装载速率时，相当于装载一个 VC4 信息所用的时间少于 125μs，由于 125μs 时间还未到，VC4 的装载还要不停地进行，但 AU4 信息净负荷区已经装满了，无法再装下不断装入的信息。这时就将 3 个 H3 字节（一个调整单位）的位置用来存放信息，这 3 个 H3 字节就像临时增加的一个备份存放空间。因此，这时信息以 3 个字节为一个单位将位置都向前移了一位，以便在 AU4 中信息净负荷区装入更多的信息（一个 VC4 + 3 个字节），这时每个信息单位的位置（3 个字节为一个单位）都发生了变化。这种调整方式称为负调整，紧跟着 FF 两字节的 3 个 H3 字节所占的位置称为负调整位置。此时 3 个 H3 字节的位置上放的是 VC4 的有效信息，这种调整方式也就是将应装于下一 AU4 的 VC4 的头 3 个字节装于本 AU4 上了。

2）当 VC4 的速率低于 AU4 速率时，相当于在 125μs 时间内一个 VC4 无法装完，这时就要把这个 VC4 中的最后那个 3 字节调整单位，留待装入下一 VC4。这时由于 AU4 未装满 VC4（少一个 3 字节单位），于是信息净负荷区空出一个 3 字节单位。为防止由于信息净负荷区未装满而在传输中引起信息散乱，那么这时要在 AU-PTR 的 3 个 H3 字节后面再插入 3 个 H3 字节，此时 H3 字节中填充伪随机信息，这时 VC4 中的调整单位都要向后移一个单位，于是这些货物单位的位置也会发生相应的变化。这种调整方式称为正调整，相应的插入 3 个 H3 字节的位置称为正调整位置。当 VC4 的速率比 AU4 慢很多时，要在 AU4 净负荷区加入不止一个正调整位置。而负调整位置只有一个（3 个 H3 字节），负调整位置在AU-PTR 上，正调整位置在 AU4 信息净负荷区。

3）不管是正调整还是负调整都会使 VC4 在 AU4 的信息净负荷区中的位置发生改变，也就是说 VC4 第一个字节在 AU4 信息净负荷区中的位置发生了改变。这时 AU-PTR 也会做出相应的正、负调整。为了便于定位 VC4 中的各字节（实际上是各调整单位）在 AU4 信息净负荷中的位置，给每个调整单位赋予一个位置值，如图 5-23 所示。位置值是将紧跟 H3 字节的那个调整单位设为 0 位置，然后依次后推。这样，一个 AU4 信息净负荷区就有 261 × 9/3 = 783 个位置，而 AU-PTR 指的是下一帧 VC4 的 J1 字节所在 AU4 信息净负荷区中的某一个位置的值。显然，AU-PTR 的范围是 0 ~ 782，否则为无效指针值。当接收端连续 8 帧收到无效指针值时，设备产生 AU 指针丢失告警（AU-LOP），并往下插 AIS 告警信号（TU-AIS）。

正、负调整是按一次一个调整单位进行调整的，那指针也就随着正调整或负调整进行 + 1

（指针正调整）或 −1（指针负调整）操作。

4）当 VC4 与 AU4 无频差和相差时，也就是在 125μs 时间内刚好装载完 VC4（即速率匹配）时，AU-PTR 的值是 522，如图 5-23 中箭头所指处。

指针值由 H1、H2 的第 7～16 比特表示，这 10 个比特中奇数比特记为 I 比特，偶数比特记为 D 比特。以 5 个 I 比特和 5 个 D 比特中的全部或大多数发生反转来分别表示指针值将进行加 1 或减 1 操作，因此 I 比特又称为增加比特，D 比特称为减少比特。AU4 指针中的前 4 个比特（N 比特）为新数据标识（NDF），第 5、6 比特（S 比特）为 AU/TU 类别标识。对于 AU4 和 TU3，SS 的值为"10"。AU4 中 H1、H2 的 16 个比特实现指针调整控制的机理如图 5-24 所示。

N	N	N	N	S	S	I	D	I	D	I	D	I	D	I	D
新数据标识（NDF），表示所载净负荷容量有变化。净负荷无变化时，NNNN 正常为"0110"。 在净负荷有变化的那一帧，NNNN 反转为"1001"，此即 NDF。NDF 出现的那一帧指针值随之改变为 VC 新位置的新值称为新数据。若净负荷不再变化，下一帧 NDF 又返回到正常值"0110"并至少 3 帧内不做指针值增减操作				AU/TU 类别，对于 AU4 和 TU3，SS=10		10bit 指针值： AU4 指针值为 0～782，3 字节为一偏移单位 指针值指示了 VC4 帧的首字节 J1 与 AU4 指针中最后一个 H3 字节间的偏移量 指针调整原则： 1）在正常工作时，指针值确定了 VC4 在 AU4 帧内的起始位置。NDF 设置为"0110" 2）若 VC4 帧速率比 AU4 帧速率低，5 个 I 比特反转表示要做正帧频调整，该 VC 帧的起始点后移一个单位，下帧中的指针值是先前指针值加 1 3）若 VC4 帧速率比 AU4 帧速率高，5 个 D 特反转表示要做负帧频调整，负调整位置 H3 用 VC4 的实际信息数据重写，该 VC 帧的起始点前移一个单位，下帧中的指针值是先前指针值减 1 4）当 NDF 出现更新值"1001"，表示信息净负荷容量有变，指针值也要相应地增减，然后 NDF 回归正常值"0110" 5）指针值完成一次调整后，至少停 3 帧方可有新的调整 6）接收端对指针解码时，除仅对连续 3 次以上收到的前后一致的指针进行解读外，将忽略任何指针的变化										

图 5-24　AU4 中 H1、H2 的 16 个比特实现指针调整控制的机理

概括地说，指针调整规则如下：

1）在正常工作时，指针的值确定了 VC4 在下一 AU4 帧内的起始位置。NDF 设置为"0110"状态。

2）如果需要正调整，则送出的当前指针值中的 I 比特反转，其后的正调整字节用伪随机信息填充。随后的指针值是先前指针值加 1。如果先前的指针值处于最大值，则其后指针设置为 0，而且其后至少 3 帧内不允许进行任何指针增减操作。

3）如果需要负调整，则送出的当前指针值中的 D 比特反转，其后的负调整字节用实际信息填充，随后的指针值是先前指针值减 1。如果先前的指针值为 0，则其后指针设置为最大值，而且其后至少 3 帧内不允许进行任何指针增减操作。

4）当 NDF 出现更新值"1001"，表示信息净负荷容量有变，指针值也要做相应地增减，然后 NDF 回归正常值"0110"。同样，其后至少 3 帧内不允许进行任何指针增减操作。NDF 反转表示 AU4 的信息净负荷有变化，此时指针值会出现跃变，即指针增减的步长不为 1。若接收端连续 8 帧收到 NDF 反转，则此时设备出现 AU 指针丢失（AU-LOP）告警。

例 5-1　设前一帧 VC4 的第一个字节（J1）在编号为 3 的位置，若当前 AU4 帧速率 >

VC4 帧速率，则可写出至少 3 帧的指针值如下：

	N	N	N	N	S	S	I	D	I	D	I	D	I	D	I	D
第 0 帧	0	1	1	0	1	0	0	0	0	0	0	0	0	0	1	1
第 1 帧	0	1	1	0	1	0	1	0	1	0	1	0	1	0	0	1
第 2 帧	0	1	1	0	1	0	0	0	0	0	0	0	0	1	0	0
第 3 帧	0	1	1	0	1	0	0	0	0	0	0	0	0	1	0	0
第 4 帧	0	1	1	0	1	0	0	0	0	0	0	0	0	1	0	0
第 5 帧	可以进行下一次调整															

5.4.2 支路单元指针

支路单元指针（TU-PTR）用以指示 VC12 的首字节 V5 在 TU12 的信息净负荷中的具体位置，以便接收端能正确分离出 VC12。TU12 PTR 为 VC12 在 TU12 复帧内的定位提供了灵活动态的方法。TU12 PTR 位于 TU12 复帧的 V1、V2、V3、V4 处，由 V1、V2、V3 和 V4 4 个字节组成。V1 相当于 AU4 指针中的 H1，V2 相当于 AU4 指针中的 H2，V3 相当于 AU4 指针中的 H3，V4 为保留字节。TU-12 PTR 中的 V3 字节为负调整单位位置，其后的那个字节为正调整字节，指针值在 V1、V2 字节中的后 10 个比特，V1、V2 字节的 16 个比特的功能与 AU-PTR 的 H1、H2 字节的 16 个比特功能相同。TU-PTR 指针位置和偏移编号如图 5-25 所示。

70	71	72	73	105	106	107	108	0	1	2	3	35	36	37	38
74	75	76	77	109	110	111	112	4	5	6	7	39	40	41	42
78			81	113			116	8			11	43			46
82	第1个		85	117	第2个		120	12	第3个		15	47	第4个		50
86	C12基帧结构		89	121	C12基帧结构		124	16	C12基帧结构		19	51	C12基帧结构		54
90	9×4-2=		93	125	9×4-2=		128	20	9×4-2=		23	55	9×4-1=		58
94	32W+2Y		97	129	32W+1Y+1G		132	24	32W+1Y+1G		27	59	31W+1Y+1M+1N		62
98			101	133			136	28			31	63			66
102	103	104	V1	137	138	139	V2	32	33	34	V3	67	68	69	V4

图 5-25　TU-PTR 指针位置和偏移编号

在 TU12 的信息净负荷中，从紧邻 V2 的字节起，以 1 个字节为一个正调整单位，依次按其相对于最后一个 V2 的偏移量给予偏移编号，如"0""1"等，总共有 0~139 个偏移编号［VC12 共 4×(9×4-1)=140 个字节］。VC12 复帧的首字节 V5 位于某一偏移编号位置，该编号对应的二进制值即为 TU12 指针值。

TU-PTR 中的 V3 字节为负调整单位位置，其后的那个字节为正调整字节，V4 为保留字节。指针值在 V1、V2 字节的后 10 个比特，V1、V2 字节的后 16 个比特的功能与 AU-PTR 的 H1、H2 字节的 16 个比特功能相同。

TU-PTR 的调整单位为 1，可知指针值的范围为 0~139，若连续 8 帧接收端收到无效指针或 NDF，则接收端出现 YU-LOP（支路单元指针丢失）告警，并下插 AIS 告警信号。

在 VC12 和 TU12 无频差、相差时，V5 字节的位置值是 70，也就是说此时 TU-PTR 的值为 70。

TU-PTR 指针的频率调整、新数据标识、指针调整规则类似于 AU-PTR。

5.5　SDH 设备

5.5.1　SDH 网络的常见网元

SDH 传输是由不同类型的网元通过光缆线路的连接组成的，通过不同的网元完成 SDH 网络的传送功能：上/下业务、交叉连接业务、网络故障自愈等。下面介绍一下 SDH 网络中常见网元的特点和基本功能。

1. 终端复用器（TM）

TM 用在网络的终端站点上，如一条链的两个端点上。它是一个双端口器件，TM 模型如图 5-26 所示。

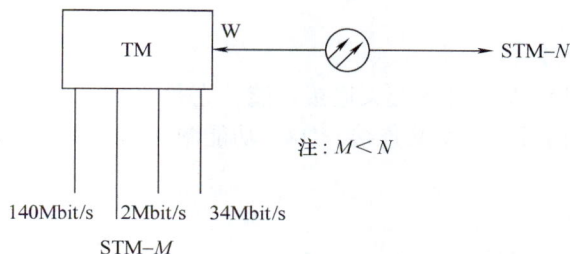

图 5-26　TM 模型

它的作用是将支路端口的低速信号复用到线路端口的高速信号 STM-N 中，或从 STM-N 的信号中分出低速支路信号。它的线路端口输入/输出一路 STM-N 信号，而支路端口却可以输入/输出多路低速支路信号。在将低速支路信号复用进 STM-N 帧上时，有一个交叉的功能，如可将支路的 2Mbit/s 信号复用到一个 STM-1 中的 63 个 VC12 的任一个位置上去。

2. 分/插复用器（ADM）

ADM 用于 SDH 传输网络的转接站点处，如链的中间结点或环上结点，是 SDH 网络上使用最多、最重要的一种网元，它是一个三端口的器件，ADM 模型如图 5-27 所示。

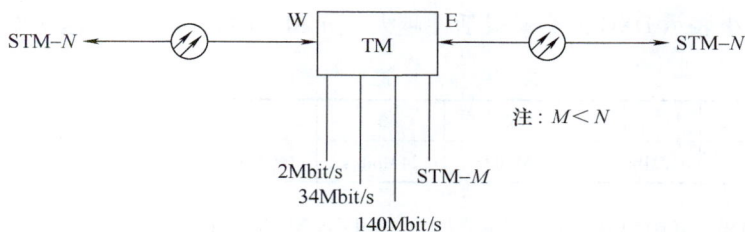

图 5-27　ADM 模型

ADM 有两个线路端口和一个支路端口。ADM 的作用是将低速支路信号交叉复用进东/西向线路上去，或从东/西向线路端口收取的线路信号中拆分出低速支路信号。另外，还可将东/西向线路侧的 STM-N 信号进行交叉连接，如将东向 STM-16 中的 3#STM-1 与西向 STM-16 中的 15#STM-1 相连接。

3. 再生中继器（REG）

光传输网的 REG 由有两种，一种是纯光的再生中继器，主要进行功率放大以延长传输的距离；另一种是用于脉冲再生整形的电再生中继器，主要通过光/电变换、电信号抽样、判决、再生整形、电/光变换，以达到不积累线路噪声，保证线路上传送信号波形的完好性。此处讲的是后一种再生中继器，REG 是双端口器件，只有两个线路端口。REG 模型如图 5-28 所示。

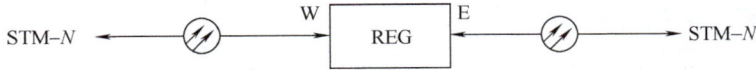

图 5-28　REG 模型

REG 与 ADM 相比仅少了支路端口，所以若 ADM 的支路不上/下话路时完全可以等效一个 REG。真正的 REG 只需处理 STM-N 帧中的 RSOH，且不需要交叉连接功能，而 ADM 和 TM 因为要将低速支路信号分/插到 STM-N 中，所以不仅要处理 RSOH，而且还要处理 MSOH；另外 ADM 和 TM 都具有交叉复用能力（有交叉连接功能），因此用 ADM 来等效 REG 有点大材小用了。

4. 数字交叉连接设备（DXC）

DXC 主要是完成 STM-N 信号的交叉连接功能，它是一个多端口器件，实际上相当于一个交叉矩阵，完成各个信号间的交叉连接，DXC 功能图如图 5-29 所示。

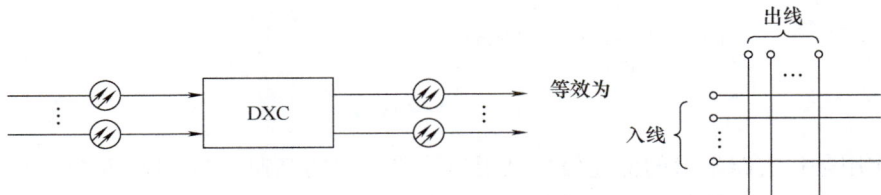

图 5-29　DXC 功能图

DXC 可将输入的 m 路 STM-N 信号交叉连接到输出的 n 路 STM-N 信号上，图 5-29 表示有 m 条入光纤和 n 条出光纤。DXC 的核心是交叉连接。功能强的 DXC 能完成高速信号（如 STM-16）在交叉矩阵内的低级别交叉（如 VC12 级别的交叉）。

通常用 DXCm/n 来表示一个 DXC 的类型和性能（$m \geq n$），m 表示可接入 DXC 的最高速率等级，n 表示在交叉矩阵中能够进行交叉连接的最低速率等级。m 越大表示 DXC 的承载容量越大；n 越小表示 DXC 的交叉灵活性越大。m 和 n 的数值对应的速率见表 5-4。

表 5-4　m、n 数值与速率对应表

m 或 n	0	1	2	3	4		5	6
速率	64kbit/s	2Mbit/s	8Mbit/s	34Mbit/s	140Mbit/s	155Mbit/s	622Mbit/s	2.5Gbit/s

小容量的 DXC 可由 ADM 来等效，例如华为公司的 Optix2500 + 2.5G 设备可等效为 6 × 6DXC5/1。

5.5.2　SDH 设备的逻辑功能块

为了使不同厂家的 SDH 产品实现横向兼容，这就必然会要求 SDH 设备的实现要按照标准的规范。ITU-T 采用功能参考模型的方法对 SDH 设备进行规范，它将设备所应完成的功能分解为各种基本的标准功能块，功能块的实现与设备的物理实现无关，不同的设备由这些基本的功能块灵活组合而成，以完成设备不同的功能。通过功能块的标准化来规划设备的标

准化，同时也可使规范具有普遍性，叙述清晰简单。

下面以一个 TM 的典型功能块的组成为例，来讲述各个级别功能块的作用。SDH 的逻辑功能构成如图 5-30 所示。

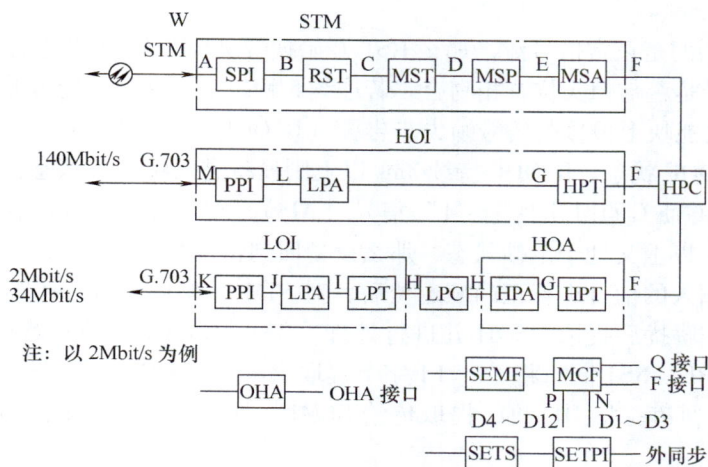

图 5-30　SDH 的逻辑功能构成

为了更好地理解图 5-30，对图中出现的功能块名称说明如下：

SPI：SDH 物理接口	RST：再生段终端	MST：复用段终端
MSP：复用段保护	MSA：复用段适配	PPI：PDH 物理接口
HPC：高阶通道连接	LPA：低阶通道适配	HPA：高阶通道适配
HOI：高阶接口	HPT：高阶通道终端	LPT：低阶通道终端
HOA：高阶组装器	LPC：低阶通道连接	MCF：消息通信功能
LOI：低阶接口	SEMF：同步设备管理功能	OHA：开销接入功能
SETS：同步设备时钟源	SETPI：同步设备定时物理接口	

图 5-30 所示 TM 功能块组成图的信号流程是线路上的 STM-N 信号从设备的 A 参考点进入设备依次经过 A-B-C-D-E-F-G-L-M 拆分成 140Mbit/s 的 PDH 信号；经过 A-B-C-D-E-F-G-H-I-J-K 拆分成 2Mbit/s 或 34Mbit/s 的 PDH 信号，将其定义为设备的收方向。相应的设备发送方向就是沿着这两条路径的反方向将 140Mbit/s 和 2Mbit/s、34Mbit/s 的 PDH 信号复用到线路上的 STM-N 信号帧中去。设备的这些功能是由各个基本功能块共同完成的。

1. SPI：SDH 物理接口功能块

SPI 是设备和光路的接口，主要完成光/电变换、电/光变换、提取线路定时以及相应告警的检测。

（1）信号流从 A 到 B——接收方向　实现光/电转换，同时提取线路定时信号并将其传给 SETS 锁相，锁定频率后由 SETS 再将定时信号传给其他功能块，以此作为它们工作的定时时钟。若 A 点的 STM-N 信号失效（无光或光功率过低、传输性能劣化），SPI 产生接收信号丢失（R-LOS）告警，并将 R-LOS 状态告知 SEMF。

（2）信号流从 B 到 A——发送方向　实现电/光转换，同时将定时信息附着在线路信号中。

2. RST：再生段终端功能块

RST 是 RSOH 的源和宿，也就是说 RST 功能块在构成 SDH 帧信号的过程中产生 RSOH

（发送方向），并在相反方向（接收方向）处理（终结）RSOH。

（1）信号流从 B 到 C——接收方向　STM-N 的电信号及定时信号或 R-LOS 告警信号（如果有的话）由 B 点送至 RST，若 RST 收到的是 R-LOS 告警信号，即在 C 点处插入全"1"信号（AIS）。

若在 B 点收到的是正常信号流，那么 RST 开始搜寻 A1 和 A2 字节进行定帧，帧定位就是不断检测帧信号是否与帧头位置相吻合。若连续 5 帧以上无法正确定位帧头，设备进入帧失步状态，RST 功能块上报接收信号帧失步告警（R-OOF）。在帧失步时，若连续两帧正确定帧，则退出 R-OOF 状态。R-OOF 持续 3ms 以上则设备进入帧丢失状态，RST 上报帧丢失（R-LOF）告警，并使 C 点处出现全"1"信号（AIS），整个业务中断。在 R-LOF 状态下，若接收端连续 1ms 以上又处于定帧状态，那么设备回到正常状态。

RST 对 B 点输入的信号进行正确帧定位后，对 STM-N 帧中除 RSOH 第一行字节外的所有字节进行解扰，解扰后提取 RSOH 并进行处理。RST 校验 B1 字节，若检测出有误码块，则本端产生 RS-BBE；RST 同时将 E1、F1 字节提取出，传给 OHA 处理公务联络电话、提供 64kbit/s 的使用者通道；将 D1～D3 提取传给 SEMF，处理 D1～D3 上的再生段 OAM 命令信息。

（2）信号流从 C 到 B——发送方向　RST 写 RSOH，计算 B1 字节，并对除 RSOH 第一行字节外地的所有字节进行扰码。

设备在 A 点、B 点、C 点处的信号帧结构如图 5-31 所示。

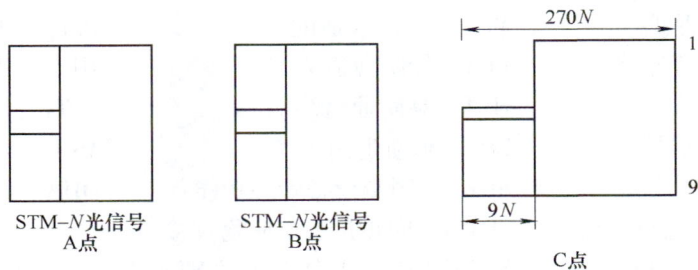

图 5-31　A 点、B 点、C 点处的信号帧结构

3. MST：复用段终端功能块

MST 是 MSOH 的源和宿，在接收方向处理（终结）MSOH，在发送方向产生 MSOH。

（1）信号流从 C 到 D——接收方向　MST 提取 K1、K2 字节的 APS 协议送至 SEMF，以便 SEMF 在适当的时候（如故障时）进行复用端倒换。

若 C 点收到的 K2 字节的 b6～b8 比特连续 3 帧为"111"，则表示从 C 点输入的信号为全"1"信号，MST 产生复用段告警指示（MS-AIS）。

若在 C 点的信号中 K2 字节为"110"，则判断为这是对端设备回送回来的对告信号——复用端远端失效指示（MS-RDI），表示对端设备在接收信号时，出现 MS-AIS、B2 误码过多等劣化告警。

MST 校验 B2 字节，检测复用段信号的传输误码块，若检测出误码块，则本端设备在 MS-BBE 性能事件中显示误码块数，向对端发送远端误码块指示信息（MS-REI），由 M1 字节向对端回告接收的误码块数。

若检测到 MS-AIS 或 B2 字节检测的误码块数超越门限 [此时 MST 上报一个 B2 字节误块越限告警（MS-EXC）]，则在 D 点处使信号出现全"1"，并通过置 K2 字节的 b6～b8 比特为"110"，向对端发复用端远端失效指示（MS-RDI）。

另外，MST 将同步状态信息 S_1（b5 ~ b8）恢复，将所得的同步质量等级信息传给 SEMF。同时，MST 将 D4 ~ D12 字节提取并传给 SEMF，供其处理复用段 OAM 信息；将 E2 提取出来传给 OHA，供其处理复用段公务联络信息。

（2）信号流从 D 到 C——发送方向　MST 将 MSOH 从 OHA 来的 E2，从 SEMF 来的D4 ~ D12，从 MSP 来的 K1、K2 写入相应 B2 字节，并写入 S_1 字节、M1 字节等。若 MST 在接收方向检测到 MS-AIS 或 MS-EXC，那么在发送方向上将 K2 字节的 b6 ~ b8 比特置为"110"。D 点处的信号帧结构如图 5-32 所示。

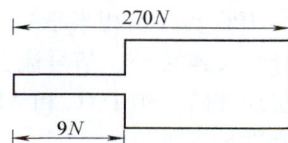

图 5-32　D 点处的
信号帧结构

4. MSP：复用段保护功能块

MSP 用于在复用段内保护 STM-N 信号，防止随路故障，它通过对 STM-N 信号的监测、系统状态评价，将故障信道的信号切换到保护信道上去（复用段倒换），ITU-T 规定保护倒换的时间控制在 50ms 以内。

复用端倒换的故障条件是 R-LOS、R-LOF、MS-AIS 和 MS-EXC，要进行复用段保护倒换，设备必须要有冗余（备用）的信道。例如，端到端的 TM 复用段保护如图 5-33 所示。

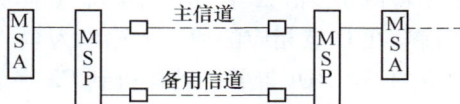

图 5-33　端到端的 TM 复用段保护

（1）信号流从 D 到 E——接收方向　MSP 收到 MST 传来的 MS-AIS 或 SEMF 发来的倒换命令，将进行信息的主/备用倒换，正常情况下信号流从 D 点透明地传送到 E 点。

（2）信号流从 E 到 D——发送方向　E 点的信号流透明地传送至 D，E 点处信号波形同 D 点。

5. MSA：复用段适配功能块

MSA 的功能是处理和产生 AU-PTR，以及组合/分解整个 STM-N 帧，即将 AUG 组合/分解为 VC4。

（1）信号流从 E 到 F——接收方向　首先，MSA 对 AUG 进行消间插，将 AUG 分成 N 个 AU4 结构，然后处理这 N 个 AU4 的指针，若 AU-PTR 的值连续 8 帧为无效指针值或 AU-PTR 连续 8 帧为 NDF，此时 MSA 上相应的 AU4 产生 AU-LOP 告警，并使信号在 F 点的相应的通道上（VC4）输出全"1"信号。若 MSA 连续 3 帧检测出 H1、H2、H3 字节全为"1"，则认为 E 点输入的全"1"信号，此时 MSA 使信号在 F 点上的相应的 VC4 上输出全"1"，并产生相应 AU4 的 AU-AIS 告警。

（2）信号流从 F 到 E——发送方向　F 点的信号经 MSA 定位和加入标准的 AU-PTR 成为 AU4，N 个 AU4 经过字节间插复用成 AUG，传送至 E 点。F 点的信号帧结构如图 5-34 所示。

6. TTF：传送终端功能块

前面讲过多个基本功能块经过灵活组合，可形成复合功能块，以完成一些较复杂的工作。

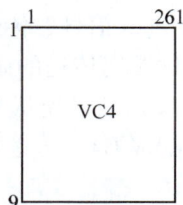

图 5-34　F 点的信号帧结构

SPI、RST、MST、MSP、MSA 一起构成了复合功能块 TTF，它的

作用是在接收方向对 STM-N 光线路进行光/电变换，处理 RSOH、MSOH，对复用段信号进行保护，处理指针 AU-PTR，最后输出 N 个 VC4 信号；发送方向与此过程相反，进入 TTF 的是 VC4 信号，从 TTF 输出的是 STM-N 光信号。

7. HPC：高阶通道连接功能块

HPC 实际上相当于一个交叉矩阵，它完成对高阶通道 VC4 进行交叉连接的功能，除了信号交叉连接外，信号流在 HPC 中是透明传输的（所以 HPC 的两端都用 F 点表示）。HPC 是实现高阶通道 DXC 和 ADM 的关键，其交叉连接功能仅指选择或改变 VC4 的路由，不对信号进行处理。

8. HPT：高阶通道终端功能块

从 HPC 中出来的信号分成了两种路由：一种进入 HOI 复合功能块，输出 140Mbit/s 的 PDH 信号；一种进入 HOA 复合功能块，再经 LOI 复合功能块最终输出 2Mbit/s 的 PDH 信号。不过不管走哪一种路由，都要先经过 HPT 功能块，两种路由 HPT 的功能是一样的。

HPT 是高阶通道开销（HPOH）的源和宿，形成和终结高阶虚容器。

（1）信号流从 F 到 G——接收方向　终结 POH，检验 B3 字节，若有误码块，则在本端性能事件中 HP-BBE 显示检出的误码块数，同时在回送给对方的信号中，将 G1 字节的 b1 ~ b4 比特设置为检测的误块数，以便发送端在性能事件 HP-REI 中显示相应的误码块数。

HPT 检测 J1 和 C2 字节，若失配（应收和所收的不一致）则产生 HP-TIM、HP-SLM 告警，使信号在 G 点相应的通道上输出为全"1"，同时通过 G1 字节的 b5 往发送端回传一个相应通道的 HP-RDI 告警。若检查到 C2 字节的内容连续 5 帧为"00000000"，则判断该 VC4 通道未装载，于是使信号在 G 点相应的通道上输出全为"1"，HPT 在相应的 VC4 通道上产生 HP-UNEQ 告警。

H4 字节的内容包含有复帧位置指示信息，HPT 将其传给 HOA 复合功能块的 HPA 功能块（因为 H4 的复帧位置指示信息仅对 2Mbit/s 有用，对 140Mbit/s 信号无用）。

（2）信号流从 G 到 F——发送方向　HPT 写入 POH，计算 B3 字节，由 SEMF 传送相应的 J1 和 C2 给 HPT，写入 POH 中。

G 点的信号结构实际上是 C4 信号帧，这个 C4 信号一种情况是由 140Mbit/s 信号适配成的；另一种情况是由 2Mbit/s 信号经 C12→VC12→TU12→TUG2→TUG3→C4 这种顺序复用而来的。

若是由 140Mbit/s 的 PDH 信号适配成 C4，G 点的信号结构如图 5-35所示，则 HPT 的下一步进入 LPA 功能。

9. LPA：低阶通道适配功能块

LPA 的作用是通过映射将 PDH 信号适配进 C，或把 C 信号映射成 PDH 信号，此处的 PDH 信号是指 140Mbit/s 信号。

（1）信号流从 G 到 L——接收方向　LAP 将 G 点的 C4 映射成 140Mbit/s 信号，传送至 L 点。140Mbit/s 信号码型为设备内部码，不满足远距离传送的条件。

（2）信号流从 L 到 G——发送方向　LAP 将 L 点的 140Mbit/s 信号适配成 C4，传送至 G 点。

图 5-35　G 点的信号结构

10. PPI：PDH 物理接口功能块

PPI 是 PDH 设备和携带支路信号的物理传输媒介的接口，主要功能是进行码型变换和支路定时信号的提取。

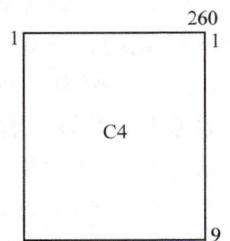

（1）信号流从 L 到 M——接收方向　将 L 点的设备内部码转换成便于传输的 PDH 线路码型，如 HDB3（2Mbit/s、34Mbit/s）、CMI（14Mbit/s），传送至 M 点。

（2）信号流从 M 到 L——发送方向　将在 M 点接收到的 PDH 线路码转换成便于设备处理的 NRZ 码，传送至 L 点，同时提取支路信号的时钟将其传送给 SETS 锁相，锁相后的时钟由 SETS 送给各功能块作为它们的工作时钟。

当 PPI 检测到无输入信号时，会产生支路信号丢失告警 T-ALOS（2Mbit/s）或 EXLOS（34Mbit/s、140Mbit/s），表示设备支路输入信号丢失。

11. HOI：高阶接口功能块

此复合功能块由 HPT、LPA、PPI 3 个基本功能块组成。完成的功能是将 140Mbit/s 的 PDH 信号映射成 VC4 或将 VC4 去映射成 140Mbit/s 信号。

若是由 2Mbit/s 的 PDH 信号适配成 C4，则 HPT 的下一步进入 HPA 功能块。

12. HPA：高阶通道适配功能块

G 点处的信号实际上是由 TUG3 通过字节间插而成的 C4 信号，而 TUG3 又是由 TUG2 通过字节间插复合而成的，TUG2 又是由 TUG12 复合而成，TUG12 是由 VC12 加上 TU-PTR 组成的。

HPA 的作用有点类似 MSA，只不过它进行的是通道级的处理和产生 TU-PTR，将 C4 这种信息结构拆/分成 63 个 TU12（对 2Mbit/s 的信号而言）。

（1）信号流从 G 到 H——接收方向　首先将 C4 进行消间插，成为 63 个 TU12，然后处理 TU-PTR，进行 VC12 在 TU12 中的定位、分离，从 H 点流出的信号是 63 个 VC12 信号。

HPA 若连续 3 帧检测到 V1、V2、V3 全为"1"，则判定为相应通道的 TU-AIS 告警，在 H 点使相应 VC12 通道信号输出全为"1"。若 HPA 连续 8 帧检测到 TU-PTR 为无效指针或 NDF 反转，则 HPA 产生相应通道的 TU-LOP 告警，并在 H 点使相应 VC12 通道信号输出全为"1"。

HPA 根据从 HPT 接收到的 H4 字节做复帧指示，将 H4 的值与复帧序列中单帧的预期值相比较，若连续几帧不吻合，则上报支路单元复帧丢失（TU-LOM）告警。若 H4 字节的值为无效值，即在 01H ~ 04H 之外，则也会出现 TU-LOM 告警。

（2）信号流从 H 到 G——发送方向　HPA 先对输入的 VC12 进行标准定位，即加上 TU-PTR，然后将 63 个 TU12 通过字节间插复用：TUG2→TUG3→C4。H 点处的信号帧结构如图 5-36 所示。

13. HOA：高阶组装器

HOA 的作用是将 2Mbit/s 和 34Mbit/s 的 PDH 信号通过映射、定位、复用，装入 C4 帧中，或从 C4 中拆分出 2Mbit/s 和 34Mbit/s 的信号。

14. LPC：低阶通道连接功能块

与 HPC 类似，LPC 也是一个交叉矩阵，不过它是完成对低阶 VC（VC12/VC3）进行交叉连接的功能，可实现低阶 VC 之间灵活的分配和连接。一个设备若要具备全级别交叉能力，就一定要包括 HPC 和 LPC。例如，DXC4/1 能完成 VC4 和 VC12、VC3 级别的交叉连接，就必须要包括 HPC 功能块和 LPC 功能块。信号流在 LPC 功能块处也是透明传输的，所以 LPC 两端参考点都为 H。

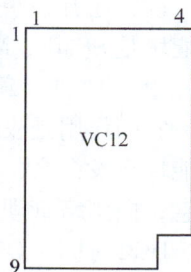

图 5-36　H 点处的信号帧结构

15. LPT：低阶通道终端功能块

LPT 是 LPOH 的源和宿，对 VC12 而言就是处理和产生 V5、J2、N2、K4 4 个 POH 字节。

（1）信号流从 H 到 I——接收方向　LPT 处理 LPOH，通过 V5 字节的 b1 ~ b2 进行 BIP-2

的检测，若检测出 VC12 的误码块，则在本端性能事件 LP-BBE 中显示误码块数，同时通过 V5 的 b3 回告对端设备，并在对端设备的性能事件 LP-REI 中显示相应的误码块数。

检测 J2 和 V5 的 b5 ~ b7，若失配（应收和所收的不一致），则在本端产生低阶通道追踪字节失配（LP-TIM）、低阶通道信号标识失配（LP-SLM），此时 LPT 使 I 点相应通道的信号输出为全"1"，同时通过 V5 的 b8 回送给对端一个低阶通道远端失效（LPT-RDI）告警，使对端了解本接收端相应的 VC12 通道信号出现恶化。若连续 5 帧检测到 V5 的 b5 ~ b7 为"000"，则判定为相应通道未装载，本端相应通道出现低阶通道未装载（LP-UNEQ）告警。

I 点处的信号实际上已成为 C12 信号。I 点处的信号帧结构如图 5-37 所示。

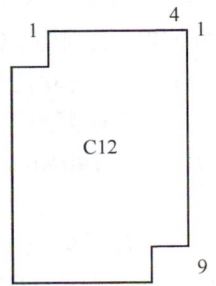

图 5-37　I 点处的信号帧结构

（2）信号流从 I 到 H——发送方向　LPT 写入 V5、J2、N2、K4 4 个 POH 字节，将 I 点的 C12 信号映射成 H 点的 VC12 信号。

16. LPA：低阶通道适配功能块

低阶通道适配功能块的作用和前面所讲的一样，就是将 PDH 信号（2Mbit/s）适配进 C12 或做反变换处理将 C12 拆包成 2Mbit/s 信号。此时，J 点的信号实际上已是 PDH 的 2Mbit/s 信号。

17. PPI：物理接口功能块

与前面所讲的一样，PPI 主要实现码型变换的接口功能，以及提取支路定时供系统使用的功能。

18. LOI：低阶接口功能块

LOI 主要完成将 VC12 信号拆包成 PDH 的 2Mbit/s 信号，或将 PDH 的 2Mbit/s 信号打包成 VC12 信号，同时实现设备和线路的接口功能（码型变换）及映射和去映射功能。

设备组成的基本功能块主要就是这些，通过对它们的灵活组合，可构成不同的设备，如 REG、TM、ADM 和 DXC，并完成相应的功能。

设备还有一些辅助功能块，它们协同基本功能块一起完成设备所要求的功能，这些辅助功能块是 SEMF、MCF、OHA、SETS、SETPI。

19. SEMF：同步设备管理功能块

它的作用是收集其他功能块的状态信息，进行相应的管理操作，这就包括了本站向各个功能块下发命令，收集各功能块的告警、性能事件，通过 DCC 通道向其他的网元传送 OAM 信息，向网络管理终端上报设备告警、性能数据以及响应网管终端下发的命令。

DCC（D1 ~ D12）通道的 OAM 内容是由 SEMF 决定的，并通过 MCF 在 RST 和 MST 中写入相应的字节，或通过 MCF 在 RST 和 MST 提取 D1 ~ D12 字节，传送给 SEMF 处理。

20. MCF：消息通信功能块

MCF 功能块实际上是 SEMF 与其他功能块和网管终端的一个通信接口，通过 MCF，SEMF 可以和网管进行消息通信（F 接口、Q 接口），以及通过 N 接口和 P 接口分别与 RST 和 MST 上 DCC 通道交换 OAM 信息，实现网元和网元间的 OAM 信息的互通。

MCF 上的 N 接口传送 D1 ~ D3 字节，P 接口传送 D4 ~ D12 字节，F 接口和 Q 接口都是与网管终端的接口，通过它们可使网管能对本设备乃至整个网络的网元进行统一管理。

21. SETS：同步设备时钟源功能块

数字网都需要一个定时时钟以保证网络的同步，使设备能正常运行，而 SETS 的作用就是提供 SDH 网元乃至 SDH 系统的定时时钟信号。

SETS 时钟信号的来源有 4 个：由 SPI 从 STM-N 信号中提取的时钟信号；由 PPI 从 PDH 支路信号中提取的时钟信号；由 SETPI 提取的外部时钟源，如 2MHz 方波信号或 2Mbit/s 信号，当这些时钟信号源都劣化后，为保证设备的定时，则由 SETS 的内置振荡器产生时钟。

SETS 对这些时钟进行锁相后，选择其中一路高质量时钟信号，传给设备中除 SPI 和 PPI 外的所有功能块使用。同时，SETS 通过 SETPI 功能块向外提供 2Mbit/s 和 2MHz 的时钟信号，可供其他设备（如交换机、SDH 网元等）作为外部时钟源使用。

22. SETPI：同步设备定时物理接口

用作 SETS 与外部时钟的接口，SETS 通过它接收外部时钟信号或提供外部时钟信号。

23. OHA：开销接入功能块

OHA 的作用是从 RST 和 MST 中提取或写入相应 E1、E2、F1 公务联络字节，进行相应的处理。

以上介绍了组成 SDH 设备的基本功能块，以及这些功能块所监测的告警性能事件及其监测机理。深入了解各个功能块上监测的告警、性能事件，以及这些事件的产生机理，是今后在维护设备时能正确分析、定位故障的关键所在。

现将 SDH 设备功能块产生的主要告警维护信号以及有关的开销字节（括号内）综合如下，以便能找出其内在的联系。

SPI：LOS

RST：LOF（A1、A2），OOF（A1、A2），RS-BBE（B1）

MST：MS-AIS（K2［b6～b8］），MS-RDI（［b6～b8］），
　　　MS-REI（M1），MS-BBE（B2），MS-EXC（B2）

MSA：AU-AIS（H1、H2、H3），AU-LOP（H1、H2）

HPT：HP-RDI（G1［b5］），HP-REI（G1［b1～b4］），HP-TIM（J1），
　　　HP-SLM（C2），HP-UNEQ（C2），HP-BBE（B3）

HPA：TU-AIS（V1、V2、V3），TU-LOP（V1、V2），TU-LOM（H4）

LPT：LP-RDI（V5［b8］），LP-REI（V5［b3］），LP-TIM（J2），
　　　LP-SLM（V5［b5～b7］），LP-UNEQ（V5［b5～b7］），LP-BBE（V5［b1～b2］）

ITU-T 建议规定了各告警维护信号的含义：

LOS：信号丢失，输入无光功率、光功率过低、光功率过高，使 BRE 劣于 10^{-3}。

OOF：帧失步，搜索不到 A1、A2 字节时间超过 625μs。

LOF：帧丢失，OOF 持续 3ms 以上。

RS-BBE：再生段背景误码块，B1 字节校验到再生段——STM-N 的误码块。

MS-AIS：复用段告警指示信号，K2（b6～b8）＝111 超过 3 帧。

MS-RDI：复用段远端劣化指示，对端检测到 MS-AIS、MS-EXC，由 K2（b6～b8）字节回发过来。

MS-REI：复用段远端误码指示，由对端通过 M1 字节回发由 B2 字节检测出的复用段误码块数。

MS-BBE：复用段背景误码块，由 B2 字节检测。

MS-EXC：复用段误码过量，由 B2 字节检测。

AU-AIS：管理单元告警指示信号，整个 AU 为全"1"（包括 AU-PTR）。

AU-LOP：管理单元指针丢失，连续 8 帧收到无效指针或 NDF。

HP-RDI：高阶通道远端劣化指示，收到 HP-TIM、HP-SLM。

HP-REI：高阶通道远端误码指示，回送给发送端由接收端 B3 字节检测出的误块数。

HP-BBE：高阶通道背景误码块，显示本端由 B3 字节检测出的误码块数。

HP-TIM：高阶通道踪迹字节失配，J1 字节应收和实际所收的不一致。

HP-SLM：高阶通道信号标记失配，C2 字节应收和实际所收的不一致。

HP-UNEQ：高阶通道未装载，C2 = 00H 超过了 5 帧。

TU-AIS：支路单元告警指示信号，整个 TU 未全"1"（包括 TU-PTR）。

TU-LOP：支路单元指针丢失，连续 8 帧收到无效指针或 NDF。

TU-LOM：支路单元复帧丢失，H4 字节连续 2~10 帧不等于复帧次序或无效。

LP-RDI：低阶通道远端劣化指示，接收到 TU-AIS 或 LP-SLM、LP-TIM。

LP-REI：低阶通道远端误码指示，由 V5（b1~b2）字节检测。

LP-TIM：低阶通道踪迹字节失配，由 J2 字节检测。

LP-SLM：低阶通道信号标记字节适配，由 V5（b5~b7）字节检测。

LP-UNEQ：低阶通道未装载，V5(b5~b7) = 000 超过了 5 帧。

TU-AIS 告警在维护设备时会经常碰到，通过图 5-38 所示简明 TU-AIS 告警产生流程图，可以方便地定位 TU-AIS 及其他相关告警的故障点和原因。

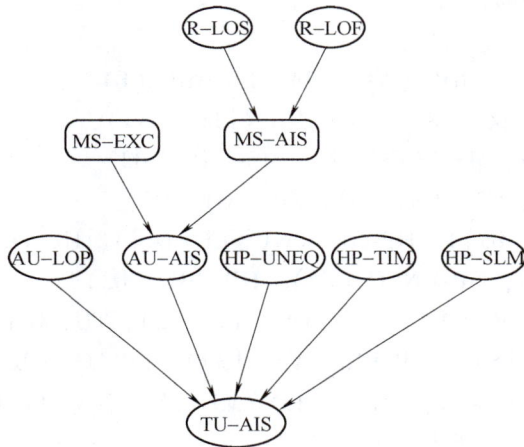

图 5-38　简明 TU-AIS 告警产生流程图

通过图 5-39 所示的一个较详细的 SDH 设备各功能块的告警流程图，可看出 SDH 设备各功能块产告警维护信号的相互关系。

以上两个告警流程图，有助于理顺 SDH 告警维护信号的内在关系。

5.6　SDH 网络结构和网络保护机理

5.6.1　基本的网络拓扑结构

SDH 网络是由 SDH 网元设备通过光缆互连而成的，网元（网络节点）和传输线路的几何排列就构成了网络的拓扑结构。网络的有效性（信道的利用率）、可靠性和经济性在很大程度上与其拓扑结构有关。

网络拓扑的基本结构如图 5-40 所示，有链形、星形、树形、环形和网孔形。

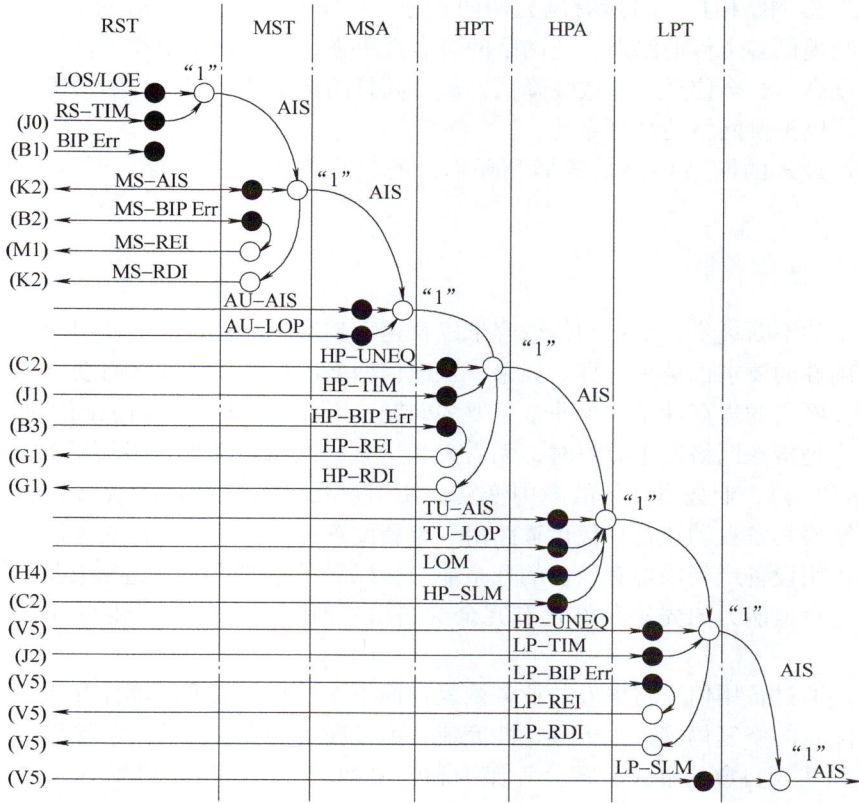

图 5-39　SDH 设备各功能块的告警流程图

注：○表示产生出相应的告警或信号，●表示检测出相应的告警。

（1）链形网络拓扑　此种网络拓扑是将网中的所有节点串联，而首尾两端开放。这种拓扑的特点是较经济，在 SDH 网络的早期用得较多，主要用于专网（如铁路网）中。

（2）星形网络拓扑　此种网络拓扑是将网络中一网元作为特殊节点与其他各网元相连，其他各网元互不相连，这些网元的业务都要经过这个特殊节点转接。这种网络拓扑的特点是可通过特殊节点来统一管理其他网元，利于分配带宽、节约成本，但存在特殊节点的安全保障和处理能力的潜在瓶颈问题。特殊节点的作用类似交换网的汇接局，此种拓扑多用于本地网（接入网和用户网）。

（3）树形网络拓扑　此种网络拓扑可看成是链形拓扑和星形拓扑的结合，也存在特殊节点的安全保障和处理能力的潜在瓶颈。

（4）环形网络拓扑　环形网络拓扑实际上是指将链形网络拓扑首尾相连，从而使网络上任何一个网元都不对外开放的网络拓扑形式。这是当前使用最多的网络拓扑形式，主要是因为它具有很强的生存性，即自愈功能较强。环形网络拓扑常用于本地网（接入网和用户网）、局间中继网。

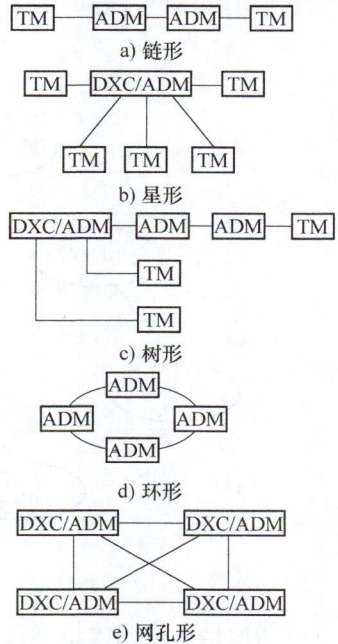

图 5-40　网络拓扑的基本结构

（5）网孔形网络拓扑　将所有网元两两相连，就形成了网孔形网络拓扑。这种网络拓扑为两网元间提供多个传输路由，使网络的可靠性更强，不存在瓶颈和失效问题。但是由于系统的冗余度高，必会使系统有效性降低，成本高且结构复杂。网孔形网络拓扑主要是用于长途网络中，以提供网络的高可靠性。

当前用得最多的网络拓扑是链形和环形，通过它们的灵活组合，可构成更加复杂的网络。

5.6.2　SDH 网络保护

随着技术的不断进步，信息的传输容量以及速率越来越高，因而对通信网络传递信息的及时性、准确性的要求也越来越高。如果一旦通信网络出现故障，那么将会导致局部甚至整个网络瘫痪，网络的生存性是一个非常重要的问题，因而人们提出了自愈网的观念。

所谓自愈是指在网络发生故障时，无需人为干预，网络自动地在极短的时间内（ITU-T 规定为 50ms 以内），业务自动从故障中恢复，使用户几乎感觉不到网络出现了故障。其基本原理是网络要具备自动选择替代传输路由、重新配置业务，并重新建立通信的能力。替代路由可采用备用设备或利用现有设备的冗余能力，以满足全部或指定优先级业务的恢复。因此，网络具有自愈能力的先决条件是有冗余的路由、网元强大的交叉能力以及网元一定的智能。

自愈仅是通过备用信道将失效的业务恢复，而不涉及具体故障的部件和线路的修复或更换，所以故障点的修复仍需人工干预才能完成，就像断了的光缆还需人工接好。

SDH 网络实现自愈的解决方案分为保护和恢复两大类，保护又可细分为许多不同的保护方式。SDH 网络的保护和分类如图 5-41 所示。

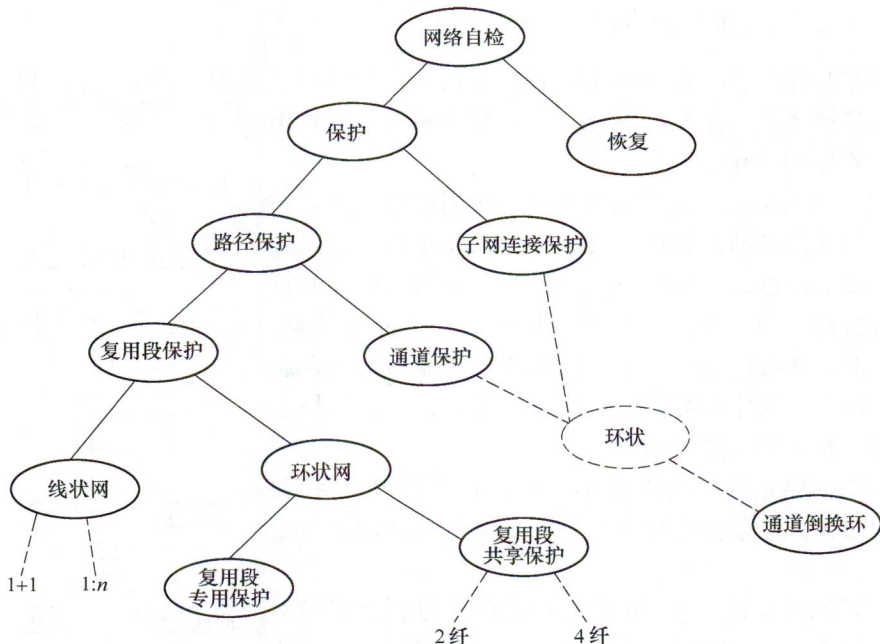

图 5-41　SDH 网络的保护和分类

所谓保护指利用网络节点（网元）间预先安排的保护（备用）容量去替代失效的工作（主用）容量的自愈方式。备用容量是为特定的主用容量准备的，可能是专用的，也可能是共享的。保护是通过规定的协议，由硬件响应来实现，一般无需网管系统介入，保护倒换时间很短（ITU-T 规定≤50ms）。

恢复是利用网络节点（网元）间任何可用的容量（冗余容量）来隔离故障、恢复业务的自愈方式。冗余容量可以在整个网络内共享。恢复是通过重新选择路由，避开失效的链路或节点来实现的。重新选择路由需要对网络中的业务流量进行计算和重新安排，又还要从多种可选的方案中择优选择，这些工作由专门的网管来完成，需要的时间较长，可达几秒或更长。

从图 5-41 可以看出，恢复尚无统一的标准。由于各生产厂家各有自己的恢复算法标准，因此无法兼容。保护的标准化工作取得了很大的进展，ITU-T 已完成 G.841 和 G.842 建议。

SDH 网络的保护分为路径保护和子网连接保护（SNCP）两大类，它们适合于各种形式的网络结构。路径保护包括链形网络的复用段保护、环形网络的复用段保护和环形网的通道保护等，子网连接保护是一种专用的保护机理，可用于任何网络结构（如网眼形、环形或混合结构网络）。

1. 链形网络保护

典型链形网络如图 5-42 所示。

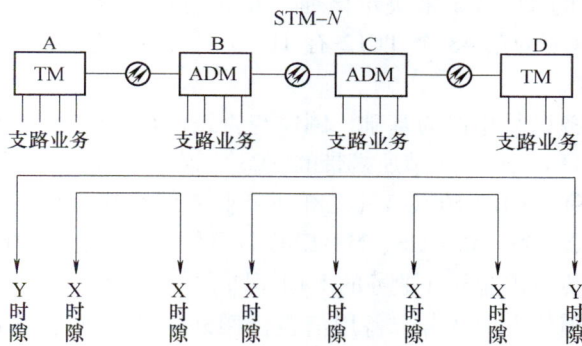

图 5-42　典型链形网络

链形网络的特点是具有时隙复用功能，即线路 STM-N 信号中某一序号的 VC 可在不同的传输光缆段上重复利用。如图 5-42 所示，A-B、B-C、C-D 及 A-D 之间都有业务，这时可将 A-B 之间的业务占用 A-B 光缆段 X 时隙（序号为 X 的 VC，如第 3 个 VC4 的第 48 个 VC12），将 B-C 的业务占用 B-C 光缆段的 X 时隙（第 3 个 VC4 的第 48 个 VC12），将 C-D 的业务占用 C-D 光缆段的 X 时隙（第 3 个 VC4 的第 48 个 VC12），这种情况就是时隙重复利用。这时 A-D 的业务因为光缆的 X 时隙已被占用，所以只能占用光路上的其他时隙（Y 时隙），如第 3 个 VC4 的第 49 个 VC12 或者第 7 个 VC4 的第 48 个 VC12。

链形网络的这种时隙重复利用功能，使网络的业务容量较大。网络的业务容量指能在网上传输的业务总量。网络的业务容量与网络拓扑、网络的自愈方式和网元间业务分布的关系有关。

链形网络的最小业务量发生在该网络的端站为业务主站的情况下，所谓业务主站是指各网元都与主站互通业务，其余网元间无业务互通。以图 5-42 为例，若 A 为业务主站，那么 B、C、D 之间无业务互通。此时 B、C、D 分别与 A 通信。这时由于 A-B 光缆段上的最大容量为 STM-N（因系统的速率级别为 STM-N），则网络的业务容量为 STM-N。链形网络达到业务容量最大的条件是网络中只存在相邻网元间的业务。如图 5-42 所示，网络中只有 A-B、

B-C、C-D 的业务，不存在 A-D、A-C 等的业务时，时隙可实现重复利用。那么在每一个光缆段上业务都可占用整个 STM-N 的所有实现，若链形网络有 M 个网元，此时网上的业务最大容量为 $(M-1)\times$STM-N，$M-1$ 为光缆段数。

常见的链形网络有二纤链，不提供业务的保护功能（不提供自愈功能）；四纤链，一般提供业务的 1+1 或 1:1 保护。四纤链中两根光纤作主用信道，另外两根作备用信道。链形网络的自愈功能有 1+1、1:1、1:n 方式。K1 字节的 b5~b8 的 0001~1110[1~14]指示要求倒换的主用信道编号，由于 K1 字节 b5~b8 的限定，1:n 保护方式中 n 最大只能到 14。

2. 环形网络的保护——自愈环

因为环形网络具有较强的自愈功能，目前环形网络的拓扑结构用得很多。自愈环的分类可按保护的业务级别、环上业务的方向、网元间的光纤数来划分。按环上业务的方向可将自愈环分为单向环和双向环两大类；按网元间的光纤数可将自愈环划分为二纤环（一对收/发光纤）和四纤环（两对收/发光纤）；按保护的业务级别可将自愈环分为通道保护环和复用段保护环两大类。

通道保护环的保护业务是以通道为基础的，也就是保护的是 STM-N 信号中的某个 VC（某一路 PDH 信号），倒换与否是由环上的某一个别通道信号的传输质量来决定的，通常利用接收端是否收到简单的 TU-AIS 来决定该通道是否应进行倒换。例如，在 STM-16 环上，若接收端收到第 4 个 VC4 的第 48 个 TU12 有 TU-AIS，那么就仅将该通道切换到备用信道上去。

复用段保护环的业务以复用段为基础，倒换与否是由环上传输的复用段信号的质量决定的。倒换是由 K1、K2（b1~b5）字节所携带的 APS 协议来启动的，当复用段出现问题时，环上整个 STM-N（四纤环）或 1/2 STM-N（二纤环）业务信号都切换到备用信道上。复用段保护环倒换的条件是 LOF、LOS、MS-AIS、MS-EXC 告警信号。通道保护环往往是专用保护，在正常情况下保护信道不传主用业务（业务的 1+1 保护），信道利用率不高；复用段保护环是公用保护，正常时主用信道传主用业务，备用信道传额外业务（业务是 1:1 保护），信道利用率高。

自愈环有二纤单向通道保护环、二纤双向通道保护环、二纤单向复用段保护环、四纤双向复用段保护环和二纤双向复用段保护环等几种结构，实际运用中二纤双向通道保护环、二纤单向复用段保护环很少采用。

下面仅对二纤单向通道保护环、四纤双向复用段保护环和二纤双向复用段保护环进行介绍。

（1）二纤单向通道保护环　以 4 个网元组成的环为例，二纤单向通道保护环如图 5-43 所示。它由两根光纤组成两个环，其中一个为主环（S1），一个为备用环（P1）。两环的业务流向相反，通道保护环的保护功能是通过网元支路板的"并发选收"功能来实现的，也就是支路板将支路上环业务"并发"到主环 S1、备用环 P1 上，两环上业务完全一样且流向相反，平时网元支路板"选收"主环下支路的业务。

若环形网络中网元 A 与 C 互通业务，网元 A 和 C 都将上环的支路业务"并发"到环 S1 和 P1 上，S1 和 P1 上的所传业务相同且流向相反，即 S1 为逆时针，P1 为顺时针。在网络正常时，网元 A 和 C 都选收主环 S1 上的业务。那么 A 与 C 业务互通的方式是 A 到 C 的业务经过网元 D 穿通，由 S1 光纤传到 C（主环业务）；由 P1 光纤经过网元 B 穿通传到 C（备环业务）。网元 C 支路板"选收"主环 S1 上的 A-C 业务，完成 A 到 C 的业务传输。C 到 A 的业务传输与此类似。若 B-C 光缆段的光纤全被切断，此时的二纤单向通道保护环倒换，如图 5-44 所示。

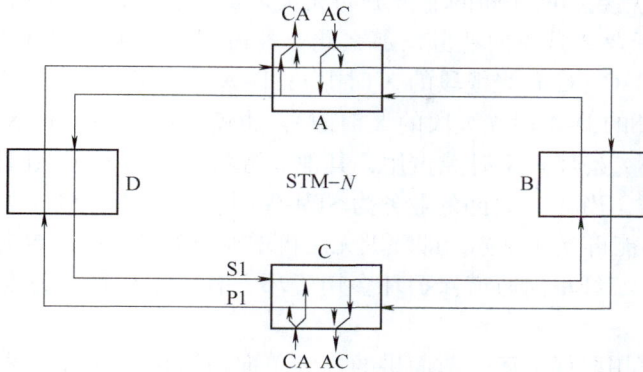

图 5-43　二纤单向通道保护环

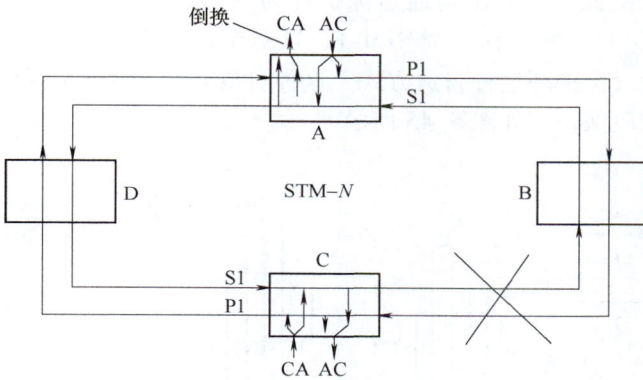

图 5-44　二纤单向通道保护环的倒换

此时网元支路板的并发功能没有改变，也就是此时 S1 环和 P1 环上的业务还是一样的。这时 A 与 C 之间的业务是如何被保护的呢？A 到 C 的业务由 A 的支路板并发到 S1 和 P1 环上，其中 S1 环的业务经光纤由 D 穿通传至 C，P1 光纤的业务经 B 穿通，由于 B-C 间光缆断，所有 P1 光纤上的业务无法传到 C，不过由于 C 默认选收主环 S1 上的业务，这时 A 到 C 的业务并未中断，C 的支路板不进行保护倒换。

C 的支路板将到 A 的业务并发到 S1 和 P1 上，其中 P1 光纤上 C 到 A 的业务经 D 穿通到 A。S1 光纤上 C 到 A 的业务，由于 B-C 间光纤断，所以无法传到 A，A 默认是选收主环 S1 上 C 到 A 的业务，此时由于 S1 环上 C 到 A 的业务传不过来，A 的线路 W 侧产生 R-LOS 告警，所以往下插全 "1"（AIS），这时 A 的支路板就会接收 S1 光纤上的 TU-AIS 告警。A 收到 S1 光纤上的 TU-AIS 告警后，立即切换到选收备环 P1 光纤上 C 到 A 的业务，于是 C 到 A 的业务得以恢复，完成环上业务的通道保护，此时 A 的支路板处于通道保护倒换状态（切换到选收备环方式）。

网元发生了通道保护倒换后，支路板同时监测主环 S1 上业务的状态，当连续一段时间（一般几到十几分钟）未发现 TU-AIS 时，发生网元切换的支路板将切回到收主环业务，恢复成正常时的默认状态。

二纤单向通道保护环由于上环业务是并发选收，所以通道业务的保护实际上是 1+1 保护。这种保护的优点是倒换速度快（如华为公司设备倒换速度≤15ms），业务流向简洁明了，便于配置维护；缺点是网络的业务容量不大。二纤单向通道保护环的业务容量恒定是

STM-N，与环上的节点数和网元间的业务分布无关。例如，当网元 A 和网元 D 之间有一业务占用 X 时隙，由于业务是单向业务，那么此业务占用的是主环的 A-D 光缆段的 X 时隙（占用备环的 A-B、B-C、C-D 光缆段的 X 时隙）；D-A 的业务占用主环的 D-C、C-B、B-A 的 X 时隙（占用备环的 D-A 段光缆段的 X 时隙）。也就是说 A-D 间占 X 时隙的业务会将环上全部光缆的（主环、备环）X 时隙占用，其他业务将不能再使用该时隙（没有时隙重复利用功能）了。这样，当 A-D 之间的业务为 STM-N 时，环上整个 STM-N 的时隙资源都已被占用，其他网元将不能再互通业务，即环上无法再增加业务了，所以单向通道保护环的最大业务容量是 STM-N。二纤单向通道保护环多用于环上有一站点是业务主站——业务集中站的情况。

（2）四纤双向复用段保护环　前面讲的二纤单向通道保护环自愈方式，网上业务的容量与网元数无关，随着环上网元的增多，平均每个网元可上/下的最大的业务随之减少，网络信道利用率不高。例如，二纤单向通道保护环为 STM-16 系统时，若环上有 16 个网元，平均每个网元最大上/下业务只有一个 STM-1，这对资源是很大的浪费。为克服这种情况，出现了四纤双向复用段保护环这种自愈方式，这种自愈方式上的业务量随着网元树的增加而增加。四纤双向复用段保护环如图 5-45 所示。

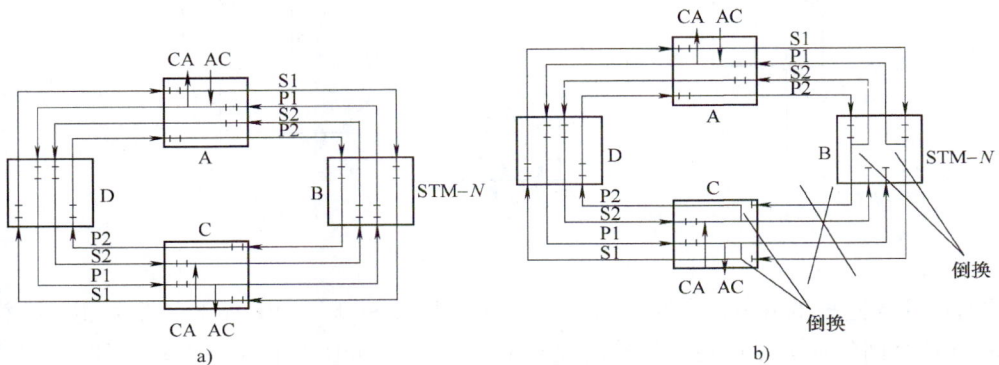

图 5-45　四纤双向复用段保护环

四纤双向复用段保护环肯定是由 4 根光纤组成，这 4 根光纤分别是 S1、P1、S2、P2。其中 S1、S2 为主纤传送业务，P1、P2 为备纤传送业务，也就是说 P1、P2 分别是用来在主纤故障时保护 S1、S2 上的主用业务。注意 S1、P1、S2、P2 的业务流向：S1 和 S2 的业务流向相反（一致路由，双向环）；S1、P1 和 S2、P2 两对光纤的业务流向也相反。从图 5-45a 可看出 S1 和 P2、S2 和 P1 上的业务流向相同。另外，因为一个 ADM 只有东/西两个线路端口（一对收发光纤为一个线路端口），而四纤环上的网元是东/西各有两个线路端口，所以四纤环上每个网元要配置成双 ADM 系统。

在环形网络正常时，A 到 C 的主用业务从 S1 光纤经 B 到 C，C 到 A 的业务通过 S2 光纤经 B 到 A（双向业务）。A 与 C 的额外业务分别通过 P1 和 P2 光纤传送。A 和 C 通过收主纤上的业务互通两网元之间的主用业务，通过收备纤上的业务互通两网之间的备用业务，如图 5-45a 所示。

当 B-C 间光缆段光纤均被切断后，在故障两端的网元 B、C 的光纤 S1 和 P1、S2 和 P2 有一个环回功能，如图 5-45b 所示（故障端点的网元环回）。这时，A 到 C 的主用业务沿 S1 光纤传送到 B 网元处，在此网元（B）执行环回功能，将 S1 光纤上的 A 到 C 的主用业务环到 P1 光纤上传输，P1 光纤上的额外业务被中断，经 A、D 穿通（其他网元执行穿通功能）

传送到 C，C 通过收取主纤 S1 上的业务，接收到 A 到 C 的主用业务。

C 到 A 的业务先由 C 将其主用业务环到 P2 光纤上，P2 光纤上的额外业务被中断，然后沿 P2 光纤经过 D、A 的穿通传送到 B，在 B 处执行环回功能将 P2 光纤上的 C-A 的主用业务环回到 S2 光纤上，再由 S2 光纤传回到 A，由 A 下主纤 S2 上的业务。通过这种环回、穿通方式完成了业务的复用段的保护，使网络自愈。

四纤双向复用段保护环的业务容量有两种极端方式：一种是环上有一业务集中站，各网元与此站通业务，并无网元间的业务。由于光缆段的速率级别只有 STM-N，这时该环上的业务集中站东西两侧均最多可通 STM-N（主）或 $2 \times$ STM-N（包括额外业务），因此这时环上的业务量最小，为 $2 \times$ STM-N（主用业务）和 $4 \times$ STM-N（包括额外业务）。另一种情况是其环形网络上只存在相邻网元的业务，不存在跨网元业务。这时每个光缆段均为相邻互通业务的网元专用，如 A-D 光缆只传输 A 与 D 之间的双向业务，D-C 光缆段只传输 D 与 C 之间的双向业务等。相邻网元间的业务不占用其他环光缆段的时隙资源，这样各个光缆段都最大传送 STM-N（主用）或 $2 \times$ STM-N（包括备用）的业务（时隙可重复利用），而环上的光缆段的个数等于环上网元的字节数，所以这时网络的业务容量达到最大：$N \times$ STM-N 或 $2N \times$ STM-N。

尽管复用段环的保护倒换速度要慢于通道环，且倒换时要通过 K1、K2 字节的 APS 协议控制，使设备倒换时涉及的单板较多，容易出现故障，但由于双向复用段环最大的优点是网上业务容量大，业务分布越分散，网元数越多，它的容量也越大，信道利用率要大大高于通道环，所以双向复用段环得到普遍的应用。双向复用段环主要用于业务分布较分散的网络，四纤环由于要求系统有较高的冗余度（4 纤、双 ADM），成本较高，故用得并不多。

（3）二纤双向复用段保护环——双纤共享复用段保护环　二纤双向复用段保护环如图 5-46 所示。

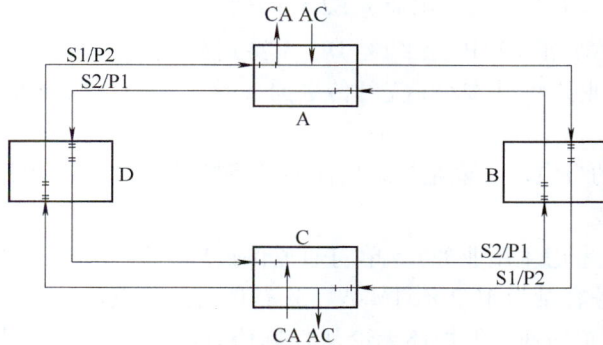

图 5-46　二纤双向复用段保护环

从图 5-45a 中可以看到光纤 S1 和 P1、S2 和 P2 上的业务流向相同，那么可以使用时隙复用技术将这两对光纤合成为两根光纤——S1/P2、S2/P1。这时用每根光纤的前半个时隙（如 STM-16 系统为 1#～8#SIM-1）传送主用业务，后半个时隙（如 STM-16 系统的 9#～16# STM-1）传送额外业务，也就是说一根光纤的保护时隙用来保护另一根光纤上的主用业务。例如，S1/P2 光纤上的 P2 时隙用来保护 S2/P1 光纤上的 S2 业务，这是因为在四纤环上 S2 和 P2 本身就是一对主、备用光纤。二纤双向复用段保护环上无专门的主、备用光纤，因此每一根光纤的前半个时隙是主用信道，后半个时隙是备信道，两根光纤上业务流向相反。

在网络正常的情况下，A-C 的主用业务放在 S1/P2 光纤的 S1 时隙（对于 STM-16 系统，主用业务只能放在 STM-N 的前 8 个时隙 1#～8#STM-1 ［VC4］中）。备用业务放于 P2 时隙

（对于 STM-16 系统，只能放于 9#～6#STM-1［VC4］中）。主、备用业务沿光纤 S1/P2 由网元穿通传送到 C，C 从 S1/P2 光纤上的 S1、P2 时隙分别提取主用、额外业务。C-A 的主用业务放于 S2/P1 光纤的 S2 时隙，额外业务放于 S2/P1 光纤的 P1 时隙，经 B 穿通传送到 A，A 从 S2/P1 光纤上提取相应的业务。

在环形网络中 B-C 间光缆段被切断时，A-C 的主用业务沿 S1/P2 光纤传到 B，在 B 进行环回（故障断点处环回），环回是将 S1/P2 光纤上 S1 时隙的业务全部环到 S2/P1 光纤上的 P1 时隙上去（如 STM-16 系统是将 S1/P2 光纤上的 1#～8#STM-1［VC4］全部环到 S2/P1 光纤上的 9#～16#STM-1［VC4］），此时 S2/P1 光纤 P1 时隙上的额外业务被中断。然后沿 S2/P1 光纤经 A、D 穿通传到 C，在 C 执行环回功能（故障端点站），即将 S2/P1 光纤上的 P1 时隙所载的 A-C 的主用业务环回到 S1/P2 的 S1 时隙，C 提取该时隙的业务，完成接收 A-C 的主用业务。此时的二纤双向复用段保护环（倒换）如图 5-47 所示。

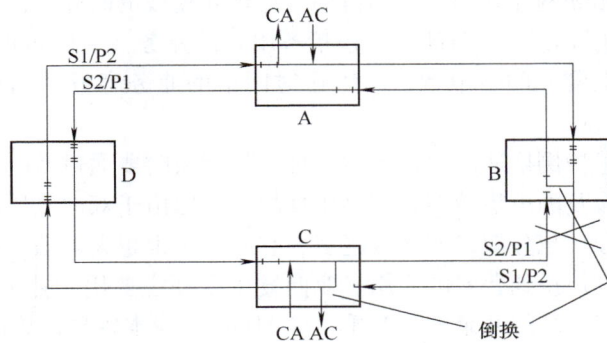

图 5-47 二纤双向复用段保护环（倒换）

C-A 的业务先由 C 将 C-A 的主用业务 S2 环回到 S1/P2 光纤的 P2 时隙上，这时 P2 时隙上的额外业务中断。然后沿 S1/P2 光纤经 D、A 穿通到达 B，在 B 处执行环回功能——将 S1/P2 光纤的 P2 时隙业务环到 S2/P1 光纤传送到 A 落地。通过以上方式完成了环网故障时业务的自愈。

当前组网中常见的自愈环主要是二纤单向通道保护环和二纤双向复用段保护环两种，下面对二者进行一下比较。

1）业务容量（仅考虑主用业务）：单向通道保护环的最大业务容量是 STM-N，双纤双向复用段保护环的业务容量为 $M/2 \times$ STM-N（M 是环上的节点数）。

2）复杂性：二纤单向通道保护环无论从控制协议的复杂性，还是操作的复杂性来说，都是各种倒换环中最简单的，由于不涉及 APS 协议的处理过程，因而业务倒换时间也最短。二纤双向复用段保护环的控制逻辑则是各种保护环中最复杂的。

3）兼容性：二纤单向通道保护环仅使用已经完全规定好了的通道 AIS 信号来决定是否需要倒换，与现行 SDH 标准完全相容，因而也容易满足多厂家产品兼容性要求。二纤双向复用段保护环使用 APS 协议决定倒换，而 APS 协议尚未标准化，所以复用段保护环目前都不能满足多厂家兼容性的要求。

3. 子网连接保护（SNCP）

链形网络的复用段保护、环形网络的复用段保护和环形网络的通道保护等，在 SDH 网络保护网中已得到了广泛的应用。但子网连接保护（Sub-network Connection Protection，SNCP）更具组网灵活的特点，再加上各设备厂家对该保护方式都在不断地完善，因而也正在得到越来越多的关注。

　　SNCP 是一种专用的保护机理，可用于任何物理结构（如网眼形网络、环形网络或混合结构）的电信传输网及分层中的任何通道层，可以作为保护通道的一部分，也可作为整个端到端的通道。由此可见，通道保护只是 SNCP 的一个特例，只对端到端的业务进行保护，而 SNCP 则对所有通道保护的场合都能胜任。由于 1 + 1 的单向倒换保护方式无需使用 APS 协议，简单易行，因而得到了广泛的应用。

　　SNCP 的基本工作原理示意图如图 5-48 所示。SNCP 每个传输方向的保护通道都与工作通道走不同的路由，SNCP 采用的是双发选收的工作方式，如图 5-48 所示（图中只标出了信号的一个方向）。节点 A 和 B 之间通过 SNCP 传送业务，即节点 A（A 站）通过桥接的方式分别通

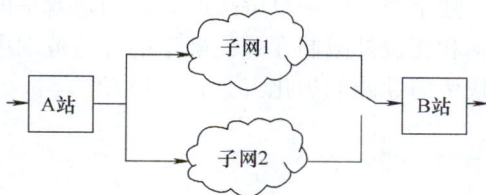

图 5-48　SNCP 的基本工作原理示意图

过子网 1（工作 SNC）和子网 2（保护 SNC）将业务传向节点 B（B 站），而节点 B 则通过一个倒换开关按照倒换准则从两个方向选取一路业务信息。

　　从 SNCP 的基本概念和工作原理可以发现，SNCP 由于采用通道开销监测的方法，避免了因段开销终结而造成保护不易实现的问题（如 MS-SPING），所以对网络的结构有着极大的适应性，而且倒换条件也都是本地的，无需使用 APS 协议，进而缩短了倒换的时间。随着电信业的发展，网络的结构会越来越复杂，因而对于条件十分完备的地方，MS-SPING 等保护方式由于其自身的优点（如分散业务时业务容量较大），仍然会得到广泛的应用，但在某些场合，如在缺少光纤及不同厂家设备间联合组网的情况下，对某一段路径进行保护，SNCP 便充分展示了它的优势。以下仅列举一个应用例子加以说明。

　　在现实的组网中有这样一种情况，即尽管几个网元在不同的站点间已组成了复用段保护环（MS-SPING），但在这时另外的网元又有了与此复用段环大多数网元开通业务的请求，为了合理地利用光纤资源，可以在现有的复用段环中抽出部分通道与环外部的若干网元共同组建虚拟 SNCP 环。

　　例如：MS-SPING 与 SNCP 共享光纤资源如图 5-49 所示，10Gbit/s 设备 A、B、C、D 组成了 MS-SPING，而 2.5Gbit/s 设备 E、F 有与 A、B、C、D 开通业务的需求，所以可以采用 10Gbit/s 的设备，通过 STM-16 支路的接口在网元 A、D 处将网元 E、F 接入，并在原先的 STM-64 等级的 MS-SPING 中分出 16 个 VC4 通道与 E、F 所在的 STM-16 链组成 STM-16 的通道环路。这个环路采用的是 SNCP 保护，如图 5-49 中的细线所示。而 STM-64 线路中剩余的 48 个 VC4 通道可仍做成 MS-SPING 的保护方式，如图 5-49 中粗线所示。于是这两种方式各自进行保护，互不干扰。这里之所以不对 STM-16 的虚拟环采用 MS-SPING 保护方式，是因

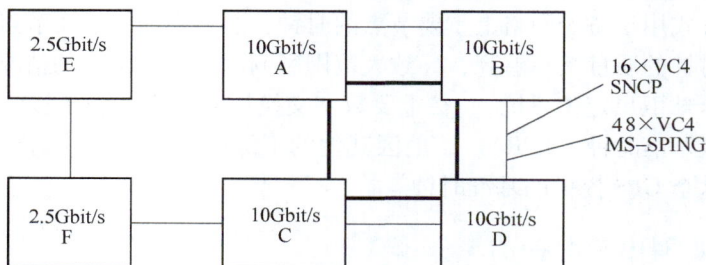

图 5-49　MS-SPING 与 SNCP 共享光纤资源

为一段复用段只能提供一对 K 字节，而 MS-SPING 的保护又需要依赖 K 字节来支持 APS 协议，因此无法有两个 MS-SPING 共存，这也正体现了 SNCP 的优势。

5.7 SDH 的网同步

数字交换网中要解决的首要问题就是网同步。网同步的目的是使数字网中各节点的时钟频率和相位都限制在预先确定的容差范围内，以免由于数字传输系统中收/发定位的不准确导致传输性能的劣化（误码、抖动）。

5.7.1 同步方式

解决数字交换网同步有两种主要方法：伪同步和主从同步。伪同步是指数字交换网中各数字交换局在时钟上相互独立，毫无关联，而各数字交换局的时钟都具有极高的精度和稳定度，一般用铯原子钟。由于时钟精度高，网内各局的时钟虽不完全相同（频率和相位），但误差很小，接近同步，于是称之为伪同步。主从同步指网内设一时钟主局，配有高精度时钟，网内各局均受控于该主局（即跟踪主局时钟，以主局时钟为定时基准），并且逐级下控，直到网络中的末端网元——终端局。

伪同步和主从同步的原理如图 5-50 所示。

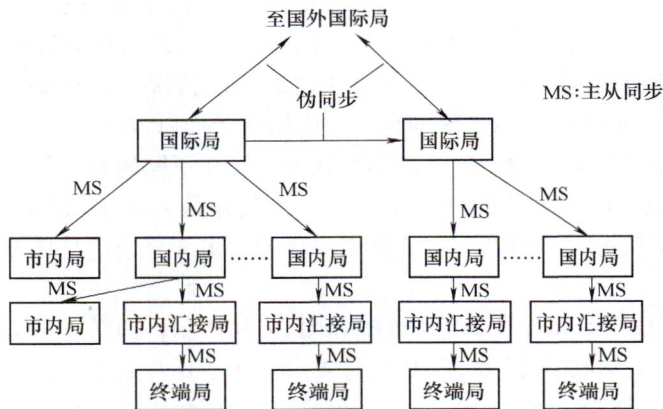

图 5-50 伪同步和主从同步的原理

数字网的同步方式除伪同步和主从同步外，还有相互同步、外基准注入等。

相互同步是指网中不设主时钟，由网内各交换节点（即数字交换局）的时钟相互控制，最后都调整到一个稳定的、统一的频率上，从而实现全网的同步工作。

外基准注入方式用于备份网络上重要节点的时钟，避免当网络重要节点的主时钟基准丢失，而本身内置时钟的质量又不够高，导致大范围影响网元正常工作的情况。外基准注入方式是利用 GPS（全球卫星定位系统），在重要数字交换局安装主从同步接收机，提供高精度定时，形成地区级基准时钟（LPR）。该地区其他的下级网元在主时钟基准丢失后仍采用主从同步方式跟踪这个 GPS 提供的基准时钟。

5.7.2 主从同步网中从时钟的工作模式

主从同步的数字网中，从站（下级站）的时钟通常有 3 种工作模式。

1. 正常工作模式——跟踪锁定上级时钟模式

此时从站跟踪锁定的时钟基准是从上一级网元传来的，可能是网中的主时钟，也可能是上一级网元内置时钟源下发的时钟，也可能是本地区 GPS 时钟。与主从时钟工作的其他两种模式相比较，此种主从时钟的工作模式精度最高。

2. 保持模式

当所有定时基准丢失后，从时钟进入保持模式，此时从站时钟源利用定时基准信号丢失前所存储的最后频率信息作为其定时基准而工作。也就是说从时钟有"记忆"功能，通过"记忆"功能提供与原定时基准较相符的定时信号，以保证从时钟频率在长时间内与基准时钟频率有很小的频率偏差。但是由于振荡器的固有振荡频率会慢慢地漂移，故此种工作方式提供的较高精度时钟不能持续很久（一般不超过 24h）。此种工作模式的时钟精度仅次于正常工作模式的时钟精度。

3. 自由运行模式——自由振荡模式

当从时钟丢失所有外部基准定时，也丢失了定时基准记忆或处于保持模式太长，从时钟内部振荡器就会工作于自由振荡方式。此种工作模式的时钟精度最低。

从时钟工作模式的转换关系如图 5-51 所示。

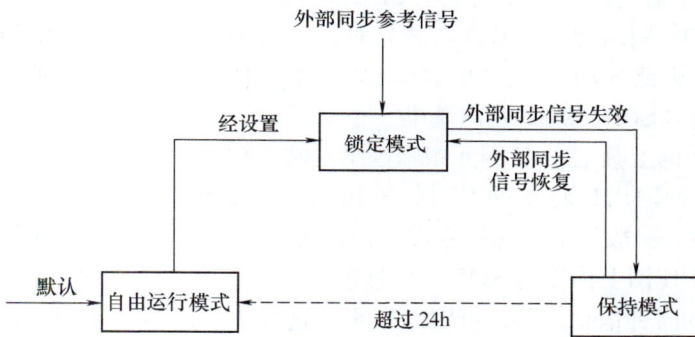

图 5-51　从时钟工作模式的转换关系

5.7.3　SDH 网的同步方式

1. SDH 网同步原则

我国的数字同步网采用分级主从同步方式，其主时钟在北京，备用时钟在武汉。即用单一基准时钟经同步分配网的同步链路控制全网同步，网中使用一系列分级时钟，每一级时钟都与上一级时钟或同一级时钟同步。

SDH 网的主从同步时钟可按精度分为 4 个级别，分别对应不同的使用范围，ITU-T 将各级别时钟精度进行了规范，时钟质量级别由高到低分别为基准主时钟（满足 G.811 规范，作为全网定时基准）、转接局时钟（满足 G.812 规范，作为中间转接局时钟）、终端局时钟（满足 G.812 规范，作为本地局时钟）、SDH 网络网元时钟（满足 G.813 规范，作为 SDH 网元内置时钟）。

在数字网中经同步分配网传送时钟基准应遵循以下原则：

1）同步时钟传送时不应存在环路，否则若某一网元时钟劣化，就会导致整个环路上网元的同步性能连锁性劣化。

2）尽量减少定时传送链路的长度，以免由于链路太长影响传输的时钟信号的质量。

3）从站时钟要从高一级设备或同一级设备获得。

4）应从分散路由获得主、备用时钟基准，以防止当主用时钟传递链路中断后，导致时间基准丢失的情况。

5）选择可用性高的传输系统来传递时钟基准。

2. SDH 网常见的定时方式

SDH 网是整个数字网的一部分，它的定时基准应是这个数字网的统一的定时基准。通常某一地区的 SDH 网络以该地区高级别局的转接时钟为基准定时源，这个基准时钟可能是该局跟踪的网络主时钟、GPS 提供的读取时钟基准（LPR）或干脆是本局的内置时钟源提供的时钟（保持模式或自由运行模式）。

那么这个 SDH 网是怎样跟踪这个基准时钟，保持网络同步的呢？

首先，在该 SDH 网中要有一个 SDH 网元时钟主站，这里所谓的时钟主站是指该 SDH 网络中的时钟主站，网上其他网元的时钟以此网元时钟为基准，也就是说其他网元跟踪该主站网元的时钟，那么这个主站的时钟是何处而来？因为 SDH 网是数字网的一部分，网上同步时钟应为该地区的时钟基准，该 SDH 网上的主站一般设在本地区时钟级别较高的局，SDH 主站所用的时钟就是该转接局时钟。SDH 设备有 SETPI 功能，该功能块的作用就是提供设备时钟的输入/输出口。主站 SDH 网元的 SETS 功能块通过该时钟输入口提取转接局时钟，以此作为本站和 SDH 网络的定时基准。若局时钟不从 SETPI 功能块提供的时钟输入口输入 SDH 主站网元，那么此 SDH 网元可从本局上/下的 PDH 业务中提取时钟信息（依靠 PPI 功能块的功能）作为本 SDH 网络的定时基准。

其次，该 SDH 网上其他 SDH 网元跟踪这个主站 SDH 网元时钟可通过两种方法，一是通过 SETPI 提供的时钟输出口将本网元时钟输出给其他 SDH 网元。二是通过 SETPI 提供的 PDH 接口提供时钟，一般不采用这种方式（指针调整事件较多）。最常用的方法是将本 SDH 主站的时钟放于 SDH 网上传输的 STM-N 信息中，其他 SDH 网元通过设备的 SPI 功能块来提取 STM-N 信号中的时钟信息，并进行跟踪锁定，这与主从同步方式相一致。下面举一个例子来说明此种时钟跟踪方式。

网络图如图 5-52 所示，图中 NE5 为时钟主站，它以外部时钟源（局时钟）作为本网元和 SDH 网上所有其他网元的定时基准。NE5 是环带的一个链，这个链带在网元 NE4 的低速支路上。

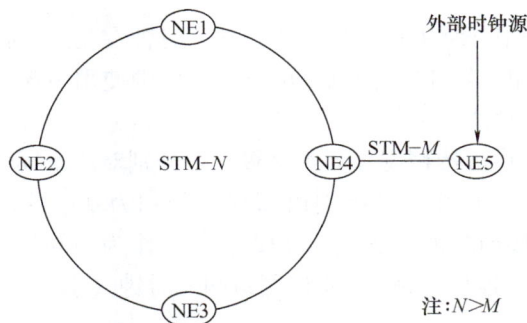

图 5-52　网络图

网元 NE4 通过支路板的 SPI 模块提取 NE5 通过链传来的 STM-M 信号的时钟信息，并以此同步环上的下级网元（从站）。

NE1、NE2 和 NE3 通过东/西向的线路端口跟踪、锁定网元 NE4 的时钟。

5.7.4　S1 字节和 SDH 网时钟保护倒换原理

随着 SDH 光同步传输系统的发展和广泛应用，越来越多的人对 ITU-T 定义的有关同步时钟 S1 字节的原理及其应用显示出浓厚的兴趣。这里介绍 S1 字节的工作原理及利用 S1 字节实现同步时钟保护倒换的控制协议，并通过一个例子说明 S1 字节的应用。

1. S1 字节工作原理

在 SDH 网中，各个网元通过一定的时钟同步路径一级一级地跟踪到同一个时钟基准源，从而实现整个网的同步。通常一个网元获得同步时钟源的路径并非只有一条，也就是说，一个网元同时可能有多个时钟基准源可用。这些时钟基准源可能来自于同一个主时钟源，也可能来自于不同质量的时钟基准源。在同步网中，保持各个网元的时钟尽量同步是极其重要的。为避免由于一条时钟同步路径的中断，导致整个同步网的失步，有必要考虑同步时钟的自动保护倒换问题。也就是说，当一个网元所跟踪的某路同步时钟基准源失去的时候，要求该网元能自动地倒换到另一路时钟基准源上，这一路时钟基准源可能与该网元先前跟踪的时钟基准源是同一个时钟源，也可能是一个质量稍差的时钟源。显然，为了完成以上功能，需要知道各个时钟基准源的质量信息。

ITU-T 定义的 S1 字节，正是用来传递时钟源的质量信息的。它利用 S1 字节的高 4 位，来表示 16 种同步源质量信息。

ITU-T 已定义的同步状态信息编码（S1 字节的其他值未定义）见表 5-5。利用这一信息，遵循一定的倒换协议，就可实现同步网中同步时钟的自动保护倒换功能。

表 5-5　ITU-T 已定义的同步状态信息编码

S1 (b5~b8)	S1 字节	同步质量等级（QL）描述
0000	0x00	等级未知
0010	0x02	PRC 等级，符合 G.811 主时钟，精度为 1E-11，铯钟
0100	4	SSU-T 等级，符合 G.812 转接局从时钟，精度精度为 1.5E-9，铷钟
1000	8	SSU-L 等级，符合 G.812 转接局从时钟，精度为 3E-8，本地时钟（BITS）
1011	0x0B	ESC 等级，符合 G813 时钟，网元时钟精度为 4.6E-6，保持模式精度为 5E-8
1111	0x0F	DUS，不能用于同步

在 SDH 光同步传输系统中，时钟的自动保护倒换遵循以下协议：

规定同步时钟源的质量阈值，网元首先从满足质量阈值的时钟基准源中选择一个级别最高的时钟源作为同步源，并将此同步源的质量信息（即 S1 字节）传递给下游网元。

若没有满足质量阈值的时钟基准源，则从当前可用的时钟源中，选择一个级别最高的时钟源作为同步源，并将此同步源的质量信息（即 S1 字节）传递给下游网元。

若网元 B 当前跟踪的时钟同步源是网元 A 的时钟，则网元 B 的时钟对于网元 A 来说为不可用同步源（即不能相互跟踪，以免构成时钟传送环路）。

2. S1 字节的应用实例

下面通过举例的方法，来说明应用 S1 字节如何实现同步时钟自动保护的倒换。

正常状态下的时钟跟踪如图 5-53 所示。传输网中，

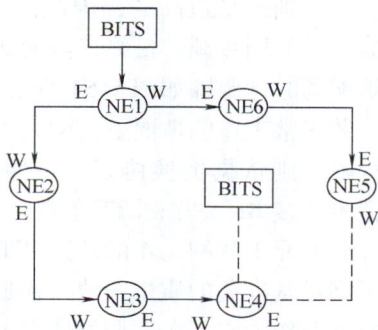

图 5-53　正常状态下的时钟跟踪

BITS 时钟信号通过网元1（NE1）和网元4（NE4）的外时钟接入口接入。这两个外接 BITS 时钟互为主备，满足 G. 812 本地时钟基准源质量要求。假设正常工作时，整个传输网的时钟同步于网元1的外接 BITS 时钟基准源。

设置同步时钟质量阈值不低于 G. 812 本地时钟。各个网元的同步源时钟及时钟源级别配置见表5-6。

表5-6　各个网元同步源时钟及时钟源级别配置

网　　元	同　步　源	时钟源级别
NE1	外部时钟源	外部时钟源、西向时钟源、东向时钟源、内置时钟源
NE2	西向时钟源	西向时钟源、东向时钟源、内置时钟源
NE3	西向时钟源	西向时钟源、东向时钟源、内置时钟源
NE4	西向时钟源	西向时钟源、东向时钟源、外部时钟源、内置时钟源
NE5	东向时钟源	东向时钟源、西向时钟源、内置时钟源
NE6	东向时钟源	东向时钟源、西向时钟源、内置时钟源

另外，对于网元1和网元4，还需设置外接 BITS 时钟 S1 字节所占的时隙（由 BITS 提供者给出）。

正常工作的情况下，当网元2和网元3间的光纤发生中断时，将发生同步时钟的自动保护倒换。遵循上述的倒换协议，由于网元4跟踪的是网元3的时钟，因此网元4发送给网元3的时钟质量信息为"时钟源不可用"，即 S1 字节为0x0F。所以当网元3检测到西向同步时钟丢失时，网元3不能使用东向的时钟源作为本站的同步源，而只能使用本站的内置时钟源作为时钟基准源，并通过 S1 字节将这一信息传递给网元4，即网元3传给网元4的 S1 字节为0x0B，表示"同步设备定时源（SETS）时钟信号"。网元4接收到这一信息后，发现所跟踪的同步源质量降低了（原来为"G. 812 本地局时钟"，即 S1 字节为0x0B），不满足所设定的同步源质量阈值的要求，则网元4需要重新选取符合质量要求的时钟基准源。网元4可用的时钟源有4个，即西向时钟源、东向时钟源、内置时钟源和外接 BITS 时钟源。显然，此时只有东向时钟源和外接 BITS 时钟源满足质量阈值的要求。由于网元4中配置东向时钟源的级别比外接 BITS 时钟源的级别高，所以网元4最终选取东向时钟源作为本站的同步源。网元4跟踪的同步源由西向倒换到东向后，网元3东向的时钟源变为可用。显然，此时网元3可用的时钟源中，东向时钟源的质量满足质量阈值的要求，且级别也是最高的，因此网元3将选取东向时钟源作为本站的同步源。最终，网元2、3间光纤损坏下整个传输网的时钟跟踪如图5-54所示。

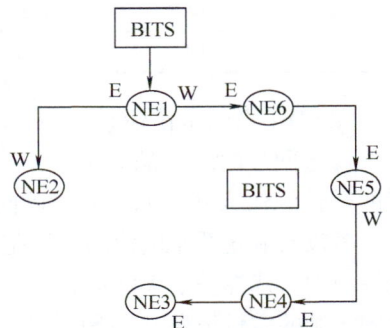

图5-54　网元2、3间光纤损坏下整个传输网的时钟跟踪

若正常工作的情况下，网元1的外接 BITS 时钟出现了故障，则依据倒换协议，按照上述的分析方法可知，网元1外接 BITS 失效情况下整个传输网的时钟跟踪情况如图5-55所示。

若网元1和网元4的外接 BITS 时钟都出现了故障，则此时每个网元所有可用的时钟源均不满足基准源的质量阈值，依据倒换协议，各网元将从可用的时钟源中选择级别最高的一个时钟源作为同步源。假设所有 BITS 出故障前，网中的各个网元的时钟同步于网元4的时钟，则所有 BITS 出故障后，通过分析不难看出，网中各个网元的时钟仍将同步于网元4的时钟。只不过，此时整个传输网的同步源时钟质量由原来的 G.812 本地时钟降为同步设备的定时源时钟，但整个网仍同步于同一个基准时钟源。

两个外接 BITS 时钟均失效情况下整个传输网的时钟跟踪情况如图 5-56 所示。

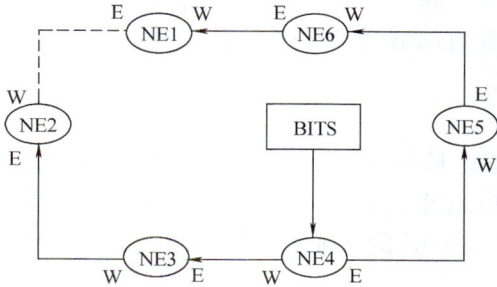

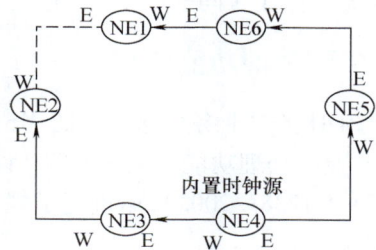

图 5-55　网元 1 外接 BITS 失效情况下　　　　图 5-56　两个外接 BITS 时钟均失效情
整个传输网的时钟跟踪情况　　　　　　　况下整个传输网的时钟跟踪情况

由此可见，采用了时钟的自动保护倒换后，同步网的可靠性和同步性能都大大提高了。

5.8　MSTP 技术

5.8.1　MSTP 概述

由于传统的 SDH 技术主要为语音业务设计，存在因传送突发数据业务效率低下、保护带宽至少占用 50% 的资源、传输通道不能共享而导致的资源利用率低，电路需通过网管配置，不能动态地改变带宽等诸多问题。但是不管怎样，相当长一段时间里 SDH 网络的基础地位是不会改变的。因为目前的 SDH 网络已经庞大得让电信运营商无法从容放弃，运营商是不会去一味盲目地追求新技术的，他们更多地考虑如何保持网络的平滑演进。

为了满足城域网中宽带、大客户专线等应用逐渐兴起，业务类型由单一的语音向语音、数据、图像综合多业务方向发展，带宽由 64kbit/s 向宽、窄带一体化发展，网络承载的数据内容越来越大的需要，需要建立宽带城域传送网。

基于以上考虑，传统电信运营商便寻求一种基于 SDH 网络架构的、支持多业务的、高集成度、高智能化且标准统一的传输解决方案来同时承载 TDM 和数据业务，动态配置信道带宽，以改进和完善既有 SDH 网络，整合分离的 SDH 层、ATM 层和 IP 层，保护现有资源，提高网络生存能力。于是，被称为下一代 SDH 技术 的 MSTP（多业务传送平台）应运而生。

基于 SDH 的 MSTP 是指基于 SDH 平台，实现 TDM、ATM 及以太网业务的接入处理和传送，并提供统一网管的多业务综合传送设备。MSTP 技术的基本特征是通过对以太数据帧和 ATM 信元的封装，实现基于 SDH 的多业务综合传送。

MSTP 可以针对多种不同网络的业务接入与传送提供不同的解决方案，包括 PSTN（公用交换电话网络）、数据网、大客户专线网、3G、DSLAM（数字用户线路接入复用器）等网络。MSTP 技术具有如下几个主要特点：

1）支持多种业务接口：MSTP 支持语音、数据、视频等多种业务，提供丰富的业务（TDM、ATM 和以太网业务等）接口，并能通过更换接口模块，灵活适应业务的发展变化。

2）带宽利用率高：具有以太网和 ATM 业务的透明传输和二层交换能力，支持统计复用，传输链路的带宽可配置，带宽利用率高。

3）组网能力强：MSTP 支持链、环（相交环、相切环），甚至无线网络的组网方式，具有极强的组网能力。

4）可实现统一、智能的网络管理，具有良好的兼容性和互操作性：可以与现有的 SDH 网络进行统一管理（同一厂家），易于实现与原有网络的兼容与互通。

5.8.2　MSTP 的功能模型

基于 SDH 的多业务传送节点的 MSTP 设备应具有 SDH 处理功能、ATM 业务处理功能、以太网/IP 业务处理功能，关于 MSTP 设备的功能模型在《基于 SDH 的多业务传送节点技术要求》（YD/T 1238—2002）中进行了规定。基于 SDH 的多业务传送节点的基本功能模型如图 5-57 所示。

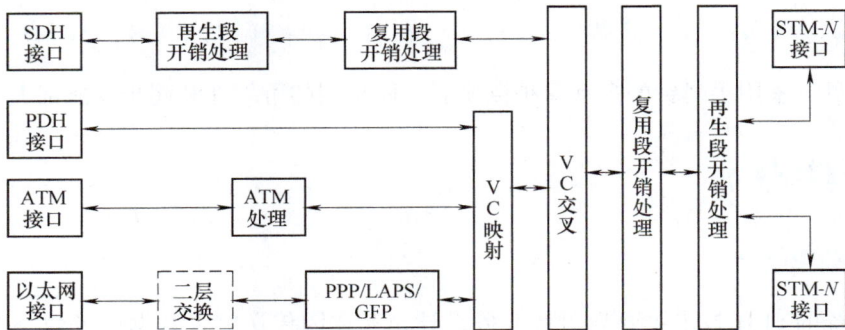

图 5-57　基于 SDH 的多业务传送节点的基本功能模型

1. SDH 功能

MSTP 设备满足 SDH 节点的基本功能要求，其 SDH 帧结构、VC 映射部分还满足 G.707 规范中对于级联、虚级联业务的要求，并提供级联条件下的 VC 通道的交叉处理能力。

2. 以太网透传功能

以太网业务透传（透明传输）功能是指来自以太网接口的数据帧不经过二层交换，直接进行协议封装和速率适配，然后映射到 SDH 的虚容器 VC 中，再通过 SDH 节点进行点到点传送。以太网业务透传功能块的基本模型如图 5-58 所示。

图 5-58　以太网业务透传功能块的基本模型

3. 以太网二层交换功能（可选）

基于 SDH 的多业务传送节点的 MSTP 设备支持二层交换功能。二层交换功能是指一个或多个用户侧以太网物理接口与一个或多个独立的系统侧的 VC 通道之间实现基于以太网链路层的数据包交换。以太网二层交换功能块的基本模型如图 5-59 所示。

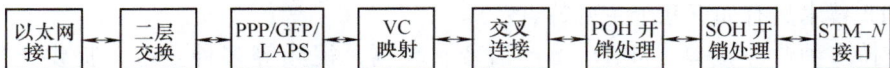

图 5-59　以太网二层交换功能块的基本模型

4. 以太网接口映射到 SDH 虚容器的要求

对于基于 SDH 的多业务传送节点的 MSTP 设备，以太网接口映射到 VC 虚容器的对应关系应符合表 5-7 所列的要求。

表 5-7　以太网接口映射到 VC 虚容器的对应关系

以太网接口	SDH 映射单位	以太网接口	SDH 映射单位
10/100Mbit/s 自适应接口	VC-12-Xc/v	1000Mbit/s 接口	VC-4-4c/v
	VC-3		VC-4-8c/v
	VC-3-2c/v		VC-4-Xc/v
	VC-4		

5. 以太环网功能

基于 SDH 的多业务传送节点的以太网功能是指在 SDH 环路中分配指定的环路带宽用来传送以太网业务。该功能包括以下各项具体内容：

1）以太网环路的传输链路带宽可配置。

2）以太网环路带宽的统计复用功能。

3）以太网环路中各节点端口带宽的动态分配。

4）以太网环路的保护倒换功能等。

6. ATM 功能

基于 SDH 的多业务传送节点的 ATM 层处理功能应符合建议 I.321 要求，ATM 功能块的基本模型如图 5-60 所示。具体的功能包括提供 ATM 承载业务；支持通过命令建立永久虚电路（PVC）连接；点到点连接功能。

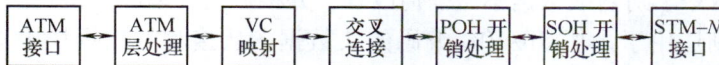

图 5-60　ATM 功能块基本模型

5.8.3　MSTP 的以太网功能

由于 SDH 技术本身就是为 TDM 业务的传输而优化设计的，所以 MSTP 技术对 TDM 业务能够提供很好的支持，满足 TDM 业务的功能和性能要求。而迄今为止，MSTP 的 ATM 功能应用较少，本节内容主要分析以太网业务在 MSTP 上的传送实现。

以太网处于 OSI（开放系统互联）模型的物理层和数据链路层，遵从网络底层协议。以太网业务是指在 OSI 第二层采用以太网技术来实现数据传送的各种业务。

以太网业务在 MSTP 上的传送过程及每个环节涉及的相关内容如图 5-61 所示。以太网业务在 MSTP 上的传送实现过程：以太网业务通过 Eth 端口进入，经过业务处理、二层交换、环路控制后，再对其进行封装、映射，然后通过 SDH 交叉连接，加上复用段开销、再生段开销最终形成 STM-N 线路信号发送出去。

接下来主要分析 MSTP 承载以太网业务的核心技术即封装和映射过程中的关键技术。

1. 封装中的关键技术——通用成帧规程 GFP

以太网业务经过媒体访问控制（MAC）处理后要进行数据封装，大多数数据传输都是基于数据包的。MSTP 技术中的封装作用是把变长的净负荷映射到字节同步的传送通路中。现有的帧封装方法主要有点对点协议（PPP）、SDH 链路接入规程（LAPS）、通用成帧规程

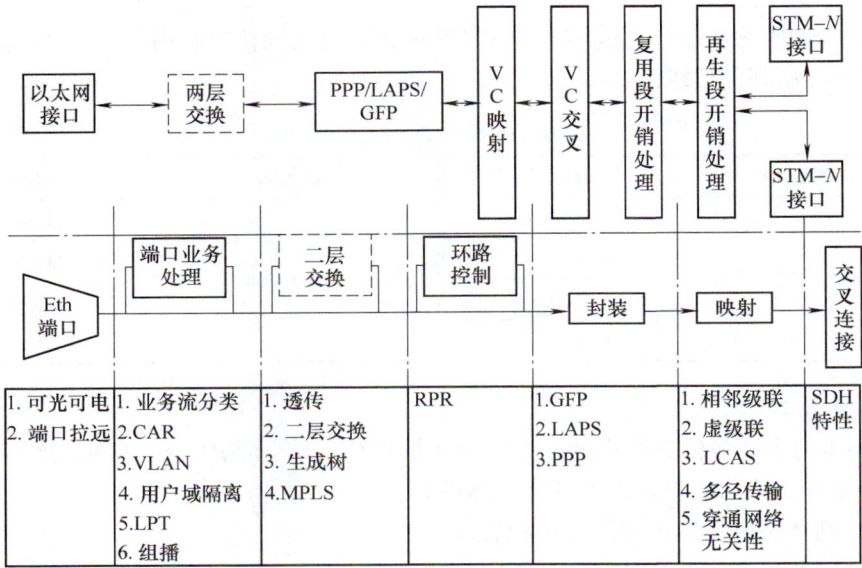

图 5-61　以太网业务在 MSTP 上的传送过程及每个环节涉及的相关内容

（GFP）3 种封装技术。其中，PPP 和 LAPS 封装技术的帧定位效率不高，而 GPF 封装技术采用高效的帧定位方法，提高了传输效率，是今后以太网帧向 SDH 帧映射的比较理想的方法。

GFP 有帧映射和透明映射两种封装映射方式，帧映射（GFP-F）是面向协议数据单元（PDU）的，透明映射（GFP-T）是面向 8B/10B 块状编码的。两种 GFP 封装映射方式如图 5-62 所示。GFP-F 适用于分组数据，把整个分组数据（PPP、IP、RPR、以太网等）封装到 GFP 信息净负荷区中，对封装数据不做任何改动，并根据需要来决定是否添加信息净负荷区检测域。GFP-T 则适用于采用 8B/10B 编码的块数据，从接收的数据块中提取出单个的字符，然后把它映射到固定长度的 GFP 帧中。映射得到的 GFP 帧可以立即进行发送，而不必等到此用户数据帧的剩余部分完成全部映射。

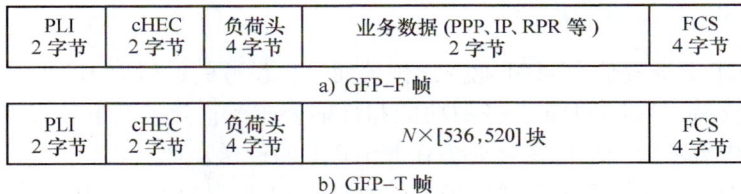

PLI 2 字节	cHEC 2 字节	负荷头 4 字节	业务数据 (PPP、IP、RPR 等) 2 字节	FCS 4 字节

a) GFP-F 帧

PLI 2 字节	cHEC 2 字节	负荷头 4 字节	$N \times$[536,520] 块	FCS 4 字节

b) GFP-T 帧

图 5-62　两种 GFP 封装映射方式

2. 映射过程中的关键技术——虚级联（VCAT）

实际应用时，数据包所需的带宽和 SDH VC 带宽并不都是匹配的，如 IP 包可能需要高于 VC12 带宽但又低于 VC3 的带宽，可行的办法是用级联的办法将 X 个 VC12 捆绑在一起组成 VC12-X，在它所支持的信息净负荷区 C12-X 中建立链路。这种方式容易配置，不要求负载平衡，没有时延差的问题，便于管理，适于支持高速 IP 包传送。

级联方式分为连续级联与虚级联两种。从带宽映射效率来看，现有 MSTP 技术中通常采用虚级联方式。级联带宽映射效率见表 5-8。

表 5-8　级联带宽映射效率

业务速率	净荷大小（速率）		未采用虚级联时（或连续级联）		采用虚级联时	
	虚容器	速　率	虚容器或连续级联	映射效率（%）	虚级联	映射效率（%）
10Mbit/s	VC12	2.175Mbit/s	VC3	20	VC12-5v	92
100Mbit/s	VC3	48.384Mbit/s	VC4	67	VC3-2v	100
					VC12-46v	100
200Mbit/s	VC4	149.760Mbit/s	VC4-4c	33	VC3-4v	100
GE	—	—	VC4-16c	42	VC4-7v	95

当被级联的 VC-n 并不连续时，这种级联称为虚级联，级联后的 VC 记为 VC-n-Xv，其中 X 也表示被级联 VC-n 的数目。虚级联在运用上更为灵活，且组成虚级联的各个 VC-n 可以独立传送，因此各 VC-n 都需要使用各自的 POH 来实现通道监视与管理等功能，收端对组成 VC-n-Xv 的各 VC-n 在传送中引入的时延差必须给予补偿，使各 VC-n 在接收侧相位对齐。

连续级联和虚级联示意图如图 5-63 所示。

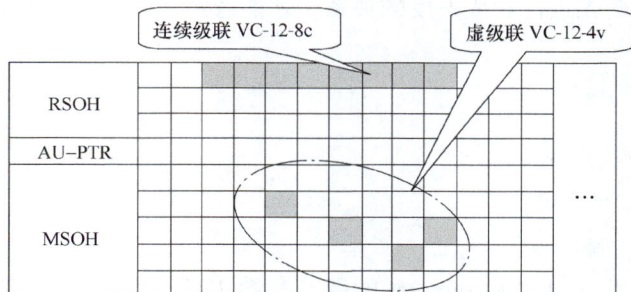

图 5-63　连续级联和虚级联示意图

3. 映射过程中的关键技术——链路容量调整方案（LCAS）

虚级联需要改进的地方在于如果虚级联中一个 VC-n 出现故障，整个虚级联组将失效；另外数据传输具有可变带宽的要求，例如每天的每个时段业务量不同，或一个星期中的每一天也会有不同的带宽需求。解决方案是采用 VCAT 和 LCAS 协议相结合的办法。

LCAS 协议是 ITU-T G.7042 标准规定的处理虚级联失效和动态调整业务带宽的专用协议，提供了一种虚级联链路首端和末端的适配功能（即只存在于虚级联的发送和接收端适配器中），可用来增加或减少 SDH/OTN 网中采用虚级联构成的容器的容量大小。例如，正常状态下某 VCG 中映射了 4 个 VC12 的虚级联，业务流带宽为 8Mbit/s。当虚级联 VC12-4v 中有两个通道失效时，LCAS 功能将自动调整该 VCG 的容量，业务速率被降低，但保证了业务数据不会丢失。当失效的通道修复后，又能自动恢复 8Mbit/s 的虚级联带宽。

在 MSTP 承载以太网业务的封装和映射过程中将 GFP、VCAT 和 LCAS 结合起来，可以使 MSTP 网络很好地适应数据业务的特点，具有灵活性的带宽，提高带宽利用效率。通过 GFP + VCAT + LCAS 的结合，城域传输网可以支持全面的数据业务，特别是可以提供带宽连续可调、具有 QoS 保证的 2 层高质量的以太网专线业务。

5.8.4　MSTP 的网络定位

从目前的实际产品看，10Gbit/s 系统的 MSTP 功能主要是提供高速数据业务端口（如 GE 接口）的接入、封装、映射和点到点传送，包括使用 VC（虚）级联和 LCAS 技术，以保证高速数据业务在传输核心层传送的效率和可靠性。而 622Mbit/s、155Mbit/s 系统由于业务容量和系统成本的限制，其 MSTP 功能主要是以业务透传或交换的方式完成较低速率的数据业务接入、汇聚和上联，应用较为简单。

值得注意的是，目前较为丰富的 MSTP 功能的实现主要依托于属于城域汇聚层的 2.5Gbit/s 系统，同时为了使得 MSTP 更接近于业务源头，即众多的企业网、校园网等，设备供应商将 2.5Gbit/s 系统小型化、模块化，研发出紧凑型 2.5Gbit/s 产品，将其开始应用于接入网是个普遍的趋势，从而使得 MSTP 成本降低，更灵活和易于部署，更能适应城域网中复杂多变的业务环境。对于高档写字楼密集的商业区域，部署紧凑型 2.5Gbit/s 产品尤为适宜，可充分利用其业务端口丰富、业务功能完善、传送容量大、可扩展性强、性价比较高的特点，为高端的商业客户提供一流电信服务。

总之，MSTP 平台是传统的 SDH 技术和产品在目前数据业务高速增长的环境下丰富和发展的产物，能够更好地利用现有 SDH 广泛覆盖的网络，有力地推动城域传输网络新的发展，消除宽带网络在城域网中存在的带宽瓶颈和性能保障缺陷，使得宽带网络更好和更廉价地连接企业和千家万户。运营商在部署 MSTP 时，应当进行自我分析和自我定位，并对技术和产品做出深入探讨，平衡先进性和成熟度的关系，才能选定最适合自身发展的 MSTP 方案。

5.9　DWDM 技术

5.9.1　概述

1. DWDM 技术发展背景

近年来，随着个人计算机和 Internet 的普及，数据业务等多种新型电信业务的飞速发展，同时出现了所谓的"光纤耗尽"现象和对代表通信容量的带宽的"无限渴求"现象。为了提高通信系统的性价比和经济有效性，以满足不断增长的电信业务和 Internet 业务的需求，如何提高通信系统的带宽已成为焦点问题。在这样的背景下，DWDM 技术应运而生。

密集波分复用（DWDM）是 20 世纪 90 年代中后期迅速发展并得到商用的一种大容量光纤传输技术，它首先在欧洲和北美得到了广泛的应用。最初在我国，"八纵八横"光缆骨干网的建设以及光同步数字体系（SDH）传输设备的普及应用在一定程度上缓解了电信运营者的压力，但在此基础上，应用 DWDM 技术进一步拓宽通信网络已经是我国电信运营者进行网络扩容的首选方案。同时，DWDM 技术的发展将为未来的全光通信网络的实现打下良好的基础。

2. WDM 技术

（1）WDM 技术的定义　WDM 技术即波分复用技术，是光纤通信中的一种传输技术。这种技术利用一根光纤可以同时传输多个不同波长的光载波的特点，把光纤可以应用的波长范围划分为若干个波段，每个波段用作一个独立的通道传输一种预定波长的光信号技术。

在发送端采用波分复用器（合波器）将不同规定波长的信号光载波合并起来送入一根光纤进行传输；在接收端再由一波分复用器（分波器）将这些不同波长承载不同信号的光载波分开。由于不同波长的光载波信号可以看作是互相独立的（不考虑光纤非线性时），从而在一根光纤中可实现多路光信号的复用传输。WDM 系统组成原理框图如图 5-64 所示。

（2）WDM 与 FDM 的关系　FDM（频分复用）一般是指同轴电缆系统中传输多路信号的复用方式，而在波分复用系统中再用 FDM 一词就会发生冲突，况且 WDM 系统中的光波

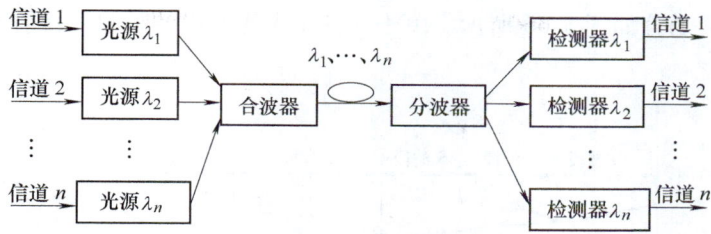

图 5-64　WDM 系统组成原理框图

信号频分复用与同轴电缆系统中频分复用有较大区别。电信号 FDM 与光信号 FDM 的区别如图 5-65 所示。

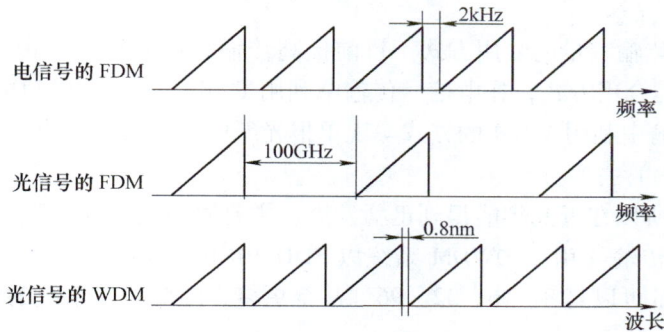

图 5-65　电信号 FDM 与光信号 FDM 的区别

由图 5-65 可见，电信号的 FDM，信号之间的频率间隔只有 2kHz 左右，从频率的角度看很容易发生干扰；而光信号的 FDM 复用，信号之间的频率间隔达到 100GHz，从频率的角度看两个信号之间几乎是不相干的，但是从光波的角度看，两个信号之间的波长间隔只相差0.8nm 甚至更小，很容易产生波道干扰，因此，光波的复用称为 WDM 比称为 FDM 更合适。

（3）WDM 与 DWDM 的关系　一根光纤只传输一路光信号（$0.85\mu m$ 或 $1.31\mu m$）的话，在光纤带宽的使用上存在着巨大浪费。为了有效地利用光纤带宽，早在 20 世纪 80 年代初，人们就想到利用光纤的两个低损耗窗口 1310nm 和 1550nm 各传送一路光波长信号，实现在一根光纤中同时传输两路光波信号，这就是 1310nm/1550nm 两波长的 WDM 系统，也是最早出现的 WDM 系统。

随着 1550nm 窗口掺铒光纤放大器（EDFA）的商用化，WDM 系统的应用进入了一个新时期。人们不再利用损耗较大的 1310nm 窗口，而只在低损耗的 1550nm 窗口传送多路光载波信号。由于这样的 WDM 系统的波道数量较多，同时相邻波长间隔比较窄（一般小于1.6nm），因此为了区别于传统的 WDM 系统，人们称这种波长间隔更紧密的 WDM 系统为密集波分复用系统，即 DWDM 系统。所谓密集是针对相邻波长间隔而言的。过去的 WDM 系统是几十纳米的通路间隔，现在的通路间隔则只有 0.8 ~ 2nm，甚至小于 0.8nm。一般情况下，如果不特指 1310nm/1550nm 的两波长 WDM 系统，人们谈论的 WDM 系统就是 DWDM 系统。

（4）光纤的波段划分　根据光纤传输的特征，可以将光纤的传输波段分成 5 个波段，它们分别是 O 波段（Original Band），波长范围为 1260 ~ 1360nm；E 波段（Extended Band），波长范围为 1360 ~ 1460nm；S 波段（Short Band），波长范围为 1460 ~ 1530nm；C 波段（Conventional Band），波长范围为 1530 ~ 1565nm；L 波段（Long Band），波长范围为 1565 ~

1625nm。光纤波段划分如图5-66所示。由于EDFA工作波段的限制，目前的DWDM技术主要应用在C波段上。

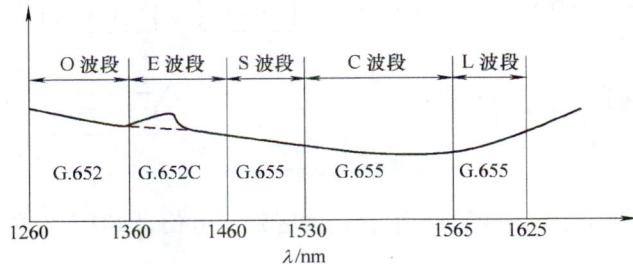

图5-66　光纤波段划分

（5）目前提高传输容量的复用方式　目前提高传输容量的复用方式主要采用TDM（时分复用）与WDM的合用方式，在电信号传输中利用TDM方式，实现PDH与SDH的高速率等级；在光信号传输中利用WDM的方式实现单根光纤中的多通道传输。

3. DWDM技术的主要特点

DWDM技术之所以在近几年能得到迅猛发展，主要原因是它具有下述特点：

（1）超大容量传输　由于DWDM系统以SDH 10Gbit/s或2.5Gbit/s为基本波道速率，而复用光信道的数量可以是8、16、32、96，甚至更多，因此目前系统的传输容量最大可达到几太位每秒。

（2）节约光纤资源　对于DWDM系统来讲，不管有多少个SDH分系统，整个复用系统只需要一对光纤就够了。节约光纤资源这一点对于系统扩容或长途干线来说就显得非常可贵。

（3）各通路透明传输、平滑升级扩容方便　在DWDM系统中各复用波道通路是彼此相互独立的，所以各光通路可以分别透明地传送不同的业务信号，彼此互不干扰，为网络运营商实现综合信息传输提供了平台。

当需要扩容升级时，只要增加复用光通路数量与相关设备，就可以增加系统的传输容量，DWDM系统的升级扩容是平滑的，而且方便易行，从而最大限度地保护了建设初期的投资。

（4）充分利用成熟的TDM技术　目前TDM方式的2.5Gbit/s光传输技术已十分成熟，DWDM可以把几路甚至上百个2.5Gbit/s的SDH系统作为复用通路进行复用，使传输容量大大增加。

（5）利用掺铒光纤放大器（EDFA）实现超长距离传输　EDFA的光放大范围为1530~1565nm，它几乎可以覆盖整个DWDM系统的1550nm工作波长范围。EDFA具有高增益、宽带宽、低噪声等优点，所以用EDFA可以对DWDM系统的各复用光通路的信号同时进行放大，以实现系统的超长距离传输。

（6）对光纤的色散无过高要求　对于DWDM系统来讲，不管系统的传输速率有多高、传输容量有多大，它对光纤色度色散系数的要求基本上就是单个复用通路速率信号对光纤色度色散系数的要求。

5.9.2　DWDM系统的基本结构

1. DWDM系统的基本结构和工作原理

DWDM系统的基本结构和工作原理如图5-67所示。

光发射机是DWDM系统的核心，它将来自终端设备（如SDH端机）输出的非特定波长

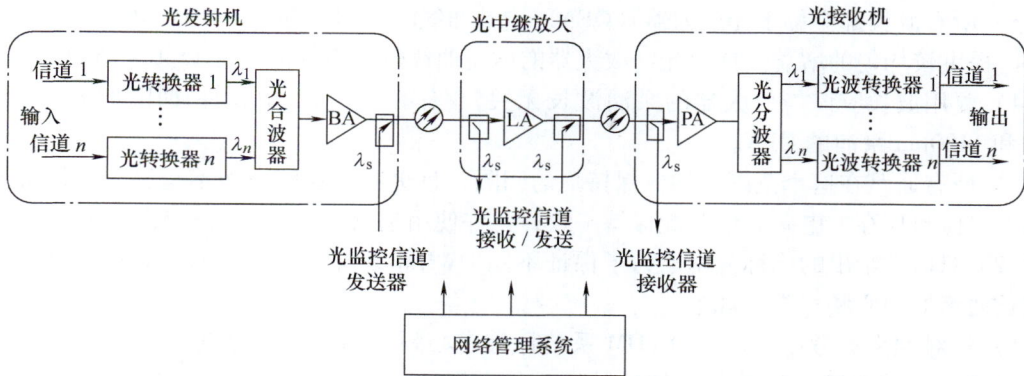

图 5-67　DWDM 系统的基本结构和工作原理

光信号，在光转换器（OTU）处转换成具有稳定的特定波长的光信号，然后利用光合波器将各路单波道光信号合成为多波道通路的光信号，再通过光功率放大器（BA）放大后输出多通路光信号。

光中继放大器是为了延长通信距离而设置的，主要用来对光信号进行补偿放大。为了使各波长的增益是一致的，所以要求光中继放大器对不同波长信号具有相同的放大增益。目前使用最多的是掺铒光纤放大器（EDFA）。

在光接收机中，首先利用前置放大器（PA）放大经传输而衰减的主信号，然后利用光分波器从主信号中分出各特定波长的各个光信号，再经 OTU 转换成原终端设备所具有的非特定波长的光信号。接收机不但要满足一般接收机对光信号灵敏度、过载功率等参数的要求，还要能承受具有一定光噪声的信号，要有足够的电带宽性能。

图 5-67 中的功率放大器（BA）、线路放大器（LA）和前置放大器（PA）都可以采用 EDFA 实现。但要明确的是 EDFA 在作 LA 时只能放大信号，而不能使信号再生。由于光路是可逆的，所以光的合波器与分波器可以由一个器件实现，放射端与接收端的光波转换器也可以是同一个器件。由此可见，在 DWDM 系统中实现多波道信号在一根光纤中传输，主要经过 3 个器件，即光波转换器（OTU）、光波放大器（EDFA）和光的合波/分波器，所以组成 DWDM 设备的主要板卡就是光放大器、光波转换器和光合波/分波器。

光监控信道的主要功能是用于放置监视和控制系统内各信道的传输情况的监控光信号，在发送端插入本节点产生的波长为 λ_s（1510nm 或 1625nm）的光监控信号，与主信道的光信号合波输出。在接收端，从主信号中分离出波长为 λ_s（1510nm 或 1625nm）的光监控信号。帧同步字节、公务字节和网管所用的开销字节等都是通过光监控信道来传递的。由于 λ_s 是利用 EDFA 工作波段（1530~1565nm）以外的波长，所以 λ_s 不能通过 EDFA，只能在 EDFA 后面加入，在 EDFA 前面取出。

网络管理系统通过光监控信道物理层，传送开销字节到其他节点或接收来自其他节点的开销字节对 DWDM 系统进行管理，实现配置管理、故障管理、性能管理和安全管理等功能，并与上层管理系统相连。

2. 标称波长的确定

（1）DWDM 系统选择波长的原则

1）在 1550nm 区域至少应该提供 16 个波长。

2）波长的数量不能太多，一是对这些波长进行监控是一个庞杂而又难以应付的问题；二是复用波长数越多，波长间隔越小，就越容易产生波长干扰，且分波难度加大。

3）所有波长都应位于光放大器（OFA）增益曲线较平坦的部分，使得OFA在整个波长范围内提供较均匀的增益。掺铒光纤放大器的增益曲线较平坦的部分是1540~1560nm。

4）复用波长应该与放大器的泵浦波长无关，在同一个系统中允许使用980nm泵浦的OFA和1480nm泵浦的OFA。

5）所有通路在这个范围内均应保持均匀间隔，且更应该在频率而不是波长上保持均匀间隔，以便与现存的电磁频谱分配保持一致并允许使用按频率间隔规范的无源器件。

（2）ITU-T给出的标称频率 为了保证不同DWDM系统之间的横向兼容性，必须对各个波长通路的中心频率进行规范。

1）绝对频率参考点：是指DWDM系统标称中心频率的绝对参考点。G.692建议规定，DWDM系统的绝对频率参考点为193.1THz，与之相对应的光波长为1552.52nm。

2）标称中心频率（标称中心波长）：指的是光波分复用系统中每个通路对应的中心波长对应的频率点。目前国际上规定的通路频率是基于参考频率为193.1THz、最小间隔为100GHz的频率间隔系列，即用绝对参考频率加上（或减去）规定的通路间隔就是各复用光通路的具体标称中心频率。标称中心波长是在规定标称中心频率基础上根据公式$f\lambda = c$计算所得。标称中心频率（波长）与绝对频率（波长）参考点的关系如图5-68所示。

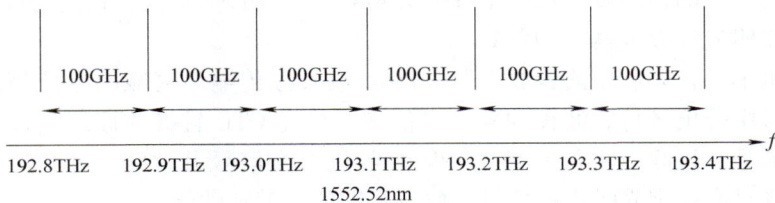

图 5-68　标称中心频率（波长）与绝对频率（波长）参考点的关系

3）中心频率偏差：中心频率偏差定义为标称频率与实际标称中心频率之差。

间隔100GHz时：±20GHz（16路DWDM系统）。

间隔200GHz时：±20GHz（8路DWDM系统）。

影响中心频率偏差的主要因素有光源啁啾、信号信息带宽、光纤的自相位调制（SPM）引起的脉冲展宽及温度和老化的影响等。

4）常用的16/8路DWDM系统中心频率（波长）见表5-9。

表 5-9　常用的16/8路DWDM系统中心频率（波长）

波 道	频率/THz	波长/nm	波 道	频率/THz	波长/nm
λ_1	192.6	1548.51	λ_9	193.4	1554.94
λ_2	192.7	1549.32	λ_{10}	193.5	1555.75
λ_3	192.8	1550.12	λ_{11}	193.6	1556.55
λ_4	192.9	1550.92	λ_{12}	193.7	1557.36
λ_5	193.0	1551.72	λ_{13}	193.8	1558.17
λ_6	193.1	1552.52	λ_{14}	193.9	1558.98
λ_7	193.2	1553.33	λ_{15}	194.0	1559.79
λ_8	193.3	1554.13	λ_{16}	194.1	1560.61

注：16路DWDM系统的频率间隔为100GHz（相当于波长间隔0.8nm）；8路DWDM系统的频率间隔为200GHz（相当于波长间隔1.6nm）。

5.9.3　DWDM 系统的组网方式

1. DWDM 系统的两种基本形式

（1）双纤单向传输　双纤单向 DWDM 传输系统原理如图 5-69 所示，双纤单向传输 DWDM 系统是指一根光纤只完成一个方向光信号的传输，反方向的信号由另一光纤完成。即在发送端将载有各种信息的、具有不同波长的已调光信号 λ_1、λ_2、$\cdots$、λ_n 通过光复用器组合在一起，并在同一根光纤中沿着同一方向传输，由于各个光信号是调制在不同的光波长上的，因此彼此间不会相互干扰。在接收端通过光解复用器将不同波长的光信号分开，完成多路光信号的传输任务。因此，同一波长可以在两个方向上重复利用。

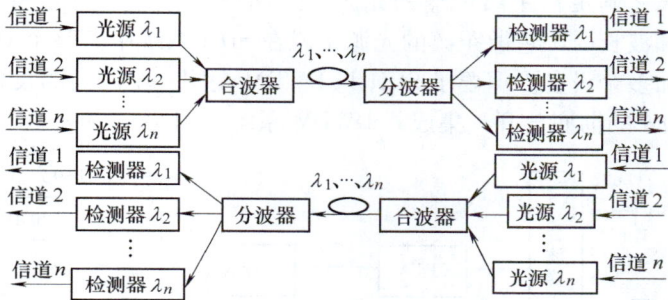

图 5-69　双纤单向 DWDM 传输系统原理

双纤单向传输的特点：

1）需要两根光纤实现双向传输。

2）在同一根光纤上所有光通道的光波传输方向一致。

3）对于同一个终端设备，收、发波长可以占用一个相同的波长。

（2）单纤双向传输　单纤双向传输 DWDM 系统是指光通路同时在一根光纤上有两个不同的传输方向，所用波长相互分开，因此这种传输允许单根光纤携带全双工通路，单纤双向 DWDM 传输系统原理如图 5-70 所示。与双纤单向 DWDM 系统相比，单纤双向 DWDM 系统可以减少光纤和线路放大器的数量。但单纤双向 DWDM 系统设计比较复杂，必须考虑多波长通道干扰、光反射的影响，另外还需考虑串音、两个方向传输功率电平数值、光监控信号 OSC 传输和自动功率关断等一系列问题。在该系统中为消除双向波道干扰，两个方向的波道应分别设置在红波段区（长波长区）和蓝波段区（短波长区）。另外，该系统对于同一终端设备的收、发波长不能相同。

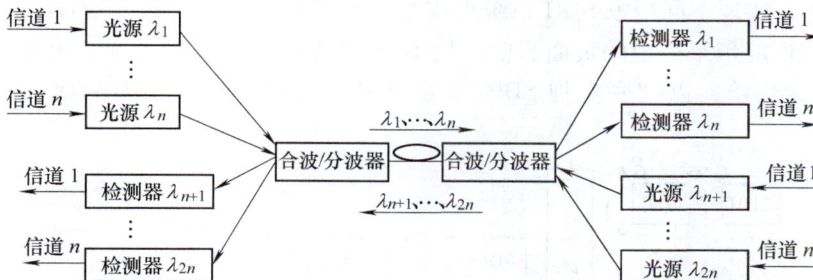

图 5-70　单纤双向 DWDM 传输系统原理

单纤双向传输的特点：

1）只需要一根光纤实现双向通信。

2）在同一根光纤上，光波同时向两个方向传输。

3）对于同一个终端设备，收、发需占用不同的波长。

4）为了防止双向信道波长的干扰，一是收、发波长应分别位于红波段区和蓝波段区，二是在设备终端需要进行双向通路隔离，三是在光纤信道中需采用双向放大器实现两个方向光信号放大。

2. DWDM 系统典型的两类应用结构

（1）集成式 DWDM 系统　集成式 DWDM 系统就是 SDH 终端设备具有满足 G.692 的光接口：标准的光波长、满足长距离传输的光源。这两项指标都是当前 SDH 系统不要求的，即把标准的光波长和波长受限色散距离的光源集成在 SDH 系统中。整个 DWDM 系统构造比较简单，不需要增加多余设备。但要求 SDH 与 DWDM 是同一个厂商的设备，在网络管理上很难实现 SDH、WDM 的彻底分开。集成式 DWDM 系统如图 5-71 所示。

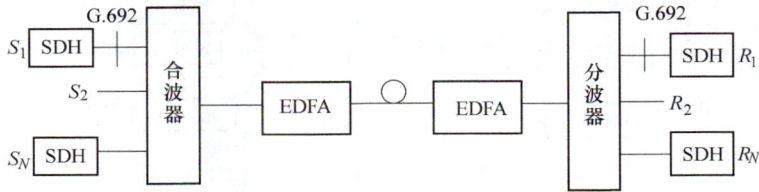

图 5-71　集成式 DWDM 系统

集成式 DWDM 系统的特点：

1）DWDM 设备简单，不需要 OTU。

2）对 SDH 设备要求高，设备接口必须满足 G.692 标准。

3）每个 SDH 信道不能互通。

4）SDH 与 DWDM 设备应是同一个厂家生产，才能达到波长接口的一致性。

5）不能横向联网，不利于网络的扩容。

（2）开放式 DWDM 系统　开放式 DWDM 系统就是在波分复用器前加入 OTU，将 SDH 非规范的波长转换为标准波长。开放是指在同一 DWDM 系统中，可以接入多家的 SDH 系统。OTU 对输入端的信号没有要求，可以兼容任意厂家的 SDH 信号。OTU 输出端是满足 G.692 接口标准的光波长、满足长距离传输的光源。具有 OTU 的 DWDM 系统不再要求 SDH 系统具有 G.692 接口，可继续使用符合 G.957 接口的 SDH 设备，这就使该系统可以接纳过去的 SDH 系统，实现不同厂家 SDH 系统工作在一个 DWDM 系统内，但 OTU 的引入可能会给 DWDM 系统性能带来一定的负面影响，使 DWDM 系统结构变得复杂。开放式 DWDM 系统适用于多厂家环境，以彻底实现 SDH 与 DWDM 的分离。开放式 DWDM 系统如图 5-72 所示。

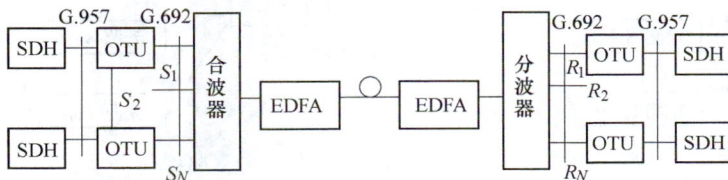

图 5-72　开放式 DWDM 系统

开放式 DWDM 系统的特点：

1）DWDM 设备复杂，需要增加 OTU 器件。复用波数越多，增加的 OTU 器件越多。

2）对 SDH 设备无特殊要求，SDH 终端设备只要符合 G.957 标准即可。

3）利于横向联网和网络的扩容。

3. DWDM 系统的网络拓扑结构

（1）SDH 与 DWDM 的关系　DWDM 系统是一个与业务无关的系统，它可以承载各种格式的信号，即 PDH、SDH、ATM、IP 信号均是 DWDM 系统所承载的业务。但目前由于 PDH、ATM 速率低，承载在 DWDM 系统上不能充分利用带宽；一般 PDH 与 ATM 是封装在 SDH 后再进入 DWDM 系统，因此 DWDM 系统主要承载的业务信号是 SDH。随着 ATM 接口速率的提高，ATM over WDM 和 IP over WDM 已逐步成为现实。

尽管 SDH 和 DWDM 相同点在于都是建立在光纤这一物理媒质上，利用光纤作为传输手段，但 DWDM 是更趋近于物理媒质光纤层的系统，因此，SDH 与 DWDM 之间是客户层与服务层的关系。

（2）DWDM 系统的网络拓扑结构　目前，DWDM 系统主要是点对点的链形结构（光电混合器）。今后，随着 OADM（光分插复用器）和 OXC（光交叉连接器）的技术发展成熟，DWDM 系统将组成环形网和网孔形网，以提高网络的生存性和可靠性。点对点型 DWDM 系统的典型组网如图 5-73 所示。

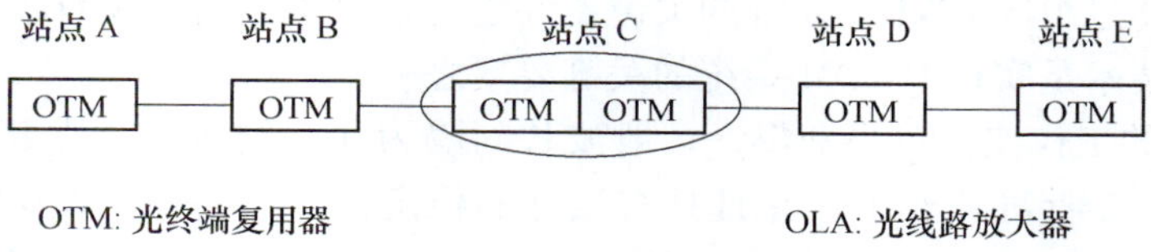

图 5-73　点对点型 DWDM 系统的典型组网

（3）DWDM 系统的分层结构　由于 DWDM 系统主要承载 SDH 信号，所以 ITU-T 建议，在 SDH 再生段层以下，又引入光通道层、光复用段层和光传输层。DWDM 系统分层结构及各层功能如图 5-74 和图 5-75 所示。

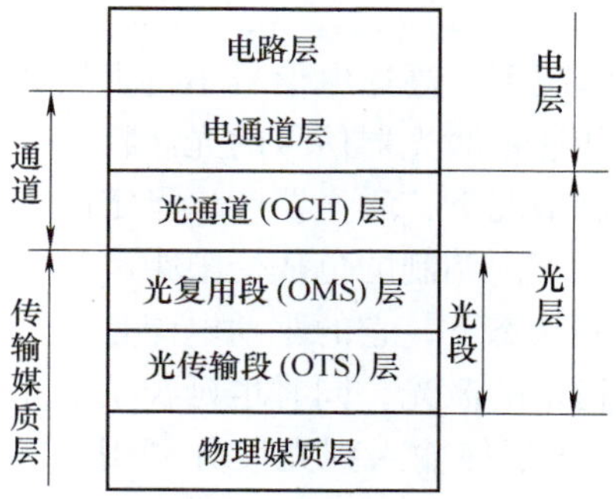

图 5-74　DWDM 系统分层结构

（4）DWDM 系统传输总速率　在 DWDM 系统中，光纤中传输的总信号速率 B_T 为各个波长 λ_i 的信号速率 B_i 之和，即

$$B_T = \sum_{i=1}^{K} B_i$$

可见，提高系统速率的方法有：一是复用波数越多，系统的总速率越大；二是提高每个

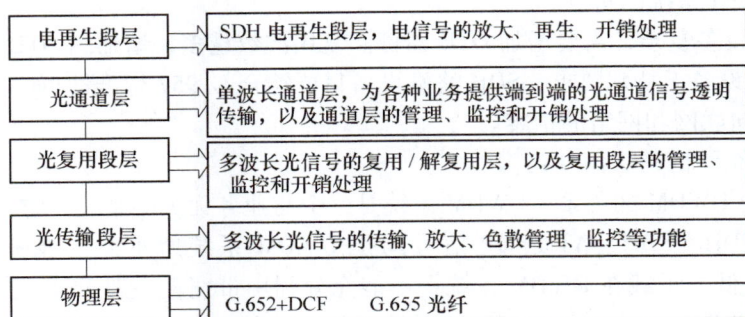

图 5-75　DWDM 系统各层功能

波长的信号速率 B_i。

例：在某 DWDM 系统中，4 个波长开放 SDH 2.5GHz 信号，8 个波长开放 SDH 10GHz 信号。问该系统在光纤中总的传输速率是多少？

根据上述计算方法，该系统总的传输速率 $B_T = 2.5\text{GHz} \times 4 + 10\text{GHz} \times 8 = 90\text{GHz}$

5.9.4　DWDM 系统的关键技术

1. 光源与光波转换技术

前面已经叙述过组成 DWDM 系统的关键器件之一是 OTU，而构成 OTU 的主要部件是光源。因此，光源技术是实现 DWDM 系统的关键要素之一。

DWDM 系统的工作波长较为密集，一般波长间隔为几个纳米到零点几个纳米，这就要求激光器工作在一个标准波长上，并且具有很好的稳定性；另一方面，DWDM 系统的无电再生中继长度从单个 SDH 系统传输 50～60km 增加到 500～600km，在延长传输系统的色散受限距离的同时，为了克服光纤的非线性效应，要求 DWDM 系统的光源使用技术更为先进、性能更为优越的激光器。

（1）DWDM 系统对光源采取的措施

1）采用外调制技术：对于内调制来讲，单纵模激光器引起的啁啾噪声已成为限制其传输距离的主要因素。

与内调制不同，在外调制情况下，高速电信号不再直接调制激光器，而是加载在某一媒质上，利用该媒质的物理特性使通过激光器信号的光波特性发生变化，从而间接建立了电信号与激光的调制关系。在外调制情况下，激光器产生稳定的大功率激光，而外调制器以低啁啾对它进行调制，从而获得远大于内调制的色散受限距离。

另外，激光器工作在外调制状态下，它的驱动电流是一恒定值，这样就使激光器处于稳定的工作状态，可以产生幅度稳定的激光，同时也延长了激光的寿命。

2）采用波长稳定技术：目的是使输入到光波分复用器的信号均为固定波长的光信号。这是因为 DWDM 系统中各个通路信号的波长均不相同，如果相邻两个通路信号的波长不稳定，偏移过大，就会造成通路信号间的串扰过大，产生误码。

稳定波长的方法有：

① 稳定激光二极管（LD）的温度和偏置电流，达到稳定 LD 输出波长的目的，这种方法最简单。

② 使用波长敏感器对可调制连续光源的波长进行控制。其原理是：波长敏感器的输出电压随 LD 发射光的波长变化而变化，这一电压变化信息经过适当处理可用来直接或间接控

制 LD 发射的光波长，使其稳定在规定的工作波长上。

（2）光源类型　为减小光纤中的频率（色度）色散，要求光源产生的光信号是单纵模的激光。用于 DWDM 系统的光源一般应具备光谱范围宽、信道光谱窄、复用信道数多，以及信道波长及其间隔高度稳定等特点。

常用光源有单纵模激光器（SLM）、量子阱（QW）半导体激光器、掺铒光纤激光器和波长可调谐半导体激光器。

1）单纵模激光器（SLM）：是指半导体激光器的频谱特性只具有单个纵模或单个谱线的激光器。

2）量子阱（QW）半导体激光器：是一种窄带隙有源区夹在宽带隙半导体材料中间或交替重叠生长的半导体激光器，是一种很有发展前途的激光器。

3）掺铒光纤激光器：利用光纤光栅技术把掺铒光纤相隔一定长度的两处写入光栅，两光栅之间相当于谐振腔，用 980nm 或 1480nm 泵浦光激发，铒离子就会产生增益放大。由于光栅的选频作用，谐振腔只能反馈某一特定波长的光，输出单频激光，再经过光隔离器输出线宽窄、功率高和噪声低的激光，这就是掺铒光纤激光器的工作原理。

4）波长可调谐半导体激光器：是波分复用系统、相干光通信系统及光交换网络的关键器件，它可以根据需求，进行光波长的改变。

（3）光转换器（OTU）　目前 OTU 实现波长转换的方式有两种：一种是光/电/光（O/E/O）变换方式，一种是全光变换方式。

常用的 OTU 依然是光/电/光（O/E/O）的变换方式，光/电/光 OTU 的原理如图 5-76 所示。光/电/光变换采用外调制方式，这样可以消除内调制产生的啁啾声，获得较大的色散容限，以实现长距离无再生传输。

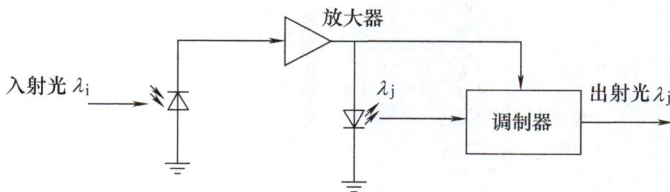

图 5-76　光/电/光 OTU 原理

外调制 OTU 的波长变换原理是将波长为 λ_i 的输入光信号，由光电探测器转变为电信号，经过放大再生后再去驱动一个波长为 λ_j 的激光器，或通过外调制器去调制一个波长为 λ_j 的输出激光器，以实现对光波长的转换。

2. 光波分复用/解复用器（合波/分波器）

光波分复用器/解复用器是 DWDM 技术中的关键部件，将不同光源的信号结合在一起经一根传输光纤输出的器件称为光波分复用器。反之，将同一传输光纤送来的多波长信号分解为单波长信号分别输出的器件称为光解复用器。从原理上说，该器件光路是互易的（双向互逆），即只要将光解复用器的输出端和输入端反过来使用，就是光波分复用器，因此，光波分复用器和光解复用器原理是相同的（除非有特殊的要求）。

光波分复用器/解复用器在超高速、大容量波分复用系统中起着关键作用，其性能指标主要有插入损耗和串扰，这些指标的优劣对系统的传输质量有决定性影响。因此，DWDM 系统要求光波分复用器/解复用器的损耗及其偏差小、信道间的串扰小、通带损耗平坦、偏振相关性低。

DWDM 系统中常用的光波分复用器/解复用器主要有光栅型光波分复用器、介质膜滤波器等。

3. 掺铒光纤放大器（EDFA）

（1）EDFA 的基本结构　　EDFA 是固体激光技术与光纤制造技术结合的产物，其关键技术有二，即掺铒光纤（EDF）和泵浦源。

EDFA 的基本结构如图 5-77 所示，EDFA 主要由掺铒光纤（EDF）、泵浦光源、光耦合器、光隔离器、光滤波器等组成。其中，泵浦光源的作用是使 EDF 的粒子处于反转分布状态。一般泵浦光源为半导体激光器，工作波长有 980nm 和 1480nm 两种，输出光功率为 10～100mW。

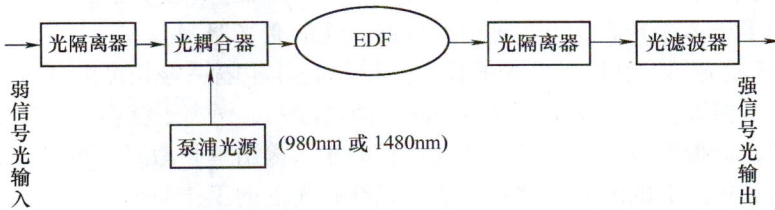

图 5-77　EDFA 的基本结构

（2）EDFA 的工作原理　　EDFA 的工作原理如图 5-78 所示。在泵浦光的作用下，EDF 出现粒子数反转分布，并在信号光的激励下，产生受激辐射使光信号得到放大。

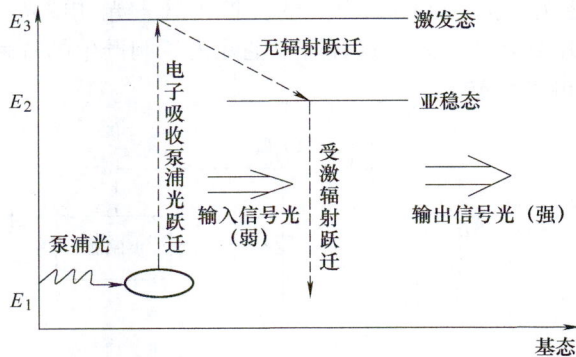

图 5-78　EDFA 的工作原理

经过对铒原子的分析，参与激发放大的能带有 3 个能级：

激发态 E_3 是泵浦的高能带，希望 E_3 能级最好有较大的宽度，以充分利用宽带泵浦源的能量来提高泵浦效率。但 E_3 能级上的粒子寿命很短，通过无辐射跃迁的形式，会迅速转移到 E_2 能级上。

亚稳态 E_2 能级上的粒子寿命较长，易聚集粒子，形成 E_2-E_1 能级之间的粒子数反转分布，从而形成光信号的放大。

选取泵浦波长的原则是：泵浦效率高的波段，泵浦工作频带应取在无激发态吸收能带，即泵浦功率只能被基态吸收，而不会被激发态的粒子吸收跃迁到更高的能级。经过分析，980nm 和 1480nm 是最佳泵浦波长。

（3）EDFA 的应用　　根据 EDFA 所在的位置不同，EDFA 作前置放大器，以补偿解复用器的插入损耗，提高接收机灵敏度；作功率放大器，补偿复用器的插入损耗，提高入纤光功率；作线路放大器，既实现对光信号在光纤中传输过程中损耗和色散的补偿，达到延长通信距离的目的，又解决光/电/光变化中继器设备复杂和信号转换问题，并实现了全波道的光放大；EDFA 用作本地网的节点放大器，以补偿线路损耗，提高节点的分配光功率。

4. 光纤技术

DWDM 系统信号在光纤中要能有效地进行长距离传输，不仅要考虑光纤传输特性损耗和色散对光信号的影响，还要考虑光纤的非线性效应对光信号的影响。光纤的损耗跟色散在前面章节已有详细叙述，这里主要讨论光纤技术中光纤的非线性效应。

（1）光纤的非线性效应　线性或非线性指的是光在传输媒质中的性质，而非光本身的性质。当媒质受到强光场的作用时，组成媒质的原子或分子内的电子相对于原子核发生微小的位移或振动，使媒质产生极化。

也就是说光场的存在使得媒质的特性发生了变化。极化后的媒质内出现了偶极子，这些偶极子能辐射出相应频率的电磁波。这种感生的辐射场叠加到原入射场后，便是媒质内的总光场。媒质特性的改变又反过来影响了光场。

产生极化强度的矢量场与电场强度关系为

$$P = \varepsilon_0 \chi E + 1\chi^{(2)} E^2 + 4\chi^{(3)} E^3 + \cdots$$

式中，P 为电极化后光场强度；ε_0 为自由空间的介电常数；E 为电场强度；χ 为媒质的电极化率；$\chi^{(2)}$ 为二阶非线性系数；$\chi^{(3)}$ 为三阶非线性系数。

当 E 很小时，二阶与三阶以上的非线性可以忽略，$P = \varepsilon_0 E$，呈线性关系。

当 E 很大时，二阶与三阶以上非线性不可忽略，$P = \varepsilon_0 \chi E + 2\chi^{(2)} E^2 + 4\chi^{(3)} E^3 + \cdots$，呈非线性关系。

可见当光场很强时，电场 E 很大，极化矢量 P 不再是线性直线而呈非线性曲线状态。

（2）非线性和色散的共同影响

1）非线性与色散的独立作用。设 L_D 为色散影响的传输距离，L_{NL} 为非线性影响的传输距离，L 为传输距离（典型的距离为 50km），则：

当 $L \ll L_D$、$L \ll L_{NL}$ 时，色散与非线性效应均不起作用，这时光脉冲在传输过程中基本保持其形状不变。

当 $L > L_D$、$L \ll L_{NL}$ 时，群速度色散（GVD）起作用。

当 $L \ll L_D$，$L > L_{NL}$ 时，非线性效应起作用。

当 $L > L_D$，$L > L_{NL}$ 时，色散与非线性效应共同起作用。

2）非线性、色散对光脉冲的影响。光纤非线性与色散的独立作用都会使光脉冲展宽，只是它们展宽的机制不同。如果参数选择适当，非线性与色散的作用趋势刚好相反，就可使光脉冲波形保持基本不变。

（3）光孤子与光孤子通信　光孤子是光脉冲在传输的过程中，其形状保持不变，形成一个孤立的波。

光孤子是在光纤的色散与非线性两种效应的共同作用下，在一定的条件下产生的一种物理现象，两作用互相补偿而使光脉冲形状在传输过程中保持不变。

光孤子通信就是利用光纤的非线性效应与色散的相互作用，使光脉冲在传输过程中保持其脉冲波形稳定，从而提高系统传输距离和传输容量。

5. DWDM 监控技术

目前，DWDM 系统主要承载 SDH 业务，SDH 本身具有强大的网管功能，所以对 SDH 业务监控，可直接利用 SDH 本身开销进行管理。

DWDM 系统的监控主要是对光器件 OTU、分波/合波器、EDFA 等监控；对光纤线路运行情况，如运行质量、故障定位、告警等进行监控。在 DWDM 系统中需设置光监控信道（OSC），用于传输光监控信号。

现在实用的 DWDM 系统都是 DWDM + EDFA 系统，EDFA 用作功率放大器或前置放大器时，传输系统自身用的监控信道就可对它们进行监控。但对于线路放大的 EDFA 的监控管理，就必须采用单独的光信道来传输监控管理信息。

DWDM 的监控技术有：

（1）带外波长监控技术　使用线路放大器的波分复用系统需要一个额外的光监控信道，这个信道能在每个光中继器/光放大器处以足够低的误码率进行分插。ITU-T 建议采用一个特定波长作为光监控信道，传送监测管理信息，此波长位于业务信息传输带外时可选 1310nm、1480nm、1510nm 或 1625nm，但优选（1510 ±10）nm。由于它们位于 EDFA 增益带宽之外，所以称之为带外波长监控技术（带外 OSC）。此时监控信号不能通过 EDFA，必须在 EDFA 前取出，在 EDFA 之后插入。由于带外监控信道的光信号得不到 EDFA 放大，所以传输的监控信息速率低，一般为 2048kbit/s。

（2）带内波长监控技术　带内波长监控技术是选用位于 EDFA 增益带宽内的（1532 ± 4）nm 波长，其优点是可利用 EDFA 增益，此时监控系统的速率可提高至 155Mbit/s。尽管 1532nm 波长处于 EDFA 增益平坦区边缘的下降区，但因 155Mbit/s 系统的接收灵敏度优于 DWDM 各个主信道系统的接收灵敏度，所以，监控消息仍能正常传输。

（3）带外、带内结合波长监控技术　ITU-T 定义的光传送网的网元管理系统一般按光通道层（OCH）、光复用段层（OMS）、光传输段层（OTS）3 层设计，因此在不同层可采用不同的方式，如在 OCH 层采用带内方式，在其他两层采用带外方式等，这需要进行优化设计与综合考虑。

（4）光监控信道的保护　当光缆整个被切断时，会造成 OSC 通道双向都被中断，使网元管理系统无法正常获取监控信息，此时可通过数据通信网（DCN）另设传输监控信息，达到保护 OSC 的目的。

5.10　ASON 技术

5.10.1　概述

1. ASON 发展背景

现阶段，全业务的处理能力已经成为运营商综合实力竞争的一项重要指标。在新旧网络整合中，宽带业务的爆炸式发展，推动了通信信息技术和网络技术的迅速发展，给当今通信网络的容量、速度、质量以及服务种类等提出了很高的要求，促进了宽带骨干通信网和宽带城域网的大规模建设，并给整个通信网络的体系架构、技术模式、实现方式等诸多方面都带来了深远的影响。

光纤网络在通信网中居于相当重要的地位，它是通信基础网络的核心，全球 80% 以上的信息量是通过光纤网络来传输的。近几年来，由于 DWDM 技术的发展和成熟，光纤带宽的潜力得到了进一步挖掘，但传统的组网结构和静态的业务配置方式限制了网络潜力的发挥。如何才能解决带宽利用率低，跨环节点成为业务调度瓶颈的问题？如何才能有效提升网络运营维护效率，减少业务开通时间？如何才能迅速提升网络可靠性，并且满足业务的高速发展？对于这些问题，运营商逐渐认识到只有在网络中引入新的技术，才能适应业务发展的需求从而增强自身竞争力。基于这些考虑，能够适应数据业务的不确定性和不可预见性，同时也可以降低网络管理、维护成本的自动交换光网络（ASON）技术应运而生。

ASON 的概念由国际电联在 2000 年 3 月提出，ITU-T、IETF、OIF 等组织对其进行了深入的研究，并提出了各自的一些相关的标准草案或建议。ITU-T 主要从网络的总体架构方面定义了 ASON 的体系结构，IETF 主要从信令和选路方面对 ASON 进行了研究，OIF 则主要从用户网络接口方面对业务和相关信令提出了要求。从标准进展来看，ASON 的标准已经基本成熟，ITU-T、IETF、OIF 这 3 个标准化组织对于主要的标准都已经制定完成，目前的主要工作是逐步完善，对原有协议的扩展说明进行某些细节的规范和增加某些局部的功能，如以太网的扩展、多层多域的扩展、波长交换的扩展以及支持 PC 和 SPC 转化的 RSVP-TE 扩展等，标准的进一步完善将有力地推动 ASON 的商业化进程。基于 SDH 的 ASON 设备在网络中已经有了比较大规模的应用，传输速率和容量较传统的 SDH 设备有了一个较大的提高，传输速率最大可到 40Gbit/s，交叉容量可达到 Tbit 级，具备良好的可持续发展性。随着传输网络向 OTN（光传送网络）和 PTN（光分组交换网络）技术演进，ASON 技术将逐渐移植到基于光传送网络 OTN 的传送平面上。

从国外运营商的 ASON 建设经验来看，运营商对 ASON 的应用主要集中在省际骨干网络中。然而，我国运营商的实际运营状况，使得 ASON 技术的推广走上另外一个方向：先从城域网"着陆"，再逐步引入骨干网，目的是在小范围内对 ASON 技术进行试验，从而将 ASON 设备的成本降到最低，避免建设初期的技术风险。当运营商认为时机成熟，他们将在骨干网引入 ASON，届时将迎来 ASON 的全面商用。

2. ASON 的基本概念

自动交换光网络（ASON），就是通过能提供自动发现和动态连接建立功能的分布式（或部分分布式）控制平面，在 OTN 或 SDH 网络之上，可实现动态的、基于信令和策略驱动控制的一种网络。

ASON 的基本设想是在光传送网中引入控制平面，以实现网络资源的按需分配，从而实现光网络的智能化，使未来的光传送网能发展为可向任何地点和任何用户提供连接的网，成为一个由成千上万个交换接点和千万个终端构成的网络，并且是一个智能化的全自动交换的光网络。

ASON 的特点使其有别于传统的传送网概念，传统的传送网只涉及信号的传送、复用、交叉连接、监控和生存性处理，不含交换功能，而 ASON 除了具备以上功能外，还能实现动态、自动地实现传送、交换和建立连接的功能。同时，为了满足目前电路交换和分组交换业务的需求，ASON 同时引入了信令和路由的概念，以吸取两类网络的优点同时又避免它们各自的缺点。此外，ASON 支持多种客户信号，是一种独立于客户和技术的网络。ASON 的出现使光网络向着智能化、快速化的发展道路迈出了坚定的一步，从而为整个通信网络的不断发展奠定了可靠的基石。

具体而言，ASON 主要的技术特点包括以下几点：

1）高速度、大容量。无论距离多远，ASON 都能快速移动大量的数据，满足多播和广播等应用要求；可以接入 STM-1/4/16/64、FE、GE、10GE 等各种类型接口的业务，同时可进行多种颗粒的交叉重组，而且未来易于升级到更高的传输速率。

2）开放的体系结构和标准接口，且网络体系结构尽量简单。

3）强大的业务提供能力，可以提供不同质量的 QoS。

4）具有提供业务的灵活性和快速性。ASON 可以适应突发和未预见的业务巨浪，带宽的分配是基于用户实际需求快速、动态地提供。

5）光网络的分布式智能完全依赖于光路由和信令协议，分布式智能具有邻居发现（便于网络的扩展）、链路状态更新、路由计算、光通路管理和端到端的保护等功能。

6）支持网孔形网或环形网等多种拓扑，具有快速网络恢复和自愈能力，当出现故障时能及时响应，可实现大数据块的无缝和无错传送。

7）支持多厂家互操作。ASON网络可实现不同厂家光网络设备的互操作性，实现多厂家环境下的连接控制，完成快速的端到端业务提供。

5.10.2　ASON层面结构

ASON体系结构在光传送网的传送实体和网络管理实体的基础上增加了一个控制平面。ASON的层面结构如图5-79所示。ASON的体系结构由传送平面、控制平面和管理平面3层相对独立的平面组成，各平面之间通过相关接口相连。

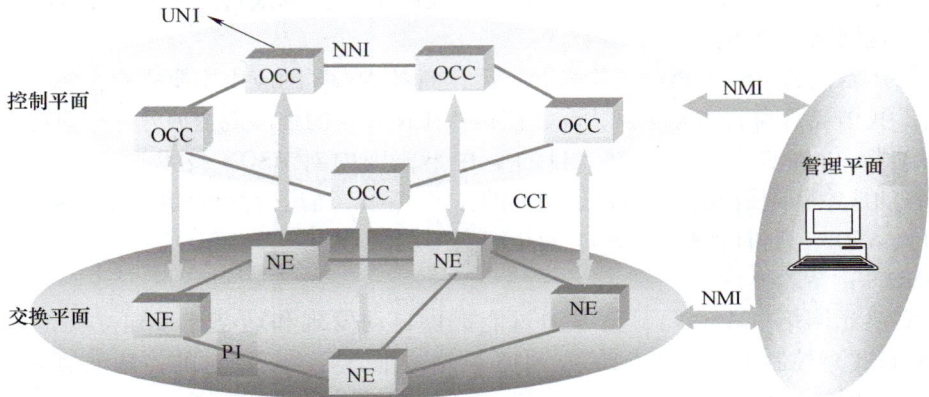

图5-79　ASON的层面结构图

NMI—网络管理接口　CCI—连接控制接口　OCC—光连接控制

1. ASON平面

（1）控制平面　完成呼叫控制和连接控制，具有动态路由连接、自动业务和资源发现、状态新型分发、通道建立连接和通道连接管理等功能。GMLPS是实现ASON网络控制平面的核心协议。GMLPS将网络简单划分为路由网络和光网络两个对等的结构，在业务层和传送层间建立一个多业务的通用控制平面，统一了各类型控制平面的信令和路径建立。

（2）传送平面　转发和传递用户数据，为用户提供端到端信息传递，并传送开销。

（3）管理平面　负责所有平面间的协调和配合，完成传送平面和整个系统的维护功能。管理平面为网络管理者提供对设备的管理能力，ASON除了基本功能外，需具备分布式的域间网络管理能力、光层保持路由管理、端到端性能监控、保护与恢复及资源分配策略管理等。

2. ASON网络接口

（1）用户网络接口（UNI）　用户与运营商控制平面实体之间的接口，负责用户请求的接入，包括呼叫控制、连接控制和连接选择，也可包含呼叫安全和认证管理等。

（2）网络节点接口（NNI）　分为内部网络与网络接口（I-NNI），提供网络内部的拓扑等信息，负责资源发现、连接控制、连接选择和连接路由寻径等；外部网络与网络接口（E-NNI），将屏蔽网络内部的拓扑等信息，负责呼叫控制、资源发现、连接控制、连接选择和连接路由寻径等，以避免子网络内部信息暴露给外部不可信的子网络。

（3）连接控制接口（CCI）　连接控制信息通过 CCI 为光传送网元（主要为 DXC、SDXC、MADM）的端口间建立连接，使各种不同容量、不同内部结构的交叉设备（DXC、SDXC、MADM 甚至其他带宽交叉机）包含成为 ASON 节点的一部分。

（4）网络管理接口（NMI）　包括 NMI- A 及 NMI- T。NMI- A 为网络管理系统与 ASON 控制平面之间的接口；NMI- T 为网络管理系统与传送网络之间的接口。管理平面分别通过 NMI- A 和 NMI- T 与控制平面及传送平面相连，实现管理平面与控制平面及传送平面之间功能的协调。

（5）物理接口（PI）　传输平面网元之间的连接控制接口。

5.10.3　ASON 组网方案

目前，业界已达成的一致共识：在基于 SDH 网络的物理传送平面上构造 ASON 是目前比较切实可行的方法，只有光传送网络（OTN）的技术和需求上升到一定程度时，再考虑基于 OTN 的 ASON 才是符合市场需求的做法。按照网络的需要，目前业内主要有以下两种 ASON 引入方案。

1. 城域传送网的换代升级（ASON + MSTP）

ASON 与 MSTP 在城域网中的结合，可以由 MSTP 提供下层的物理传送通道，由 ASON 完成网络智能的控制和管理。在具体组网时，可以采取在现有的 MSTP 网络中形成一个个 ASON 小网络，然后再逐步形成整个的 ASON 大网络。

2. 长途传输网的灵活波长业务（ASON + DWDM）

在长途骨干传输网上，利用 DWDM 系统的大容量长途传输能力对信息进行传递，而配置灵活的波长上下路、波长扩容或者长途干线链路保护/恢复，可以由 ASON 的分布式智能控制来提供，加上提供超长距离传输的 ULH 技术，长途大容量的实时电路指配、调度和保护可以在几分钟之内完成。

小　　结

1）SDH 在接口、复用方式、运行维护、兼容性方面比 PDH 具有明显的优势，传输网从 PDH 过渡到 SDH 是一个必然的趋势。

2）SDH 是以字节为单位的矩形块状帧结构，它由 3 部分组成：段开销（再生段开销和复用段开销）、管理单元指针、信息净负荷（含有少量通道开销）。

3）ITU-T 规定了一整套完整的 SDH 复用结构，通过这些复用路线可将 PDH 3 个系列的数字信号以多种方法复用成 STM-N 信号。我国的光同步传输网技术体制规定了以 2Mbit/s 为基础的 PDH 系列作为 SDH 的有效信息净负荷，并选用 AU- 4 的复用路线。

4）我国 SDH 的复用方式中，PDH 各级速率的信号和 SDH 复用中的信息结构的一一对应关系是 2Mbit/s→C12→VC12→TU12；34Mbit/s→C3→VC3→TU3；140Mbit/s→C4→VC4→AU4 。

5）PDH 信号复用进 STM-N 帧要经过映射、定位、复用 3 个步骤。

6）SDH 的开销比特丰富，由 RSOH、MSOH、HPOH、LPOH 实现对 STM-N 信号的层层细化监控机制，通过不同的开销字节完成对 SDH 信号告警和性能的检测。

7）指针是 SDH 的一大特色，通过指针时刻指示低速信号的位置，从而实现 SDH 高速信号中直接下低速信号的功能。指针有 AU-PTR 和 TU-PTR，分别进行高阶 VC 和低阶 VC 在

AU4 和 TU12 中的定位。

8）SDH 网络的常见网元有 TM、ADM、REG 和 DXC。不同设备是由各种基本的标准功能块灵活组合而成的。不同的功能块用于实现 SDH 设备的不同的功能，并实现 SDH 信号的不同告警、性能事件的监测。通过基本功能块的标准化，规范了设备的标准化，从而使得不同厂家的产品实现横向兼容。

9）SDH 基本的网络结构有链形网络、星形网络、树形网络、环形网络和网孔形网络。通过它们的灵活组合，可构成更加复杂的网络。

10）SDH 网络的自愈可分为保护和恢复两大类。保护又分为路径保护和子网链接保护。路径保护包括链形网络的复用段保护，以及环形网络的复用段的保护和通道保护。实际组网中，环形网络的自愈用得较多的是二纤双向复用段保护环、二纤单向通道保护环。二纤单向通道保护环仅使用已经规定好了的通道 AIS 信号来决定是否需要倒换，二纤双向复用段保护环使用 APS 协议决定倒换。

11）数字网的同步方式有伪同步和主从同步等。我国数字同步网采用分级的主从同步方式。同步网中节点时钟有正常工作模式、保持模式、自由运行模式 3 种模式。

12）ITU-T 定义的 S1 字节用来传递时钟源的质量信息。它利用 S1 字节的高 4 位来表示同步源质量信息。利用这一信息，遵循一定的倒换协议就可以实现同步网中时钟的自动保护倒换功能。

13）多业务传送平台（MSTP）是指基于 SDH 平台，实现 TDM、ATM 及以太网业务的接入处理和传送，并提供统一网管的多业务综合传送设备。MSTP 技术的基本特征是通过对以太数据帧和 ATM 信元的封装，实现基于 SDH 的多业务综合传送。MSTP 可以针对多种不同网络的业务接入与传送提供不同的解决方案，包括 PSTN、数据网、商业网、3G、DSLAM 等网络。

14）以太网业务在 MSTP 上的传送实现过程：以太网业务通过 Eth 端口进入，经过业务处理、二层交换、环路控制后，再对其进行封装、映射，然后通过 SDH 交叉连接，加上复用段开销、再生段开销最终形成 STM-N 线路信号发送出去。在 MSTP 承载以太网业务的封装和映射过程中将通用成帧规程（GFP）、虚级联（VCAT）和链路容量调整方案（LCAS）结合起来，可以使 MSTP 网络很好地适应以太网业务的特点，具有灵活性的带宽，提高带宽利用效率。通过 GFP + VCAT + LCAS 的结合，城域传输网可以支持全面的数据业务，特别是可以提供带宽连续可调、具有 QoS 保证的 2 层高质量的以太网专线业务。

15）WDM 技术也称波分复用，是光纤通信中的一种传输技术，它是利用一根光纤可以同时传输多个不同波长的光载波的特点，把光纤可能应用的波长范围划分为若干个波段，每个波段用作一个独立的通道传输一种预定波长的光信号技术。

16）DWDM 系统分为光发射机、光中继放大器、光接收机 3 个部分。光发射机是 DWDM 的核心，光中继放大器是为了延长通信距离而设置的，光接收机不但要满足一般接收机对光信号参数的要求，还要能承受有一定光噪声的信号，要有足够的电带宽性能。

17）DWDM 系统的两种基本形式是双纤单向传输和单纤双向传输，其中双纤单向传输中同一波长可以在两个方向上重复利用，单纤双向传输对于同一终端设备的收、发波长不能相同。目前，DWDM 系统主要是点到点的链形结构（光电混合器），今后随着 OADM 和 OXC 的发展技术成熟，将组成环形网和网孔形网，以提高网络的生存性和可靠性。

18）自动交换光网络（ASON），就是通过能提供自动发现和动态连接建立功能的分布式（或部分分布式）控制平面，在 OTN 或 SDH 网络上可实现动态的、基于信令和策略驱动控制的一种网络。ASON 的基本设想是在光传送网中引入控制平面，以实现网络资源的按需分配，从而实现光网络的智能化，使未来的光传送网能发展为可向任何地点和任何用户提供连接的网络，成为一个由成千上万个交换接点和千万个终端构成的网络，并且是一个智能化的全自动交换的光网络。

19）ASON 体系结构在光传送网的传送实体和网络管理实体的基础上增加了一个控制平面。ASON 的体系结构由传送平面、控制平面和管理平面 3 层相对独立平面组成，各平面之间通过相关接口相连。

20）目前，业界已达成的一致共识：在基于 SDH 网络的物理传送平面上构造 ASON 是目前比较切实可行的方法，只有光传送网络（OTN）的技术和需求上升到一定程度时，再考虑基于 OTN 的 ASON 才是符合市场需求的做法。按照网络的需要，目前业内主要有以下两种 ASON 引入方案：城域传送网的换代升级（ASON + MSTP）和长途传送网的灵活波长业务（ASON + DWDM）。

思 考 题

1）什么是 SDH？

2）与 PDH 相比，SDH 有什么优势？

3）STM-N 帧中单独一个字节的比特传输速率是多少？

4）RSOH、MSOH、POH 如何对 SDH 信号进行层层细化的监控？

5）AU-PTR 和 TU-PTR 的作用是什么？

6）一个 STM-1 信号分别最多可承载多少个 140Mbit/s、34Mbit/s、2Mbit/s 信号？

7）PDH 信号适配进标准容器的方式是什么装入方式？

8）映射、定位、复用的概念是什么？

9）2Mbit 信号复用在 VC4 中的第 2 个 TUG3、第 3 个 TUG2、第 1 个 TU12，则该 2Mbit/s 信号的时隙序号为多少？

10）SDH 链形网络中网元 A 下挂网元 B，若网元 B 收到 R-LOS、R-LOF 或 MS-AIS 告警，则网元 A 会产生什么告警？若网元 B 的 B2 字节检测误码较大，则网元 A 又会产生什么告警？

11）J1、C2 字节设置失配，分别会产生什么告警？

12）MS-AIS、MS-RDI 是由什么字节检测的？

13）R-LOF 告警的检测机理是什么？

14）当接收端检测出 AU-PTR 为 800 或 1023 时，分别会有什么告警？

15）哪些字节完成了 SDH 层层细化的误码监控？

16）MS-AIS 告警的引发机理是什么？

17）引发 HP-RDI 的可能告警有哪些？

18）TTF 功能块的作用是什么？

19）DXC4/1 的含义是什么？

20）图 5-43 中 B-C 段光缆仅 P1 光纤断，情况会怎样？

21）复用段保护环上网元数最大为多少？

22）155M 系统能实现二纤双向复用段保护环吗？

23）单向通道保护环的触发条件是什么？

24）二纤双向复用段保护环的触发条件是什么？

25）4 网元二纤双向复用段保护环（2.5G 系统）的业务容量是多少个 2M？

26）S1 字节的作用是什么？

27）时钟的自动保护倒换应遵循什么原则？

28）数字网的常见同步方式有哪些？我国采用什么同步方式？

29）简述 MSTP 技术的主要特点。

30）画出 MSTP 的基本功能模型。

31）简述 DWDM 技术的主要特点。

32）简述 WDM 与 FDM 的关系。

33）简述 WDM 与 DWDM 的关系。

34）画出 DWDM 系统的总体结构示意图，并说明各部分作用。

35）DWDM 系统两种基本形式有何区别？各有何特点？

36）DWDM 系统分成哪些层？各层的作用是什么？

37）简述 EDFA 的工作原理。

38）ASON 有哪些网络接口？简述各网络接口的作用。

39）基于 SDH 的多业务传送平台（MSTP）应具有 SDH 处理功能、_____处理功能、_____业务处理功能。

40）目前 MSTP 技术对以太环网的支持有两种方式：一为_____；二为_____。

41）在 MSTP 承载以太网业务的封装和映射过程中将_____和_____结合起来，可以使 MSTP 网络很好地适应以太网业务的特点。

42）光纤的波段可划分为 O 波段、_____波段、S 波段、_____波段和_____波段，其中目前的 WDM 技术主要应用在_____波段上，对应波长范围为_____。

43）目前提高传输容量的复用方式主要采用_____与_____的合用方式，在电信号传输中利用_____方式，实现 PDH 与 SDH 的高速率等级信号；在光信号传输中利用_____的方式实现单根光纤中的多通道传输。

44）目前国际上规定的 WDM 通路频率是基于参考频率为_____ THz、最小间隔为_____的频率间隔系列。

45）光纤非线性与色散的独立作用都会使光脉冲_____，只是它们展宽的机制不同，如果参数选择适当，非线性与色散的作用趋势刚好_____，就可使光脉冲波形_____。

46）由于 DWDM 系统主要承载 SDH 信号，所以 ITU-T 建议，在 SDH 再生段层以下，又引入_____、_____和_____层。

47）ASON 的体系结构由_____平面、_____平面和_____平面 3 层相对独立平面组成，各平面之间通过相关接口相连。

48）按照网络建设的需要，目前业内主要有以下两种 ASON 引入方案：_____和_____。

49）名词解释：MSTP、GFP、虚级联、LCAS、WDM、标称中心频率、EDFA、ASON。

第 6 章　光纤通信系统

目标：通过本章的学习，应掌握和了解以下内容：

- 了解光纤通信系统的系统参考模型。
- 了解并掌握系统的性能指标。
- 了解系统设计中的损耗受限系统和色散受限系统。
- 掌握系统中继距离和传输速率的计算。

6.1　系统的性能指标

光纤通信系统是数字通信网的一个重要组成部分。为保证通信网正常有效的工作，必须建立一个数字传输模型，确定光纤通信系统在参考模型中的位置和作用，提出对系统性能指标的要求，从而正确地设计光纤通信系统。

6.1.1　系统参考模型

为了满足整个通信网正常运作的要求，必须对数字光纤通信系统性能指标进行规范；为了保证这些质量指标，必须对数字光纤通信系统的各个光接口和电接口的指标提出一定的要求。实际上，通信的两个用户的终端设备之间的连接情况十分复杂，为了便于研究和进行传输性能指标的分配，通常以通信距离最长、结构最为复杂、传输质量最差的连接作为传输质量的核算对象。只要这种连接方式的传输性能能满足要求，其他的情况就自然满足。为此，原 CCITT（现 ITU-T）提出了系统参考模型（又称为数字传输模型）。

系统参考模型包括假设参考连接（Hypothesis Reference Connection，HRC）、假设参考数字链路（Hypothesis Reference Digital Link，HRDL）、假设参考数字段（Hypothesis Reference Digital Section，HRDS）和中继段等模型。

HRC 是指电信网中一个具有规定结构、长度和性能的假设连接，是研究网络性能的一种模型，可根据与网络性能指标相比较导出各个较小实体部分的指标。标准数字 HRC 如图 6-1 所示，该图是根据综合业务数字网（ISDN）的性能要求和 64kbit/s 信号的全数字连接考虑的标准的最长 HRC 示意图。图中所示 HRC 由 14 段电路串联而成，两个端局（即本地交换局 LE）间共有 12 段电路，全长 27500km。

为了便于研究数字传输损耗及性能指标的分配，需要规定一个具有一定组成和长度的网络模型，为此引入假设参考数字链路（HRDL），又称为假设参考数字通道（HRDP）。所谓 HRDL 是指与交换机或终端设备相连的两个数字配线架（或其等效设备）间用以传送规定速率的数字信号的全部装置，但不包括交换机，其构成是一个数字链路。HRDL 是 HRC 的一个重要的组成部分，介于交换中心之间或本地交换机与 T 参考点之间。一个标准 HRC 可由若干个 HRDL 组成，因而允许把总的性能指标分配到较小的实体（HRDL）中，从而方便传输性能的研究分析。一个 HRDL 的合适长度，ITU-T 建议为 2500km，它包括足够量的复接/分接设备以及传输系统，但允许国土面积较大的国家自行规定。美国和加拿大采用 6400km，而我国采用 5000km。

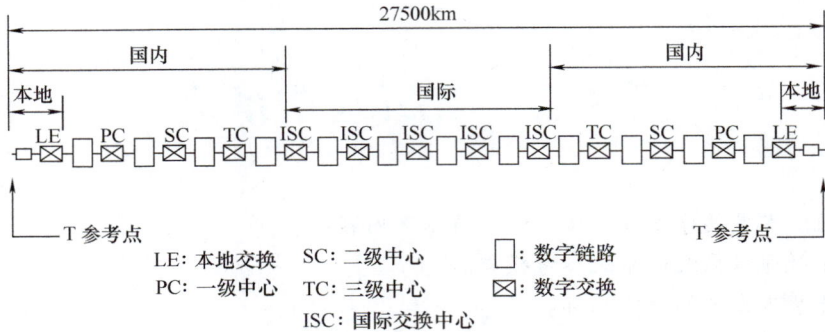

图 6-1 标准数字 HRC

为了适应传输系统的性能规范，还要引入一个比 HRDL 更短的传输模型，称之为假设参考数字段（HBDS），如图 6-2 所示。HRDS 是具有一定长度和指标规范的数字段。两个相邻数字配线架之间用来传送一种规定速率的数字信号的全部装置构成一个数字段。数字段可分为数字有线段（如光缆系统）和数字无线段（如微波系统）。图 6-2 中，Y 表示 HRDS 的长度（单位为 km），它取决于实际应用情况；X 表示 G. 702 建议中所规定的各种数字系列比

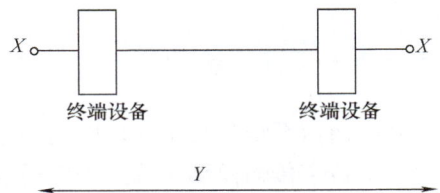

图 6-2 假设参考数字段（HRDS）

注：Y 的合适值取决于网的应用，目前 50km 和 280km 被认定是必需的。

特率之一（单位为 bit/s）。HRDS 是 HRDL 的组成部分，它包括两端的传输终端设备，但不包括如复接/分接设备。HRDS 是数字光纤通信设计中最常用的模型之一，HRDL 的性能指标可再分沉到 HRDS 上。

按 G. 912 建议，对于以 $X = 2048\mathrm{kbit/s}$ 数字系列为基础的光纤数字通信系统，用于市话局间中继的 HRDS 长度为 50km，长途传输 HRDS 为 280km。我国市话中继的 HRDS 长度为 50km，长途传输中一级干线（省际干线）的 HRDS 长度为 420km，二级干线（又称省内干线）的 HRDS 长度为 280km。

一个 HRDS 可由若干个中继段组成，每个中继段一般为 30 ~ 50km，取决于光缆性能及各项设备指标。中继段的性能指标由 HRDS 再分配而得到。

6.1.2 误码性能

所谓误码，是指经光接收机的接收与判决再生之后，码流中的某些比特发生了差错。传统上常用长期平均误码率（BER）来衡量系统的误码性能，长期平均误码率是在某一规定的观测时间内的传输码流中出现误码的概率，即发生差错的比特数和传输比特总数之比。

由于误码率随时间变化，用长时间内的平均误码率来衡量系统性能的优劣，显然不够准确。在实际监测和评定中，应采用误码时间百分数和误码秒百分数的方法。规定一个较长的监测时间（T_L），如几天或一个月，并把这个时间分为"可用时间"和"不可用时间"。在连续 10s 时间内，BER 大于 1×10^{-3}，为"不可用时间"，或称系统处于故障状态；故障排除后，在连续 10s 时间内，BER 小于 1×10^{-3}，为"可用时间"。对于 64kbit/s 的数字信号，$BER = 1 \times 10^{-3}$，相当于每秒有 64 个误码。同时，规定一个较短的取样时间 T_0 和误码率门限值 BER_th，统计 BER 劣于 BER_th 的时间，并用劣化时间占可用时间的百分数来衡量系统误码率性能的指标。

平均误码率是一个长期效应，它只给出一个平均累积结果。而实际上误码的出现往往呈突发性质，且具有极大的随机性，因此除了平均误码率之外还应该有一些短期度量误码的参数，即劣化分、误码秒与严重误码秒。

对于目前的电话业务，传输一路 PCM 电话的速率为 64kbit/s。研究分析表明，合适的误码率参数和 HRX 的误码率指标见表 6-1。

表 6-1　误码率参数和 HRX 的误码率指标

误码率参数	定　义	指　标	长期平均误码率
劣化分（DM）	BER 大于 1×10^{-6} 的分钟数	$<10\%$	$<6.2 \times 10^{-7}$
严重误码秒（SES）	BER 大于 1×10^{-3} 的秒数	$<0.2\%$	$<3 \times 10^{-5}$
误码秒（ES）	$BER \neq 0$ 的秒数	$<8\%$	$<1.3 \times 10^{-6}$

现对 3 种误码率的参数和指标说明如下：

劣化分（DM）：定义误码率大于 1×10^{-6} 的分钟数为劣化分（DM）。HRX 指标要求劣化分占可用分（可用时间减去严重误码秒累积的分钟数）的百分数小于 10%。

严重误码秒（SES）：误码率大于 1×10^{-3} 的秒数为严重误码秒（SES）。HRX 指标要求严重误码秒占可用秒的百分数小于 0.2%。

误码秒（ES）：凡是出现误码（即使只有 1bit）的秒数称为误码秒（ES）。HRX 指标要求误码秒占可用秒的百分数小于 8%。相应地，不出现任何误码的秒数称为无误码秒（EFS），指标要求无误码秒占可用秒的百分数大于 92%。

此外，无论是 BER 还是 ES 与 SES，都是针对 HRDS 而言。我国规定有 3 种 HRDS，即长度分别为 50km、280km 和 420km。

在总测量时间不少于一个月的情况下，HRDS 的误码指标（PDH）见表 6-2。

表 6-2　HRDS 的误码指标（PDH）

HRDS 长度/km	ES	SES	HRDS 长度/km	ES	SES
50	$<0.16\%$	$<0.002\%$	420	$<0.054\%$	$<0.00067\%$
280	$<0.036\%$	$<0.00045\%$			

SDH 则规定了类似的误码指标，即误块秒比（ESR）、严重误块秒比（$SESR$）和背景误块比（$BBER$）。目前高比特率通道的误码性能是以块为单位进行度量的（B1、B2、B3 字节监测的均是误块），由此产生出一组以"块"为基础的参数。这些参数的含义如下：

误块：当块中的比特发生传输差错时称此块为误块。

误块秒（ES）：当某一秒中发现 1 个或多个误块时称该秒为误块秒。

误块秒比（ESR）：在规定测量时间段内出现的误块秒总数与总的可用时间的比值为误块秒比。

严重误块秒（SES）：某一秒内包含有不少于 30% 的误块或者至少出现一个严重扰动期（SDP）时认为该秒为严重误块秒。其中严重扰动期指在测量时，在最小等效于 4 个连续块时间或 1ms（取二者中较长时间段）内所有连续块的误码率 $\geqslant 10^{-2}$ 或者出现信号丢失。

严重误块秒比（$SESR$）：在测量时间段内出现的 SES 总数与总的可用时间之比称为严重误块秒比（$SESR$）。严重误块秒一般是由于脉冲干扰产生的突发误块，所以 $SESR$ 往往反映出设备抗干扰的能力。

背景误块（BBE）：扣除不可用时间和 SES 期间出现的误块之外的称为背景误块

（*BBE*）。

背景误块比（*BBER*）：*BBE* 数与在一段测量时间内扣除不可用时间和 *SES* 期间内所有块数后的总块数之比称背景误块比（*BBER*）。

若这段测量时间较长，那么 *BBER* 往往反映的是设备内部产生的误码情况，与设备采用器件的性能稳定性有关。

ITU-T 将数字链路等效为全长 27500km 的 HRDL，并为链路的每一段分配最高误码性能指标，以便使主链路各段的误码情况在不高于该标准的条件下连成串之后能满足数字信号端到端（27500km）的正常传输要求。

420km、280km、50km 数字段应满足的 SDH 误码性能指标分别见表 6-3、表 6-4 和表 6-5。

表 6-3 420km HRDS 误码性能指标

速率/kbit·s^{-1}	155520	622080	2488320
ESR	3.696×10^{-3}	待定	待定
SESR	4.62×10^{-5}	4.62×10^{-5}	4.62×10^{-5}
BBER	2.31×10^{-6}	2.31×10^{-6}	2.31×10^{-6}

表 6-4 280km HRDS 误码性能指标

速率/kbit·s^{-1}	155520	622080	2488320
ESR	2.464×10^{-3}	待定	待定
SESR	3.08×10^{-5}	3.08×10^{-5}	3.08×10^{-5}
BBER	3.08×10^{-6}	1.54×10^{-6}	1.54×10^{-6}

表 6-5 50km HRDS 误码性能指标

速率/kbit·s^{-1}	155520	622080	2488320
ESR	4.4×10^{-4}	待定	待定
SESR	5.5×10^{-6}	5.5×10^{-6}	5.5×10^{-6}
BBER	5.5×10^{-7}	2.7×10^{-7}	2.7×10^{-7}

6.1.3 抖动性能

抖动是指数字脉冲信号的特定时刻（如最佳判决时刻）相对于其理想时间位置的偏离。

实际上也就是数字脉冲信号的实际有效时间相对于其理想标准时间位置的偏差。偏差时间范围称为抖动幅度（*JPP*），偏差时间间隔对时间的变化率称为抖动频率（*f*）。这种偏差包括输入脉冲信号在某一平均位置左右变化，以及提取时钟信号在中心位置左右变化，抖动示意图如图 6-3 所示。

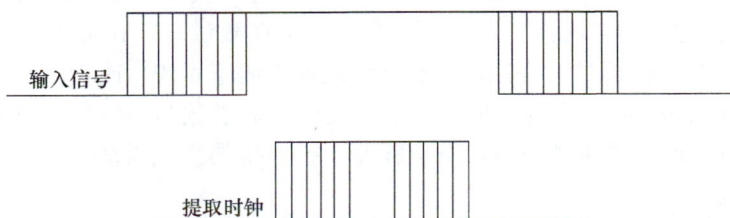

图 6-3 抖动示意图

抖动会对传输质量甚至整个系统的性能产生恶劣影响，如会使信号发生失真，使系统的误码率上升以及会产生或丢失比特导致帧失步等。

产生抖动的机理是比较复杂的，如系统中的各种噪声（热噪声、散粒噪声及倍增噪声等），码间干扰现象，时钟的不稳定以及 SDH 中的映射、指针调整等。

抖动的种类较多，但归纳起来可大致分为如下几种：

1）最大允许输入抖动，又称输入抖动，是指允许输入信号的最大抖动范围。

2）抖动容限，是指加在输入信号上能使设备产生 1dB 光功率代价的抖动值。

3）输出抖动，是指在无输入抖动的条件下设备的输出抖动值。

4）抖动传递特性（仅用于中继器），是指在不同的测试频率下，输入信号的抖动值与输出信号抖动值之比的分布特性。

抖动的单位为 UI，即偏差和码元周期之比，如偏差为 0.50ns，码元周期为 7.18ns（140Mbit/s），则抖动为 $0.5/7.18\mathrm{UI}=0.07\mathrm{UI}$。

光纤通信系统各次群设备输入接口对抖动的要求见表 6-6；表中各符号的意义如图 6-4 所示（图中所示漂移将在后面介绍）。

表 6-6　设备输入接口对抖动的要求

速率/Mbit·s^{-1}	J/UI（峰-峰值）				频率/Hz							
	A_0	A_1	A_2	A_3	f_0	f_{10}	f_9	f_8	f_1	f_2	f_3	f_4
8.448	152	15	0.2	*	1.2×10^{-5}	*	*	*	20	400	3000	4×10^5
34.368	618	15	0.15	*	*	*	*	*	—	—	—	—
139.264	2506	15	0.075	*	*	*	*	*	—	—	—	—

注：＊表示未定。

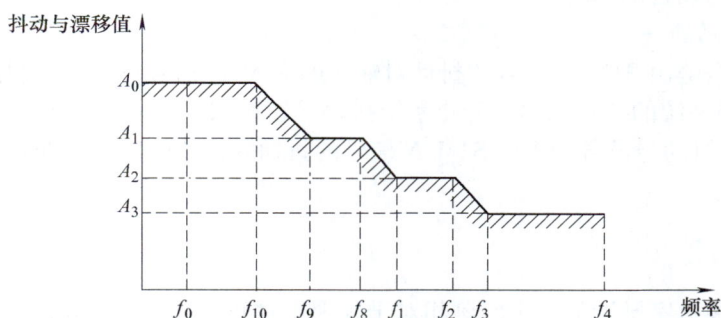

图 6-4　设备输入抖动与漂移值

在 SDH 网络中除了具有其他传输网的共同抖动源——各种噪声源、定时滤波器失谐、再生器固有缺陷（码间干扰、限幅器门限漂移）等，还有两个 SDH 网络特有的抖动源：

1）在将支路信号装入 VC 时，加入了固定塞入比特和控制塞入比特，分接时需要移去这些比特，这将导致时钟缺口，经滤波后产生残余抖动——脉冲塞入抖动。

2）指针调整抖动。此种抖动是由指针进行正/负调整和去调整时产生的。对于脉冲塞入抖动，与 PDH 的正码脉冲调整产生的情况类似，可采用措施使它降低到可接受的程度，而指针调整（以字节为单位，隔 3 帧调整一次）产生的抖动由于频率低、幅度大，很难用一般方法加以滤除。

SDH 网络中常见的度量抖动性能的参数如下：

1. 输入抖动容限

输入抖动容限分为 PDH 输入口的（支路口）和 STM-N 输入口（线路口）的两种输入抖动容限。对于 PDH 输入口的输入抖动容限，是在使设备不产生误码的情况下，该输入口所能承受的最大输入抖动值。PDH 网络和 SDH 网络的长期共存，使传输网络中有在 SDH 网元上开通 PDH 业务的需要，要满足这个需求，则该 SDH 网元的支路输入口必须能包容 PDH 支路信号的最大抖动，即该支路口的抖动容限能承受得了所有 PDH 信号的抖动。

STM-N 输入口（线路口）的输入抖动容限定义为能使光设备产生 1dB 光功率代价的正弦峰-峰抖动值。该参数是用来规范当 SDH 网元互连在一起传输 STM-N 信号时，本级网元的输入抖动容限应能包容上级网元产生的输出抖动。

2. 输出抖动容量

输出抖动容量与输入抖动容限类似，也分为 PDH 支路口和 STM-N 线路口。定义为在设备输入无抖动的情况下，由端口输出的最大抖动。

SDH 设备的 PDH 支路端口的输出抖动应保证在 SDH 网元下开通 PDH 业务时，所输出的抖动能使接收此 PDH 信号的设备所承受。STM-N 线路端口的输出抖动应保证接收此 STM-N 信号的 SDH 网元能承受。

3. 映射抖动和结合抖动

因为在 PDH/SDH 网络边界处由于调整和映射会产生 SDH 的特有抖动，为了规范这种抖动，采用映射抖动和结合抖动来描述这种抖动情况。

映射抖动：在 SDH 设备的 PDH 支路端口处输入不同频偏的 PDH 信号，在 STM-N 信号未发生指针调整时，设备的 PDH 支路端口处输出 PDH 支路信号的最大抖动。

结合抖动：在 SDH 设备线路端口处输入符合 G.783 规范的指针测试序列信号，此时 SDH 设备发生指针调整，适当改变输入信号频偏，这时设备的 PDH 支路端口处输出信号测得的最大抖动就为设备的结合抖动。

4. 抖动转移函数——抖动转移特性

为了规范设备输出 STM-N 信号的抖动对输入的 STM-N 信号抖动的抑制能力（即抖动增益），以控制线路系统的抖动积累，防止系统抖动迅速积累，抖动转移函数定义为设备输出的 STM-N 信号的抖动与设备输入的 STM-N 信号的抖动的比值随频率的变化关系，此频率指抖动的频率。

6.1.4 漂移性能

漂移的定义为数字脉冲的特定时刻相对于其理想时间位置的长时间偏移。这里所说的长时间是指变化频率低于 10Hz 的变化。

与抖动相比，无论从产生机理、本身的特性以及对系统的影响，漂移与抖动皆不相同。

引起漂移最普遍的原因是环境温度的变化。因为环境温度的变化，可能导致光纤传输性能的变化、时钟变化以及激光二极管发射波长的偏移等，它们皆会产生漂移。另外，在 SDH 网元中指针调整和网同步的结合也会产生很低频率的抖动和漂移，不过，总体说来 SDH 网络的漂移主要来自各级时钟和传输系统，特别是传输系统。

图 6-4 与表 6-6 列出了设备输入接口对抖动的要求以供参考。

6.1.5 可靠性指标

衡量通信系统质量的优劣除上述性能指标外，可靠性也是一个重要指标，它直接影响通信系统的使用、维护和经济效益。对光纤通信系统而言，可靠性包括光端机、中继器、光缆线路、辅助设备和备用系统的可靠性。

确定可靠性一般采用故障统计分析法，即根据现场实际调查结果，统计足够长时间内的故障次数，确定每两次故障的时间间隔和每次故障的修复时间。

1. 可靠性表示方法

（1）可靠性 R　可靠性是指在规定的条件和时间内系统无故障工作的概率，它反映系统完成规定功能的能力。可靠性 R 通常用故障率 ϕ 表示，两者的关系为

$$R = \exp(-\phi t) \tag{6-1}$$

（2）故障率　故障率是系统工作到时间 t，在单位时间内发生故障（功能失效）的概率，其单位为 10^{-9}h，称为菲特（fit），1fit 等于在 10^{-9}h 内发生一次故障的概率。

如果通信系统由 n 个部件组成，且故障率与统计无关，则系统的可靠性 R_s 可表示为

$$R_s = R_1 R_2 \cdots R_n = \exp(-\phi_s t) \tag{6-2}$$

2. 可靠性指标规定

根据国家标准的规定，具有主、备用系统自动倒换功能的数字光缆通信系统，容许 5000km 双向全程每年 4 次全阻故障，对应于 420km 和 280km 数字段双向全程分别约为每 3 年 1 次和每 5 年 1 次全阻故障。市内数字光缆通信系统的 HRDL 长为 100km，容许双向全程每年 4 次全阻故障，对应于 50km HBDS 容许双向全程每半年 1 次全阻故障。

（1）不可用时间　传输系统的任一个传输方向的数字信号连续 10s 期间内每秒的误码率均大于 10^{-3}，从这 10s 的第一秒钟起就认为进入了不可用时间。

（2）可用时间　当数字信号连续 10s 期间内每秒的误码率均小于 10^{-3}，那么从这 10s 的第一秒起就认为进入了可用时间。

（3）可用性　可用时间占全部总时间的百分比称为可用性。

为保证系统的正常使用，系统要满足一定的可用性指标，HBDS 的可用性指标见表 6-7。

表 6-7　HBDS 的可用性指标

长度/km	可用性（%）	不可用性	不可用时间/（min/年）
420	99.977	2.3×10^{-4}	120
280	99.985	1.5×10^{-4}	78
50	99.99	1×10^{-4}	52

6.2　系统的设计

光纤通信系统的设计，要求最大限度地利用光纤的频带资源，达到最高的通信能力或容量，提供最大的通信效益。在光纤通信的设计中，人们最关心的莫过于中继距离与传输速率两大系统技术指标了。

光纤通信的最大中继距离可能会受光纤损耗的限制，这就是损耗受限系统；也可能会受到传输色散的限制，这就是色散受限系统。在 PDH 通信中，由于其码速率不高（一般最高为 140Mbit/s），所以传输色散引起的影响并不大，故大多数为损耗受限系统。而在 SDH 通信中，伴随技术的不断发展和人们对通信越来越高的需求，光纤通信的容量越来越大，码速率也越来越高，已从 155Mbit/s 发展到 10Gbit/s，而且正向 20Gbit/s 的方向发展，所以光纤色散的影响越来越大。因此系统可能是损耗受限系统，也可能是色散受限系统。在计算中继

距离时，两种情况都要计算，取其中较小者为最大中继距离。

6.2.1 损耗受限系统

所谓损耗受限系统，是指光纤通信的中继距离受传输损耗参数的限制，如光发送机的平均发光功率、光缆的损耗系数、光接收机灵敏度等。

图6-5为无中继器和中间有一个中继器的数字光纤线路系统的示意图，图中符号说明如下：

T'、T：光端机和数字复接分接设备的接口。

Tx：光发射机或中继器发射端。

Rx：光接收机或中继器接收端。

C_1、C_2：光纤连接器。

S：靠近 Tx 的连接器 C_1 的接收端。

R：靠近 Rx 的连接器 C_2 的发射端。

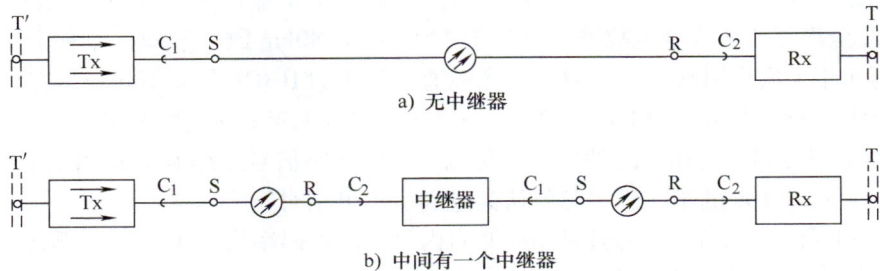

a) 无中继器

b) 中间有一个中继器

图6-5 数字光纤线路系统

损耗受限系统中的中继距离可用下式计算：

$$L = \frac{P_t - P_r - 2A_c - M_E - P_P}{a + a_s + m_c} \tag{6-3}$$

下面针对式（6-3）中各参数的物理含义与取值，做如下说明：

1）P_t：光发送机平均发光功率，这是设备本身给出的技术指标，以 dBm 为单位。

2）P_r：光接收机灵敏度。它也是设备本身给出的技术指标，也以 dBm 为单位。

3）A_c：活动连接器的损耗。活动连接器又称活接头，它把光纤线路和光终端设备连接在一起，可以方便地进行拆装。因在光发送机与光接收机上各有一个活接头，故式中为 $2A_c$。一般取 $A_c = 0.5\text{dB}$。

4）M_E：设备富余度，包括由于时间和环境变化而引起的发送光功率、接收灵敏度下降，以及设备的光连接器性能劣化所需的富余度。设备富余度不少于3dB。主要考虑光终端设备在长期使用过程中会出现性能老化，一般取 $M_E = 3\text{dB}$。

5）P_P：光通道功率代价。光通道功率代价包括由于反射和码间干扰、模分配噪声、激光器的啁啾声引起的总色散代价。ITU-T（原 CCITT）规定 P_P 一般取 1dB 以下。

6）a：光纤的损耗系数。该参数的取值由所提供的光缆参数给定，单位为 dB/km。其典型值为在 1310nm 波长，$a = 0.3 \sim 0.4\text{dB/km}$；在 1550nm 波长，$a = 0.15 \sim 0.25\text{dB/km}$。

7）a_s：平均每千米接续损耗。在具体施工中需要把一盘盘的光缆用熔接机连接起来才能形成较长的传输线路。随着技术的不断发展，每个熔接点的损耗可以保证在 0.05dB 以下。

一般来讲，光缆每盘长度为 3km，所以可取 $a_s = 0.05/3\text{dB}$。

8）m_c：光缆富余度。光缆在长期使用中性能会发生老化。尤其是随环境温度的变化（主要是低温），其损耗系数会增加，故必须留出一定的余量。一般取值为 $m_c = 0.1 \sim 0.2\text{dB/km}$。

知道式（6-3）中各参数的物理意义与取值范围后，就可以很容易地计算出最大中继距离。当然也可以根据预先设计好的中继距离去计算对某些参数的要求，如对光纤的损耗系数的要求或对光发送机发光功率、光接收机灵敏度的要求等。

6.2.2　色散受限系统

所谓色散受限系统，是指中继距离受光纤的色散、光源的谱宽等因素的影响和限制的光纤通信系统。

光纤通信系统中存在着两大类色散，即模式色散与模内色散。

模式色散又称模间色散，是由多模光纤引起的。因为光波在多模光纤中传输时，由于光纤的几何尺寸等因素的影响存在着许多种传播模式，每种传播模式皆具有不同的传播速度与相位，这样，在接收端会造成严重的脉冲展宽，降低了光接收机的灵敏度。

模式色散的数值较大，会严重地影响光纤通信的中继距离。但是，在单模光纤通信技术日趋成熟的今天，单模光纤已经被广泛采用。因此多模光纤已经很少使用了，即使采用也只是用于小容量的光纤通信（码速率 34Mbit/s 以下）。模式色散的影响主要表现在光纤的模畸变带宽上，因此在进行系统设计时，所选光纤的带宽满足 S 和 R 间（此处的 S 和 R 在图 6-5b 中有提到）的带宽要求（一般很容易达到），则完全可以不用考虑色散受限的问题。

对于单模光纤通信系统而言，由于该系统中实现了单模传输，所以不存在模式色散的问题而是模内色散的问题。模内色散是指在一个单独的模式内发生的脉冲展宽。模内色散产生的原因主要是材料色散与波导色散，故单模光纤的色散主要表现在材料色散与波导色散的影响，通常用色散系数 $D(\lambda)$ 来综合描述单模光纤的色散。

单模光纤的色散系数是非常小的，但因单模光纤系统的容量（即码速率）远远大于多模光纤系统，所以出现了一些新的问题，使单模光纤通信系统的色散问题反而变得重要了，成为传输中继距离不可忽视的问题。换句话讲，高速率的单模光纤通信系统在很多情况下是色散受限系统。

单模光纤的色散对系统性能的影响主要表现如下 3 方面：

（1）码间干扰　单模光纤通信中所用光源器件的谱宽是非常狭窄的，往往只有几纳米，但它毕竟有一定的宽度。也就是说它所发出的光具有多根谱线。每根谱线皆各自受光纤的色散作用，会在接收端造成脉冲展宽现象，从而产生码间干扰。

（2）模分配噪声　光源器件的发光功率是恒定的，即各谱线的功率之和是一个常数。但在高码速率脉冲的激励下，各谱线的功率会出现起伏现象（此时仍保持功率之和恒定），这种功率随机变化与光纤的色散相互作用，就会产生一种特殊的噪声，即所谓模分配噪声，也会导致脉冲展宽。

（3）啁啾声　此类影响仅对光源器件为单纵模激光器时才出现。当高速率脉冲激励单纵模激光器时，会使其谐振腔的光通路长度发生变化，致使其输出波长发生偏移，即所谓啁啾声。啁啾声也会导致脉冲展宽。

总之，单模光纤的色散虽然非常小，但在高码速率应用的情况下其影响绝不可忽略。

对色散受限系统中继距离的计算可分两种情况予以考虑：

1）光源器件为多纵模激光器（MLM）或发光二极管时，其中继距离为

$$L = \frac{\varepsilon}{\delta_\lambda D(\lambda)f_b} \tag{6-4}$$

式中，ε 为光脉冲的相对展宽值（当光源为多纵模激光器时，$\varepsilon = 0.115$；当光源为发光二极管时，$\varepsilon = 0.306$）；δ_λ 为光源的根均方谱宽，单位为 nm；$D(\lambda)$ 为所用光纤的色散系数，单位为 ps/(km·nm)；f_b 为系统的速率，单位为 bit/s。

2）当光源器件为单纵模激光器（SLM）时，啁啾声引起的脉冲展宽占主要地位，其中继距离为

$$L = \frac{71400}{\alpha D(\lambda)\lambda^2 f_b^2} \tag{6-5}$$

式中，α 为啁啾声系数［对分布反馈型（DFB）单纵模激光器而言，$\alpha = 4 \sim 6\text{ps/nm}$；对量子级激光器而言，$\alpha = 2 \sim 4\text{ps/nm}$］；$D(\lambda)$ 仍为单模光纤的色散系数，单位为 ps/(km·nm)；λ 为系统的工作波长上限，单位为 nm；f_b 为系统的速率，单位为 Tbit/s。

对数字光纤通信系统而言，系统设计的主要任务是根据用户对传输距离、传输容量（话路数或比特率）及其分布的要求，按照国家相关的技术标准和当前设备的技术水平，经过综合考虑和反复计算，选择最佳的路由、局站设置、传输体制、传输速率以及光纤光缆和光端机的基本参数和性能指标，以使系统的实施达到最佳的性能价格比。

在技术上，系统设计的主要问题是确定中继距离，尤其对长途光纤通信系统，中继距离设计是否合理，对系统的性能和经济效益影响很大。中继距离的设计有 3 种方法：最坏情况法（参数完全已知）、统计法（所有参数都是统计定义）和半统计法（只有某些参数是统计定义）。这里采用最坏情况设计法，用这种方法得到的结果，设计的可靠性为 100%，但要牺牲可能达到的最大长度。中继距离受光纤线路损耗和色散（带宽）的限制，明显随传输速率的增加而减小。中继距离和传输速率反映着光纤通信系统的技术水平。

6.2.3　中继距离和传输速率

光纤通信系统的中继距离受损耗限制时由式（6-3）确定，受色散限制时由式（6-4）和式（6-5）确定。损耗限制和色散限制两个计算结果中，一般选取较短的距离作为中继距离计算的最终结果。

例6-1　某 140Mbit/s 光纤通信系统的参数为光发送机最大发光功率 $P_{max} = -2\text{dBm}$，光接收机灵敏度 $P_r = -43\text{dBm}$，光纤损耗系数 $\alpha = 0.4\text{dB/km}$，求其最大中继距离。

解：除上述参数外，其他参数取值：设备富余度 $M_E = 3\text{dB}$；活接头损耗 $A_c = 0.5\text{dB}$；因码速率较低，可以不考虑光通道功率代价，故 $P_P = 0$；平均每千米接续损耗 $a_s = 0.05/2\text{dB} = 0.025\text{dB}$；光缆富余度 $m_c = 0.1\text{dB/km}$。

如果采用 NRZ 码调制，则光发送机平均发送光功率应该是最大发光功率的一半，即 $P_t = (-2-3)\text{dBm} = -5\text{dBm}$。

把上述数据代入式（6-3）：

$$L = \frac{-5-(-43)-2\times0.5-3}{0.4+0.025+0.1}\text{km} = 65\text{km}$$

若采用 RZ 码调制，可以求得最大中继距离 $L = 59\text{km}$。

可见，采用 NRZ 码调制比采用 RZ 码要稍好一些。

下面举一个实例来说明如何综合考虑中继距离的计算。

例 6-2 有一个 622.080Mbit/s 的单模光纤通信系统，系统工作波长为 1310nm，其光发送机平均发光功率 $P_t \geqslant 1$dBm，光源采用多纵模激光器，其谱宽 $\delta_\lambda = 1.2$nm。光纤采用色散系数 $D(\lambda) \leqslant 3.0$ps/(km·nm)、衰耗系数 $a \leqslant 0.3$dB/km 的单模光纤。光接收机采用 InGaAs 雪崩光电二极管，其灵敏度为 $P_r \leqslant -30$dBm。试求其最大中继距离。

解： 先按损耗受限求其中继距离。

由式（6-3）可得

$$L_1 = \frac{P_t - P_r - 2A_c - M_E - P_P}{a + a_s + m_c} = \frac{1 - (-30) - 2 \times 0.5 - 3 - 1}{\dfrac{0.3 + 0.05}{2 + 0.1}}\text{km} = 61.2\text{km}$$

再按色散受限求其中继距离。因为光源为多纵模激光器，所以取 $\varepsilon = 0.115$，于是由式（6-4）得

$$L_2 = \frac{\varepsilon}{\delta_\lambda D(\lambda) f_b} = \frac{0.115}{1.2 \times 3.0 \times 10^{-12} \times 622.08 \times 10^6}\text{km} = 51\text{km}$$

两个中继距离值相比较，显然此系统为色散受限系统，其最大中继距离应为 51km。

各种光纤的中继距离和传输速率的关系如图 6-6 所示，包括损耗限制和色散限制的结果。

由图 6-6 可见，对于波长为 0.85μm 的多模光纤，由于损耗大，中继距离一般在 20km 以内（这里指的是一般情况，而图中所示为理论极限值），传输速率很低，SIF 光纤的速率不如同轴线，GIF 光纤的速率在 0.1Gbit/s 以上就受到色散限制。单模光纤在长波长工作，损耗大幅度降低，中继距离可达 100～200km。在 1.31μm 零色散波长附近，当速率超过 1Gbit/s 时，中继距离才受色散限制。在 1.55μm 波长上，由于色散大，通常要用单纵模激光器，理想系统速率可达 5Gbit/s，但实际系统由于光源调制产生频率啁啾，导致谱线展宽，速率一般限制为 2Gbit/s，而采用色散移位光纤和外调制技术，可以使速率达到 20Gbit/s 以上。

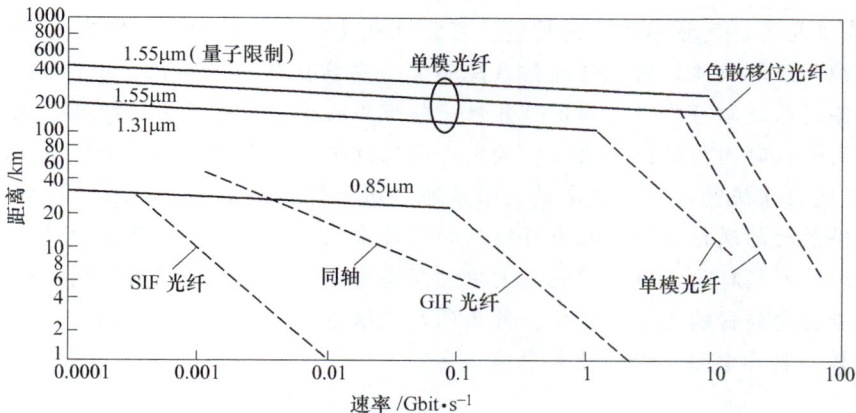

图 6-6 各种光纤的中继距离和传输速率的关系

现在可以把反映光纤传输系统技术水平的指标、速率×距离（$f_b L$）乘积大体归纳如下：

0.85μm SIF 光纤，$f_b L = 0.01$Gbit/s × 1km = 0.01km·Gbit/s

0.85μm GIF 光纤，$f_b L = 0.1$Gbit/s × 20km = 2.0km·Gbit/s

1.31μm SMF 光纤，$f_b L = 1$Gbit/s × 125km = 125km·Gbit/s

1.55μm SMF 光纤，$f_b L = 2$Gbit/s × 75km = 150km·Gbit/s

1.55μm DSF 光纤，$f_b L = 20\text{Gbit/s} \times 80\text{km} = 1600\text{km} \cdot \text{Gbit/s}$

小　　结

1）光纤通信系统是数字通信网的一个重要组成部分。为保证通信网正常有效地工作，必须建立一个数字传输模型，确定光纤通信系统在参考模型中的位置和作用，提出对系统性能指标的要求，从而正确地设计光纤通信系统。为此，原CCITT（现ITU-T）提出了系统参考模型（又称为数字传输模型）。系统参考模型包括假设参考连接（Hypothesis Reference Connection，HRC）、假设参考数字链路（Hypothesis Reference Digital Link，HRDL）、假设参考数字段（Hypothesis Reference Digital Section，HRDS）和中继段等模型。

2）为了满足整个数字通信网正常运作的要求，必须对数字光纤通信系统性能指标进行规范。

3）误码性能。所谓误码，是指经光接收机的接收与判决再生之后，码流中的某些比特发生了差错。传统上常用长期平均误码率（BER）来衡量系统的误码性能，BER是在某一规定的观测时间内的传输码流中出现误码的概率，即发生差错的比特数和传输比特总数之比。

4）抖动性能。抖动是指数字脉冲信号的特定时刻（如最佳判决时刻）相对于其理想时间位置的偏离。抖动会对传输质量甚至整个系统的性能产生恶劣影响，如会使信号发生失真，使系统的误码率上升以及会产生或丢失比特导致帧失步等。产生抖动的机理是比较复杂的，如系统中的各种噪声（热噪声、散粒噪声及倍增噪声等），码间干扰现象，时钟的不稳定以及SDH中的映射、指针调整等。

5）漂移性能。漂移的定义为数字脉冲的特定时刻相对于其理想时间位置的长时间偏移。这里所说的长时间是指变化频率低于10Hz的变化。引起漂移最普遍的原因是环境温度的变化。

6）可靠性指标。衡量通信系统质量，可靠性也是一个重要指标，它直接影响通信系统的使用、维护和经济效益。对光纤通信系统而言，可靠性包括光端机、中继器、光缆线路、辅助设备和备用系统的可靠性。确定可靠性一般采用故障统计分析法，即根据现场实际调查结果，统计足够长时间内的故障次数，确定每两次故障的时间间隔和每次故障的修复时间。

7）光纤通信系统的设计，要求最大限度地利用光纤的频带资源，达到最高的通信能力或容量，提供最大的通信效益。在光纤通信的设计中，人们最关心的莫过于中继距离与传输速率两大系统技术指标。光纤通信的最大中继距离可能会受光纤损耗的限制，称为损耗受限系统；也可能会受到传输色散的限制，称为色散受限系统。在进行中继距离的计算时，两种情况都要计算，取其中较小者为最大中继距离。

思　考　题

1）光纤通信系统的性能指标有哪些？
2）什么是误码秒与严重误码秒？
3）什么是损耗受限系统？什么是色散受限系统？
4）设140Mbit/s数字光纤通信系统光发射机平均发光功率为-3dBm，光接收机灵敏度为-38dBm，设备富余度为4dB，活动连接器损耗为0.5dB，平均每千米接续损耗为0.05dB/km，光纤损耗系数为0.4dB/km，光缆富余度为0.05dB/km，试计算中继距离L。

实训 8　光纤通信系统误码性能的测试

由于光纤通信系统具有高传输质量，所以它的误码性能指标均可按高级电路对待，即每千米长度光纤分得各项总指标的 0.0016%，那么就可得 L（单位为 km）长度的光纤通信系统各项误码性能指标。由于目前光纤通信系统主要采用 SDH 进行传输，所以本节主要介绍 SDH 误码性能测试方法。

SDH 误码性能测试方法可以分成两大类，即停业务测试和在线测试，两类方法各有其应用场合。在维护工作中，一般较低的网络级（低速率通道）较多地采用停业务测试；而对于较高的网络级（高速率通道或线路系统），由于停业务测试对业务影响面太大，故较多采用在线测试。在实际测试中，为方便起见，都采用对端电接口环回、本端测试的方法。

一、实训目的

1）熟悉和掌握 SDH 误码停业务测试。
2）熟悉和掌握 SDH 误码在线测试。

二、测试准备

学校实验室准备好模拟运行的光纤通信系统实验箱及测试仪器设备。

三、测试过程

1. SDH 误码停业务测试

SDH 误码停业务测试配置如图 6-7 所示，其中图 6-7a 是单向测试，图 6-7b 是环回测试。

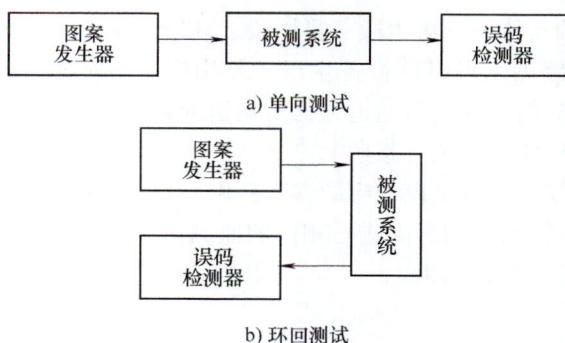

a) 单向测试

b) 环回测试

图 6-7　SDH 误码停业务测试配置

如果测试以环回方式进行，指标仍用单向指标；如果测试失败，则需按两个单向指标进行。

测试操作步骤如下：

1）按图 6-7 接好电路。

2）按被测通道速率等级，选择合适的 PRBS（伪随机码）或测试信号结构，从被测系统输入口送测试信号。

3）用下面的方法判断系统工作正常：第一个测试周期 15min，在此周期内如没有误码和不可用等事件，则确认系统已工作正常；在此周期内，若观测到任何误码或其他事件，应重复测试一个周期（15min），至多两次。如果第3个测试周期内，仍然观测到误码或其他事件，则认为系统工作异常，需要查明原因。

4）系统工作正常的条件下，可进行长期观测，按指标要求设置总的观测时间（如24h），设置打印时间间隔（如6h），并设置性能评估为G.826，最后启动测试开始键，并锁定仪表。

5）测试结束，从测试仪表上读出测试结果。

2. SDH 误码在线测试

误码在线测试是在开放业务的条件下，通过监视与误码有关的开销字节 B1、B2、B3 和 V5（b1、b2）来评估误码性能参数。其参数和指标与停业务测试相同。误码在线测试配置如图6-8所示，其中图6-8a是通过光耦合器在光路测试，图6-8b是通过设备提供的监测接口测试。

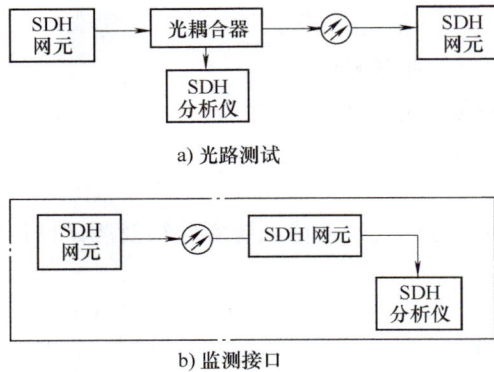

a) 光路测试

b) 监测接口

图 6-8　误码在线测试配置

测试操作步骤如下：

1）根据需要测试的实体——再生段、复用段、高阶通道或低阶通道，选择适当的监视点（通过光耦合器在光路测试可以监视再生段、复用段、高阶通道或低阶通道的全部误码性能，在监测接口测试只能监视高阶通道或低阶通道的误码性能）。

2）在监视点接入 SDH 分析仪（接收）。

3）调整 SDH 分析仪，同时监视相应的参数：B1、B2、B3 和 V5（b1、b2）字节。

4）设置测试时间，同时在网管上进行相同的监测。

5）测试结束后，记录测试结果。

第7章 光传送网（OTN）

目标： 通过本章的学习，应掌握和了解以下内容：

- 了解 OTN 的产生过程。
- 掌握 OTN 分层及结构。
- 了解 OTN 产生的特点。
- 掌握 OTN 的域分割。
- 掌握 OTN 帧结构及开销。
- 掌握 OTN 复用与映射结构。

7.1 OTN 概述

1998 年，国际电信联盟电信标准化部门（ITU – T）正式提出了 OTN 的概念。从其功能上看，OTN 在子网内可以以全光形式传输，而在子网的边界处采用光 – 电 – 光转换。这样，各个子网可以通过 3R 再生器连接，从而构成一个大的光网络。OTN 是由 ITU – T G. 872、G. 798、G. 709 等建议定义的一种全新的光传送技术体制，它包括光层和电层的完整体系结构，对于各层网络都有相应的管理监控机制和网络生存性机制。

在 OTN 的功能描述中，光信号是由波长（或中心波长）来表征。光信号的处理可以基于单个波长，或基于一个波分复用组（基于其他光复用技术，如时分复用、光时分复用或光码分复用的 OTN，还有待研究）。OTN 在光域内可以实现业务信号的传递、复用、路由选择、监控，并保证其性能要求和生存性。OTN 可以支持多种上层业务或协议，如 SONET/SDH、ATM、Ethernet、IP、PDH、FibreChannel、GFP、MPLS、OTN 虚级联、ODU 复用等，是未来网络演进的理想基础。全球范围内越来越多的运营商开始构造基于 OTN 的新一代传送网络，系统制造商们也推出具有更多 OTN 功能的产品来支持下一代传送网络的构建。

7.1.1 OTN 的产生

SDH/SONET 和 WDM 技术是目前传送网使用的主要技术。SDH/SONET 偏重于业务电层的处理，以 VC 交叉调度、同步和单通道线路为基本特征，为子速率业务（E1/T1/E3/T3/STM – N）提供接入、复用、传送、灵活的调度、管理以及保护；WDM 则专注于业务光层的处理，以多通道复用/解复用和长距离传输为基本特征，为波长级业务提供低成本传送。

随着网络带宽的需求越来越大，以 VC 调度为基础的 SDH/SONET 网络在传送层方面呈现出了明显不足；而传统 WDM 技术采用客户信号直接映射进光通道的方式，使其只能定位于点对点的应用。

OTN 的灵感来源于 SDH/SONET（映射、复用、灵活地交叉、嵌入式开销、级联、保护、FEC 等）。OTN 将 SDH/SONET 的可运营、可管理能力应用到 WDM 系统中，同时具备了 SDH/SONET 和 WDM 的优势，可以真正满足各类运营商的运营及维护需求。OTN 产生的时间节点如图 7-1 所示。

OTN 是面向传送层的技术，内嵌标准 FEC，在光层和电层具备完整的维护管理开销功

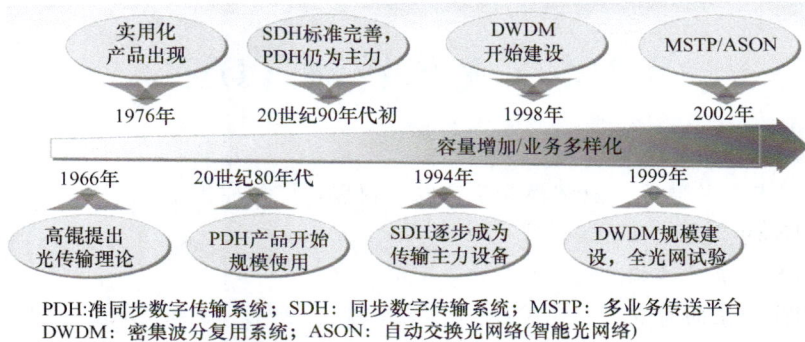

PDH:准同步数字传输系统；SDH：同步数字传输系统；MSTP：多业务传送平台
DWDM：密集波分复用系统；ASON：自动交换光网络（智能光网络）

图 7-1　OTN 产生的时间节点

能，适用于大颗粒业务的承载与调度。SDH 主要是面向接入层和汇聚层，无 FEC，电层的维护管理开销较为丰富，对于大小颗粒业务都适用，OTN 设计的初衷是希望将 SDH 作为净负荷完全封装到 OTN 中，如图 7-2 所示。

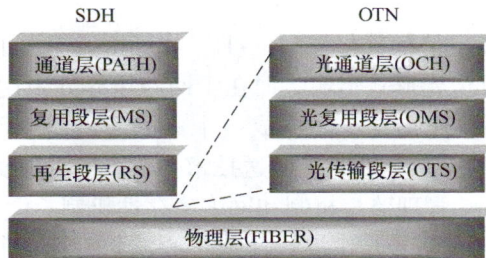

图 7-2　OTN 与 SDH 的关系

7.1.2　OTN 的特点

OTN 主要经历了三个过程：一是以 SDH 帧为主的光纤通信网，二是以波分复用为主的通信网，最后形成 OTN。光传送网的特点如下：

1）OTN 按信号波长进行信号处理：对所传送数字信号的传输速率、数据格式及调制方式完全透明，可透明传送今天已广泛使用的 SDH、IP、Ethernet、FR 和 ATM 等信号，且可透明传送今后使用的新数字业务信号。

2）OTN 采用 DWDM 传输技术：超大容量传输，极强的可扩充性，可不断地根据业务发展情况进行网络扩容。

3）OTN 采用光交叉技术：极强的重新配置及保护、恢复特性；可进行波长级、波长组级和光纤级灵活重组；在波长级上可提供端到端波长业务；网络恢复时间可降低到 100ms 量级。

4）OTN 简化了网络层次和结构：大量使用光无源器件，简化了网络管理和规划难度，提高了网络可靠性，大幅度降低了网络建设和运营维护成本。

5）OTN 主要在光域内传送和处理信号，消除了电子瓶颈。

6）OTN 使用模拟波分复用：有效克服 SDH（TDM）无法实现的突发数据流量有效使用带宽的缺陷；使得网络更具可扩展性和易管理性，满足不断增长的互联网和其他数据业务需求。

7.1.3 OTN 的功能

OTN 的功能包括：

1）客户信号的传送功能（SDH 10G、WDM 10G/OCH、OTN 100G/OCH）。

2）客户信号的复用功能（SDH STM-N、WDM OCH、OTN ODUk）。

3）客户信号的交叉（路由）功能（SDH 有，WDM 无，OTN 有）。

4）客户信号的监测功能（SDH ECC：Error Correcting Code；WDM OSC：光学监控信道；OTN TCM：Tandem Connection Monitoring）。

5）客户信号的生存性保障功能［SDH MSP/SNCP（子网连接保护）/PP/ASON；WDM OLP（光线路保护）/OCP（光通道保护）；OTN OCP/OLP/OWSP（Optical Wavelength Shared Protection，光波长共享保护）/ODUk SPRing/ASON/SNCP］。

7.2 OTN 体系架构

7.2.1 OTN 分层及结构

OTN 的光学通道层分为三个子层：光信道层（OCH）、光复用段层（OMS）、光传输段层（OTS）。数字封装主要存在于 OCH 层，3R 再生点之间提供透明网络连接。

G.709 标准还提供一种选择：没有 OMS 或 OTS 层，只有一个单一信道通过光缆上不采用 DWDM 结构的单个光学信道传输，如图 7-3 所示。

OTN 网络层次图如图 7-4 所示。图中 OPU、ODU、OTU 为电域映射、复用、指针调整，OCC 为光电变换，统一为 OCH。光信道层（OCH）、光复用段层（OMS）、光传输段层（OTS），由上至下为被服务与服务关系。

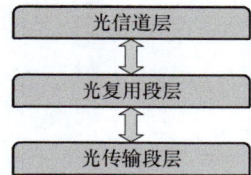

图 7-3　OTN 分层及结构图

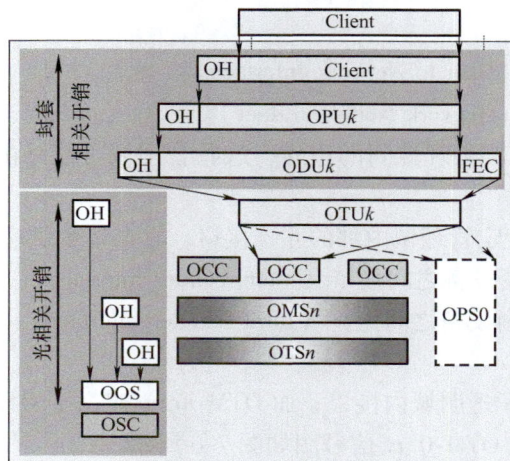

图 7-4　OTN 网络层次图

光传送网电层及光层间关系如下：

光通路净负荷单元 OCH Payload Unit（OPUk）

光通路数据单元	OCH Data Unit（ODUk）
光通路传送单元	OCH Transport Unit（OTUk）
光通路载波	Optical Channel Carrier（OCC）
光通路	Optical Channel（OCH）　以上四层之和为光通路层
光复用段	Optical Multiplex Section
光传送段	Optical Transmission Section
OTM 开销信号	OTM Overhead Signal
光监控信道	Optical Supervisory Channel
光物理段	Optical Physical Section　光传送段与光监控合为一路注入光纤

7.2.2　OTN 的分割

1. OTN 的域分割

OTN 区域分割图如图 7-5 所示。

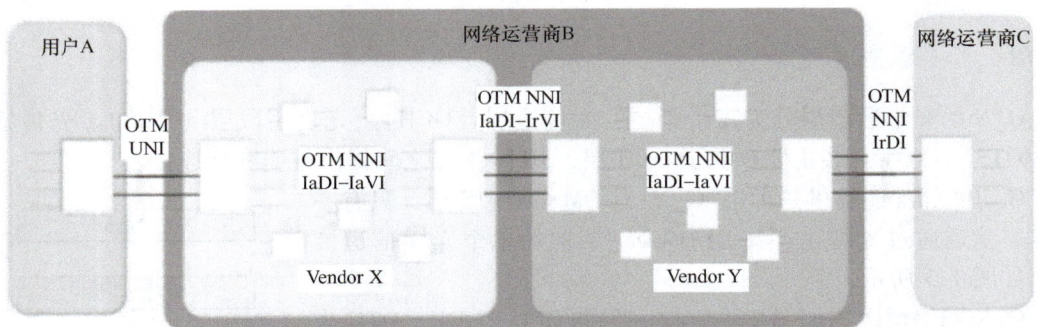

图 7-5　OTN 区域分割图

OTN 技术体制定义了两类网络接口——IrDI 和 IaDI。IrDI 接口定位于不同运营商网络之间或同一运营商网络内部不同设备厂商之间的互联，具备 3R 功能，而 IaDI 定位于同一运营商或设备商网络内部接口。

UNI：用户网络接口（User to Network Interface）。

NNI：网络节点接口（Network Node Interface）。

域间接口（IrDI）：不同管理域间的边界，这些管理域可能是由多个网络运营商拥有和管理。

域内接口（IaDI）：特定管理域内部的互连接口，它在单个供应商的子网内。

IrVI：不同设备供应商设备之间接口（Inter-Vendor Interface）。

IaVI：同一设备供应商设备之间接口（Intra-Vendor Interface）。

2. OTM 信号

OTM-$n.m$ 定义了 OTN 透明域内接口，而 OTM-$nr.m$ 定义了 OTN 透明域间接口。

（1）OTM-0.m 信号　OTM-0.m 信号图如图 7-6 所示。

图 7-6　OTM-0.m 信号图

OTM-0.m 没有波长，没有光层开销，不支持光监控通道，但具有特定帧格式（OTUk）。

m = 速率等级（1 表示 2.5Gbit/s，2 表示 10Gbit/s，3 表示 40Gbit/s），例如 m = 2 或 m = 3 用于和其他厂家的波分设备互连（OTUk 互连）。

（2）OTM-$n.m$ 信号　OTM-$n.m$ 信号图如图 7-7 所示。

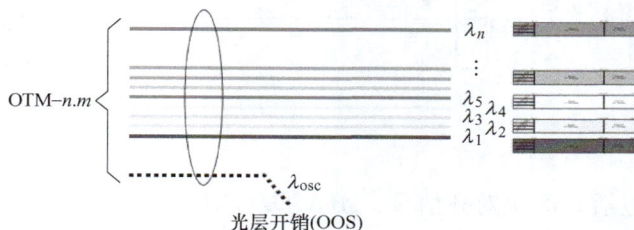

图 7-7　OTM-$n.m$ 信号图

OTM-$n.m$ 是指波分设备最终输出的主光信号由多个波长组成，每个波长信号都有特定的帧格式（OTUk），同时支持光层开销（OOS）和光监控通道。

n = 波长数，例如 n = 40，n = 80。

m = 速率等级（1 表示 2.5Gbit/s，2 表示 10Gbit/s，3 表示 40Gbit/s），例如 m = 1，m = 2，m = 3。

波分设备用于自身的设备之间互连，功能强大，但无法和其他厂家波分设备互通。光监控通道各厂家的实现方法不同，另外不同厂商可能会对 OTUk 帧做一些特殊修改（OTUkV），例如使用 AFEC 替代标准 FEC。

（3）OTM-$nr.m$ 信号　OTM-$nr.m$ 信号图如图 7-8 所示。

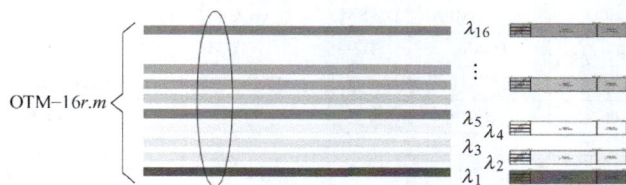

图 7-8　OTM-$nr.m$ 信号图

OTM-$nr.m$ 是指波分设备最终输出的主光信号由多个波长组成，每个波长信号都有特定的帧格式（OTUk），其中：

n = 波长数，例如 n = 40，n = 80。

r = Reduced，指不支持光层开销和光监控通道。

m = 速率等级（1 表示 2.5Gbit/s，2 表示 10Gbit/s，3 表示 40Gbit/s），例如 m = 2 或 m = 123 用于和其他厂家的波分设备互连（在波长级互连）。

7.2.3　OTN 帧结构及开销

当 OTU 帧结构完整（OPU、ODU 和 OTU）时，ITU G.709 提供开销所支持的 OAM&P 功能。OTN 规定了类似于 SDH 的复杂帧结构。OTN 有着丰富的开销字节用于 OAM。OTN 设备具备和 SDH 类似的特性，支持子速率业务的映射、复用和交叉连接、虚级联。

OTN 帧结构及开销如图 7-9 所示。

OTN 电层开销包括帧定位开销、OTUk 开销、ODUk 开销、OPUk 开销、FEC 前向纠错开

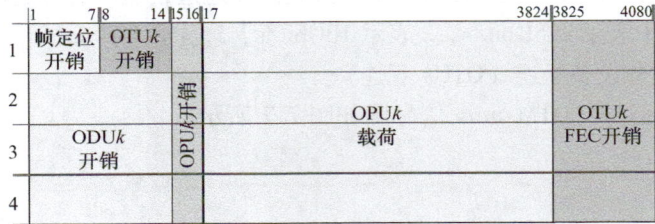

图 7-9　OTN 帧结构及开销

销，其中：

1）帧定位开销包括 FAS 帧对齐信号、MFAS 复帧对齐信号。

2）OTUk 开销包括 SM 段监控、GCC0 通用通信通道、RES 保留作国际标准化用途开销。

3）ODUk 开销包括 TCMACT TCM 激活/去激活协调协议控制通道、TCMi 串行连接监控子层开销、FTFL 故障类型和故障位置上报通道、PM 通道监控、EXP 实验通道、GCC1/2 通用通信通道 1/2、APS/PCC 自动保护倒换和保护通信控制通道。

4）OPUk 开销包括 PSI 净荷结构标识、JC 调整控制、NJO 负调整机会字节、RES 预留用途开销。

各项电层开销具体内容如下：

1. 帧对齐开销 FAS

帧对齐开销 FAS（Frame Alignment Signal）如图 7-10 所示。

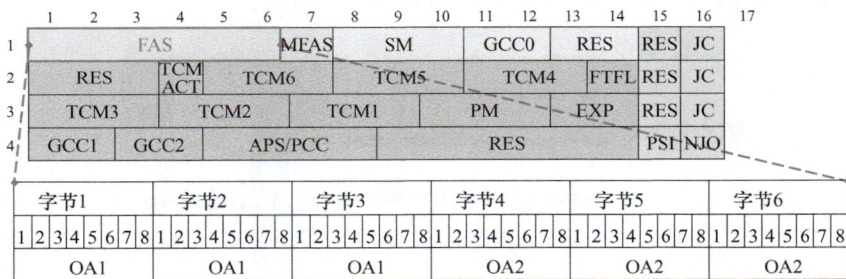

图 7-10　帧对齐开销 FAS

FAS 用于帧对齐和定位，长度为 6 个字节，位于第 1 行第 1～6 列，内容为 3 个 OA1 和 3 个 OA2，OA1 为 0xF6，OA2 为 0x28。

2. 复帧对齐开销 MFAS

复帧对齐开销 MFAS（MultiFrame Alignment Signal）如图 7-11 所示。

MFAS 用于复帧对齐和定位，长度为 1 个字节，位于第 1 行第 7 列。MFAS 字节的数值随着 OTUk/ODUk 基帧序号递增，最多包括 256 个基帧。各个复帧结构的开销可根据具体的需要调整复帧长度。

3. OTUk 段监控开销 SM

OTUk 段监控开销 SM 如图 7-12 所示。

OTUk 段监控开销 SM 包括 TTI（Trail Trace Identifier，路径追踪标识符）、BIP-8（Bit Interleaved Parity-8，误码检测字节）、BEI/BIAE（BacKward Error Indication/Backward Incoming Alignment Error）、BDI（Backward Defect Indication）、IAE（Incoming Alignment Error）。

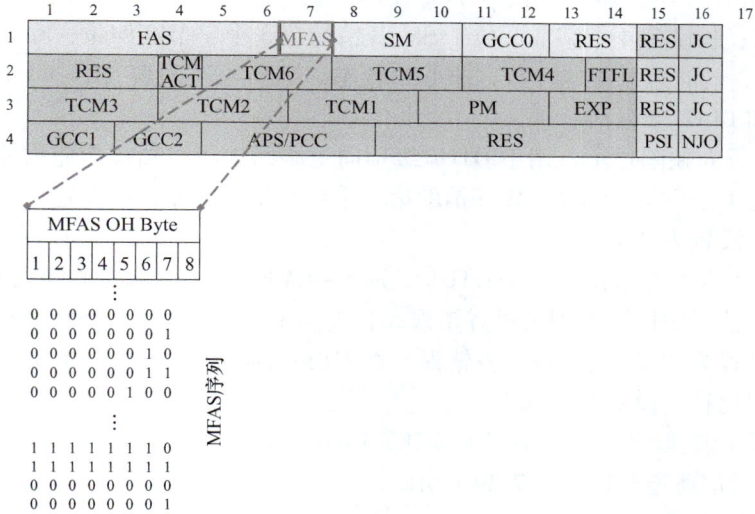

图 7-11　复帧对齐开销 MFAS

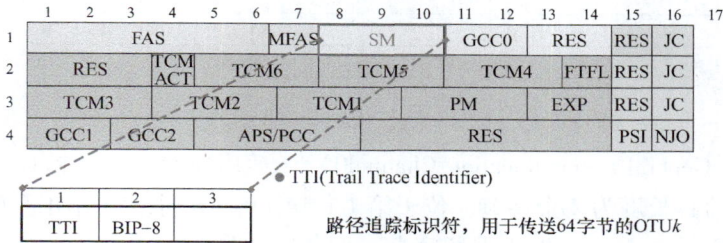

● TTI(Trail Trace Identifier)

路径追踪标识符，用于传送64字节的OTU*k*

图 7-12　OTU*k* 段监控开销 SM

（1）TTI　路径追踪标识符，用于传送 64 字节的 OTU*k* 级别 TTI 信号；长度为 1 个字节，位于 SM 开销的第 1 个字节；64 个字节的 TTI 信号应该与 OTU*k* 复帧对齐，每个复帧发送 4 次；一个复帧可以包括多个 FAS。

TTI 信号构成：16 字节源接入点标识符 SAPI（Source Access Point Identifier）、16 字节目的接入点标识符 DAPI（Destination Access PointIdentifier）、32 字节运营商自定义内容。

（2）BIP-8　误码检测字节，用于 OTU*k* 级别误码检测，采用比特间插偶校验编码；长度为 1 个字节，位于 SM 开销的第 2 个字节；对第 i 个 OTU*k* 帧中的 OPU*k*（列 15～3824）区域内的比特计算得出 OTU*k* BIP-8，并将结果插入到第 $i+2$ 个 OTU*k* 帧的 OTU*k* BIP-8 开销位置，如图 7-13 所示。

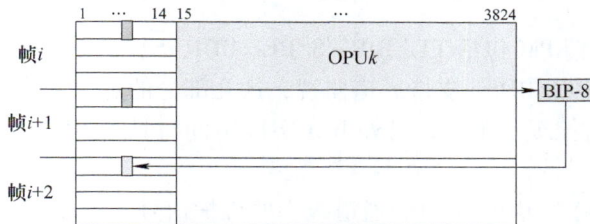

图 7-13　OTU*k* 级别误码检测图

（3）BEI/BIAE BEI/BIAE 用于 OTUk 级别向上游回送已检测出的误码数和引入对齐错误（IAE）状态；长度为 4 个字节，位于 SM 开销的第 3 个字节高四位；在 IAE 状态，该字段设为"1011"，同时忽略误码计数，非 IAE 状态，则插入误码数（0~8），其他 6 个值解释为 0 个误码和 BIAE 未激活。

（4）BDI 反向缺陷指示，用于 OTUk 级别向上游回送段终端宿功能中检测出的信号失效状态；长度为 1 个字节，位于 SM 开销的第 3 个字节第五个比特；设置为"1"指示 OTUk 反向缺陷，否则设置为"0"。

（5）IAE 引入对齐错误，用于 OTUk 级别 S – CMEP 的入口端点通知它的对等 S-CMEP 出口端点在引入信号中已经检测出对齐错误；长度为 1 个字节，位于 SM 开销的第 3 个字节第六个比特；设置为"1"指示帧对齐错误，否则设置为"0"。RES（Reserved）SM 的最后两个比特为保留比特，设置为"00"。

4. OTUk 通用通信通道开销 GCC0/保留开销 RES

OTUk 通用通信通道开销如图 7-14 所示。

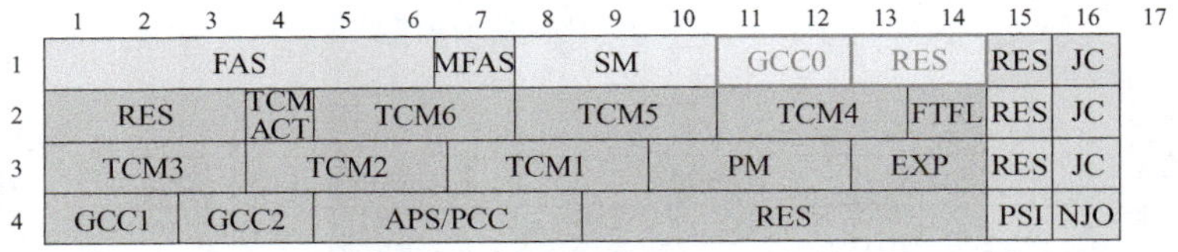

图 7-14 OTUk 通用通信通道开销

（1）GCC0（General Communication Channel0） 通用通信通道开销 0，用于支持 OTUk 终端间的通用通信；长度为 2 个字节，位于第 1 行第 11~12 列；为透明通道。

（2）RES（Reserved） OTUk 保留字节，留作将来国际标准化；长度为 2 个字节，位于第 1 行第 13~14 列；设置为全 0。

5. ODUk 通道监控开销 PM

ODUk 通道监控开销 PM 如图 7-15 所示。

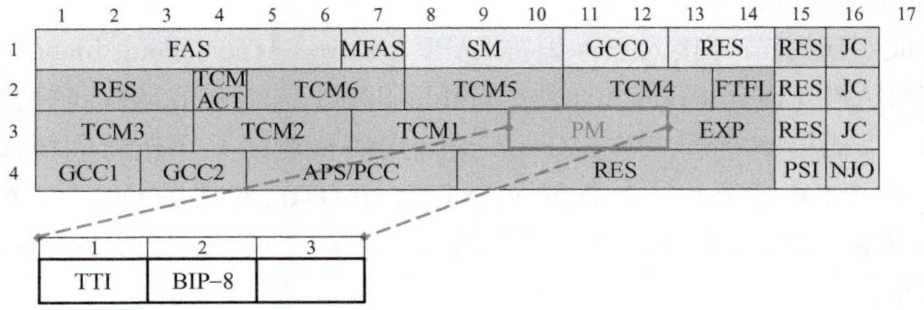

图 7-15 ODUk 通道监控开销 PM

ODUk 通道监控开销 PM 包括 TTI/BIP – 8/BEI/BDI、STAT（Status）。

（1）TTI/BIP – 8/BEI/BDI 支持通道监视，这几部分的定义和作用与 OTUk 开销 SM 中相应部分相同，只是监控级别不同，另外 BEI 字段不同时具备 SM 中的 BIAE 开销功能；位于第 3 行第 10~12 列。

（2）STAT（Status） 用于 ODUk 通道级别的维护信号；长度为 3 个字节，位于第 3 行的第 12 列的低三位，见表 7-1。

表 7-1　ODU*k* 通道级别的维护信号

比特 6、7、8 位	状态
0 0 0	保留
0 0 1	正常
0 1 0	保留
0 1 1	保留
1 0 0	保留
1 0 1	维护信号：ODU*k*-LCK
1 1 0	维护信号：ODU*k*-OCI
1 1 1	维护信号：ODU*k*-AIS

6. ODU*k* TCM 子层监控开销 TCMi

ODU*k* TCM 子层监控开销 TCMi 如图 7-16 所示。

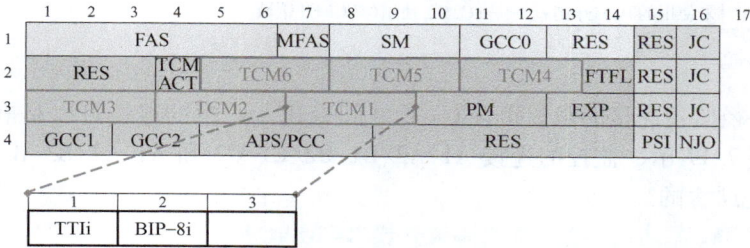

图 7-16　ODU*k* TCM 子层监控开销 TCMi

ODU*k* TCM 子层监控开销 TCMi 包括 TTIi/BIP－8i/BEIi/BIAEi/BDIi、STAT（Status）。

（1）TTIi/BIP－8i/BEIi/BIAEi/BDIi　支持 TCMi 子层监视，这几部分的定义和作用与 OTU*k* 开销 SM 中相应部分相同，只是监控级别不同；TCM6~TCM1 依次位于第 2 行的第 5~13 列、第 3 行的第 1~9 列。

（2）STAT（Status）　用于 TCMi 子层的维护信号，以及源 TC－CMEP 处是否存在 IAE 错误、源 TC－CMEP 是否被激活；长度为 3 个字节，位于 TCMi 字段的低三位，见表 7-2。

表 7-2　TCMi 子层的维护信号

比特 6、7、8 位	状态
0 0 0	没有源 TC
0 0 1	TC 在用，没有 IAE 错误
0 1 0	TC 在用，存在 IAE 错误
0 1 1	保留
1 0 0	保留
1 0 1	维护信号：ODU*k*-LCK
1 1 0	维护信号：ODU*k*-OCI
1 1 1	维护信号：ODU*k*-AIS

7. 多级 TCM 嵌套和层叠

多级 TCM 嵌套和层叠如图 7-17 所示。

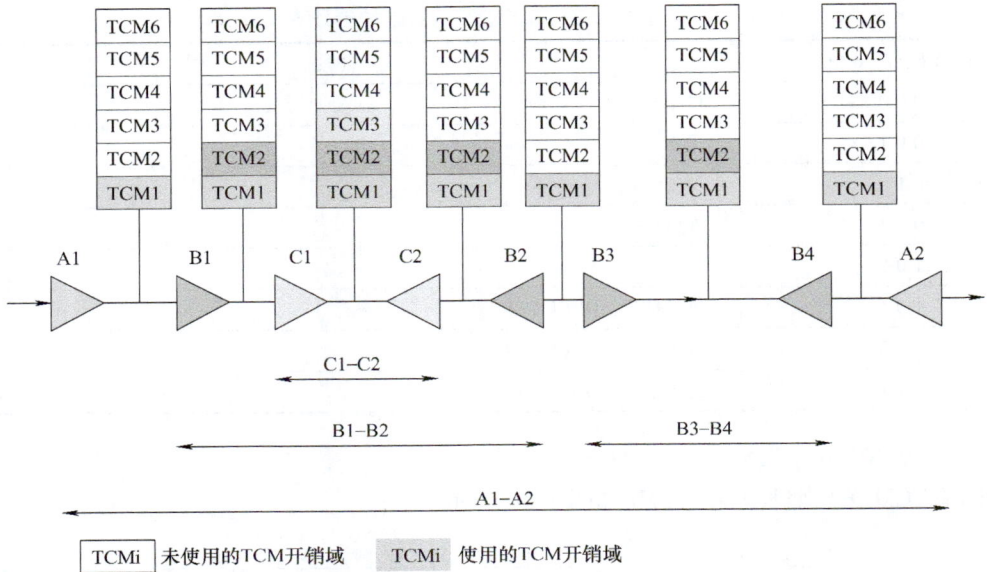

图 7-17　多级 TCM 嵌套和层叠

沿 ODUk 路径监视连接的数目可在 0 ~ 6 之间变化。监视的连接可以是嵌套的、重叠的或层叠的。如图 7-17 示，监控的连接 A1‐A2/B1‐B2/C1‐C2 和 A1‐A2/B3‐B4 是嵌套的，而 B1‐B2/B3‐B4 是层叠的。

8. ODUk TCM 激活/去激活协调协议开销 TCMACT

ODUk TCM 激活/去激活协调协议开销 TCMACT（TCM Activation/Deactivation）如图 7-18 所示。

图 7-18　ODUk TCM 激活/去激活协调协议开销 TCMACT

TCMACT 长度为 1 个字节，位于第 2 行的第 4 列；定义有待进一步研究。

9. ODUk 通用通信通道开销 GCC1/GCC2

ODUk 通用通信通道开销 GCC1/GCC2（General Communication Channel1/2）如图 7-19 所示。

图 7-19　ODUk 通用通信通道开销 GCC1/GCC2

GCC1/GCC2（通用通信通道开销 1 和 2）用于支持接入到 ODUk 帧结构（即位于 3R 再生点）的任何两个网元之间的通用通信；长度均为 2 个字节，分别位于第 4 行的第 1 ~ 2 列、第 3 ~ 4 列。

10. ODU*k* 自动保护倒换和保护通信控制开销 APS/PCC

ODU*k* 自动保护倒换和保护通信控制开销 APS/PCC（Automatic Protection Switching/Protection Communication Control）如图 7-20 所示。

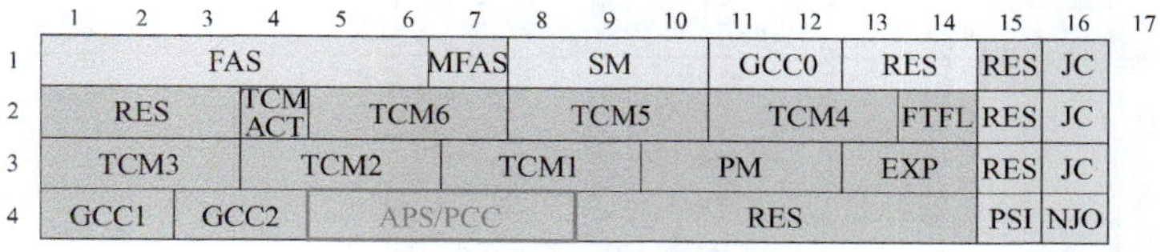

	1	2	3	4	5	6	7	8	9	10	11	12	13	14	15	16	17
1	FAS						MFAS		SM		GCC0		RES		RES	JC	
2	RES			TCM ACT	TCM6			TCM5			TCM4			FTFL	RES	JC	
3	TCM3			TCM2			TCM1			PM			EXP		RES	JC	
4	GCC1		GCC2		APS/PCC				RES						PSI	NJO	

图 7-20　ODU*k* 自动保护倒换和保护通信控制开销 APS/PCC

APS/PCC 用于保护协议通信；长度为 4 个字节，位于第 4 行的第 5～8 列；与线型保护机制相关的协议参见 ITU–T 建议 G.873.1，与环型保护机制相关的协议，参见 ITU–T 建议 G.873.2 草稿；该字段中可出现 8 级嵌套的 APS/PCC 信号，复帧中前 8 个基帧（MFAS 为 0～7）的 APS/PCC 依次分配给 ODU*k* 通道层、ODU*k* TCM1～TCM6 子层、OTU*k* 段层使用。

11. ODU*k* 故障类型和故障位置开销 FTFL

ODU*k* 故障类型和故障位置开销 FTFL（Fault Type & Fault Location）如图 7-21 所示。

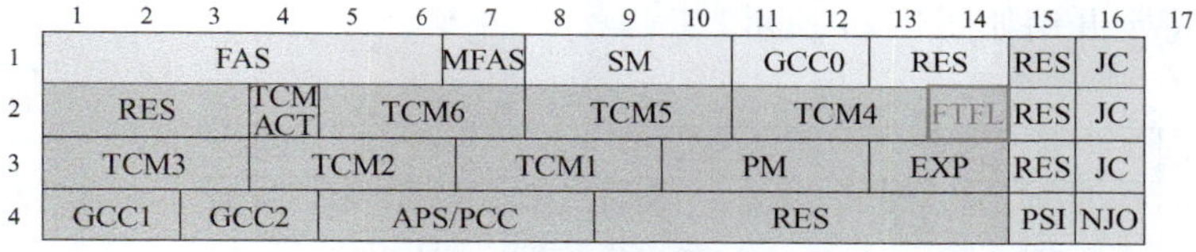

	1	2	3	4	5	6	7	8	9	10	11	12	13	14	15	16	17
1	FAS						MFAS		SM		GCC0		RES		RES	JC	
2	RES			TCM ACT	TCM6			TCM5			TCM4			FTFL	RES	JC	
3	TCM3			TCM2			TCM1			PM			EXP		RES	JC	
4	GCC1		GCC2		APS/PCC				RES						PSI	NJO	

图 7-21　ODU*k* 故障类型和故障位置开销 FTFL

FTFL 用于传送 256 字节的故障类型和故障位置消息；长度为 1 个字节，位于第 2 行的第 14 列；与 ODU*k* 复帧对齐，由两个 128 字节区域组成，其中消息字节 0～127 为前向区域，消息字节 128～255 为反向区域。

12. ODU*k* 实验开销 EXP/保留开销 RES

ODU*k* 实验开销 EXP/保留开销 RES 如图 7-22 所示。

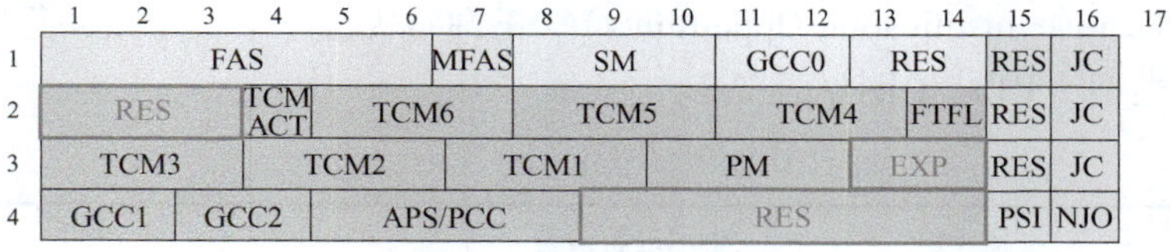

	1	2	3	4	5	6	7	8	9	10	11	12	13	14	15	16	17
1	FAS						MFAS		SM		GCC0		RES		RES	JC	
2	RES			TCM ACT	TCM6			TCM5			TCM4			FTFL	RES	JC	
3	TCM3			TCM2			TCM1			PM			EXP		RES	JC	
4	GCC1		GCC2		APS/PCC				RES						PSI	NJO	

图 7-22　ODU*k* 实验开销 EXP/保留开销 RES

（1）EXP（Experimental）　用于实验，具体用途不受限于标准，也不在 G.709 范围内；长度为 2 个字节，位于第 3 行的第 13～14 列；不要求跨越（子）网络转发 EXP 开销。

（2）RES（Reserved）　ODU*k* 开销中 9 个字节被保留用作将来标准化；位于第 2 行的 1～3 列、第 4 行的 9～14 列；设置为全 0。

13. OPU*k* 净荷结构标识开销 PSI

OPU*k* 净荷结构标识开销 PSI（Payload Structure Identifier）如图 7-23 所示。

PSI 用于传送 256 字节的净荷结构标识（PSI）信号；长度为 1 个字节，位于第 4 行的第 15 列；PSI 信号与 ODU*k* 复帧对齐；PSI［0］为一个字节的净荷类型（PT），PSI［1］到 PSI［255］用于映射和级联。

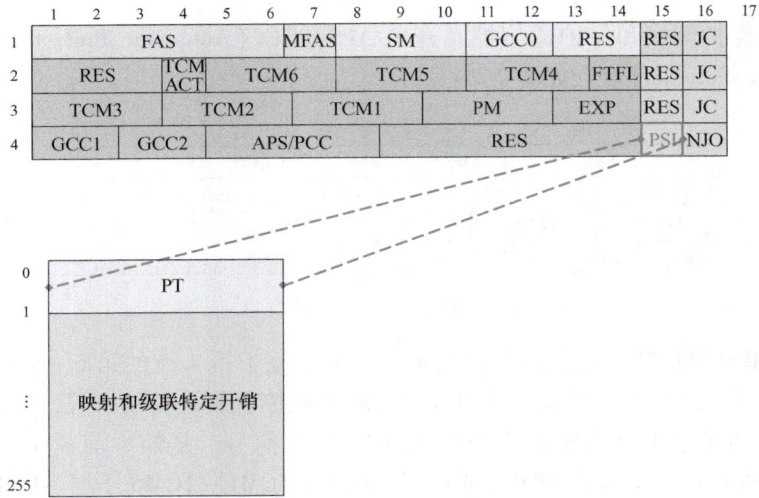

图 7-23　OPUk 净荷结构标识开销 PSI

14. OPUk 映射特定开销

OPUk 映射特定开销如图 7-24 所示。

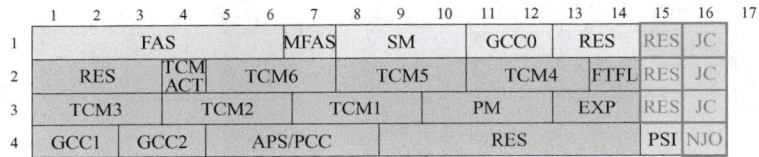

图 7-24　OPUk 映射特定开销

JC/NJO/RES（Justification Control/Negative Justification Opportunity/Reserved）调整控制字节/负调整机会字节/保留字节 OPUk 开销中保留了 7 个字节，用于映射和级联，此外，PSI 的后 255 个字节也保留作映射和级联用途；JC/NJO/RES 位于第 1～3 行的第 15 和 16 列、第 4 行第 16 列。

注：PJO（Positive Justification Opportunity）/正调整机会字节位于第 4 行的第 17 列。

OPUk 净荷类型（PT）说明见表 7-3。

表 7-3　OPUk 净荷类型（PT）说明

高 4 位	低 4 位	十六进制编码	说明
0000	0001	01	实验性映射
0000	0010	02	异步 CBR 映射
0000	0011	03	比特同步 CBR 映射
0000	0100	04	ATM 映射
0000	0101	05	GFP 映射
0000	0110	06	虚级联信号
0001	0000	10	使用字节定时映射的比特流
0001	0001	11	不使用字节定时映射的比特流
0010	0000	20	ODU 复用结构

（续）

高 4 位	低 4 位	十六进制编码	说明
0 1 0 1	0 1 0 1	55	不可用
0 1 1 0	0 1 1 0	66	不可用
1 0 0 0	x x x x	80-8F	保留作私有用途
1 1 1 1	1 1 0 1	FD	NULL 测试信号映射
1 1 1 1	1 1 1 0	FE	PRBS 测试信号映射
1 1 1 1	1 1 1 1	FF	不可用

7.2.4　OTN 复用与映射结构

1. OTN：光层（WDM）复用结构

OTN：光层（WDM）复用结构如图 7-25 所示。

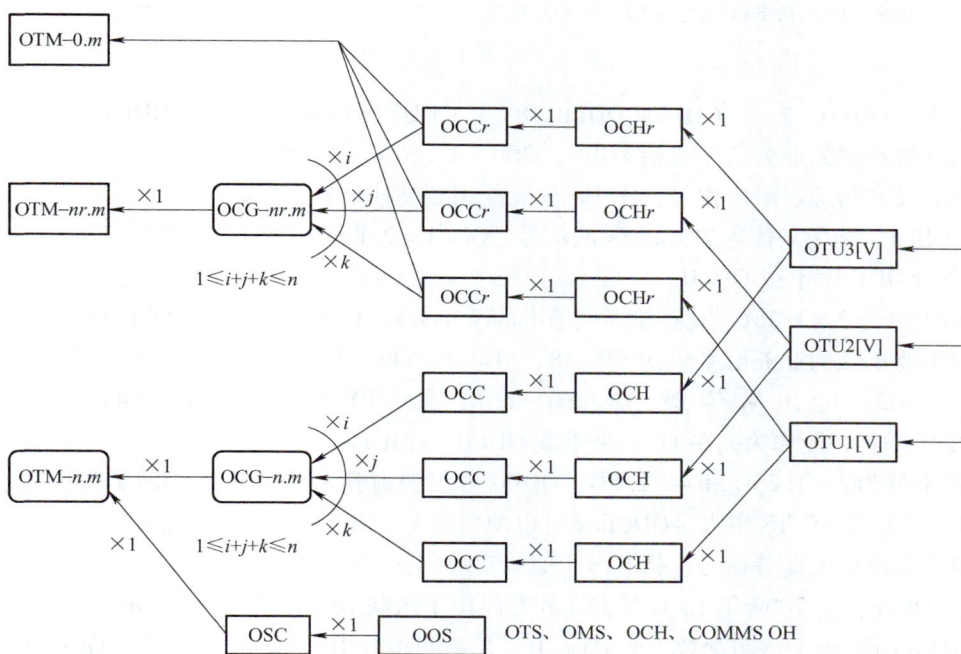

图 7-25　OTN：光层（WDM）复用结构

2. OTN：电层复用结构

OTN：电层复用结构如图 7-26 所示。

（1）ODUk 的时分复用（TDM）　各种电域低速信号装载到低阶 ODUk 中，时分复用把低阶 ODUk 信号复用到更高级别的 ODUk 信号中。

$4 \times$ODU1 复用到 $1 \times$ODU2。jxODU2 和（$16 \sim 4j$）xODU1 同时复用到 1xODU3（$0 \leqslant j \leqslant 4$）。多个不同等级的 LO ODU$i$［$j$］复用到 1 个 HO ODU$k$。

具体 ODU0 装载复用过程及各级低速信号（ODU）复用装载到对应高速信号过程如下：

1）ODU0，是 G.709 规定的最小粒度光通道数据单元，而且是 2009 年 10 月定义的专门用于承载 GE 的单元，容量为 1.25Gbit/s。

ODU0 低阶复用到高阶 ODU 的复用关系如下：

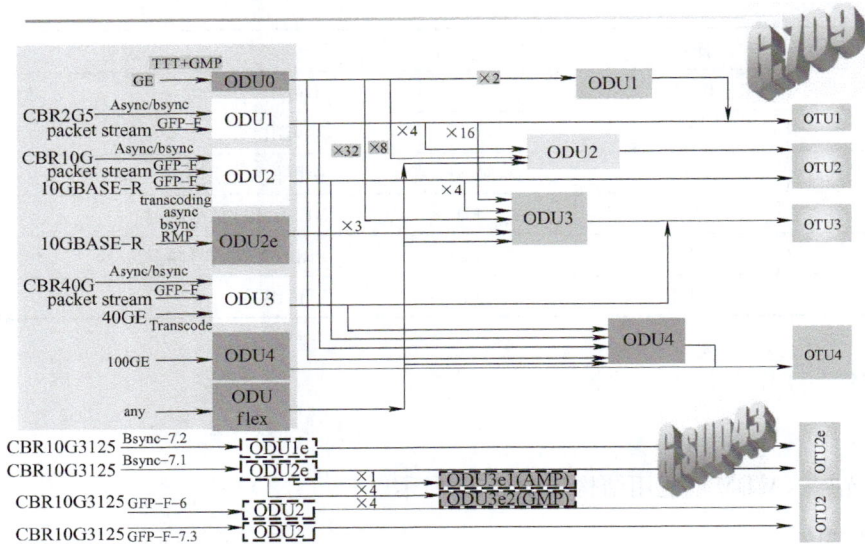

图 7-26 OTN：电层复用结构图

$ODU1 = ODU0 \times 2$ $ODU2 = ODU0 \times 8$ $ODU3 = ODU0 \times 32$ $ODU4 = ODU0 \times 80$

ODU0 能承载的业务信号包括 1GbE、STM-1、STM-4、FC-100。

ODU0 没有物理层对应信号，ODU0 只能复用到高速信号中传输。

2）ODU1，能用来传送 2.5Gbit/s 的信号，$ODU1 = 2.498775Gbit/s$、$OTU1 = 2.666057Gbit/s$，能作为高阶 ODU 来承载 ODU0。

逻辑上分为 $2 \times 1.25G^{\ominus}$ 支路单元（Tributary Slots），ODU0 可以映射到 1-TS 中去。

ODU1 能承载的业务信号包括 STS-48、STM-16、FC-200。

3）ODU2，能用来传送 10Gbit/s 的信号，$ODU3 = 10.037273Gbit/s$、$OTU3 = 10.709224Gbit/s$，能作为高阶 ODU 来承载 ODU0、ODU1。

逻辑上分为 $8 \times 1.25G$ 和 $4 \times 2.5G$，ODU0 可以映射到 1-TS 中去，ODU1 可以映射到 2-1.25G TS 或 1-2.5G TS 中去，ODUflex 可以映射到 1~8 个 1.25G TS 中去。

ODU2 能承载的业务信号包括 STS-192、STM-64。

4）ODU2e，是 2009 年 10 月新定义的专门用于承载 10G 信号的低阶 ODU。当物理层为 OTU3/OTU4 时，用于透明承载 10G Base-R，是透明承载 10G Base-R 和原有 ODU 体系妥协的产物。G. sup43 中仍然保留了物理层接口 OTU2e。

OPU4 能够承载 10-ODU2e，可以映射到 9-1.25G TS 中，在 ODU3 中传输。

ODU2e 能承载的业务信号包括 10G Base-R、Transcoded FC-1200。

5）ODU3，能用来传送 40G 的信号，$ODU3 = 40.319218Gbit/s$、$OTU3 = 43.018410Gbit/s$，能作为高阶 ODU 来承载其他低速 ODU。

逻辑上分为 $32 \times 1.25G$ TS/ $16 \times 2.5G$ TS，ODU0 可以映射到 1-1.25G TS 中去，ODU1 可以映射到 2-1.25G TS 或 1 2.5G TS 中去，ODU2 可以映射到 8-1.25G TS 或 4 2.5G TS 中去，ODU2e 可以映射到 9-1.25G TS 中去，ODUflex 可以映射到 1~32 个 1.25G TS 中去。

ODU3 能承载的业务信号包括 STS-768、STM-256、Transcoded 40G Base-R。

⊖ 根据业内习惯，G 是 Gbit/s 的缩写用法，后同。

6）ODU4。2009 年 9 月版本 OTN 中新增 ODU，ODU1 = 104.794445Gbit/s、OTU1 = 111.809973Gbit/s，能作为高阶 ODU 来承载其他低速 ODU。

逻辑上分为 80 × 1.25G 支路单元。

ODU0 可以映射到 1-TS 中去，ODU1 可以映射到 2-TS 中去，ODU2 可以映射到 8-TS 之中去，ODU2e 可以映射到 9-TS 中去，ODU3 可以映射到 32-TS 中去，ODUflex 可以映射到 1-80-TS 中去。ODU4 能承载的业务信号为 100G Base-R。

7）ODUflex。ODUk 的时分复用（TDM）结构图如图 7-27 所示。

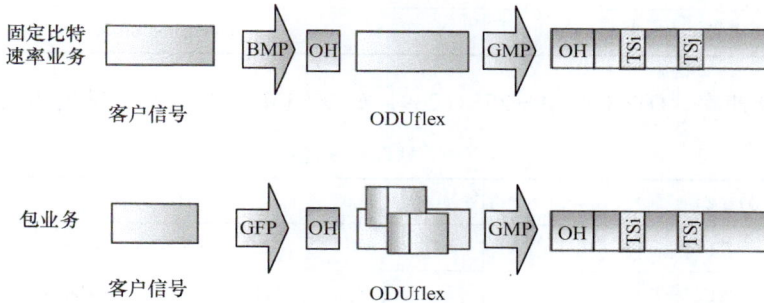

图 7-27　ODUk 的时分复用（TDM）结构图

采用同步包封方式映射 CBR 业务到 ODUflex，通过 GFP 方式映射包业务到 ODUflex，采用 GMP 映射 ODUflex 到 HO OPUk。

（2）电域复用帧速率

1）OPUk 帧速率。OPUk 净荷速率 = 238/（239 − k）× STM − N 帧速率，见表 7-4。

表 7-4　OPUk 帧速率

OPU 类型	OPU 速率
OPU0	238/239 × 1244 160kbit/s
OPU1	2488 320kbit/s
OPU2	238/237 × 9953 280kbit/s
OPU3	238/236 × 39813 120kbit/s
OPU4	238/227 × 99532 800kbit/s
OPU2e	238/237 × 10312 500kbit/s
OPUflex for CBR client signals	client signal bit rate
OPUflex for GFP-F mopped client signals	238/239 × ODUflex signal rate
OPU1-Xv	X × 2488 320kbit/s
OPU2-Xv	X × 238/237 × 9953 280kbit/s
OPU3-Xv	X × 238/236 × 39813 120kbit/s

2）ODUk 帧速率。ODUk 速率 = 239/（239 − k）× STM-N 帧速率，见表 7-5。

表 7-5　ODUk 帧速率

ODU 类型	ODU 速率
ODU0	1244 160kbit/s
ODU1	239/238 × 2488 320kbit/s

（续）

ODU 类型	ODU 速率
ODU2	$239/237 \times 9953\ 280\text{kbit/s}$
ODU3	$239/236 \times 39813\ 120\text{kbit/s}$
ODU4	$239/227 \times 99532\ 800\text{kbit/s}$
ODU2e	$239/237 \times 10312\ 500\text{kbit/s}$
ODUflex for CBR client signals	$239/238 \times \text{client signal bit rate}$
ODUflex for GFP-F mapped client signals	configured bit rate

3）OTUk 帧速率。OTUk 速率 $= 255/(239 - k) \times \text{STM-}N$ 帧速率，见表 7-6。

表7-6 OTUk 帧速率

OTU 类型	OTU 速率
OTU1	$255/238 \times 2488\ 320\text{kbit/s}$
OTU2	$255/237 \times 9953\ 280\text{kbit/s}$
OTU3	$255/236 \times 39813\ 120\text{kbit/s}$
OTU4	$255/227 \times 99532\ 800\text{kbit/s}$

3. OTN 映射关系（Mapping）

OTN 映射关系如图 7-28 所示。

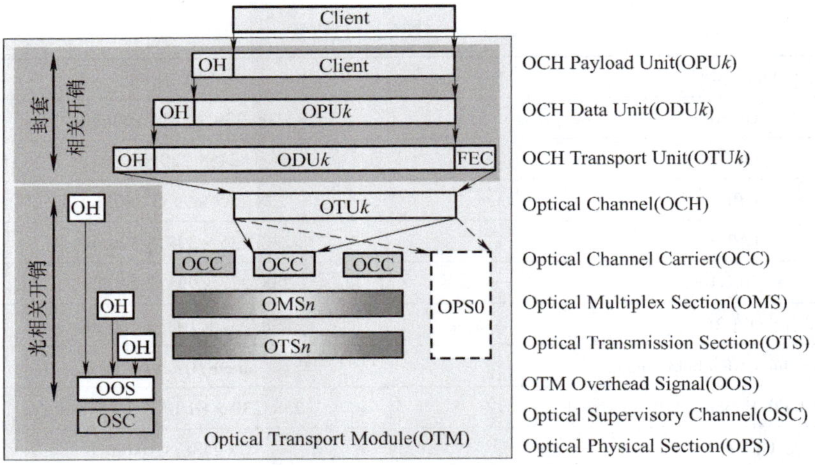

图 7-28 OTN 映射关系

（1）OTN 映射（电层） 异步映射（AMP）：映射两端时钟不同，频率差非常小，通常应用到 SDH 映射、OTN 系统内部映射中。比特同步映射（BMP）：映射后信号采用原始数据时钟，前后频率完全同步，只应用到业务信号映射。

（2）GMP 映射 GMP 能够实现 CBR 业务到 OTN 容器的自动适配，是 OTN 承载多业务的关键技术，业务速率信息在开销中传递。业务（client）层、开销（service）层都采用可变的 Sigma – delta 算法，如图 7-29 所示。

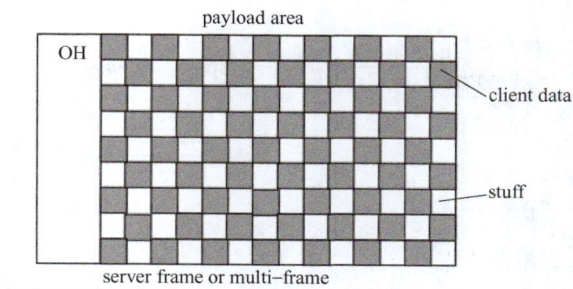

图 7-29　GMP 映射图

7.3　OTN 设备形态

7.3.1　终端复用器

光终端复用站 OTM：M40 + D40 构成的 40 波 OTM 复用；M40 + D40 + ITL 构成的 80 波 OTM 复用；OADM 单板构成的 OTM 分插，如图 7-30 所示。

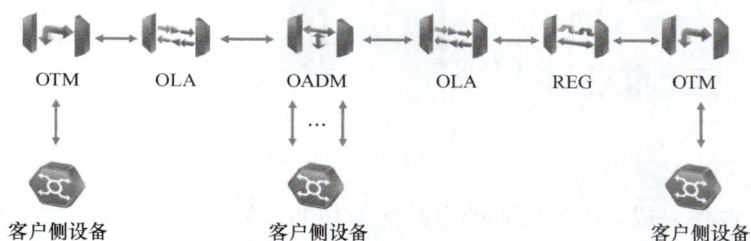

图 7-30　光终端复用站构成图

OTM 需要的功能单元包括：
- 波长转换单元（ND2/LWC1）。
- 光分波/合波单元：

M40 + M40V 构成的 40 波 OTM：M40/V40（或 M40V）、D40。

M40 + M40V + ITL 构成的 80 波 OTM：M40/V40（或 M40V）、D40、ITL。

OADM 单板构成的 OTM：MR2、MR4。
- 光放大单元（OAU、OBU、OPU、…）。
- 光纤线路接口单元（FIU）。
- 光监控信道处理单元（SC1、ST1）。
- 主控单元（SCC）。

M40 + D40 构成的 40 波 OTM 信号流如图 7-31 所示。

M40 + D40 + ITL 构成的 80 波 OTM 信号流如图 7-32 所示。

7.3.2　电交叉设备

OTN 的电交叉业务颗粒为 ODUk（电数据单元），速率可以是 2.5Gbit/s、10Gbit/s 和 40Gbit/s。

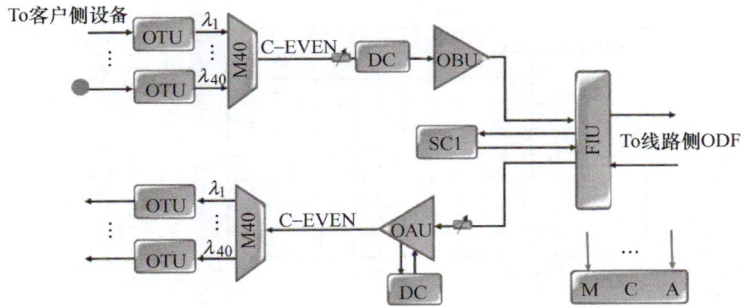

图 7-31　M40 + D40 构成的 40 波 OTM 信号流

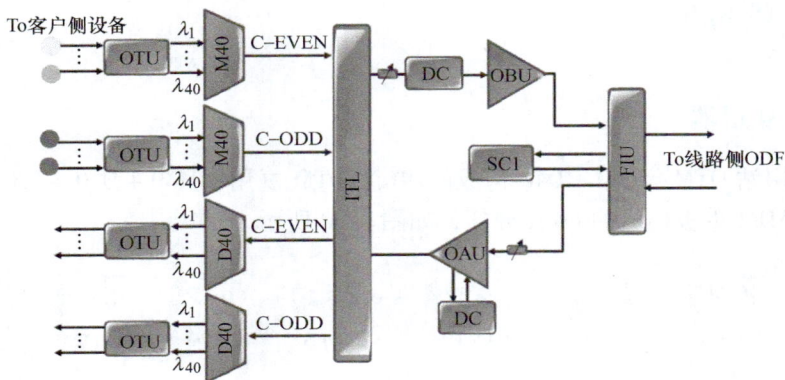

图 7-32　M40 + D40 + ITL 构成的 80 波 OTM 信号流

OTN 电交叉设备完成 ODUk 级别的电路交叉功能，为 OTN 提供灵活的电路调度和保护能力。OTN 电交叉设备可以独立存在，对外提供各种业务接口和 OTUk 接口（包括 IrDI 接口）；也可以与 OTN 终端复用功能集成在一起，除了提供各种业务接口和 OTUk 接口（包括 IrDI 接口）以外，同时提供光复用段和光传输段功能，支持 WDM 传输。

OTN 电交叉设备的基本要求如下：

1）接口能力：提供 SDH、ATM、以太网、OTUk 等多种业务接口，以及标准的 OTN IrDI 互连接口，连接其他 OTN 设备。

2）交叉能力：支持一个或多个级别 ODUk（k = 0，1，2，2e，3，4）电路调度。

3）保护能力：支持一个或多个级别 ODUk 通道的保护，倒换时间在 50ms 以内。

4）管理能力：提供端到端的电路配置和性能/告警功能。

5）智能功能：支持 GMPLS 控制平面，实现电路自动建立、自动发现和保护恢复等功能（可选）。

7.3.3　光电混合交叉设备（ROADM）

ROADM 是一种类似于 SDH ADM 光层的网元，它可以在一个节点上完成光通道的上下路（Add/Drop），以及穿通光通道之间的波长级别的交叉调度。它可以通过软件远程控制网元中的 ROADM 子系统实现上下路波长的配置和调整。目前，ROADM 子系统常见的有三种技术：平面光波电路（Planar Lightwave Circuit，PLC）、波长阻断器（Wavelength Blocker，WB）、波长选择开关（Wavelength Selective Switch，WSS）。

三种 ROADM 子系统技术，各具特点，采用何种技术，主要视应用而定。根据对北美运营商的统计，超过 70% 的需求仍然是 2 维的应用，而只有约 10% 的 ROADM 节点，将会采用 4 维或以上的节点。因此，基于 WB/PLC 的 ROADM，可以充分利用现有的成熟技术，对网络的影响最小，易于实现从 FOADM 到 2 维 ROADM 的升级，具有极高的成本效益。而基于 WSS 的 ROADM，可以在所有方向提供波长粒度的信道，远程可重配置所有直通端口和上下端口，适宜于实现多方向的环间互联和构建 Mesh 网络。

1. ROADM 站点需要的功能单元

① 波长转换单元（LSX、TOM + NS2、…）。

② 动态分插复用单元（WSM9、RDU9、WSD9、RMU9、WSMD4、…）。

③ 光放大单元（OAU1、OBU1、…）。

④ 光监控接入/解出单元（FIU）。

⑤ 光监控信道处理单元（SC2）。

⑥ 光色散补偿单元（DCM）。

⑦ 主控单元（SCC）。

ROADM（WSM9 + RDU9）2 维节点如图 7-33 所示。

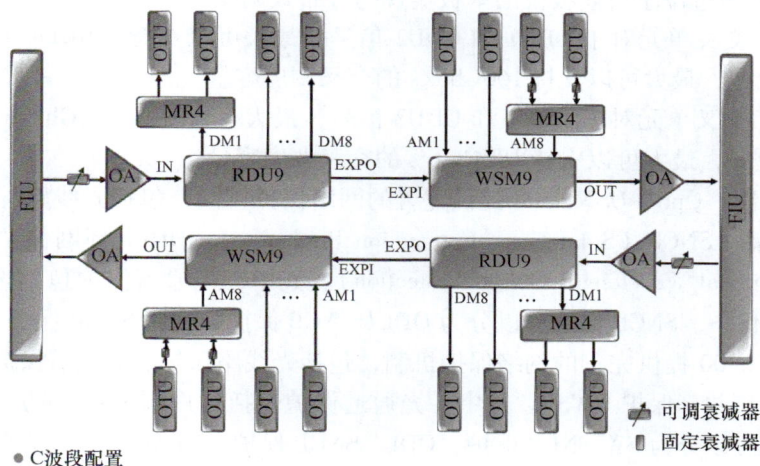

图 7-33　ROADM（WSM9 + RDU9）2 维节点

2. 具体实例设备：华为 OTN 设备 OptiX OSN 8800 和 OptiX OSN 6800

OptiX OSN 8800 智能光传送平台（简称 OptiX OSN 8800）和 OptiX OSN 6800 集成型智能光传送平台（简称 OptiX OSN 3800）统称为华为下一代智能光传送平台。

设备外观如图 7-34 所示。

（1）产品功能特性

1）传输容量。OptiX OSN 8800 采用密集波分复用技术，可分为 40 波系统、80 波系统：40 波系统频率间隔为 100GHz，单波可支持 2.5Gbit/s、10Gbit/s 和 40Gbit/s 三种速率。80 波系统频率间隔为 50GHz，单波可支持 10Gbit/s 和 40Gbit/s 两种速率。

OptiX OSN 6800 提供两种波分复用技术规格：

密级波分复用技术 DWDM，频率间隔为 100GHz 和 50GHz，单波可支持 2.5Gbit/s、5Gbit/s、10Gbit/s 和 40Gbit/s 四种速率。

粗波分复用技术 CWDM，波长间隔为 20nm，单波可支持 5Gbit/s 速率。

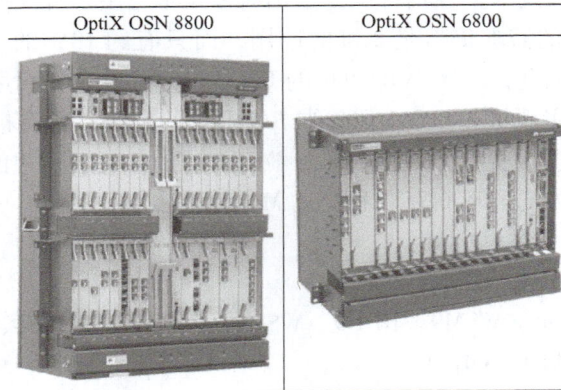

图 7-34　设备外观

2）交叉能力。OptiX OSN 8800 支持 ODU1 或 ODU2 通过交叉板实现的集中调度：最大集中交叉调度能力为 1.28Tbit/s，交叉颗粒为 ODU1、ODU2。

OptiX OSN 6800 支持 ODU1、ODU2、GE 业务的电层集中调度，支持 GE 业务、ODU1 信号和 Any 业务通过位于对偶板位的单板实现的分布式调度：

TN11XCS：交叉单元对于 ODU1 和 ODU2 信号，最大可以支持 320Gbit/s 的交叉调度容量。对于 GE 业务，最大可以支持 160Gbit/s 的交叉调度容量。

TN12XCS：交叉单元对于 ODU1 和 ODU2 信号，最大可以支持 360Gbit/s 的交叉调度容量。对于 GE 业务，最大可以支持 180Gbit/s 的交叉调度容量。

3）保护机制。OptiX OSN 8800 提供完善的网络保护机制，包括光线路保护、光通道保护、子网连接保护 SNCP（Subnetwork Connection Protection）、ODUk 环网保护、光波长共享保护 OWSP（Optical Wavelength Shared Protection）。其中，光通道保护包括客户侧 1 + 1 保护、板内 1 + 1 保护。SNCP 保护可以分为 ODUk SNCP 保护、支路 SNCP 保护。

OptiX OSN 6800 提供完善的网络保护机制，包括光线路保护、光通道保护、子网连接保护 SNCP、光波长共享保护 OWSP。其中，光通道保护包括客户侧 1 + 1 保护、板内 1 + 1 保护。SNCP 保护可以分为 SW SNCP 保护、ODUk SNCP 保护、VLAN SNCP 保护。

4）子架槽位：

- OptiX OSN 8800 子架的单板插放区和子架接口区共提供 49 个槽位。
- OptiX OSN 6800 子架的单板插放区共提供 21 个槽位。

5）电源容量：

- OSN 8800 子架，在当成电子架使用时，最大功耗为 4800W，需要 2 路 50A 电流，主备就是 4 路 50A 电流，所以当 1 柜 2 个 8800 子架时，PDU 的空开都是 50A，共 8 个。
- 由于 OptiX OSN 6800 最大功耗在 1200W 以下，只需提供 30A 电流即可，所以当 OptiX OSN8800 和 2 × OptiX OSN 6800 共机柜时，PDU 的空开是 4 个 50A + 4 个 30A。

比较 OptiX OSN 8800 和 OptiX OSN 6800 的功能特性，所实现的功能基本一致，OptiX OSN 8800 和 OptiX OSN 6800 的主要区别是交叉容量 OptiX OSN 8800 比 OptiX OSN 6800 大，OptiX OSN 8800 提供的槽位比 OSN 6800 多，相应功耗也比 OptiX OSN 6800 大。OptiX OSN 6800 无需交叉盘，可通过对偶槽位对业务进行分布式调度，OptiX OSN 8800 不支持该功能。

（2）设备系统架构和主要单元盘

设备系统架构如图 7-35 所示。

OSN8800、6800系统架构

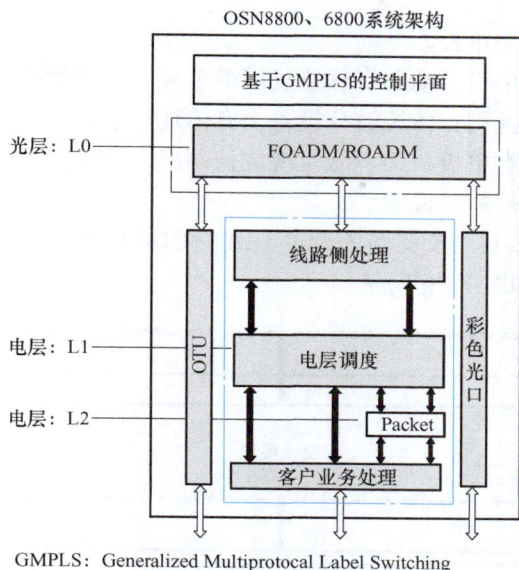

图 7-35　OptiX OSN 8800 和 OptiX OSN 6800 设备系统架构

从系统架构图可以了解华为 OTN 设备和传统波分设备多出了光层面光交叉调度（点画线线）和电层面交叉调度（蓝色虚线）。

华为 OTN 设备支持光层面光交叉调度的单元盘包括：

- RMU9 9 端口 ROADM 合波板。
- ROAM 动态波长接入板。
- WSD9 9 端口波长选择性倒换分波板。
- WSM9 9 端口波长选择性倒换合波板。
- WSMD2 2 端口可配置光分插复用板。
- WSMD4 4 维可配置光分插复用板。

电层面的交叉调度相当于将传统波分的 OUT 单元盘拆成三个单元盘，业务侧为业务处理单元盘，波分侧为线路单元盘，中间为交叉单元盘。

华为 OptiX OSN 8800 和 OptiX OSN 6800 系统按功能单元细分为 14 种单板：

- 光波长转换类单板。
- 光合波和分波类单板。
- 静态光分插复用类单板。
- 动态光分插复用类单板。
- 支路类单板。
- 线路类单板。
- 交叉类单板。
- 光纤放大器类单板。
- 光监控信道类单板。
- 系统控制与通信类单板。
- 光保护类单板。
- 光谱分析类单板。

- 光可调衰减类单板。
- 光功率和色散均衡类单板。

除静态光分插复用类单板、动态光分插复用类单板、支路类单板、线路类单板、交叉类单板外，其他类型的单元盘均在传统波分设备上有体现。本次工程没有配置静态光分插复用类单板、动态光分插复用类单板，即不能实现波长调度。现主要对本次工程配置的交叉单元盘、支路单元、线路单元做简要说明。

1）交叉单元盘。XCS 集中交叉板能调度 ODU1/ODU2。ODU1/ODU2 电层集中调度，交叉调度容量最大 360G，如图 7-36 所示。

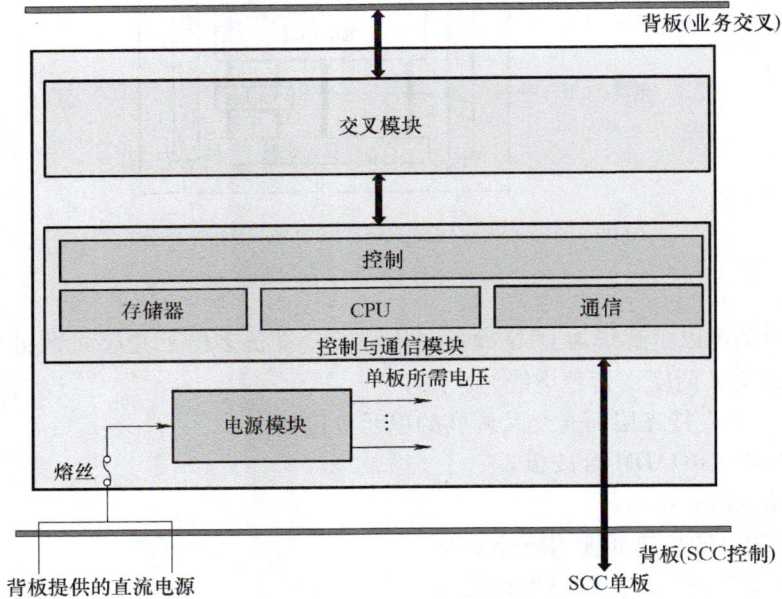

图 7-36　XCS 集中交叉板图

2）支路单元。支路单元盘的功能是完成 OPUk 至 ODUk 的转换。

支路单元 TQX：处理 4 路 10G 支路业务处理板关系。实现 4 路 10GE LAN/10GE WAN/STM-64/OC-192 业务光信号（等同于 OPUk）与 4 路 ODU2 电信号之间的相互转换，如图 7-37 所示。

3）线路单元。线路单元盘完成的功能是完成 ODUk 至 OTUk 的转换。

- NS2：单路 4 × ODU1/1 × ODU2 汇聚 OTU2 光接口板

实现将交叉调度过来的 4 路 ODU1 信号、1 路 ODU2 信号或 1 路 ODU2e 与符合 WDM 系统要求的标准波长的 OTU2 光信号或 OTU2e 之间的相互转换。

NS2 单板功能框图如图 7-38 所示。

- ND2：双路 4 × ODU1/2 × ODU2 汇聚 OTU2 光接口板

实现将交叉调度过来的 8 路 ODU1 信号或 2 路 ODU2 信号与 2 路符合 WDM 系统要求的标准波长的 OTU2 光信号之间的相互转换。

ND2 单板功能框图如图 7-39 所示。

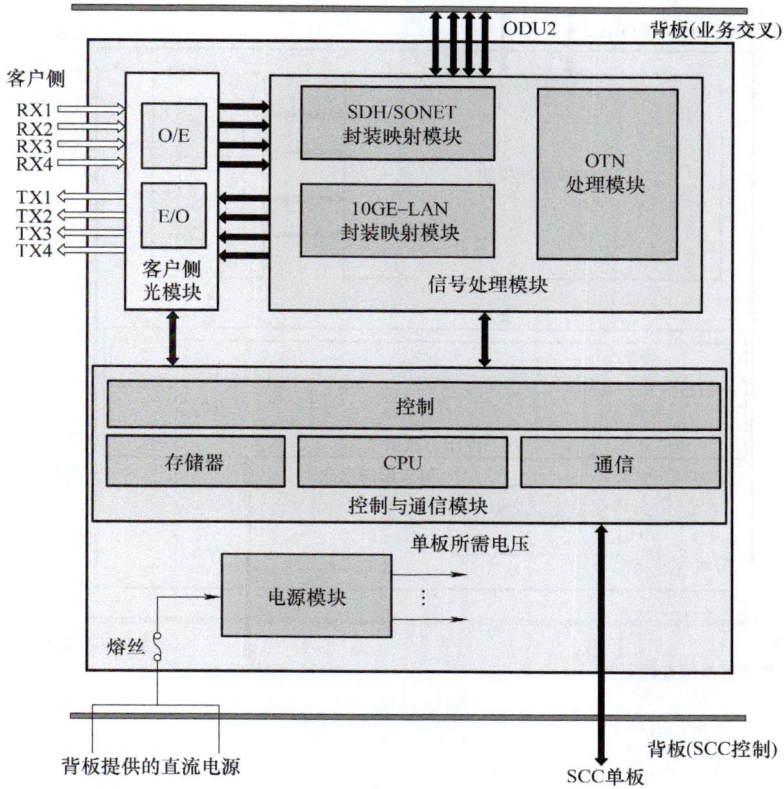

图 7-37　TQX 4 路 10G 支路业务处理板单板图

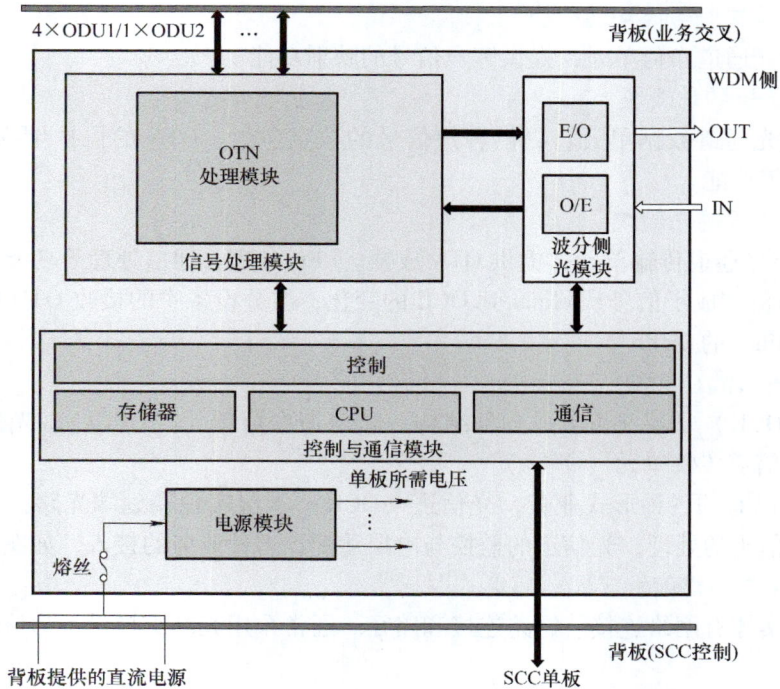

图 7-38　NS2 单板功能框图

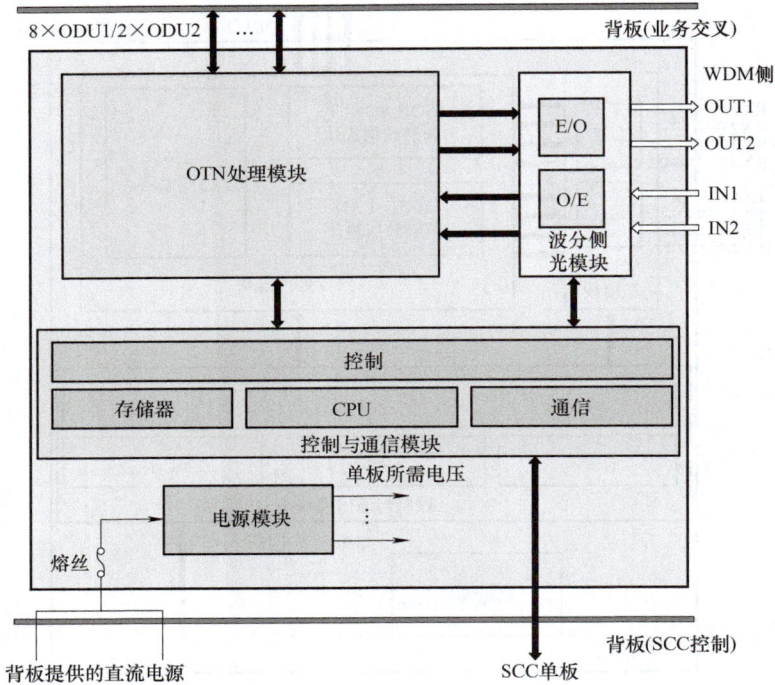

图 7-39 ND2 单板功能框图

7.4 OTN 设备功能块

1. 客户光段层业务信号功能块

ODU 低阶光通道净荷单元，提供客户信号的映射功能。

2. ODU*k* 子层的功能块

ODU 高阶光通道数据单元，提供客户信号的数字包封、OTN 的保护倒换、踪迹监测、通用通信处理等功能。

3. OTU*k* 子层的功能块

OTU*k* 子层光通道传输单元，提供 OTN 成帧、FEC 处理、通信处理等功能，波分设备中的发送 OTU 单板完成了信号从 clinet 到 OCC 的变化；波分设备中的接收 OTU 单板完成了信号从 OCC 到 clinet 的变化。

4. OCH 子层的功能块

光信道（OCH）子层又可分成三种结构：光信道净荷单元（OPU*k*）、光信道数据单元（ODU*k*）和光信道传输单元（OTU*k*）。

ODU 承载已有的各种形式业务，光信道（OCH）子层实现端到端光路径的建立、管理和维护，光层信头的处理，光信道的监控与电层适配，多种业务的接入，如图 7-40 所示。

5. OMS 子层的功能块

主要传送实体有网络连接、链路连接和路径。通常采用光纤交换设备为该层提供交叉连接等联网功能。

OMS 层：复用的 OCH 组成的 OMS 净荷 + OMS 开销（OMS-OH）。

OMS-OH：开销内容通过光监控信道（OSC）传输。

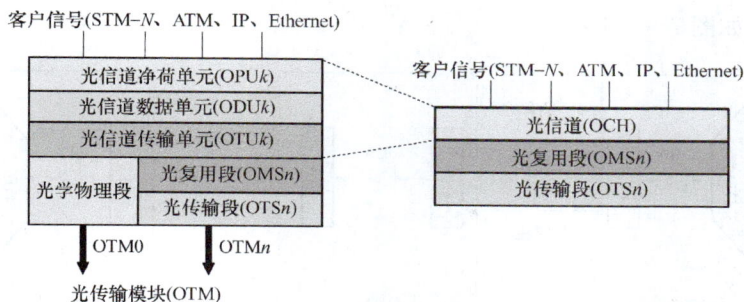

图 7-40　OCH 子层的功能块图

OMS 支持：OMS 连接和连接监控。

OMS 应用：服务供应商可隔离和排除 OTN 中发生在某个 DWDM 网络段的故障，同时可对通过多个服务供应商网络的波长组进行监控和管理。OMS 子层的功能块图如图 7-41 所示。

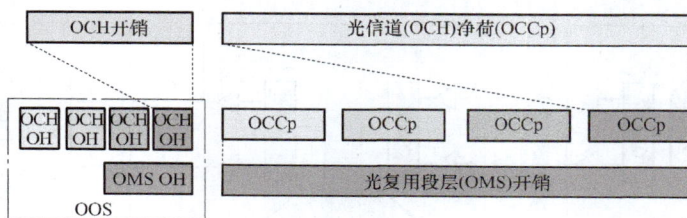

图 7-41　OMS 子层的功能块图

6. OTS 子层的功能块

OTS 子层主要传送实体有网络连接、链路连接和路径。目前光传送网中最常用的光纤为 G.652 光纤和 G.655 光纤。

OTS 层：n 个 OMS 组成的 OTS 净荷 + OTS 开销。

OTS-OH：由为 OTS 提供支持的维护和运营功能信息组成，OTS-OH 通过 OSC 传输。

OTS 应用：允许服务供应商管理和监控网络单元（如光分插复用器、光放或光交换）间的物理光纤段；故障可在物理光纤级上隔离；同时可向网络运营商报告光信号的各种属性（如激光信号功率水平、色散和信号损失等），以方便故障隔离。OTS 子层的功能块图如图 7-42 所示。

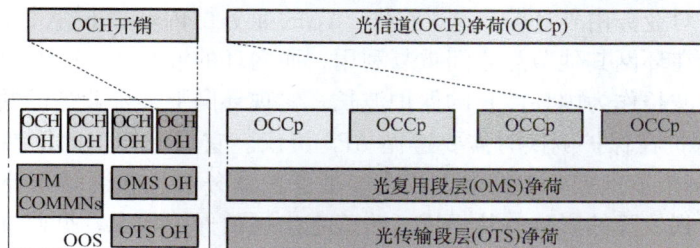

图 7-42　OTS 子层的功能块图

7.5　OTN 的网络保护

1. OTN 的光层保护——光传输段层保护（OLP）

传输段层保护（OLP）运用 OLP 盘配合 1∶1 保护倒换协议，在相邻站点间提供线路光纤的 1:1 保护，如图 7-43 所示。

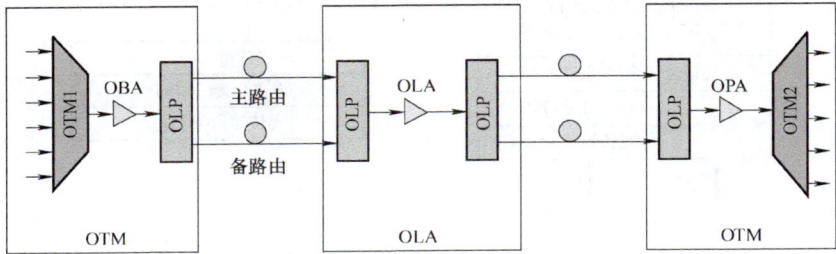

图 7-43　光传输段层保护（OLP）图

2. OTN 的光层保护——光复用段层保护（OMSP）

光复用段层保护（OMSP）位于合波器与 OAD 之间，也可以用于几个放大段之间。光复用段层保护（OMSP）运用 OMSP 盘的并发选收功能实现复用段层 1 + 1 保护，如图 7-44 所示。

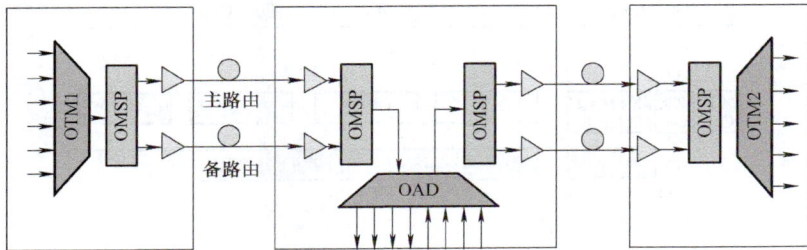

图 7-44　光复用段层保护（OMSP）图

3. 环网保护

环网保护包括光层保护和电层保护两种。光层保护，主要采用 OCH 共享环保护；电层保护，采用 ODUk 共享环保护。下面重点介绍 OCH 共享环保护和 ODUk 共享环保护。

（1）OCH 共享环保护　在采用光波长共享环保护方式的网络中，不同节点间的业务保护可以使用相同的波长来实现，因此在进行光波长共享保护配置时，要求双向业务所使用的工作波长不同。换句话说，通过占用两个不同的波长进行点间的保护，达到节约波长资源的共享目的。OCH 共享环保护示意图如图 7-45 所示。

节点之间的一对业务由外环波长 λ_1 承载，λ_1 的业务由内环波长承载，这样波长 λ_1 构成的工作波长可以在环网其他节点之间重复利用，而内环的波长 λ_1 作为外环波长 λ_1 的保护波长；同理，外环波长作为内环波长的保护波长，实现环网上多个业务的共享保护。

OCH 共享环保护在保护倒换时需要遵循 APS 协议。它仅支持双向倒换，保护倒换粒度为 OCH 光通道，每个节点需要根据节点状态、被保护业务信息和网络拓扑结构，判断被保护的业务是否会受到故障的影响，从而进一步确定出通道保护状态，据此确定相应的保护倒换动作。OCH 共享环保护是在业务的上路节点和下路节点直接进行双端倒换形成新的环路，不同于 SDH 复用段保护环中采用故障区段两端相邻节点进行双端倒换的方式。

（2）ODUk 共享环保护　ODUk 共享环保护，仅以环上的节点对信号质量情况进行检测作为保护倒换条件，只支持双向倒换，需要遵循 APS 协议。其保护倒换粒度为 ODUk，在业务的上路节点和下路节点进行保护倒换动作。ODUk 共享环保护示意图如图 7-46 所示。

环中假设每个节点（节点设备为 OADM）均与相邻节点有 ODU1 级别的业务。采用 ODUk 环网保护，每个节点各配置了线路板模块、支路板模块，全环配置 2 个通道（ODU1、

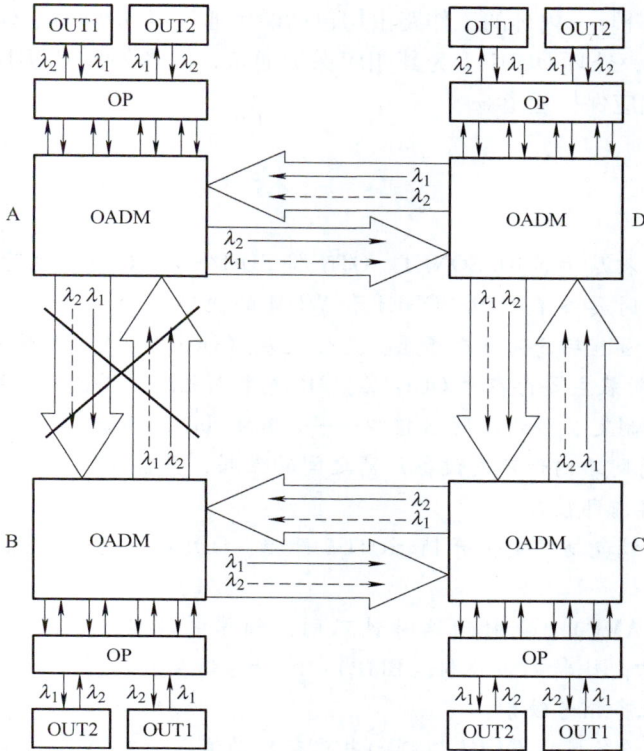

图 7-45　OCH 共享环保护示意图

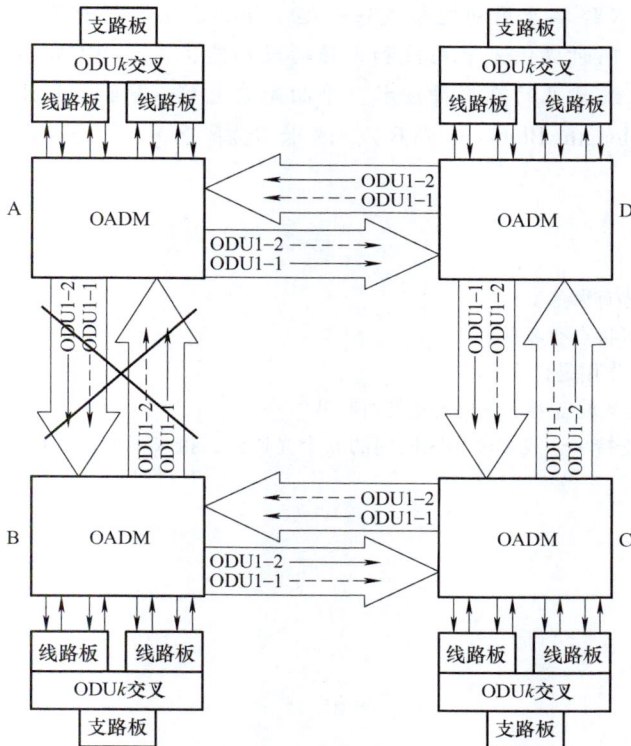

图 7-46　ODUk 共享环保护示意图

ODU2）节点共享。外环、内环的工作路由均包括两个通道（ODU1-1、ODU1-2），其中内环 ODU1-1 为工作通道，外环 ODU1-1 为其相应保护通道，同理外环 ODU1-2 为工作通道，而内环 ODU1-2 为其相应保护通道。

小　结

1）OTN 的灵感来源于 SDH/SONET。OTN 将 SDH/SONET 的可运营、可管理能力应用到 WDM 系统中，同时具备了 SDH/SONET 和 WDM 的优势。

2）OTN 的光学通道层分为三个子层：光信道层（OCH）、光复用段层（OMS）、光传输段层（OTS）。数字封装主要存在于 OCH 层，3R 再生点之间提供透明网络连接。

3）OTN 技术体制定义了两类网络接口——IrDI 和 IaDI。IrDI 接口定位于不同运营商网络之间或同一运营商网络内部不同设备厂商之间的互联，具备 3R 功能，而 IaDI 定位于同一运营商或设备商网络内部接口。

4）OTN 电层开销包括帧定位开销、OTUk 开销、ODUk 开销、OPUk 开销、FEC 前向纠错开销。

5）异步映射（AMP）：映射两端时钟不同，频率差非常小，通常应用到 SDH 映射、OTN 系统内部映射中。比特同步映射（BMP）：映射后信号采用原始数据时钟，前后频率完全同步，只应用到业务信号映射。

6）OTN 电交叉设备完成 ODUk 级别的电路交叉功能，为 OTN 提供灵活的电路调度和保护能力。OTN 电交叉设备可以独立存在，对外提供各种业务接口和 OTUk 接口（包括 IrDI 接口）；也可以与 OTN 终端复用功能集成在一起，除了提供各种业务接口和 OTUk 接口（包括 IrDI 接口）以外，同时提供光复用段和光传输段功能，支持 WDM 传输。

7）ROADM 子系统常见的有三种技术：平面光波电路（Planar Lightwave Circuit, PLC）、波长阻断器（Wavelength Blocker, WB）、波长选择开关（Wavelength Selective Switch, WSS）。

思　考　题

1）简述 OTN 的优势有哪些？
2）简述 OTN 的技术特点有哪些？
3）简述光通道层的作用是什么？
4）OTN 光电混合交叉设备要求支持的功能有哪些？
5）OTM-$n.m$ 接口支持单个或多个光区段内的 n 个光通路，接口不要求 3R 再生。请说明定义的 9 种 OTM-n 接口信号。

第 8 章　iManager U2000 统一网络管理系统

目标：通过本章的学习，应掌握和了解以下内容：

- 了解 iManager U2000 统一网络管理系统网络定位及软件结构。
- 掌握 iManager U2000 统一网络管理系统产品特点。
- 了解 iManager U2000 统一网络管理系统组网及应用。
- 掌握 iManager U2000 统一网络管理系统拓扑结构的构建。
- 掌握 iManager U2000 统一网络管理系统配置操作。
- 掌握 iManager U2000 统一网络管理系统维护操作。

8.1　U2000 简介

iManager U2000 统一网络管理系统（以下简称 U2000）定位于华为公司设备管理系统，是华为公司面向未来网络管理的主要产品和解决方案，具备强大的网元层、网络层管理功能。U2000 继承原有 T2000、N2000BMS 和 DMS 的所有功能，支持华为传送域、IP 域和接入域所有设备的统一管理，采用可伸缩的模块化架构设计，可拆可合，灵活满足各种网络管理场景，可支持从单域到多域管理的平滑扩展，满足网络融合发展的需求。本章主要介绍 U2000 的网络定位、产品特点、软件结构、组网应用及操作。

8.1.1　U2000 网络定位

1. 网络管理发展趋势

随着 IT 和 IP 技术的发展，电信、IT、媒体和消费电子行业的融合，电信业正面临着巨大的变革，宽带化、移动化、网络融合成为电信网络的主流趋势，运营商的市场定位和商业模式也将随之改变。

- ALL IP 架构的趋势，使得现在以技术和业务划分的"垂直网络"向"扁平化的水平网络"转移。
- FMC（Fixed-Mobile Convergence）的驱动力来自用户体验的提升，也是降低运营成本（OPEX）和提升效率的需要。
- 网络的融合带来运维管理的融合。

面向未来网络发展趋势，U2000 实现了 ALL IP 和 FMC 融合管理方案，实现承载与接入设备的统一管理。

- U2000 不仅能够实现多域设备管理的融合，而且实现了网元层与网络层管理的融合，打破了分层的管理模式，更好地满足"垂直网络"向"扁平化的水平网络"转移的管理要求。
- U2000 融合多域网管，最大程度上降低客户运维成本，提升网络价值。

2. 产品定位

（1）TMN 标准中的位置　U2000 在 TMN（Telecommunication Management Network）的结构中处于网元管理层和网络管理层，具有全部网元级和网络级的功能，如图 8-1 所示。

（2）运营商 OSS 中的位置

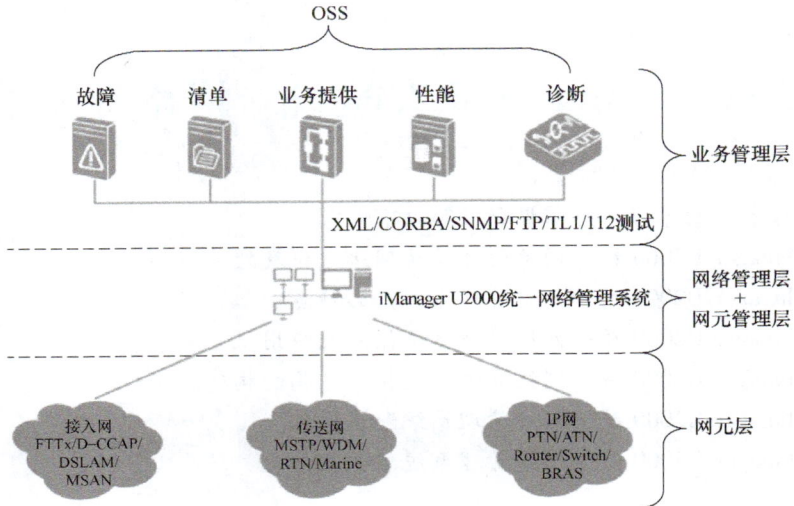

图 8-1 U2000 在 TMN 中的网络位置

- U2000 是接入、传送、数据网络的融合网管系统。
- 支持华为接入网络、传送网络、路由器网络、交换机网络、PTN 网络、安全设备网络以及部分第三方设备的统一管理。
- 支持 SDH、WDM、RTN、PTN、数据业务的端到端管理。
- 支持 CORBA、XML、SNMP、文本，北向接口对接 OSS。
- 支持与 Syslog Server、AAA Server 的对接。
- 支持与 MDS6600、CEAS 的对接。

U2000 在运营商 OSS 中的位置如图 8-2 所示。

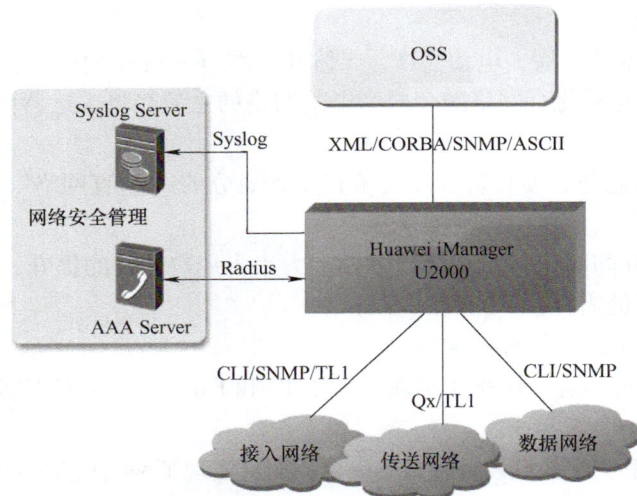

图 8-2 U2000 在运营商 OSS 中的位置

8.1.2 U2000 产品特点

U2000 通过提升融合管理能力、提高扩展性和易用性，力争构建以客户为中心、面向未来的新一代管理系统。

1. 接口统一/类型丰富的北向接口

U2000 提供接口统一、标准领先、类型丰富的北向接口，全面满足客户的 OSS 集成需求。

- 统一的北向接口，功能覆盖 U2000 全域设备：传送网、接入网、IP 网。
- 基于业界领先标准，开发成本低，维护成本低，且易于扩展。
- 丰富的北向接口类型满足多种集成需求：XML、CORBA、SNMP、TL1、性能文本接口、112 测试、OMC 北向接口。

2. 网络统一管理

U2000 能够对传送设备、接入设备、IP 设备进行统一管理，可管理华为 MSTP、WDM、OTN、RTN、Router、Switch、ATN、PTN、MSAN、DSLAM、FTTx、Firewall 等设备和业务。同时，U2000 还提供 E2E 业务管理能力（MSTP/WDM/RTN/PTN/Router/Switch/ATN/PTN）。网络统一管理示意图如图 8-3 所示。

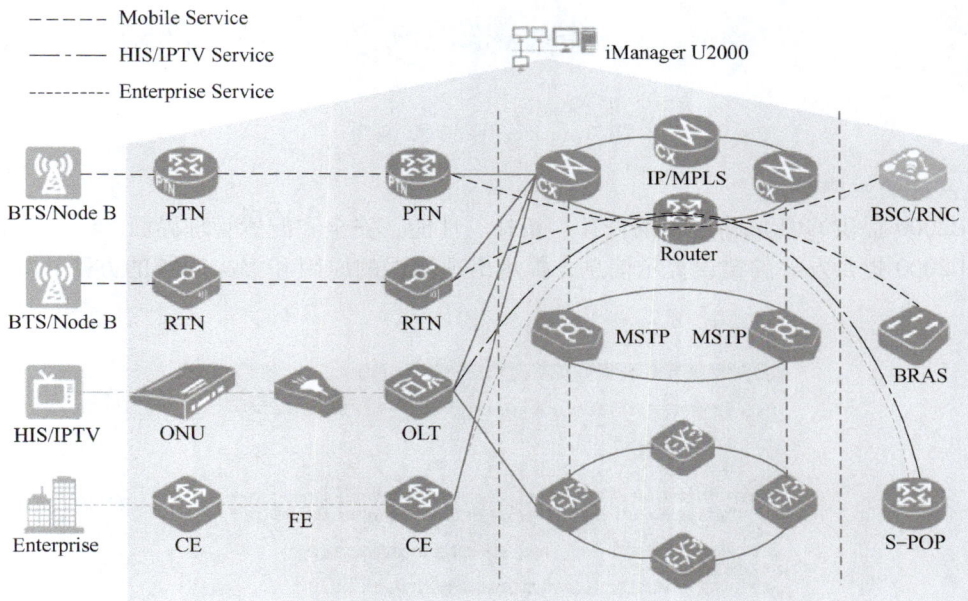

图 8-3　网络统一管理示意图

说明：

黑色图标表示 U2000 可以管理，蓝色图标表示 U2000 不可以管理。

U2000 还提供对第三方路由器设备的管理能力，支持 ICMP 和 SNMP 两种协议。具体请参见第三方路由器特性管理。

3. 支持多种操作系统

U2000 基于华为公司统一的综合管理应用平台 iMAP（Integrated Management Application Platform），支持 Sun 工作站、PC 服务器硬件平台，支持 Sybase、SQL Server 数据库，支持 Solaris、Windows、SUSE Linux 操作系统。

U2000 网管系统作为独立的应用，可以安装在不同的操作系统、数据库，实现了多操作系统兼容。U2000 既可提供大规模网络的高端解决方案，同时也适用于中、普通规模低成本的解决方案。

4. 业界领先的可伸缩网管架构

U2000 采用目前成熟并应用广泛的 C/S（Client/Server）结构，支持数据库系统、业务处理系统和客户端应用系统的分布式和层次化，采用可伸缩的模块化架构设计，可拆可合，能适应复杂、大型网络的管理需求。可伸缩的网管架构如图 8-4 所示。

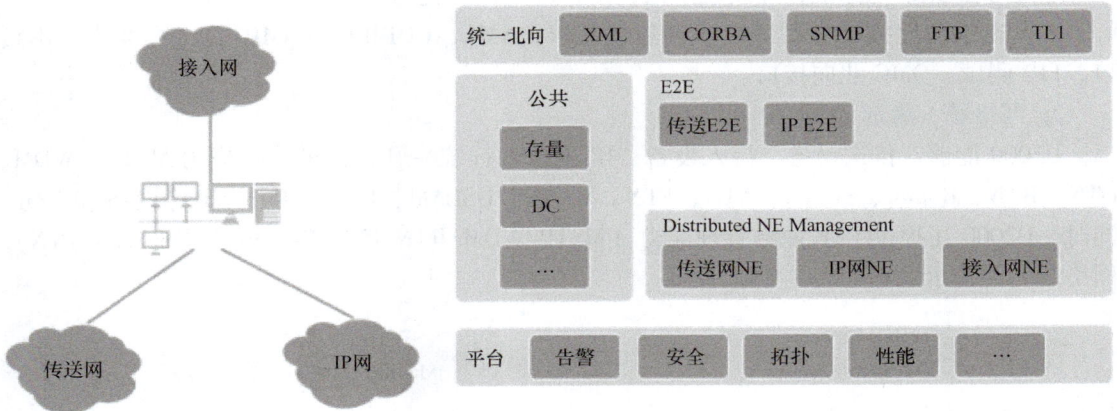

图 8-4　可伸缩的网管架构

5. 友好的用户界面

- U2000 提供 GUI 风格统一的告警、拓扑、性能、安全和配置管理界面。
- U2000 提供友好的错误提示信息，提示出现错误的原因和解决问题的方法，如图 8-5 所示。

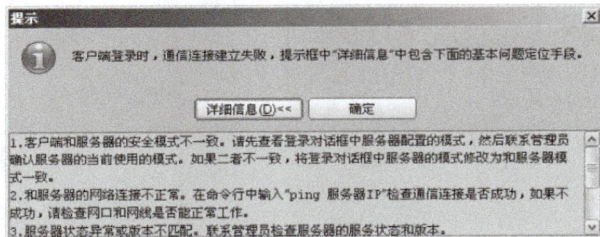

图 8-5　友好的错误提示信息

6. 可视化管理

（1）业务监控可视化

- 支持以业务为中心的可视化监控管理，通过告警直接查询受影响的业务，如图 8-6 所示。
- 基于业务提供丰富的检测诊断手段，实现业务快速的连通性检测、故障排查；基于业务的图形化性能查看、阈值预警、趋势分析。

（2）业务路径可视化　业务路径可视化如图 8-7 所示。

（3）业务部署可视化

- 通过配置模板，实现业务相关参数一站式配置，减少参数输入。
- 批量下发业务，提升配置效率。
- 网管自动计算静态 CR Tunnel 路由，并实现标签自动分配，不需要人工干预。

（4）对象关系可视化

工作台 | 浏览当前告警[4]

	级别	名称	告警源	是否影响业务	定位信息	频次
	重要	LDP_PEER_DOWN	NE(9-49135)	是	LDP Peer:(LDPPeer,10...	1
	紧急	链路断开	NE40E-13		接口索引=9491 接口名称...	4
	次要	ETH_CFM_FAIL	9-180	是	MEP:(13,1,3)	3
	次要	MPLS_TUNNEL_O...	9-19	否	TUNNEL:(6,1.1.1.12,1.1....	1
	重要	静态CR-LSP Down...	PTN6900-15		静态LSP名称=718_426_...	1
	紧急	链路断开	PTN6900-15		接口索引=5020 接口名称...	1
	重要	GSP_TNNL_DOWN	NE(57-23)	是	TUNNEL:(186,202.0.0.1...	1
	重要	静态CR-LSP Down...	PTN6900-15		静态LSP名称=Tunnel0/0/...	1
	紧急	链路断开	PTN6900-8-192		接口索引=2301 接口名称...	1
	重要	静态CR-LSP Down...	ATN910-25		静态LSP名称=Tunnel0/0/...	1
	紧急	链路断开	PTN6900-15		接口索引=5355 接口名称...	1
	紧急	链路断开	CX600-10		接口索引=16042 接口名...	1

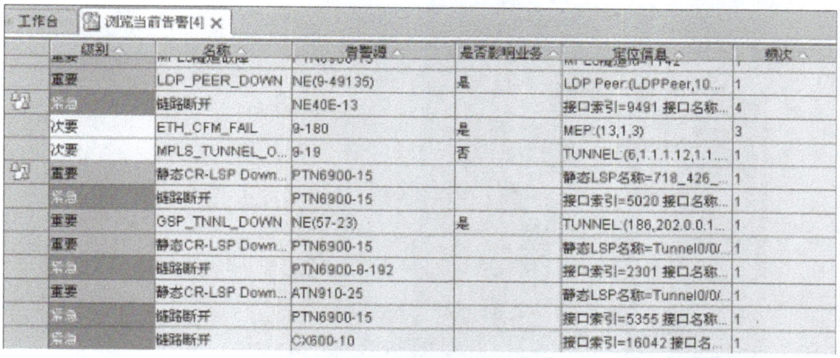

图 8-6　通过告警查询受影响的业务

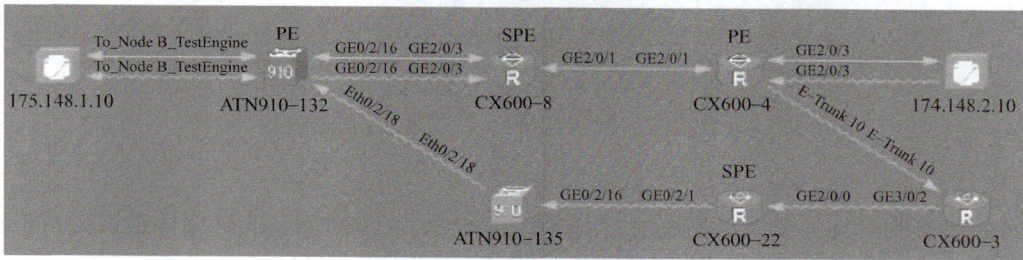

图 8-7　业务路径可视化

• 业务关联 Tunnel，Tunnel 关联路由，通过这样层次化的对象关系，轻松掌握承载关系。

• 在故障发生时，通过承载关系，快速定位故障位置，实现快速排障，如图 8-8 所示。

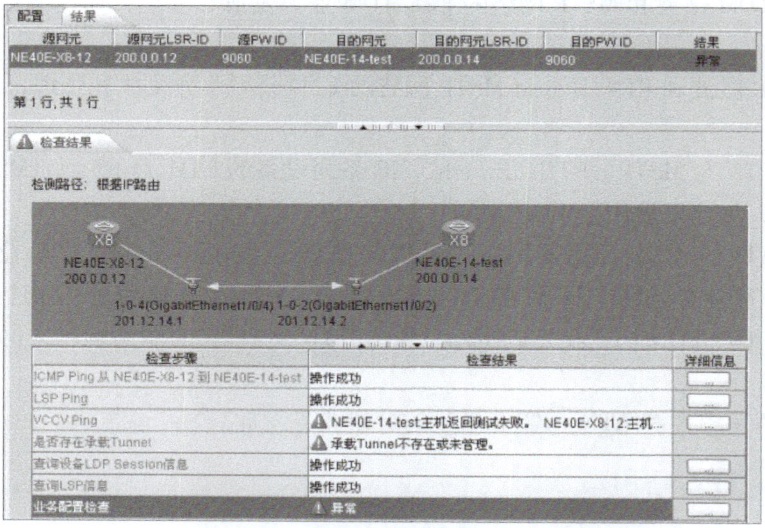

图 8-8　通过承载关系，快速定位故障位置

（5）全网时钟可视化　如图 8-9 所示。

• 支持时钟（物理层时钟、PTP 时钟、ACR 时钟、PON 时钟、ATR 时钟）拓扑的自动发现。

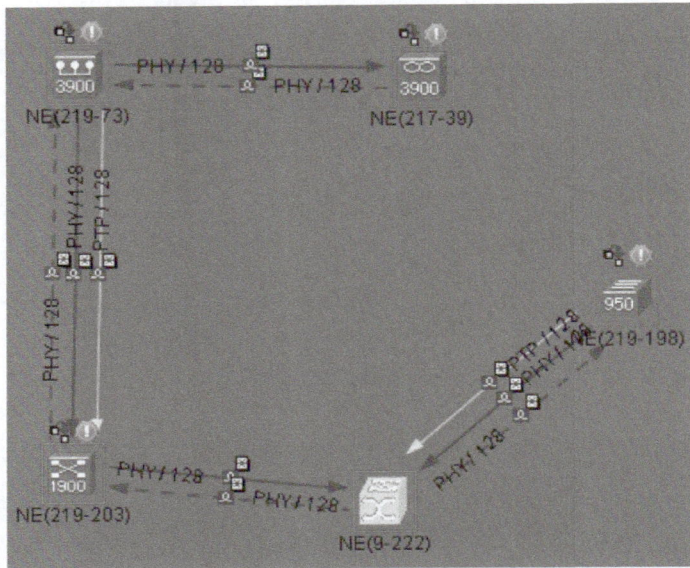

图 8-9　全网时钟可视化

- 提供全网时钟的统一拓扑视图，网络发生故障时可实时刷新时钟拓扑跟踪关系和时钟同步状态。
- 可实现时钟状态的实时监控，实时显示时钟告警、跟踪关系、保护状态。
- 支持时钟批量配置。在主拓扑先选择链路，在时钟配置界面完成批量配置。配置过程无界面切换，快速完成环、链时钟配置。

7. 跨域 E2E 业务发放

- 支持跨 TDM 微波和 MSTP 网络的 E2E TDM 业务发放和管理，加速海量微波的网络部署和业务发放。
- 支持跨 IP 微波和 PTN/Hybrid MSTP 网络的 E2E 分组业务发放和管理，加速 IP 网络业务发放。
- 支持跨 PTN 与 MSTP、RTN、Switch、NE 系列设备的 ETH、CES、ATM、MPLS/PW 管道的 E2E 管理，加速发展固定 FMC 市场。
- 支持跨 ATN 与 CX、路由器网络，跨 PTN 和 CX、路由器网络的 E2E 业务发放，实现 ETH、CES、ATM 业务，MPLS/PW 管道的 E2E 管理，加速发展移动 FMC 市场。
- 支持统一的 GPON + IP 业务拓扑，实现从 ONU 到 ONU 的端到端以太网专线可视化配置和管理。
- 支持 RTN + PTN 和 ATN + RTN + CX 的分组业务发放。

8.1.3　U2000 软件结构

U2000 系统各主要模块的结构关系如图 8-10 所示。

8.1.4　U2000 组网与应用

U2000 能够为传送网、接入网、IP 网提供统一的全网管理解决方案。同时，U2000 提供标准的外部接口，与 OSS 集成，满足大规模网络管理需求。

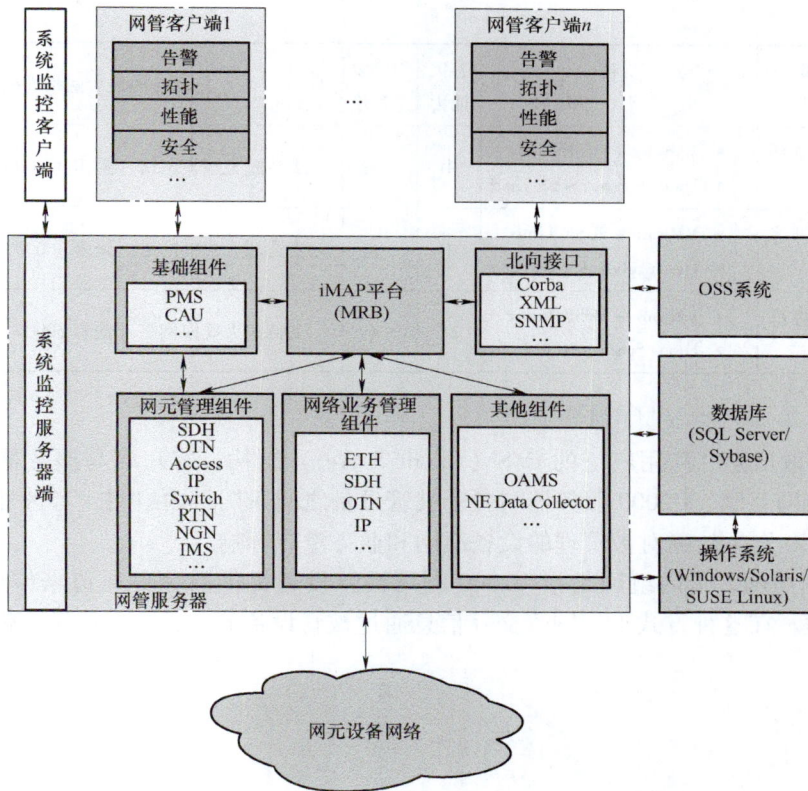

图 8-10　U2000 系统各主要模块的结构关系

1. U2000 部署模式

U2000 部署模式见表 8-1。

表 8-1　U2000 部署模式

部署平台	网管部署方案	支持平台	容灾能力	组网复杂程度	支持的最大网络规模
物理机	单机系统部署模式	• Windows • Solaris • SUSE Linux	低	简单	• Windows 支持中规模网络（最多 6000 个等效网元） • Solaris 支持超大规模网络（最多 20000 个等效网元） • SUSE Linux 支持超大规模网络（最多 30000 个等效网元）
	冷备份部署模式	• Windows • Solaris • SUSE Linux	中	一般	• Windows 支持中规模网络（最多 6000 个等效网元） • Solaris 支持超大规模网络（最多 20000 个等效网元） • SUSE Linux 支持超大规模网络（最多 30000 个等效网元）
	高可用性系统部署模式	• Solaris • SUSE Linux	高	复杂	• Solaris 支持超大规模网络（最多 20000 个等效网元） • SUSE Linux 支持超大规模网络（最多 30000 个等效网元）

（续）

部署平台	网管部署方案	支持平台	容灾能力	组网复杂程度	支持的最大网络规模
虚拟机	单机系统部署模式	• VMware + SUSE Linux • Fusion Sphere +SUSE Linux	中	一般	支持超大规模网络（最多 30000 个等效网元）
	冷备份部署模式	• VMware + SUSE Linux • Fusion Sphere +SUSE Linux	中	一般	支持超大规模网络（最多 30000 个等效网元）
	高可用性系统部署模式	• VMware + SUSE Linux • Fusion Sphere +SUSE Linux	高	复杂	支持超大规模网络（最多 30000 个等效网元）

2. U2000 与网元的组网方式

U2000 采取成熟、应用广泛的 C/S（Client/Server）结构，客户端与服务器之间通过局域网或者广域网互联。U2000 服务器与各个被管设备之间采用带内组网或者带外组网方式进行通信，U2000 发生故障对被管理的设备组网和业务没有影响。

（1）带内组网 带内组网是指 U2000 利用被管设备提供的业务通道来传送网管信息，实现网络管理。在这种方式下，网管交互信息通过被管设备的业务通道传送。带内组网图如图 8-11 所示。

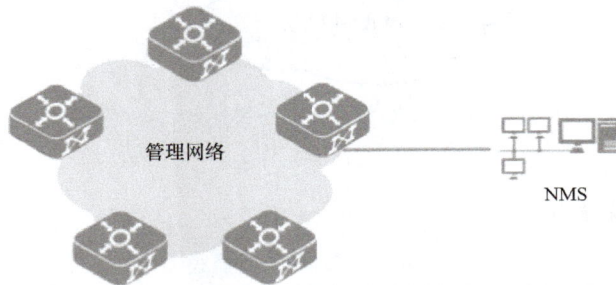

图 8-11 带内组网图

组网说明：

U2000 所管理的网元都已连接到被管网络上，U2000 只需要和被管网络中就近的网元连接，通过配置相关路由，就可以管理网络中的各个网元。

U2000 连接到被管网络的方式取决于 U2000 和就近网元的位置关系。如果在同一个机房，可以以局域网的方式进行组网；如果距离较远，可以通过专线方式进行组网，此组网方式和带外组网类似。

- 组网优点：组网灵活，不用附加其他设备，节约用户成本。
- 组网缺点：当网络发生故障时，由于网管与被管网络的信息通道被中断，通过 U2000 无法开展维护工作。

（2）带外组网 带外组网是指 U2000 利用被管设备以外的其他设备所提供的通信通道来传送网管信息，实现网络管理。一般情况下，使用被管设备主控板上的 ETH 口（带外管理口）作为接入口。

在带外组网方式下，U2000 可以通过 DCN（Data Communication Network）、E1 线路、Router 等多种方式与被管设备建立连接。下面是 U2000 网管通过数据通信网 DCN 对设备进行管理的方式，带外组网图如图 8-12 所示。

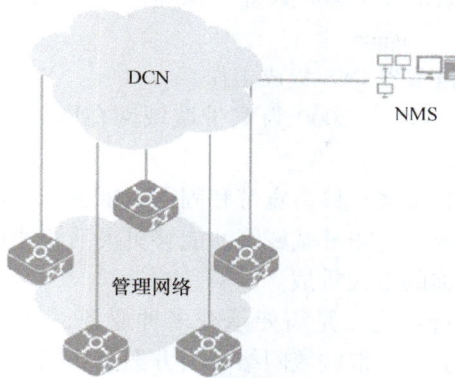

图 8-12　带外组网图

组网说明：

U2000 所管理的设备都已连接到被管网络上，U2000 通过其他设备组成的 DCN 网络与被管网络中的设备建立连接，从而实现对被管网络和被管设备的管理。

● 组网优点：因为不直接与被管设备相连，而是借助其他设备与被管设备建立连接，所以带外组网方式比带内组网方式能提供更可靠的设备管理通道。当被管设备发生故障时，U2000 能及时定位网上设备信息，实时监控。

● 组网缺点：因为带外组网方式要求建立一个由其他设备组成的网络来实现 U2000 对被管网络设备的管理，提供与业务通道无关的维护通道，所以网络建设的成本较高。

3. U2000 管理应用场景

（1）网络产品融合共管　U2000 网络产品融合共管的应用，即提供的典型解决方案，如图 8-13 所示。

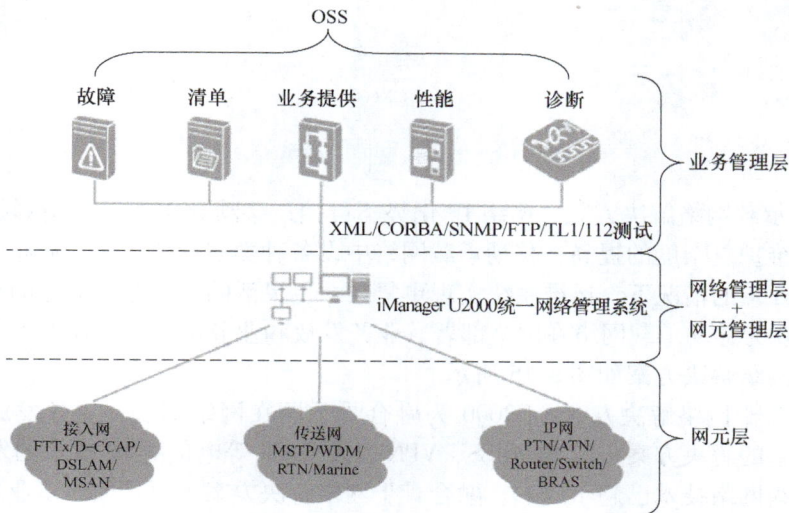

图 8-13　网络产品融合共管

● U2000 提供了接入设备、传送设备、IP 设备的统一管理平台，不但实现了跨域设备的融合管理，还打破了垂直管理模式，实现了网络层与网元层的融合管理，同时支持分权分域管理，可对各域单独管理，这样适合用户不同的网络，不同的部门管理相互之间没有干扰。

- U2000 适应了网络融合趋势，可为多种组网场景提供管理方案。统一的操作界面、简洁方便的业务发放、快捷高效的业务监控和业务保障创造了良好的用户体验，有效节省了网络运维成本。
- 统一的北向接口，大量节省 OSS 集成工作。

（2）宽带城域网络解决方案　U2000 为宽带城域网在网络部署、业务发放和业务保障方面提供了完善的解决方案。

随着全业务超宽带时代的到来，移动宽带和固网宽带融合加剧，向全业务运营成为运营商转型的方向。构建一张融合的超宽带城域网，能够更灵活快速地部署全业务，并大幅度降低整网 TCO，成为运营商面临的重大挑战。

宽带城域网络最主要的特点之一是需要承载多种业务，例如 HSI、IPTV、VoIP 等，这些业务必须建立在逻辑通道上。宽带城域网络解决方案图如图 8-14 所示。

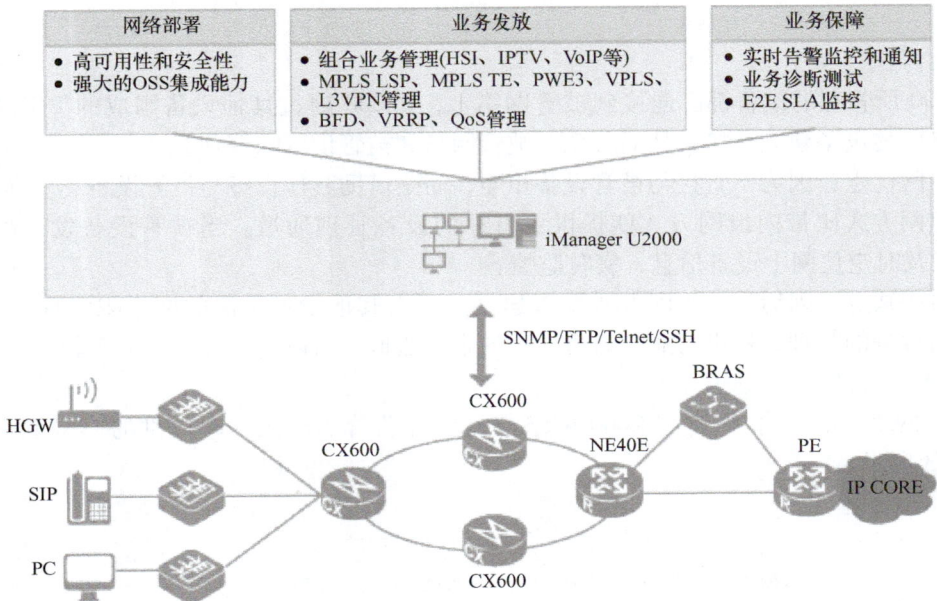

图 8-14　宽带城域网络解决方案

（3）移动承载网络解决方案　网络 IP 化势不可挡，移动数据业务也精彩纷呈，但随之而来的是网络维护复杂度的提高，移动承载网络中设备种类多、数量大、分布广。这就要求在严格控制 OPEX 的情况下，运维系统实现更复杂、更灵活的、多业务形态的配置和故障监控手段。U2000 为移动承载网络在网络部署、业务发放和业务保障方面提供了完善的解决方案。移动承载网络解决方案如图 8-15 所示。

（4）融合骨干网络解决方案　U2000 为融合骨干网在网络部署、业务发放和业务保障方面提供了完善的解决方案。随着 MPLS、VPN 以及 OAM 等电信级 IP 技术的发展，基于 IP 骨干网的电信级网络技术已趋于成熟。融合骨干网络解决方案主要是面向多业务核心承载网和 Internet 骨干网、国际关口局等场景提供的完善解决方案。IP Core 网络是电信网络的核心，需要执行严格的电信级网络维护措施。如图 8-16 所示，融合骨干网络有以下组网特点：

- 核心层采用双平面结构，核心设备（P）之间采用 full－mesh 全连接。
- 汇聚层设备（PE）与核心设备（P）之间采用双归属连接。
- 重要节点部署两台设备进行备份。

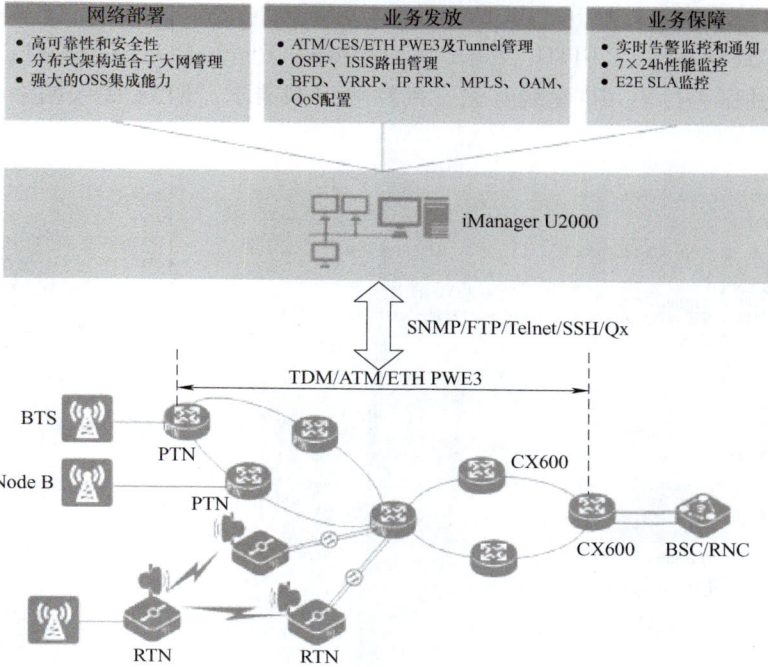

图 8-15　移动承载网络解决方案

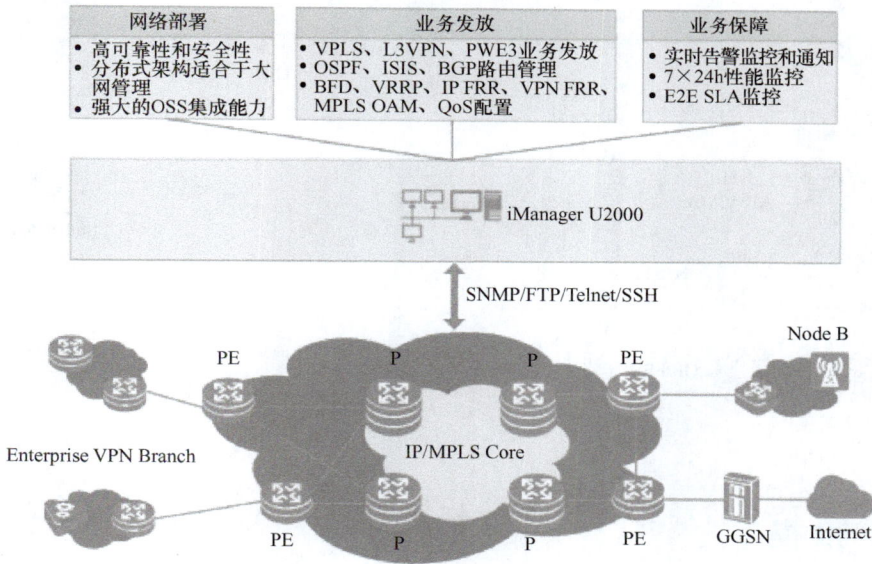

图 8-16　IP 骨干网络解决方案

- 全网统一规划 MPLS VPN，实现用户之间或业务之间的隔离。

（5）FTTx 接入网络解决方案　FTTx 接入网络解决方案是由华为公司提供的大容量、长距离和高带宽的光纤接入解决方案。U2000 为 FTTx 接入网设备提供完善的解决方案，满足对 OLT、ONU、SBU、CBU 的统一管理和维护。

FTTx 接入网络解决方案利用单根光纤提供语音、数据、视频业务，满足 FTTC（Fiber To the Curb，光纤到路边）、FTTB（Fiber To the Building，光纤到楼）、FTTH（Fiber To the

Home，光纤到户）、FTTO（Fiber To the Office，光纤到办公室）、FTTM（Fiber To the Mobile Base Station，光纤到基站）、FTTD（Fiber To the Door，光纤到门）、FTTS（Fiber To the Service Area，光纤到服务区）、IP 专线互联、批发等组网需求。FTTx 接入网络的组网应用如图 8-17 所示。

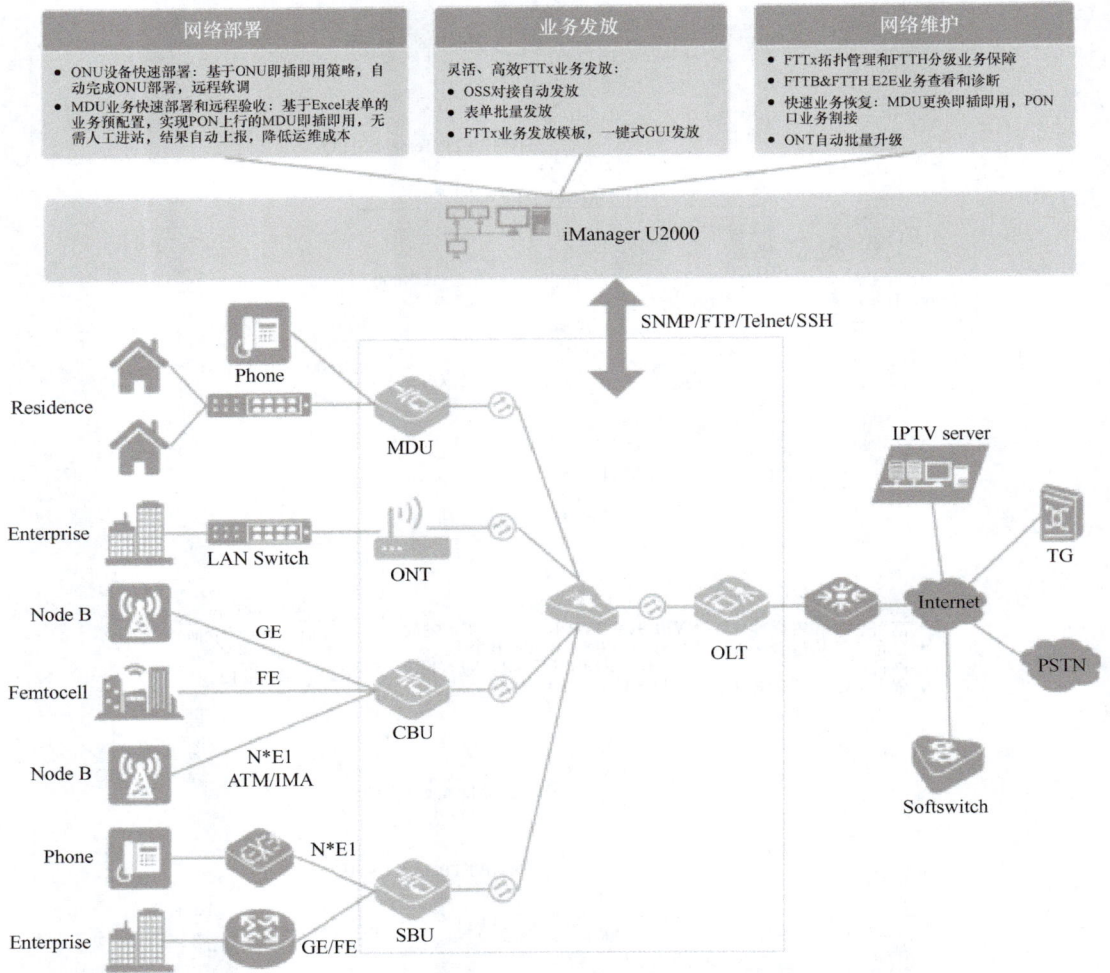

图 8-17　FTTx 接入网络的组网应用

8.2　U2000 操作

8.2.1　U2000 拓扑结构的构建

网络拓扑的构建流程描述了子网、网元和连接的构建流程，以及各个操作任务之间的关系。

拓扑构建的顺序并不固定，用户习惯不同，拓扑构建流程也会有所差异。推荐的最简网络拓扑构建流程及各阶段可能存在的拓扑管理操作如图 8-18 所示。

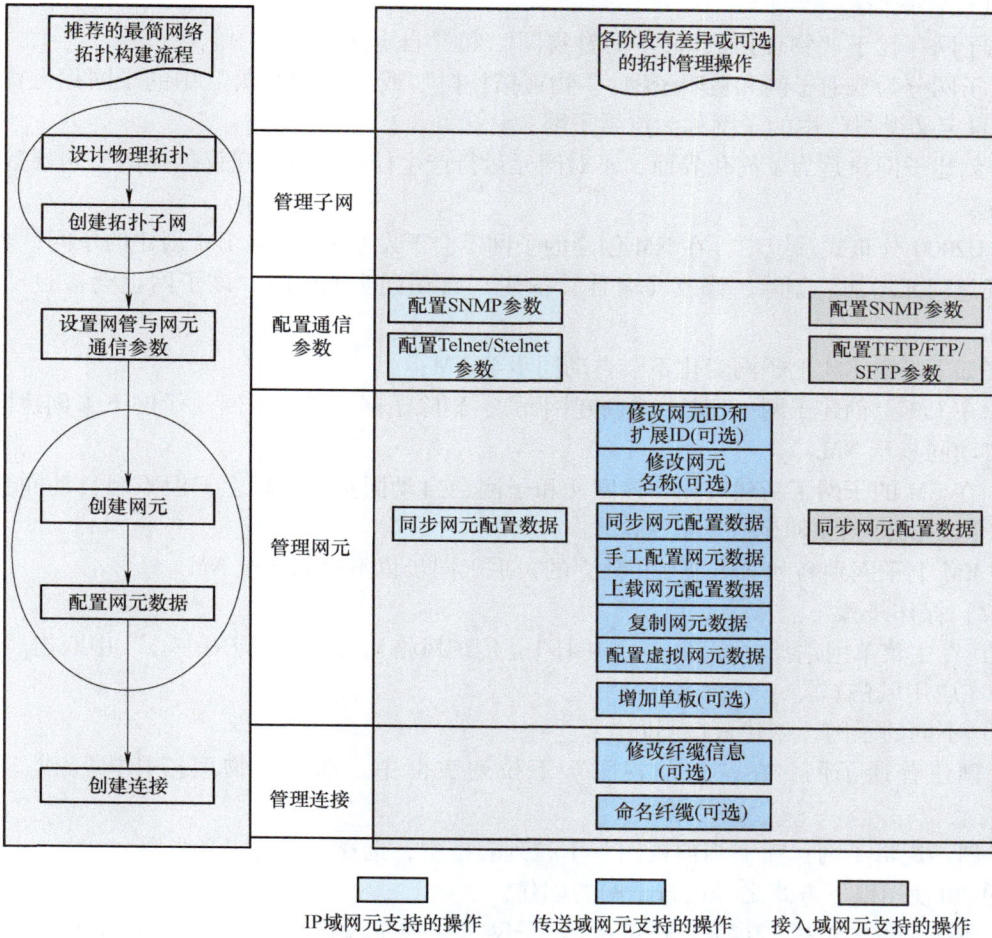

图 8-18　网络拓扑构建流程

1. 设计物理拓扑

在物理拓扑视图中部署网元之前，应该先设计好物理拓扑视图。物理拓扑视图在反映实际通信网络拓扑结构的同时，应尽可能方便操作人员的日常操作维护。

拓扑视图采用左树右图的方式。左边以导航树的形式呈现各个拓扑对象以及对象之间的层次关系；右边以拓扑图的形式呈现当前物理拓扑视图上所有的拓扑对象以及对象之间的位置关系。

按实际组网，U2000 提供了以下几种建议划分物理视图的方式，以满足不同的管理需求：

- 按地域划分：根据网元所在的区域划分。
- 按网元类型划分：根据网元的类型划分。
- 按 IP 地址划分：根据网元的 IP 地址所在网段划分。
- 按管理的责任人划分：根据网元的责任人划分。

说明：

也可以选择以上几种划分方式的组合来划分物理视图。

2. 创建拓扑子网

为方便管理，可以将网络中同一地区或属性相似的拓扑对象放到一个子网中显示。

（1）背景信息

• 子网存在于"物理拓扑树""时钟视图"和"自定义视图"中。

• 子网分为普通子网和逻辑子网。"物理拓扑树"或"时钟视图"中的子网称为普通子网；"自定义视图"中的子网称为逻辑子网。

• 创建子网只是为了简化界面，不对网元运行产生任何影响。建议创建的子网层数不超过20层。

• U2000分布式系统中，在NM创建的子网不会下发至EM。在EM创建的子网，当EM上有任意网元增加、删除、修改（名称、备注）自动同步NM时，该子网也会被自动同步至NM。

在如下场景EM上子网变化不会自动同步至NM：

• 在EM上创建子网（EM上未新建网元）、删除子网、移动子网（子网下未创建网元）不会自动同步至NM。

• 在EM的子网下新建网元，该网元和子网会自动同步到NM上，但不会自动同步EM中该子网下的已创建网元信息至NM。

• EM上子网别名和NM是互相独立的，手工同步也不会同步至NM。

（2）操作步骤

1）在主菜单中选择"视图 > 主拓扑"（传统风格），或在"应用中心"中双击"拓扑管理"（应用风格）。

2）不同的子网，创建入口不同。

• 创建普通子网：在"当前视图"下拉列表框中，选择"物理拓扑树"或"时钟视图"。

• 创建逻辑子网：在"当前视图"下拉列表框中，选择一个自定义视图。

3）可使用以下方式之一进行子网的创建：

• 在主菜单中选择"视图 > 新建 > 子网"（传统风格），或在"应用中心"中双击"拓扑管理"，再选择"文件 > 新建 > 子网"（应用风格）。

• 在工具条上单击 ，选择"子网"。

• 在拓扑视图空白处单击右键，选择"新建 > 子网"。

4）在弹出的对话框中，选择"基本属性"选项卡，设置子网的"名称""别名""父子网""坐标"和"备注"。

5）在"创建物理子网"或"创建逻辑子网"对话框中单击"确定"。

所创建的子网成功创建在当前视图中，双击可进入该子网。

3. 设置网管与网元通信参数

正确配置U2000与网元对接参数是保证U2000与各网元之间正常通信的前提，应及时、正确设置该类参数。

4. 创建网元

每个实际设备在U2000上都体现为网元。U2000管理实际设备时，必须先在U2000上创建相应的网元。创建网元有两种方式：创建单个网元和批量创建网元。当同时需要创建大量网元时，如开局的情况，建议选择批量创建网元。当只需创建零星网元时，建议选择创建单个网元。在U2000中创建网元，可以配置网元数据、检查或修改单板参数，进而通过对该网元、子网或纤缆进行管理。

操作步骤（以创建单个网元为例）如下：

1）在主菜单中选择"文件 > 新建 > 网元"（传统风格），或在"应用中心"中双击"拓扑管理"，再选择"文件 > 新建 > 网元"（应用风格），弹出"创建网元"对话框，如图 8-19 所示。

2）在"创建网元"对话框中对象类型树选择网元类型。

3）单击"确定"，然后单击主拓扑，网元图标在鼠标单击的地方出现。

5. 配置网元数据

网元创建成功后还处于未配置状态。必须先配置网元数据，网管才能管理、操作该

图 8-19　"创建网元"对话框

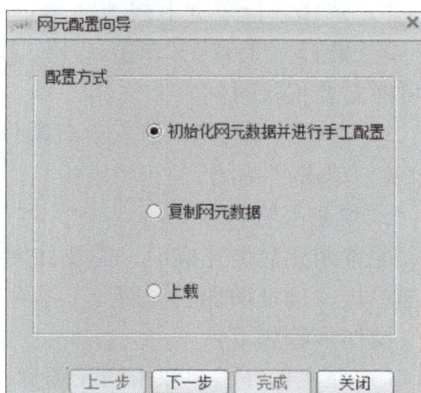

网元。配置网元数据包括同步网元配置数据、手工配置网元配置数据、复制网元配置数据、上载网元配置数据。

（1）同步网元配置数据　在日常维护中，可能出现网元侧和网管侧数据不一致的情况，通过同步网元配置数据，可以将网元侧数据同步到网管侧。

操作步骤如下：

1）在主菜单中选择"配置 > 同步网元配置数据"（传统风格），或在"应用中心"中双击"固网网元配置"，再选择"配置 > 同步网元配置数据"（应用风格）。

2）单击"过滤"，在弹出的对话框中设置过滤条件后单击"确定"，右侧面板显示过滤后的同步信息。

3）选中一个或多个未同步的网元，单击"同步"或在右键菜单中选择"同步"，网管开始同步配置数据。

（2）手工配置网元数据　创建网元后，通过"初始化网元数据并手工配置"的功能来配置网元数据。手工配置网元时可配置网元名称、备注信息、子架信息，同时还可以手工配置网元的单板槽位信息。

操作步骤如下：

1）选择进行数据配置的网元，对话框如图 8-20 所示。

2）选择"初始化网元数据并进行手工配置"，单击"下一步"，弹出"确认"对话框，提示手工配置会清除网元侧数据。

3）单击"是"，弹出"确认"对话框，提示手工配置会导致网元业务中断。

4）单击"是"，弹出"确认"对话框，提示手工配置会导致网元重启。

5）单击"是"，弹出"确认"对话框，提示手工配置会导致网元暂时性脱管。

图 8-20　"网元配置向导"对话框

6）单击"是"，弹出"提示"对话框，提示手工配置后数据不一致。单击"确定"，进入"设置网元属性"界面。

7）单击"下一步"，进入网元槽位的界面。

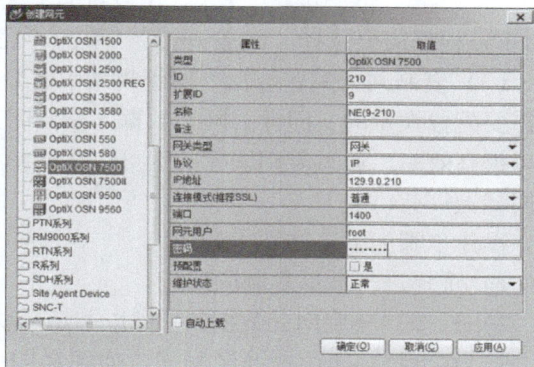

8）单击"下一步"，进入"下发配置"界面。

9）根据需要选择"校验开工"，单击"完成"。

（3）复制网元配置数据　网管规划中需要预配置网元来模拟整个网络。在这种情况下，就需要配置大量的、同样的网元数据。复制网元数据的功能可使用户的操作简单化，同时也可以提高效率。通过复制网元数据可以将网元类型、主机版本相同的网元数据复制到新创建的网元上。

操作步骤如下：

1）选择进行数据复制的网元。

2）选择"复制网元数据"，单击"下一步"，弹出"网元复制"对话框。

3）在下拉列表中选择源网元，如图8-21所示。单击"开始"，弹出"确认"对话框，提示复制操作会覆盖所选网元的所有数据。

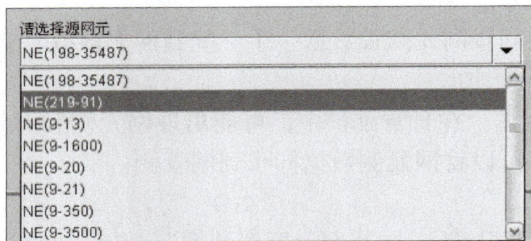

图8-21　"请选择源网元"对话框

4）单击"确定"，弹出"确认"对话框，提示复制操作会将导致被复制对象在网管侧的原始数据丢失。

5）单击"确定"，进入复制操作过程。等待数秒，弹出"操作结果"对话框。

6）单击"关闭"。

（4）上载网元配置数据　上载网元数据是配置网元数据的最常用方式，通过上载网元数据可以直接将网元当前的配置数据，如网元侧配置、告警和性能数据上载到U2000。

操作步骤如下：

1）选择进行数据上载的网元。

2）选择"上载"，单击"下一步"，弹出"确认"对话框，提示上载网元侧数据到网管可能需要很长时间。

3）单击"确定"，进入上载操作过程。上载结束，弹出"操作结果"对话框。

4）单击"关闭"。

6. 增加单板

配置网元数据完成后，需要在网元面板上增加单板。增加单板可增加网元上实际在位的物理单板，也可增加实际网元上不存在的逻辑单板。

操作步骤如下：

1）在主拓扑图上双击网元图标，打开网元面板。

2）增加单板如下：

• 在所选空闲槽位上单击右键，选择"增加单板"，在弹出的对话框中选择需要增加的单板。

• 在所选空闲槽位上单击右键，选择需要增加的单板。

7. 创建纤缆

U2000 与其所管理的网元、各网元之间通过连接进行通信，只有通过在主拓扑上创建相应的连接，才能进行业务配置、网元管理等。

以手工创建光纤为例： 要进行业务配置，必须先创建光纤。手工创建光纤连接是在主拓扑图中进行，比较直观，这个方式适用于逐条创建少量光纤的场合。

操作步骤如下：

（1）方法 1

1）在主拓扑图中空白处单击右键，选择"新建 > 连接"。

2）在弹出的对话框左侧窗格中选择"纤缆 > 光纤"。

3）在对话框的右侧窗格中选择创建光纤的方式为"普通方式"，如图 8-22 所示。

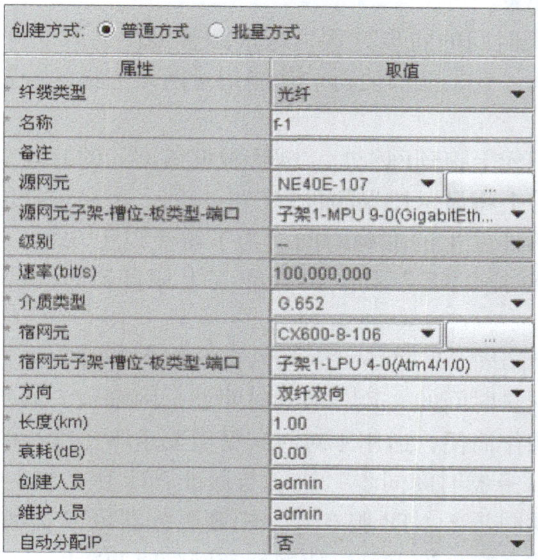

图 8-22　"创建光纤"对话框

4）在"名称"栏输入所创建的光纤名称。

5）选择光纤的源网元和源端口。

6）在"介质类型"右侧下拉菜单中选择光纤介质类型。

7）选择光纤的宿网元和宿端口。

8）在"创建连接"对话框中输入光纤的其他属性。

9）单击"确定"。在主拓扑上，源宿网元间显示出已创建的光纤。

10）对于 MSTP 系列、WDM 系列、RTN 系列网元，选中刚创建好的光纤，单击右键，选择"链路检测"，弹出"操作结果"对话框显示检测结果。

（2）方法 2

1）在主拓扑界面选择快捷图标  ，鼠标移至主拓扑中显示为" + "。

2）在主拓扑中单击纤缆的源网元。

3）在弹出的对话框中选择源单板及源端口。

4）单击"确定"，鼠标在主拓扑中再次显示为" + "。

5）在主拓扑中单击纤缆的宿网元。

6）在弹出的对话框中选择宿单板及宿端口。

7）单击"确定"，在弹出的"创建纤缆"对话框中输入纤缆的相应属性。

8）单击"确定"，在主拓扑上，源宿网元间显示出已创建的光纤。

9）对于 MSTP 系列、WDM 系列、RTN 系列网元，选中刚创建好的光纤，单击右键，选择"链路检测"，弹出"操作结果"对话框显示检测结果。

8.2.2　U2000 配置操作

本节以网元时间、物理层时钟和 SDH 业务配置为例，以便读者对 U2000 操作有初步认识。

1. 配置网元时间

保证网管和网元时间的一致性对于故障维护与网络监控有重要意义，在业务配置之前应完成网管和网元时间的配置。

（1）网管时间与网元时间的同步方式　通过网管提供的时间同步功能，可保持网络中各网元的时间与网管时间一致，从而使得网管能记录网元上报的告警和产生异常事件的准确时间。

告警和异常事件由网元上报到网管时，网管根据该网元的时间来记录告警产生时间。如果网元时间不准确，网管上将显示错误的告警产生时间，不利于定位故障，而且网元安全日志中也无法记录各异常事件发生的准确时间。为了避免以上现象，网管提供了"与网管时间同步""与 NTP 服务器时间同步"和"与标准 NTP 服务器时间同步"三种方式来保证网元时间的准确性。

● 如采用"与网管时间同步"的方式，所有网元以网管时间作为标准时间，通过手动或自动同步方式保持其与网管时间的一致。网管时间就是网管服务器所在的工作站或计算机的系统时间。该同步方式操作简便，适用于对时间精度要求不是很高的网络。

● 如采用"与 NTP 服务器时间同步"或"与标准 NTP 服务器时间同步"的方式，所有网元与网管的时间均自动同步于 NTP 服务器。NTP 服务器可以是网管服务器或专用的时间服务器。采用该同步方式，在理论上可以使网元与网管时间精度达到十亿分之一秒，适用于对时间精度要求很高的网络。

（2）自动同步网元与网管时间　网管支持网元与网管时间的自动同步，从而使网管记录正确的告警产生时间和日志时间。

操作步骤如下：

1）在主菜单中选择"配置 > 网元批量配置 > 网元时间同步"。

2）在左边的对象树中选择网元，单击 ⇨ 。

3）在弹出的"操作结果"提示框中单击"关闭"。

4）将"同步方式"选择为"网管"，单击"应用"。

5）在弹出的"操作结果"提示框中单击"关闭"。

6）设置"同步启动时间"和"自动同步周期（天）"，单击"应用"。

说明：

"同步启动时间"不能早于当前时间。

7）在弹出的确认对话框中单击"是"。

8）在弹出的"操作结果"提示框中单击"关闭"。

（3）手动同步网元与网管时间　对于没有设置 NTP 服务的网元，为了使网管能准确地记录告警产生时间，在日常维护中应该定期查看网元与网管时间是否一致，如不一致应手动同步网元与网管时间。

操作步骤如下：

1）在主菜单中选择"配置 > 网元批量配置 > 网元时间同步"。

2）在左边的对象树中选择网元，单击 ⇨ 。

3）在弹出的"操作结果"提示框中单击"关闭"。

4）在列表中选中一个或多个网元，单击"与网管时间同步"。

5）在弹出的"同步时间操作"提示框中单击"是"，在弹出的"操作结果"中单击"关闭"。

（4）配置标准 NTP 密钥　网管支持采用标准 NTP（Standard Network Time Protocol）服务自动使网元的时间与标准 NTP 服务器的时间同步。为了保证接入可信的服务器，需要启动 NTP 身份验证功能。用户需要设置密钥和密码，通过认证密钥和密码共同校验服务器端身份是否可信。

操作步骤如下：

1）在主菜单中选择"配置 > 网元批量配置 > 网元时间同步"，选择"标准 NTP 密钥管理"选项卡。

2）在左边的对象树中选择网元，单击 ⇨ 。

3）单击"增加"，弹出"增加密钥密码"对话框。

4）在"网元列表"区域框中选择网元，设置"密钥"和"密码"，并将"是否可信"设置为"是"，单击"应用"。

5）在弹出的"操作结果"提示框中单击"关闭"。

（5）同步网元与 NTP 服务器时间　采用 NTP（Network Time Protocol）服务能使网元时间与 NTP 服务器时间自动同步，在理论上可以使网元时间精度达到十亿分之一秒。如果网络中已经配备了 NTP 服务器，应在配置业务之前设置网元与 NTP 服务器的时间同步。

操作步骤如下：

1）在主菜单中选择"配置 > 网元批量配置 > 网元时间同步"。

2）在左边的对象树中选择需要设置的网元，单击 ⇨ 。

3）设置"同步方式"为"NTP"。

4）设置"服务器使能"以确定网元是否作为 NTP 服务器。

• 如果网元间通信采用的是 ECC 协议，将网关网元的"服务器使能"设置为"ECC 服务器"，将非网关网元的"服务器使能"设置为"禁止"。

• 如果网元间通信采用的是 IP 协议，将所有网元的"服务器使能"设置为"禁止"。

5）设置"客户端使能"以确定网元是否作为 NTP 服务器的客户端。

• 如果网元间通信采用的是 ECC 协议，将网关网元的"客户端使能"设置为"IP 客户端"，将非网关网元的"客户端使能"设置为"ECC 客户端"。

• 如果网元间通信采用的是 IP 协议，将所有网元的"客户端使能"设置为"IP 客户端"。

6）选择网元的"同步服务器"。

• 如果网元间通信采用的是 ECC 协议，将网关网元的"同步服务器"设置为上级 NTP 服务器的 IP 地址，将非网关网元的"同步服务器"设置为网关网元的 ID 号。

• 如果网元间通信采用的是 IP 协议，将所有网元的"同步服务器"设置为上级 NTP 服务器的 IP 地址。

7）设置网元的"轮询周期（min）"与"采样次数"。

8）单击"应用"。

（6）同步网元与标准 NTP 服务器时间　采用标准 NTP（Standard Network Time Protocol）服务能使网元时间与标准 NTP 服务器时间自动同步。

操作步骤如下：

1）在主菜单中选择"配置 > 网元批量配置 > 网元时间同步"。

2）在左边的对象树中选择网元，单击 ⇨ 。

3）设置"同步方式"为"标准 NTP"。

4）设置"NTP 身份验证"为"启动"。

5）单击"应用"。

6）在下边的窗格中单击右键，选择"新建"，创建标准 NTP 服务器。

• 如果选择"标准 NTP 服务器标识"为"网元 ID"，输入标准 NTP 服务器的网元 ID 和"标准 NTP 服务器密钥"。

• 如果选择"标准 NTP 服务器标识"为"IP"，输入标准 NTP 服务器的 IP 地址和"标准 NTP 服务器密钥"。

7）单击"应用"执行网元时间同步。

2. 配置物理层时钟

稳定的时钟是网元正常工作的基础，在配置业务之前必须为所有网元配置时钟。对于复杂网络，还需要配置时钟保护。

（1）时钟配置流程　配置时钟的主要流程如图 8-23 和图 8-24 所示。

图 8-23　不启动 SSM 协议时的配置流程

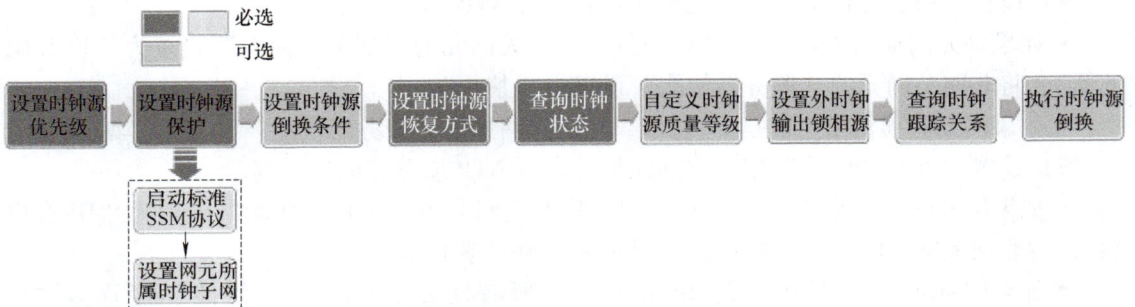

图 8-24　启动标准 SSM 协议时的配置流程

（2）时钟配置原则　在配置时钟时需要掌握一些原则，以保证获得良好的时钟跟踪效果。

配置时钟时需要遵循的通用原则如下：

● 骨干层、汇聚层的网络应采用时钟保护，并设置主、备时钟基准源，用于时钟主备倒换。接入层一般只在中心站设置一个时钟基准源，其余各站跟踪中心站时钟。

● 由中心节点或高可靠性节点提供时钟源。

● 有 BITS（Building Integrated Timing Supply System）或其他高精度外接时钟设备时，建议网元采用跟踪外部时钟源；没有 BITS 或其他高精度外接时钟设备时，建议网元跟踪线路时钟源；内部时钟源建议作为最低级别的时钟源。

● 合理规划时钟网，避免时钟互锁及形成时钟环路。

● 跟踪线路时钟应遵循最短路径要求：

① 对于小于 6 个网元组成的环网，可以从一个方向跟踪基准时钟源。

② 对于大于或等于 6 个网元组成的环网，线路时钟要保证跟踪最短路径，即 N 个网元的网络，应有 $N/2$ 个网元从一个方向跟踪基准时钟，另 $N/2$ 个网元从另一个方向跟踪基准时钟（当 N 为奇数时，中间的网元可以跟踪任意一个方向的基准时钟）。

● 不启动 SSM 协议时，不要在本网内将时钟配置成环。

● 若启动 SSM 协议，本网内所有网元的 SSM 协议信息需设为一致。

● 局间宜采用从 STM - N 中提取时钟，不宜采用支路信号定时。

● 为了防止经过多站点的传递后时钟信号产生漂移，需要在时钟长链中对时钟信号进行补偿。ITU-T G.781 规定需要进行时钟补偿的长链网元个数为 20 个网元，考虑到纤缆的传输距离因素，一般超过 10 个网元就需要进行时钟补偿。

（3）查询时钟同步状态　如果网络中各网元的时钟不同步，网元会产生指针调整、误码甚至业务中断，通过 U2000 可了解和监控网元时钟的同步状态。

操作步骤如下：

1）在网元管理器中选择网元，在功能树中选择"配置 > 时钟 > 物理层时钟 > 时钟同步状态"。

2）单击"查询"。

3）在弹出的"操作结果"对话框中单击"关闭"，查看从网元侧查询上来的时钟同步状态信息。

（4）查询时钟跟踪状态　时钟跟踪关系正确才能保证整个网络的时钟保持同步，通过 U2000 可了解和监控各站点时钟跟踪状态。

操作步骤如下：

1）在"主拓扑"窗口中，在"当前视图"的下拉列表中，选择"时钟视图"。

2）在右侧时钟视图中空白处单击右键，选择"搜索时钟链路"。

3）在弹出的"搜索时钟链路"窗口中设置"时钟类型"和"搜索方式"，并选择需要查询的网元，单击"确定"。

4）在弹出的"操作结果"对话框中单击"关闭"，查询各网元的时钟跟踪关系。

（5）配置网元的时钟源　在配置业务之前，必须配置网元的时钟源并指定其优先级别，以保证网络中所有网元能够建立合理的时钟跟踪关系。

操作步骤如下：

1）在网元管理器中选择网元，在功能树中选择"配置 > 时钟 > 物理层时钟 > 时钟源优先级表"。

2）单击"查询"查询已有的时钟源。

3）在弹出的"操作结果"对话框中单击"关闭"。

4）单击"新建"，在弹出的"增加时钟源"对话框中选择一个或多个新时钟源，单击"确定"。

5）可选：如果选择了外部时钟源，需要根据外部时钟信号的类型选择"外部时钟源模式"。

对于2Mbit/s时钟，还需指定传递时钟质量信息的"同步状态字节"。

6）选中时钟源，单击 ▼ 或 ▲ 调整其优先级，排在最上方的时钟源作为网元的首选时钟。

7）单击"应用"，在弹出的"操作结果"对话框中单击"关闭"。

（6）配置时钟源保护 在复杂的时钟网络中，所有的网元都需要配置时钟保护。在设置完网元的时钟源并指定时钟优先级之后，启用标准SSM协议或扩展SSM协议可以避免网元跟踪错误的时钟源。

操作步骤如下：

1）在网元管理器中选中网元，在功能树中选择"配置 > 时钟 > 物理层时钟 > 时钟子网设置"。

2）选择"时钟子网"选项卡，单击"查询"查询已有的参数设置，如图8-25所示。

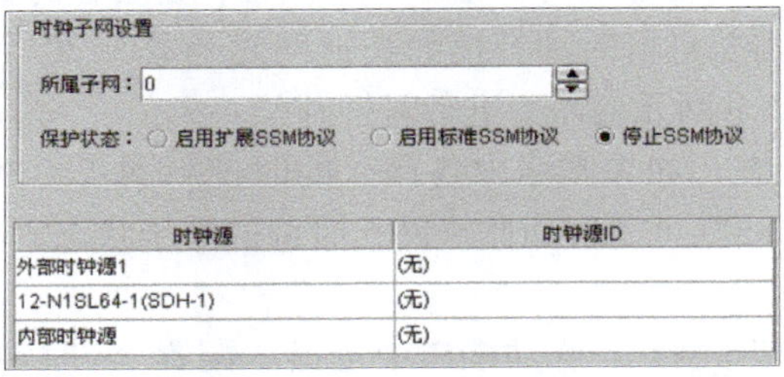

时钟子网设置

| 所属子网： | 0 |
| 保护状态： | ○ 启用扩展SSM协议　　○ 启用标准SSM协议　　● 停止SSM协议 |

时钟源	时钟源ID
外部时钟源1	(无)
12-N1SL64-1(SDH-1)	(无)
内部时钟源	(无)

图 8-25 "时钟子网"选项卡

3）选择"启用标准SSM协议"或"启用扩展SSM协议"。

4）设置网元所属时钟子网的子网号。

5）可选：如果启用了扩展SSM协议，还需要设置时钟源的时钟ID。

6）单击"应用"，在弹出的"操作结果"对话框中单击"关闭"。

7）可选：如果为网元的线路时钟源指定了时钟ID，选择"时钟ID使能状态"选项卡，将线路端口的"使能状态"设置为"使能"。单击"应用"，在弹出的"操作结果"对话框中单击"关闭"。

（7）配置时钟源恢复方式 为网元配置了多路时钟源时，只有将时钟源设置为自动恢复方式，劣化的时钟源在恢复后才可以自动成为网元新的跟踪时钟源。

操作步骤如下：

1）在网元管理器中选择网元，在功能树中选择"配置 > 时钟 > 物理层时钟 > 时钟源倒换"。选择"时钟源恢复参数"选项卡，如图8-26所示。

网元名称	高优先级时钟源恢复方式	时钟源等待恢复时间(min.)
NE6177	不自动恢复	5

图 8-26 "时钟源恢复参数"选项卡

2）双击参数栏设置时钟源恢复方式与等待恢复时间。

3）单击"应用"，在弹出的"操作结果"对话框中单击"关闭"。

3. 配置 SDH 业务

配置 SDH 业务时，使用单站方式可以逐个网元地指定业务使用的时隙与路由。用单站方式配置业务的效率较低，如果 U2000 具备路径功能，建议使用路径方式配置业务。

SDH 业务配置流程如图 8-27 所示。其中流程图的横向表示使用 U2000 配置 SDH 业务的 5 个主要阶段：网络部署、配置源网元、配置宿网元、配置穿通网元、SDH 业务维护、验证业务；流程图的纵向表示各阶段包括的任务操作和操作任务之间的关系。

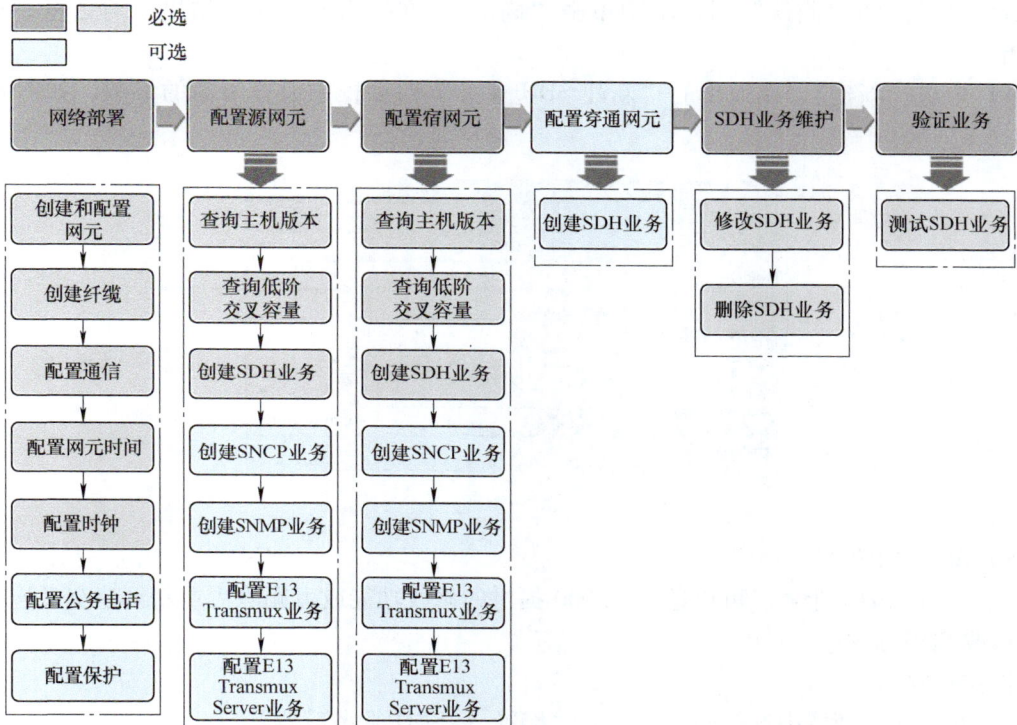

图 8-27　SDH 业务配置流程图

（1）查询网元的主机软件版本　为保证业务的正确配置和正常运行，要求设备的主机软件版本与单板软件版本、U2000 软件版本之间满足一定的配套关系，这些配套关系可以通过设备的版本说明书查询。在配置 SDH 业务前，应查询主机软件版本。主机软件的版本可以使用 U2000 查询。

操作步骤如下：

1）在主拓扑上双击网元，界面显示网元面板。

2）在 SCC 槽位上单击右键，选择"主控版本"，弹出对话框，显示主机软件版本。

（2）查询低阶交叉容量　SDH 设备的低阶交叉容量决定了设备的低阶接入能力，因此在配置业务的时候要充分考虑设备的低阶交叉容量。

操作步骤如下：

1）在网元管理器中单击网元，在功能树中选择"配置 > 查询低阶交叉容量"。

2）单击"查询"，如图 8-28 所示。

（3）创建 SDH 业务　为实现业务在业务处理板和线路板之间的上下，从而实现业务在 SDH 网络中的传输，需要创建处理板到线路板的 SDH 业务交叉连接。

单板	最大容量(G)	最大VC4数	剩余源VC4数	剩余宿VC4数	剩余宿VC3数
NE6178-9-GXCSA	5	32	32	32	96
NE6178-10-EXCSA	0	0	0	0	0

图 8-28　网元单板"低阶交叉容量"

操作步骤如下：

1）在网元管理器中单击网元，在功能树中选择"配置 > SDH 业务配置"。

2）单击"查询"，查询网元的业务。

3）在弹出的"确认"对话框中单击"确定"，在弹出的"操作结果"对话框中单击"关闭"。

4）单击"新建"，在弹出的"新建 SDH 业务"对话框中设置所需的参数，如图 8-29 所示。

属性	值
等级	VC12
方向	双向
源板位	2-PQ1
源VC4	
源时隙范围(如:1，3-6)	1
宿板位	11-N1SL64-1(SDH-1)
宿VC4	VC4-1
宿时隙范围(如:1，3-6)	1　　间插模式时隙：1
立即激活	是

图 8-29　"新建 SDH 业务"对话框

5）单击"确定"。

（4）修改 SDH 业务　可以通过 U2000 提供的修改功能或者删除后重新创建交叉连接的方式修改 SDH 业务。

操作步骤如下：

1）在网元管理器中选择网元，单击"配置 > SDH 业务配置"。

2）选择相应的业务，单击"显示 > 展开到单向"。

3）可选：若需要修改的业务处于激活状态，需要去激活。选择需要修改的业务，单击"去激活"。

4）在两次弹出的"确认"对话框中单击"确定"，弹出"操作结果"对话框提示操作成功。

5）单击"关闭"。

6）交叉连接去激活后，可以采用步骤 7）或步骤 8）中的方式修改 SDH 业务。

7）可选：通过右键菜单中的"修改"按钮进行修改。

① 选中需要修改的业务，单击右键，选择"修改"，弹出"修改 SDH 业务"对话框。

② 修改"源 VC4"或"宿 VC4"，以及"源时隙范围"和"宿时隙范围"。

③ 单击"确定"，弹出"操作结果"对话框提示操作成功。

④ 单击"关闭"。

⑤ 选中修改后的业务，单击"激活"。

⑥ 单击"确定"，弹出"操作结果"对话框。

⑦ 单击"关闭"。

8）可选：通过删除该业务，然后重新创建 SDH 业务的方式进行修改。

① 选中需要修改的业务，单击"删除"。

② 单击"确定"，弹出"操作结果"对话框提示操作成功。

③ 单击"关闭"，该业务已经被删除。

④ 根据需要重新创建该业务，方法参见"（3）创建 SDH 业务"。

（5）删除 SDH 业务　当已有的 SDH 业务不再适用时，可以将其删除。

操作步骤如下：

1）在网元管理器中单击网元，在功能树中选择"配置 > SDH 业务配置"。

2）单击"查询"，查询已有的业务。

3）可选：若待删除的业务处于激活状态，需要去激活。选中该业务，单击"去激活"。

4）选中需要删除的业务，单击"删除"。

5）在弹出的"确认"对话框中单击"确定"。

6）在弹出的"操作结果"对话框中单击"关闭"。

8.2.3　U2000 维护操作

网管是维护的一个重要工具。U2000 拓扑以左树右图的形式显示被管对象及其之间连接的状态，并提供查看配置、告警和性能数据，同步日志、配置、告警数据等操作的入口，用户可通过浏览拓扑视图实时了解整个网络的组网情况和监控运行状态。本节对网管中的基本维护操作进行简述。实际维护过程中，针对不同设备的维护任务不尽相同，具体维护任务，请参考不同设备的"例行维护"手册。

（1）检查网管运行环境与状态

1）检查计算机电源线、鼠标、键盘、显示屏等是否正常。

2）网管计算机需放置在远离电磁干扰、保持干燥通风、避免太阳直射的地方。

3）保障网管计算机工作电源的稳定，建议使用 UPS 供电。

4）检查网管计算机接地、硬盘声音是否异常，CPU 温度、CPU 和电源的风扇是否正常。

5）必须在网管计算机上安装杀毒软件，定期对网管计算机进行杀毒。

6）及时对杀毒软件进行更新升级，确保为最新版本。

7）严禁在网管计算机上安装游戏软件。

8）不使用网管计算机访问 Internet。

（2）检查网管与网元间的通信状态

1）在"设备导航树"中，设备节点图标显示颜色为非灰色时，均表示通信正常。

2）对于数据通信、接入网设备：

• 如果设备节点图标显示为灰色，表明设备处于离线状态。

• 如果设备节点图标显示为非绿色，表明设备有故障产生，请立即联系机房维护人员对设备进行检查。

3）对于传送设备：

• 如果 U2000 与网元间通信异常，一般在 U2000 界面上该网元的图标显示为灰色。如果 U2000 与网关网元通信异常，一般还会有"NE_ COMMU_ BREAK"网元通信中断告警。

• 如果只是非网关网元在 U2000 上不可达，则重点检查该网元的各项设置及其到网关网元的 ECC 路由情况。

* 如果是多数网元在 U2000 上显示不可达，则重点检查对应的网关网元的各项设置以及该网关网元与 U2000 间的网络连通性。

（3）浏览当前网管告警　界面入口：主菜单中选择"故障 > 浏览当前告警"，在过滤的告警源中选择本机网管可以专门浏览当前网管告警，如图 8-30 所示。

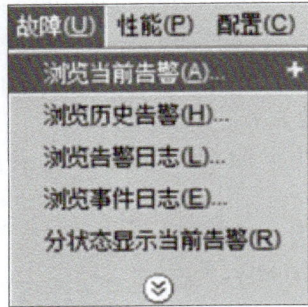

图 8-30　"浏览当前告警"对话框

通过浏览当前网管告警，可以查询到网管当前运行状态以及网管与网元间的通信状态是否正常等信息。在浏览当前的网管告警时，可以进行告警同步、告警刷新、告警核对、告警确认、告警过滤等操作。

提示：

* 在当前告警浏览窗口，如果打开了"显示最新上报的告警"开关，最新上报告警会自动刷新在当前告警浏览窗口中。如果此开关没有打开，"刷新"按钮会闪烁，单击此按钮，告警会立即显示在告警浏览窗口。

* 核对是指对一条或多条未结束网管告警的状态进行确认，将实际已经结束但在告警库中没有结束的告警结束。

（4）查看 U2000 进程与服务状态

1）界面入口：登录"系统监控客户端"，查看"进程监控""数据库监控""服务器监控""硬盘监控""操作日志"和"组件信息"。

2）查看进程状态：

① 必要的进程均应为运行状态，且不应有反复异常重启的进程。

② 日常维护中，一般只需查看进程信息，不必执行其他操作，以免误操作。

③ 进程的启动模式有以下三种：

* 自动：指进程在异常情况下退出后会自动重启。

* 手动：指进程在异常情况下退出后不会自动重启，需用户手工启动。

* 已禁止：指该进程不允许通过远程监控工具启动。

（5）查看 Solaris 错误日志

* 界面入口：在 UNIX 平台上，在 JDE 桌面上双击"本计算机"，选择"文件系统"打开文件管理窗口。

* 定期查看 Solaris 操作系统的错误日志，可以及早发现系统存在的错误并采取相应的措施，以保障 U2000 运行在稳定的操作系统之上。

* 打开/var/adm/messages 文件，查看该文件中是否有错误信息。正常情况下，无"error"或"failed"错误信息，如图 8-31 所示。

- 打开/var/log/syslog 文件，查看该文件中是否有错误信息。正常情况下，无错误信息。

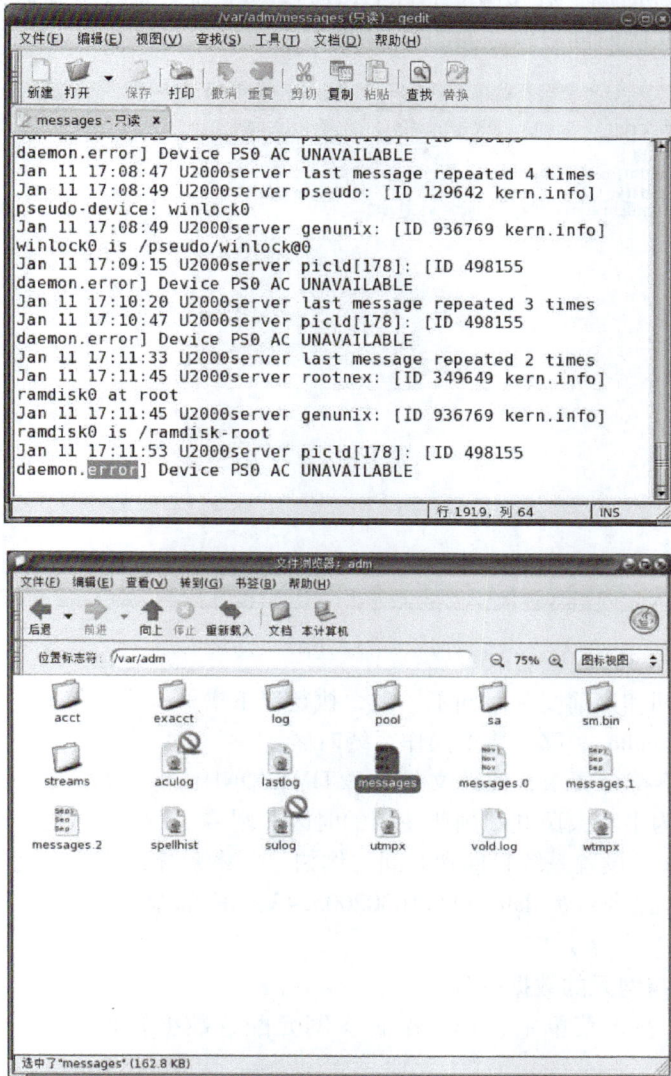

图 8-31　"messages" 文件

（6）备份 U2000 数据　备份是将重要的数据复制并保存起来。当原始数据被损坏时，可用备份的数据进行恢复。网管提供的数据备份方案包括：

1）备份 U2000 数据：备份的内容是整个网管数据库，包括网管侧用户自定义数据（系统的惯用选项除外）、网络层路径数据、网元侧配置数据、告警和性能数据、整个数据库的结构、数据库所有表（系统表和用户表）、表结构和存储过程等。

2）以脚本文件形式备份网络配置数据：U2000 提供的导入导出脚本文件的功能，可以用来备份和恢复 U2000 的网络配置数据（包括网元用户名及密码、路径信息和拓扑坐标等），实现网管版本升级时配置数据的平滑升级。

在主菜单中选择"系统 > 备份/恢复网管数据 > 导入/导出脚本"进行备份。

- 建议每周检查定时备份情况，确认定时备份正常运行。
- 建议每次有业务配置数据变更后立即备份数据。

● 建议定期对备份数据文件进行清理，以免备份的文件过大导致磁盘空间不足。

（7）查看服务器时间　在 UNIX 平台上，通过 date 命令查看服务器时间，以确认服务器时间是否和当前实际时间一致，如图 8-32 所示。

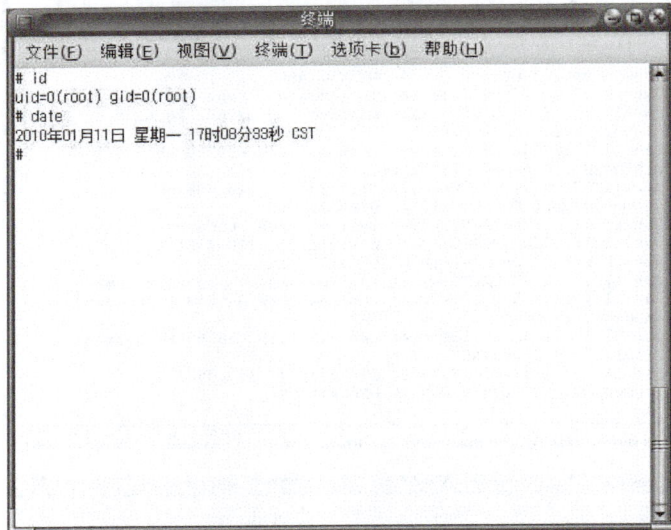

图 8-32　"服务器时间"查看窗口

如果服务器时间和当前实际时间不一致，执行以下操作，进行修改：

● 执行命令：# echo $TZ，检查操作系统时区。

● 若当前时区不符合要求，修改文件/etc/TIMEZONE，将"TZ"的值更改为当地时区。例如：将时区设置为中华人民共和国所使用的时区，则将"TZ"设置为"PRC"。

● 使用命令 date，设置系统日期和时间。例如，要将系统日期和时间设置为 2005-11-17 16：30：43，执行命令：# date 111716302005.43，屏幕显示：Mon Nov 17 16：30：43 CST 2005。

（8）检查网管与网元的数据一致性

1）界面入口：在主菜单中选择"配置 > 网元配置数据管理"，选择网元进行一致性校验。

2）进行一致性校验可以将对网元侧和网管侧的配置数据进行比较，并得到相应一致性校验结果的报告。

3）如果校验结果显示数据不一致，需要根据实际情况进行上载或下载以同步数据。

（9）定期修改网管系统的密码

1）修改网管用户的密码入口：在主菜单中选择"文件 > 修改密码"，弹出"修改密码"对话框，如图 8-33 所示。

2）修改网元用户的密码入口：在主菜单中选择"系统 > 网元安全 > 网元用户管理"，如图 8-34 所示。

3）为保证网络安全，请定期更改网管用户和网元用户的密码并妥善保存，以免由于密码泄露

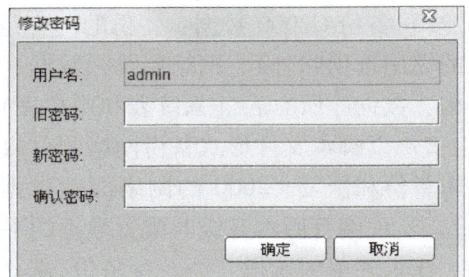

图 8-33　修改网管用户的密码

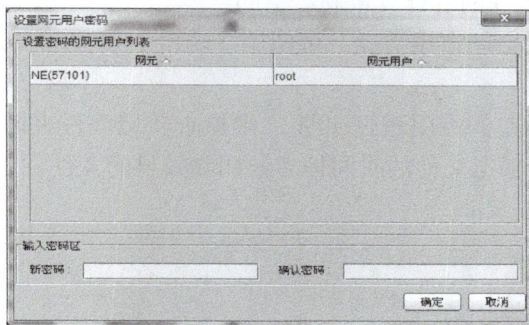

图 8-34　修改网元用户的密码

而造成误操作或蓄意破坏。

（10）清理用户权限

1）界面入口：以 admin 用户登录 U2000 客户端，选择"系统 > 网管安全 > 网管用户管理"。

2）定期清理用户权限，以确保网管的安全性。

3）清理用户权限需要遵循以下原则：

● 及时删除不用的用户，对于新增设备，需及时为维护该设备的用户重新分配权限。

● 严格按照用户组和操作集划分用户权限，尽量把具有相同权限的用户划分为一组，避免按单个用户分配权限，以减少对网管系统运行性能的影响。

（11）查看网管操作日志　通过查询网管日志可以了解 U2000 的运行情况、系统安全情况和用户的具体操作信息。日志分为安全日志、操作日志、系统日志。以操作日志为例，操作步骤如下：

1）在主菜单中选择"系统 > 日志管理 > 查询操作日志"（传统风格）或在"应用中心"中双击"安全管理"，再选择"日志管理 > 查询操作日志"（应用风格），如图 8-35 所示。

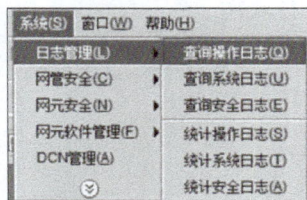

图 8-35　查询操作日志

2）在"过滤"对话框中，设置过滤条件后，单击"确认"。

3）对于网管日志，在查询结果窗口中，通过右键菜单可进行信息详查、保存全部或选中（指定）的记录、打印全部或选中（指定）的记录及查找操作。

（12）查看与清理磁盘空间

1）在 Windows 平台上清理网管计算机硬盘空间：

● 在 U2000 安装目录下单击右键，选择"属性"，查看文件夹占用空间。

● 如果 U2000 安装目录的空间占用超过所在磁盘的 80%，则检查转储文件夹的大小。如果转储文件夹下的文件数太多，则可以根据文件的时间标志，删除较早的文件。

2）在 UNIX 平台上清理网管计算机硬盘空间：

• 检查 U2000 分区的空间占用情况，可使用终端命令 df – k 来查看各分区的占用情况、比例及剩余空间等信息。

• 如果 U2000 分区的空间占用超过 80%，则检查转储文件夹的大小。如果转储文件夹下的文件数太多，则可以根据文件的时间标志，删除较早的文件。

小　　结

1）U2000 在 TMN（Telecommunication Management Network）的结构中处于网元管理层和网络管理层，具有全部网元级和网络级的功能。

2）U2000 通过提升融合管理能力、提高扩展性、易用性，力争构建以客户为中心、面向未来的新一代管理系统。

3）U2000 采取成熟、应用广泛的 C/S（Client/Server）结构，客户端与服务器之间通过局域网或者广域网互联。U2000 服务器与各个被管设备之间采用带内组网或者带外组网方式进行通信，U2000 发生故障对被管理的设备组网和业务没有影响。

4）配置网元数据包括同步网元配置数据、手工配置网元数据、复制网元配置数据、上载配置网元数据。

5）保证网管和网元时间的一致性对于故障维护与网络监控有重要意义，在业务配置之前应完成网管和网元时间的设置。

6）稳定的时钟是网元正常工作的基础，在配置业务之前必须为所有网元配置时钟。对于复杂网络，还需要配置时钟保护。

7）配置 SDH 业务时，使用单站方式可以逐个网元地指定业务使用的时隙与路由。用单站方式配置业务的效率较低，如果 U2000 具备路径功能，建议使用路径方式配置业务。

8）U2000 拓扑以左树右图的形式显示被管对象及其之间连接的状态，并提供查看配置、告警和性能数据，同步日志、配置、告警数据等操作的入口，用户可通过浏览拓扑视图实时了解整个网络的组网情况和监控运行状态。

思　考　题

1）U2000 的产生背景是什么？

2）U2000 产品特点有哪些？

3）带内组网与带外组网的区别是什么？

4）网管提供了哪三种方式来保证网元时间的准确性？分别应用在哪些场合？

5）时钟配置原则有哪些？

6）使用 U2000 配置 SDH 业务的五个主要阶段分别是什么？

7）在日常工作中，网管维护的项目有哪些？

实训 9　U2000 网络拓扑图的建立与设备配置

一、实训目的

通过本实训，学生能够独立完成网络拓扑的构建，以加深对网络拓扑构建的理解。

二、实训准备

要求具有"操作员组"及以上的网管用户权限；网管与网元间已通过 TCP/IP 协议建立通信，且能对网元进行管理和维护。

三、场景介绍

由于业务的增长，深圳 A 局新增了一批传送设备，包括 OptiX Metro 1500 设备 1 台、OptiX OSN 7500 设备 1 台、OptiX OSN 3500 设备 2 台。这些设备在网络中已完成安装和调测，管理员小王现需要将这些设备加入到 U2000 的网络拓扑中，以便通过 U2000 管理这些设备。

四、组网说明

配置组网图体现了该 SZA 子网中各网元间的关系。由 OptiX Metro 1500 设备 1 台、OptiX OSN 7500 设备 1 台、OptiX OSN 3500 设备 2 台共同构成一个环形传送网络拓扑，如图 8-36 所示。

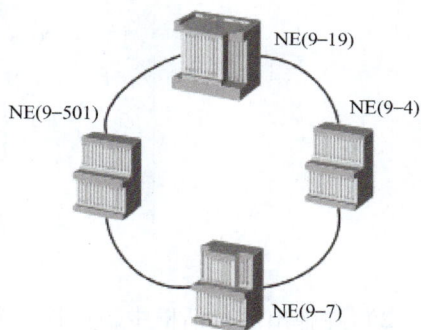

图 8-36   配置组网图

五、数据规划

各网元数据配置见表 8-2。

表 8-2   各网元数据配置的数据规划

设备名称	网元类型	网关网元	网元 IP	需添加单板
NE（9-4）	OptiX OSN 3500	NE（9-4）	129.9.0.4	SCC、NISLQ16
NE（9-19）	OptiX OSN 1500	NE（9-4）	—	SCC、QISL4
NE（9-7）	OptiX OSN 7500	NE（9-4）	—	SCC、N4SLQ16
NE（9-501）	OptiX OSN 3500	NE（9-4）	—	SCC、N4SL16

纤缆连接见表 8-3。

表 8-3   纤缆连接的数据规划

名称	级别/容量	方向	源网元	源端口	宿网元	宿端口
省干光纤（NE（9-7）- NE（9-501））F003/光纤	STM-16	双纤方向	NE(9-7)	11- N4SLQ16-2（SDH-2）	NE（9-501）	4-N2SLQ16-2（SDH-2）
省干光纤（NE（9-7）- NE（9-4））F004 光纤	STM-16	双纤方向	NE(9-7)	11- N4SLQ16-1（SDH-1）	NE（9-4）	5-N1SLQ16-1（SDH-1）
省干光纤（NE（9-501）- NE（9-19））F005 光纤	STM-16	双纤方向	NE(9-501)	4- N2SLQ16-1（SDH-1）	NE（9-19）	12-N4SL16-1（SDH-1）
省干光纤（NE（9-19）- NE（9-4））F006 光纤	STM-4	双纤方向	NE(9-19)	4- Q1SL4- 1（SDH-1）	NE（9-4）	4-N1SL4-1（SDH-1）

六、操作步骤

步骤 1：设计物理拓扑。

物理拓扑视图在反映实际通信网络拓扑结构的同时，应尽可能方便操作人员的日常操作维护。由于这些设备在同一区域，因此将它们按照地域划分到 SZA 子网中。

SZA 子网中的设备数量未超过 300 台，网管界面无重叠，查找网元方便。

步骤 2：创建拓扑子网。

1）在主拓扑中单击右键，选择"新建 > 子网"，如图 8-37 所示。

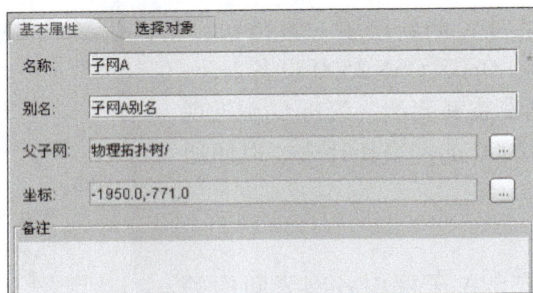

图 8-37　"新建子网"对话框

2）在弹出的对话框中，选择"基本属性"选项卡，输入子网名称 SZA。单击"确定"，完成拓扑子网创建。

说明：

如果网管中已有按此地域划分的拓扑子网，则不需要创建该子网 SZA。

步骤 3：创建网元。

1）双击 SZA 子网，进入该子网，单击右键，选择"新建 > 网元"。

2）在弹出的对话框左侧的对象类型树中选择待创建网元的网元类型为 OptiX OSN7500。根据数据规划表，输入网元属性的取值信息。

说明：

创建网元时，网元默认名称为 NE（扩展 ID – 网元 ID），如 NE（9-7）。

3）在 SZA 子网空白处，单击左键，完成该网元的创建。

4）重复步骤 1~3，完成其余网元的创建。

步骤 4：配置网元数据。

说明：

本示例采用手工配置网元数据的方法，也可采用同步网元数据、复制网元数据、上载配置网元数据的方法。

1）双击 SZA 子网，进入该子网。双击未配置网元 NE（9 – 7），弹出"网元配置向导"对话框。

2）选择"手工配置"，单击"下一步"，弹出"确认"对话框，提示手工配置会清除网元侧数据。

3）单击"确定"，弹出"确认"对话框，提示手工配置会中断网元业务。

4）单击"确定"，进入"设置网元属性"界面。根据数据规划表（见表 8-2）完成"设备类型""网元名称"等网元属性修改。

5）单击"下一步"，进入网元槽位的界面。

6）右键单击网元槽位，由于之后要创建光纤连接，因此需要添加单板 N4SLQ16。

7）单击"下一步"，进入"下发配置"界面。

8）选择"校验开工"，单击"完成"。

9）重复以上步骤，根据数据规划表（见表 8-2），完成其余网元数据配置。

步骤 5：创建连接。

说明：

本示例采用手工创建纤缆的方法，也可采用自动创建纤缆的方法。

1）选择快捷图标 ，单击"主拓扑"选项卡，鼠标显示为"＋"。

2）在主拓扑中单击纤缆的源网元。

3）在弹出的对话框中，根据数据规划表（见表 8-3）中光纤规划，选择源相应单板及源端口。

4）单击"确定"，回到主视图界面，鼠标再次显示为"＋"。

5）在主拓扑中单击纤缆的宿网元。

6）在弹出的对话框中，同样根据数据规划表（见表 8-3）中光纤规划，选择宿相应单板及宿端口。

7）单击"确定"，在弹出的"创建纤缆"对话框中输入纤缆的相应属性。

8）单击"确定"，在主拓扑上，源宿网元间显示出已创建的光纤。

9）选中刚创建好的光纤，单击右键，选择"链路检测"，弹出"操作结果"对话框显示光纤连接信息。

七、操作结果

4 个网元和相关纤缆已在拓扑子网 SZA 中完成创建，可双击拓扑子网查看。

<h2 style="text-align:center;color:blue">实训 10　U2000 业务配置</h2>

一、实验目的

通过本实训，学生能够使用 U2000 进行无保护环业务创建及配置。

二、实验器材

Optix OSN3500 设备 4 套、1 台 U2000 网管。

三、实验内容

1. 配置实例

如图 8-38 所示，是一个由 4 个设备组成的无保护环。本例中源端网元 NE1 和宿端网元 NE3 选用 PQ1 单板作为支路板上下业务，选用 SL16 单板作为线路板完成 SDH 业务的传输。

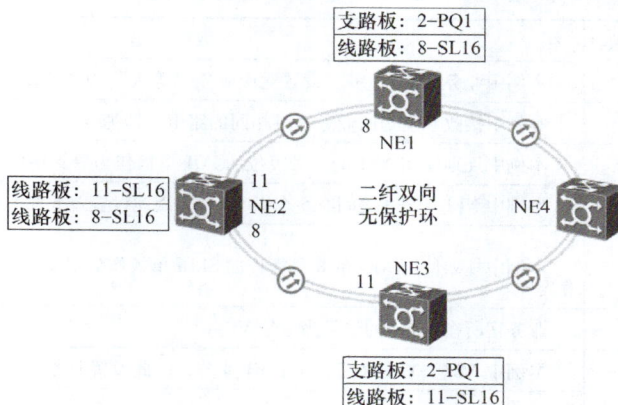

图 8-38　无保护环组网图

在配置无保护环业务前，需要为业务在无保护环上规划一定的业务流向和时隙分配。业务的信号流和时隙分配如图 8-39 所示，NE1 和 NE3 有 5 个 E1 业务上下，该业务在 NE2 穿通。

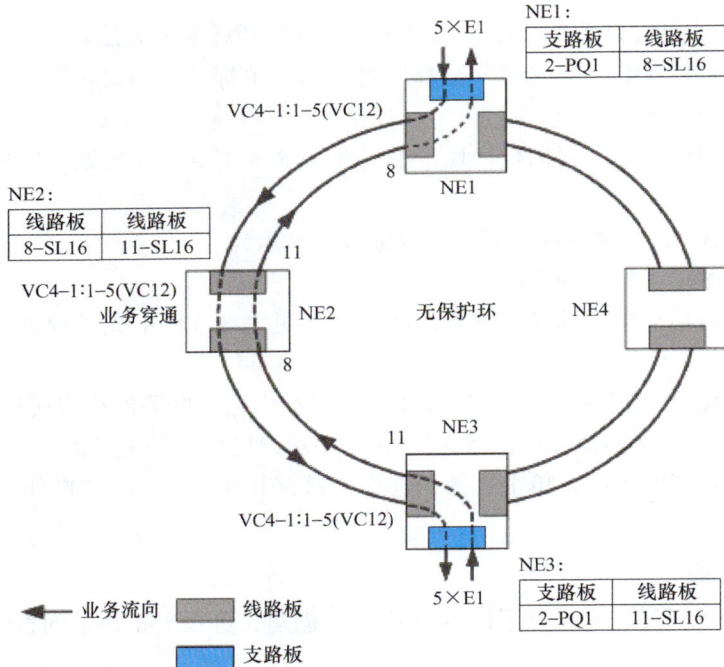

图 8-39　无保护环业务的信号流和时隙分配图

2. 配置步骤

无保护环业务的配置过程独立于其保护子网的创建，在保护子网已经创建的基础上，主要配置源端和宿端网元上支路到线路的 SDH 业务和中间网元的穿通业务即可。

步骤 1：在 NE1 配置源网元的 SDH 业务。

1）在网元管理器中选择网元 NE1，在功能树中选择"配置 > SDH 业务配置"，单击 ➤➤ 。

2）在右侧窗口的下方单击"新建"，在弹出的"新建 SDH 业务"对话框中按表 8-4 设置所需的参数，单击"确定"。

表 8-4　NE1"新建 SDH 业务"参数表

参数项	本例中取值	取值说明
等级	VC12	本例中业务为 E1 业务，设置对应业务"等级"为"VC12"
方向	双向	本例中接收和发送的业务经过相同的路由，即为"双向"业务
源板位	2-PQ1	本例中规划使用 NE1 的 2 号板位的 PQ1 单板作为源支路板，如图 8-39 所示
源时隙范围	1~5	本例中 NE1~NE3 之间有 5 个 E1 业务，因此设置业务源占用 1~5 号 VC-12 时隙
宿板位	8-N2SL16-1（SDH-1）	本例中规划使用 NE1 的 8 号板位的 SL16 单板作为宿线路板，如图 8-39 所示
宿 VC4	VC4-1	业务宿所在 VC-4 的编号为 1 号 VC-4
宿时隙范围	1~5	本例中 NE1、NE2 之间有 5 个 E1 业务，因此设置业务宿占用 1~5 号 VC-12 时隙
立即激活	是	—

步骤 2：在 NE3 配置宿网元的 SDH 业务。

参考步骤 1 的操作，完成网元 NE3 的 SDH 业务配置，按表 8-5 设置参数。

表 8-5　NE3 "新建 SDH 业务" 参数表

参数项	本例中取值	取值说明
等级	VC12	本例中业务为 E1 业务，设置对应业务 "等级" 为 "VC12"
方向	双向	本例中接收和发送的业务经过相同的路由，即为 "双向" 业务
源板位	2-PQ1	本例中规划使用 NE3 的 2 号板位的 PQ1 单板作为源支路板，如图 8-39 所示
源时隙范围	1～5	本例中 NE1～NE3 之间有 5 个 E1 业务，因此设置业务源占用 1～5 号 VC-12 时隙
宿板位	11-N2SL16-1（SDH-1）	本例中规划使用 NE2 的 11 号板位的 SL16 单板作为宿线路板，如图 8-39 所示
宿 VC4	VC4-1	业务宿所在 VC-4 的编号为 1 号 VC-4
宿时隙范围	1～5	本例中 NE1、NE2 之间有 5 个 E1 业务，因此设置业务宿占用 1～5 号 VC-12 时隙
立即激活	是	—

步骤 3：在 NE2 配置穿通业务。

1）在网元管理器中选择网元 NE2，在功能树中选择 "配置 > SDH 业务配置"，单击 ▶▶ 。

2）在右侧窗口的下方单击 "新建"，在弹出的 "新建 SDH 业务" 对话框中按表 8-6 设置所需的参数，单击 "确定"。

表 8-6　NE2 "新建 SDH 业务" 参数表

参数项	本例中取值	取值说明
等级	VC12	本例中业务为 E1 业务，设置对应业务 "等级" 为 "VC12"
方向	双向	本例中接收和发送的业务经过相同的路由，即为 "双向" 业务
源板位	11-N2SL16-1（SDH-1）	本例中规划使用 NE2 的 11 号板位的 SL16 单板作为源支路板，如图 8-39 所示
源 VC4	VC4-1	业务源所在 VC-4 的编号为 1 号 VC-4
源时隙范围	1～5	本例中 NE1～NE3 之间有 5 个 E1 业务，因此设置业务源占用 1～5 号 VC-12 时隙
宿板位	8-N2SL16-1（SDH-1）	本例中规划使用 NE2 的 8 号板位的 SL16 单板作为宿线路板，如图 8-39 所示
宿 VC4	VC4-1	业务宿所在 VC-4 的编号为 1 号 VC-4
宿时隙范围	1～5	本例中 NE1、NE2 之间有 5 个 E1 业务，因此设置业务宿占用 1～5 号 VC-12 时隙
立即激活	是	—

步骤 4：验证业务配置的正确性。

实训 11 U2000 日常维护操作——告警处理

一、实验目的

本实训通过一个对磁盘占用率过高告警处理的示例，展示了告警处理的流程和方法。通过本示例，学生可以了解告警处理的基本流程和操作。

二、场景介绍

管理员小王发现 U2000 有新的告警提示。

三、操作步骤

小王根据告警处理流程对该告警进行了处理，告警处理流程如图 8-40 所示。

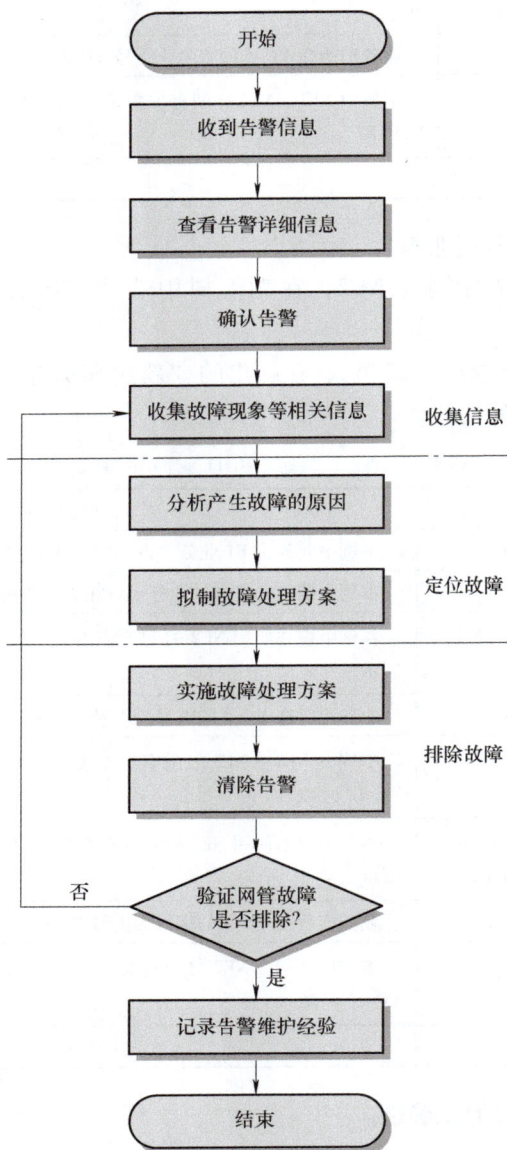

图 8-40 告警处理流程图

步骤 1：**收到告警信息。**

在主菜单中选择"故障 > 浏览当前告警"，浏览当前告警，发现有"未清除的磁盘占用率过高告警"。

步骤 2：**查看告警详细信息。**

双击该告警，在"详细信息"对话框中查看告警的详细信息。

步骤 3：**确认告警。**

根据告警详细信息判断产生告警的故障可以被清除，该告警可得到妥善处理，因此可以确认该告警。在当前告警中右键单击该告警，选择"确认"，在"确认"对话框中单击"是"，该告警被确认。

步骤 4：**拟制告警处理方法。**

根据告警详细信息中的修复建议、维护经验，参考 U2000 的实际运行情况，决定删除冗余文件及将导出文件备份到其他磁盘上。

步骤 5：**排除告警故障。**

将非 U2000 自带的冗余文件删除，将导出文件备份到其他磁盘上，并将原磁盘上的导出文件删除。查看 U2000 服务器的磁盘空间，已经获得了较大的可用磁盘空间。

步骤 6：**验证处理结果。**

在主菜单中选择"故障 > 浏览当前告警"，浏览当前告警，发现原来的磁盘占用率过高告警已经由未清除转变为已清除。

步骤 7：**记录告警维护经验。**

在主菜单中选择"故障 > 设置 > 维护经验"，在"维护经验"窗口中搜索该告警名称并修改其维护经验。

参 考 文 献

［1］　胡庆，等. 电信传输原理［M］. 2 版. 北京：电子工业出版社，2012.

［2］　李立高. 通信光缆工程［M］. 3 版. 北京：人民邮电出版社，2020.

［3］　顾畹仪. 光纤通信［M］. 2 版. 北京：人民邮电出版社，2011.

［4］　胡庆，等. 光纤通信系统与网络［M］. 北京：电子工业出版社，2019.